普通高等学校新教学设计数学系列教材

线性代数

主　编　李兴华
参　编　罗来珍　华秀英

机械工业出版社

本书主要依据高等院校非数学类专业线性代数课程的教学要求和教学大纲，将课程思政和工程案例、经济案例等融入新形态教材，并结合哈尔滨理工大学线性代数教学团队多年的教学经验编写完成.

全书共7章，主要内容包含行列式、空间解析几何与向量代数、矩阵、向量与线性方程组、矩阵的特征值与特征向量、二次型、线性空间与线性变换. 本书秉承新形态教材建设理念，侧重线性代数的实用性，每节习题配置分层分类，习题包含简单的计算及难度各异的证明题和应用题等，每章总习题含有考研真题.

本书可供高等院校非数学类专业的学生使用，也可作为职业技术学院、职业大学和现代产业学院的教学用书.

图书在版编目（CIP）数据

线性代数/李兴华主编. —北京：机械工业出版社，2023.7（2025.2重印）
普通高等学校新教学设计数学系列教材
ISBN 978-7-111-73428-4

Ⅰ.①线…　Ⅱ.①李…　Ⅲ.①线性代数-高等学校-教材　Ⅳ.①O151.2

中国国家版本馆CIP数据核字（2023）第110526号

机械工业出版社（北京市百万庄大街22号　邮政编码100037）
策划编辑：韩效杰　　责任编辑：韩效杰　赵晓峰
责任校对：牟丽英　王　延　　封面设计：张　静
责任印制：郜　敏
三河市宏达印刷有限公司印刷
2025年2月第1版第5次印刷
184mm×260mm · 18.25印张 · 437千字
标准书号：ISBN 978-7-111-73428-4
定价：55.90元

电话服务　　网络服务
客服电话：010-88361066　机　工　官　网：www.cmpbook.com
010-88379833　机　工　官　博：weibo.com/cmp1952
010-68326294　金　书　网：www.golden-book.com
封底无防伪标均为盗版　机工教育服务网：www.cmpedu.com

前 言

2019年，国家教材委员会印发了《全国大中小学教材建设规划（2019—2022年）》，明确了教材建设的总体思路、主要目标和重点任务．教材在教学中扮演着越来越重要的角色，对于提高教学效果、促进教学的优化起到不可忽视的作用，这对高等院校的教材改革提出了更加迫切、更高标准的要求．课程思政、工程案例等如何与教学内容有机融合成为高校教育工作者必须思考和解决的问题．在此背景下，编者撰写了本书．本书是哈尔滨理工大学的线性代数新形态教材，旨在为创新人才培养打好数学基础．

本书能够适应国家对高等教育的要求，目的是培养具有较好数学思维能力的优秀人才，更有效地推动本科数学课程教学创新人才培养模式改革和整体教育教学质量的提高．本书涵盖空间解析几何与向量代数，在后续内容中体现空间解析几何的应用，使学生不但学到线性代数概念的几何直观背景，也能运用线性代数的方法分析解决几何问题．本书在内容编写上覆盖高等院校线性代数课程教学大纲与硕士研究生入学考试线性代数课程的考试大纲．充分考虑当前高等院校线性代数课程的实际教学要求，习题配置分层分类，写作上力求做到逻辑严谨、结构清晰、文字简便、语言流畅、深入浅出，便于学生掌握．

党的二十大报告指出："教育是国之大计、党之大计．培养什么人、怎样培养人、为谁培养人是教育的根本问题．育人的根本在于立德．全面贯彻党的教育方针，落实立德树人根本任务，培养德智体美劳全面发展的社会主义建设者和接班人．"因此，本书在每章设置了视频观看学习任务，希望学习者从先进事迹中汲取养分，立志全面成长成才．

本书的第1、2章和第3章的3.1~3.4节由李兴华编写，第3章的3.5节到总习题3、第4章和第1章~第4章的习题答案由罗来珍编写，第5~7章及其习题答案由华秀英编写．本书是黑龙江省高等教育教学改革一般研究项目（SJGY20210395）、黑龙江省高等教育教学改革重点委托项目（SJGZ20210026、SJGZ20200074）和高等学校大学数学教学研究与发展中心2022年教学改革项目（CMC20220602）研究成果之一．哈尔滨理工大学教务处、工科数学教学中心对本书的出版给予了大力支持，在此致谢！

限于编者的水平，书中难免存在不妥之处，恳请读者及同行指正．

编者于哈尔滨理工大学工科数学教学中心

目　录

第1章 行列式

行列式是线性代数课程的主要内容之一，也是研究线性代数其他内容的有效工具. 行列式理论是伴随着方程组求解而发展起来的，为了阐述线性方程组解的理论，引入了行列式.

本章主要讲解：

（1）n 阶行列式的定义与性质；

（2）行列式按行或按列展开定理；

（3）克拉默法则.

1.1 二阶与三阶行列式

1.1.1 二阶行列式

用消元法解二元线性方程组

$$\begin{cases} a_{11}x_1+a_{12}x_2=b_1, & (1.1.1)\\ a_{21}x_1+a_{22}x_2=b_2, & (1.1.2)\end{cases}$$

微课视频：二阶与三阶行列式

由式(1.1.1)$\times a_{22}$-式(1.1.2)$\times a_{12}$得

$$(a_{11}a_{22}-a_{12}a_{21})x_1=b_1a_{22}-b_2a_{12},$$

同理由式(1.1.2)$\times a_{11}$-式(1.1.1)$\times a_{21}$得

$$(a_{11}a_{22}-a_{12}a_{21})x_2=b_2a_{11}-b_1a_{21}.$$

当 $a_{11}a_{22}-a_{12}a_{21}\neq 0$ 时，有

$$x_1=\frac{b_1a_{22}-b_2a_{12}}{a_{11}a_{22}-a_{12}a_{21}},\quad x_2=\frac{b_2a_{11}-b_1a_{21}}{a_{11}a_{22}-a_{12}a_{21}}.$$

为便于记忆，引入记号 $\begin{vmatrix} a_{11} & a_{12}\\ a_{21} & a_{22}\end{vmatrix}$ 表示数 $a_{11}a_{22}-a_{12}a_{21}$，称它为二阶行列式，即

$$\begin{vmatrix} a_{11} & a_{12}\\ a_{21} & a_{22}\end{vmatrix}=a_{11}a_{22}-a_{12}a_{21}.$$

数 $a_{ij}(i=1,2;\ j=1,2)$ 称为行列式的元素或元. 元素 a_{ij} 的第一个下

标 i 称为行标，表明该元素位于第 i 行；第二个下标 j 称为列标，表明该元素位于第 j 列. 位于第 i 行第 j 列的元素称为行列式的 (i, j) 元.

显然，二阶行列式的值为主对角线(从左上到右下的这条对角线)两元素之积减副对角线(从右上到左下的这条对角线)两元素之积，我们把这种计算行列式的方法称之为对角线法则，即

$$\begin{vmatrix} a_{11} & a_{12} \\ a_{21} & a_{22} \end{vmatrix} = a_{11}a_{22} - a_{12}a_{21}.$$

记 $D = \begin{vmatrix} a_{11} & a_{12} \\ a_{21} & a_{22} \end{vmatrix}$，$D_1 = \begin{vmatrix} b_1 & a_{12} \\ b_2 & a_{22} \end{vmatrix}$，$D_2 = \begin{vmatrix} a_{11} & b_1 \\ a_{21} & b_2 \end{vmatrix}$，上述方程组的解可表示为

$$x_1 = \frac{D_1}{D},\quad x_2 = \frac{D_2}{D}.$$

这里的分母 D 是由式(1.1.1)、式(1.1.2)的系数所确定的二阶行列式(称为系数行列式)，$x_i(i=1,2)$ 的分子 D_i 是用常数项 b_1，b_2 替换 D 中第 i 列元素 a_{1i}，a_{2i}所得的二阶行列式.

例 1.1.1 解方程组 $\begin{cases} 4x_1 - 3x_2 = 15, \\ 3x_1 + x_2 = 8. \end{cases}$

解 由于 $D = \begin{vmatrix} 4 & -3 \\ 3 & 1 \end{vmatrix} = 13 \neq 0$,

$$D_1 = \begin{vmatrix} 15 & -3 \\ 8 & 1 \end{vmatrix} = 39,\quad D_2 = \begin{vmatrix} 4 & 15 \\ 3 & 8 \end{vmatrix} = -13,$$

因此 $x_1 = \dfrac{D_1}{D} = \dfrac{39}{13} = 3$，$x_2 = \dfrac{D_2}{D} = \dfrac{-13}{13} = -1$.

1.1.2 三阶行列式

类似地，在三元线性方程组

$$\begin{cases} a_{11}x_1 + a_{12}x_2 + a_{13}x_3 = b_1, \\ a_{21}x_1 + a_{22}x_2 + a_{23}x_3 = b_2, \\ a_{31}x_1 + a_{32}x_2 + a_{33}x_3 = b_3 \end{cases} \tag{1.1.3}$$

中，引入记号

$$\begin{vmatrix} a_{11} & a_{12} & a_{13} \\ a_{21} & a_{22} & a_{23} \\ a_{31} & a_{32} & a_{33} \end{vmatrix} = a_{11}a_{22}a_{33} + a_{12}a_{23}a_{31} + a_{13}a_{21}a_{32} - a_{13}a_{22}a_{31} - a_{12}a_{21}a_{33} - a_{11}a_{23}a_{32}, \tag{1.1.4}$$

称式(1.1.4)为三阶行列式. 其中 $a_{ij}(i,j=1,2,3)$ 为三阶行列式的 (i,j) 元，并称此行列式为线性方程组(1.1.3)的系数行列式.

用消元法解方程组(1.1.3)，当系数行列式 $D=\begin{vmatrix} a_{11} & a_{12} & a_{13} \\ a_{21} & a_{22} & a_{23} \\ a_{31} & a_{32} & a_{33} \end{vmatrix}\neq 0$ 时，解可表示成

$$x_1=\frac{1}{D}\begin{vmatrix} b_1 & a_{12} & a_{13} \\ b_2 & a_{22} & a_{23} \\ b_3 & a_{32} & a_{33} \end{vmatrix},\ x_2=\frac{1}{D}\begin{vmatrix} a_{11} & b_1 & a_{13} \\ a_{21} & b_2 & a_{23} \\ a_{31} & b_3 & a_{33} \end{vmatrix},\ x_3=\frac{1}{D}\begin{vmatrix} a_{11} & a_{12} & b_1 \\ a_{21} & a_{22} & b_2 \\ a_{31} & a_{32} & b_3 \end{vmatrix}$$

(消元过程留给读者完成).

对于三阶行列式的计算，也可用对角线法则来表示，即三条实线上的元素的乘积之和减去三条虚线上的元素的乘积之和.

$$\begin{vmatrix} a_{11} & a_{12} & a_{13} \\ a_{21} & a_{22} & a_{23} \\ a_{31} & a_{32} & a_{33} \end{vmatrix}=a_{11}a_{22}a_{33}+a_{12}a_{23}a_{31}+a_{13}a_{21}a_{32}-a_{13}a_{22}a_{31}-a_{12}a_{21}a_{33}-a_{11}a_{23}a_{32}.$$

例 1.1.2　计算行列式 $D=\begin{vmatrix} 2 & 1 & -3 \\ 3 & -2 & -1 \\ 4 & -5 & 8 \end{vmatrix}$.

解　利用三阶行列式的对角线法则计算得

$$D=\begin{vmatrix} 2 & 1 & -3 \\ 3 & -2 & -1 \\ 4 & -5 & 8 \end{vmatrix}=2\times(-2)\times 8+1\times(-1)\times 4+(-3)\times 3\times(-5)-(-3)\times(-2)\times 4-2\times(-1)\times(-5)-1\times 3\times 8=-49.$$

习题 1.1 视频详解

习题 1.1

1. 计算下列行列式.

(1) $\begin{vmatrix} 1 & 5 \\ 1 & 6 \end{vmatrix}$;　(2) $\begin{vmatrix} a & b \\ a^2 & b^2 \end{vmatrix}$;

(3) $\begin{vmatrix} 1 & 2 & 3 \\ 3 & 1 & 2 \\ 5 & 4 & 3 \end{vmatrix}$;　(4) $\begin{vmatrix} 1 & 7 & 8 \\ 0 & 2 & 9 \\ 0 & 0 & 3 \end{vmatrix}$;

(5) $\begin{vmatrix} a^2 & ab & b^2 \\ 2a & a+b & 2b \\ 1 & 1 & 1 \end{vmatrix}$;　(6) $\begin{vmatrix} 1+x & y & z \\ x & 1+y & z \\ x & y & 1+z \end{vmatrix}$.

2. 利用行列式解下列方程组.

(1) $\begin{cases} 5x+2y=4, \\ 4x-3y=17; \end{cases}$　(2) $\begin{cases} 3x-4y-2z=9, \\ 2x-5y-3z=8, \\ x-y+z=-3. \end{cases}$

3. 当 x 为何值时，$\begin{vmatrix} 7 & 2 & 3x \\ 6 & x & 0 \\ 4 & 1 & 2x \end{vmatrix}\neq 0$.

1.2 n 阶行列式

由二阶行列式和三阶行列式的定义可以观察出，行列式的值是一些“项”的代数和，而每一项都是由行列式中位于不同行不同列的元素乘积构成的，鉴于这样的观察，给出 n 阶行列式的定义.

1.2.1 排列及其逆序数

微课视频：排列与逆序

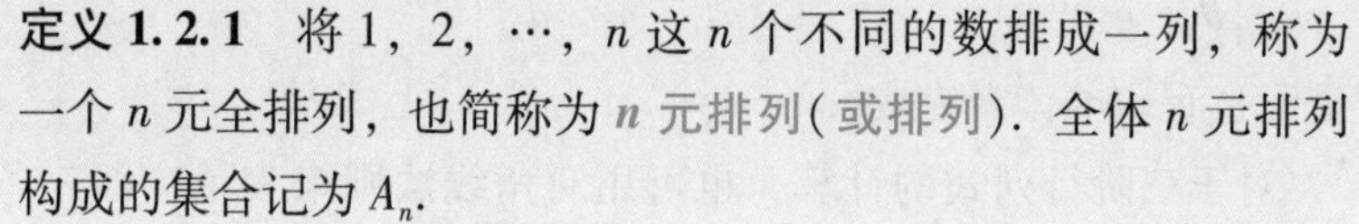

定义 1.2.1 将 1，2，…，n 这 n 个不同的数排成一列，称为一个 n 元全排列，也简称为 **n 元排列**（**或排列**）. 全体 n 元排列构成的集合记为 A_n.

例如，$A_2=\{12,21\}$，$A_3=\{123,132,213,231,312,321\}$.

$12\cdots n$ 是一个 n 元排列，并且元素是按从小到大的自然顺序排列的，这样的排列称为**标准排列**（或**自然排列**）.

定义 1.2.2 在一个排列中，如果两个数的排列顺序与自然顺序相反，即排在前面的数比排在后面的数大，则称这两个数构成一个**逆序**，一个排列中逆序的总数称为这个排列的**逆序数**. 排列 $i_1i_2\cdots i_n$ 的逆序数记为 $\tau(i_1i_2\cdots i_n)$.

由定义 1.2.2 可知，在排列 231 中，2 和 1、3 和 1 都构成逆序，所以 $\tau(231)=2$，而 41253 的逆序数为 $\tau(41253)=4$.

定义 1.2.3 逆序数是偶数的排列称为**偶排列**，逆序数是奇数的排列称为**奇排列**.

例如，41253 是偶排列，42153 是奇排列.

定义 1.2.4 在一个全排列中对调其中的两个数字，而保持其余的数字不变，这种过程称为对换. 对换两个相邻的数字称为**相邻对换**.

定理 1.2.1 若 $\tau(i_1i_2\cdots i_n)=t$，则排列 $i_1i_2\cdots i_n$ 可经过 t 次相邻对换调成自然排列 $12\cdots n$.

证 记数字 $k(k=1,2,\cdots,n)$ 前面有 t_k 个数字大于 k，则记

$$t=\tau(i_1i_2\cdots i_n)=t_1+t_2+\cdots+t_n.$$

从而 1 经过 t_1 次相邻对换调到首位；2 经过 t_2 次相邻对换调到第 2 位；依此类推，排列 $i_1i_2\cdots i_n$ 经过 $t=t_1+t_2+\cdots+t_n$ 次相邻对换调成了排列 $12\cdots n$.

定理 1.2.2 若对一个排列进行一次对换，则奇排列变成偶排列，偶排列变成奇排列，即一次对换改变排列的奇偶性.

证 (1) 若对换排列的两个相邻的数，排列的逆序数加 1 或者减 1，因而排列的奇偶性改变.

(2) 设排列

$$a_1a_2\cdots a_ilb_1b_2\cdots b_jmc_1c_2\cdots c_k, \tag{1.2.1}$$

将 l 与 m 对换，得排列

$$a_1a_2\cdots a_imb_1b_2\cdots b_jlc_1c_2\cdots c_k. \tag{1.2.2}$$

排列(1.2.1)先经过 j 次相邻对换调为排列

$$a_1a_2\cdots a_ib_1b_2\cdots b_jlmc_1c_2\cdots c_k. \tag{1.2.3}$$

排列(1.2.3)再经过 $j+1$ 次相邻对换调为排列(1.2.2). 因而排列(1.2.1)经过 $2j+1$ 次相邻对换调为排列(1.2.2). 由(1)可知排列(1.2.1)和(1.2.2)的奇偶性不同.

1.2.2 n 阶行列式的定义

微课视频：
n 阶行列式

定义 1.2.5 由 n^2 个数 $a_{ij}(i,j=1,2,\cdots,n)$ 排成 n 行 n 列的式子

$$\begin{vmatrix} a_{11} & a_{12} & \cdots & a_{1n} \\ a_{21} & a_{22} & \cdots & a_{2n} \\ \vdots & \vdots & & \vdots \\ a_{n1} & a_{n2} & \cdots & a_{nn} \end{vmatrix} = \sum_{j_1j_2\cdots j_n}(-1)^{\tau(j_1j_2\cdots j_n)}a_{1j_1}a_{2j_2}\cdots a_{nj_n}$$

称为 n 阶行列式，简记为 $|a_{ij}|_n$ 或 $\det(a_{ij})$. 称 a_{ij} 为行列式的 (i,j) 元(第 i 行第 j 列的元素)，其中 $j_1j_2\cdots j_n$ 是一个 n 元排列，$\sum\limits_{j_1j_2\cdots j_n}$ 表示对 $1,2,\cdots,n$ 的所有排列求和.

注 (1) 当 $n=1$ 时，$|a|=a$，如 $|-8|=-8$，$|2|=2$，即一阶行列式是这个数本身.

(2) 当 $n=2$, 3 时，由定义 1.2.5 得到的二阶行列式和三阶行列式值与前面用对角线法则求得的结果一致.

(3) $|a_{ij}|_n$ 是一个数值，是 $n!$ 项单项式的和，其中一般项是 $(-1)^{\tau(j_1j_2\cdots j_n)}a_{1j_1}a_{2j_2}\cdots a_{nj_n}$，且 $a_{1j_1}a_{2j_2}\cdots a_{nj_n}$ 是取自行列式的不同行不同列的 n 个元素的乘积.

例 1.2.1　求下列排列的逆序数：

(1) 431256；　　　　(2) $n(n-1)\cdots 21$.

解　(1) 在排列 431256 中，1 前面有 2 个比它大的数；2 前面有 2 个比它大的数；3 前面有 1 个比它大的数；4 前面没有比它大的数；5 前面没有比它大的数；6 前面没有比它大的数. 因此这个排列的逆序数为

$$\tau(431256)=2+2+1+0+0+0=5.$$

(2) 利用同样的方法可得

$$\tau(n(n-1)\cdots 21)=(n-1)+(n-2)+\cdots+1+0=\frac{n(n-1)}{2}.$$

例 1.2.2　(1) 在 4 阶行列式中，项 $a_{23}a_{32}a_{41}a_{14}$ 应带什么符号？

(2) 写出 4 阶行列式中带负号且包含因子 a_{13} 和 a_{32} 的项.

解　(1) 调整该项元素位置，使 4 个元素的行下标按自然顺序排列，即 $a_{14}a_{23}a_{32}a_{41}$，则列下标排列为 4321，其逆序数为 $\tau(4321)=6$，故该项前面应取正号.

(2) 由行列式的定义可知，包含因子 a_{13} 和 a_{32} 的项必为 $a_{13}a_{21}a_{32}a_{44}$ 和 $a_{13}a_{24}a_{32}a_{41}$，其列下标排列的逆序数分别为 $\tau(3124)=2$ 和 $\tau(3421)=5$. 又因所求项带负号，故取列下标为奇排列的项是 $-a_{13}a_{24}a_{32}a_{41}$.

例 1.2.3　计算行列式 $\begin{vmatrix} 0 & 0 & 0 & 1 \\ 0 & 0 & 2 & 0 \\ 0 & 3 & 0 & 0 \\ 4 & 0 & 0 & 0 \end{vmatrix}$.

解　由行列式的定义得

$$\begin{vmatrix} 0 & 0 & 0 & 1 \\ 0 & 0 & 2 & 0 \\ 0 & 3 & 0 & 0 \\ 4 & 0 & 0 & 0 \end{vmatrix}=(-1)^{\tau(4321)}1\times 2\times 3\times 4=24.$$

例 1.2.4　上三角行列式(当 $i>j$ 时，$a_{ij}=0$，i，$j=1,2,\cdots,n$)

$$\begin{vmatrix} a_{11} & a_{12} & \cdots & a_{1n} \\ 0 & a_{22} & \cdots & a_{2n} \\ \vdots & \vdots & & \vdots \\ 0 & 0 & \cdots & a_{nn} \end{vmatrix}=a_{11}a_{22}\cdots a_{nn}.$$

证　当 $n=1$，2 时，上式显然成立. 当 $n\geqslant 3$ 时，由定义 1.2.5 可知，在此行列式的一般项

$$(-1)^{\tau(j_1j_2\cdots j_n)}a_{1j_1}a_{2j_2}\cdots a_{nj_n}$$

中，若 $j_n\neq n$，则 $a_{nj_n}=0$，此项为 0. 在

$$(-1)^{\tau(j_1j_2\cdots j_{n-1}n)}a_{1j_1}a_{2j_2}\cdots a_{n-1,j_{n-1}}a_{nn}(1\leqslant j_{n-1}\leqslant n-1)$$

中，若 $j_{n-1}\neq n-1$，此项也为 0. 依此类推，此行列式等于 $(-1)^{\tau(12\cdots n)}a_{11}a_{22}\cdots a_{nn}=a_{11}a_{22}\cdots a_{nn}$，即

$$\begin{vmatrix} a_{11} & a_{12} & \cdots & a_{1n} \\ 0 & a_{22} & \cdots & a_{2n} \\ \vdots & \vdots & & \vdots \\ 0 & 0 & \cdots & a_{nn} \end{vmatrix}=a_{11}a_{22}\cdots a_{nn}.$$

注　用类似例 1.2.4 的方法可以证明下三角行列式（当 $i<j$ 时，$a_{ij}=0$，i，$j=1,2,\cdots,n$）

$$\begin{vmatrix} a_{11} & 0 & \cdots & 0 \\ a_{21} & a_{22} & \cdots & 0 \\ \vdots & \vdots & & \vdots \\ a_{n1} & a_{n2} & \cdots & a_{nn} \end{vmatrix}=a_{11}a_{22}\cdots a_{nn}.$$

习题 1.2

习题 1.2 视频详解

1. 计算下列排列的逆序数.

（1）3421；　　（2）13452；

（3）235641；　　（4）$13\cdots(2n-1)24\cdots(2n)$.

2. 填空题.

（1）若 $\tau(i_1i_2\cdots i_n)=t$，则 $\tau(i_n\cdots i_2i_1)=$ ________.

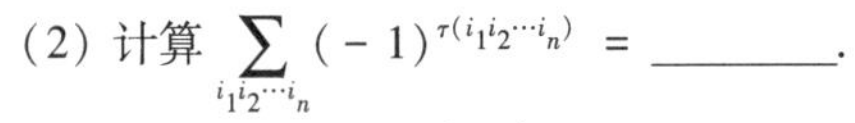

（2）计算 $\sum\limits_{i_1i_2\cdots i_n}(-1)^{\tau(i_1i_2\cdots i_n)}=$ ________.

（3）在 5 阶行列式 $|a_{ij}|_5$ 的展开式中，乘积 $a_{33}a_{21}a_{45}a_{14}a_{52}$ 前应取________号（填“正”或“负”）.

（4）若 n 阶行列式 D 中有多于 n^2-n 个元素为 0，则 $D=$ ________.

（5）已知行列式 $D_1=\begin{vmatrix} 0 & \lambda_1 & 1 & 0 \\ 0 & 0 & \lambda_2 & 1 \\ 0 & 0 & 0 & \lambda_3 \\ \lambda_4 & 0 & 0 & 0 \end{vmatrix}$，$D_2=\begin{vmatrix} 0 & 0 & 0 & \lambda_1 \\ 0 & 0 & \lambda_2 & 0 \\ 0 & \lambda_3 & 0 & 0 \\ \lambda_4 & 0 & 0 & 0 \end{vmatrix}$，其中 $\lambda_1\lambda_2\lambda_3\lambda_4\neq 0$，则 D_1 与 D_2 应满足关系________.

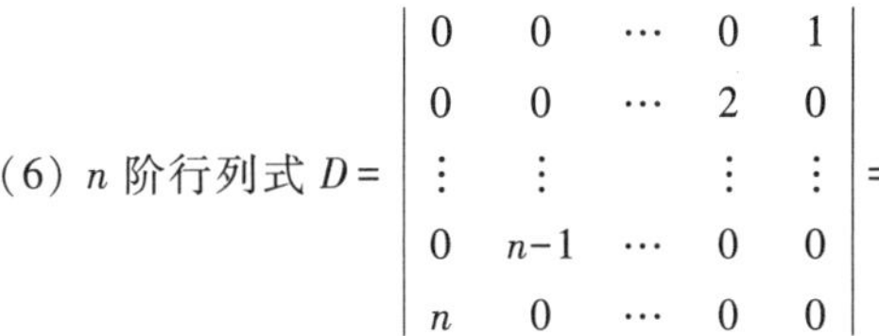

（6）n 阶行列式 $D=\begin{vmatrix} 0 & 0 & \cdots & 0 & 1 \\ 0 & 0 & \cdots & 2 & 0 \\ \vdots & \vdots & & \vdots & \vdots \\ 0 & n-1 & \cdots & 0 & 0 \\ n & 0 & \cdots & 0 & 0 \end{vmatrix}=$ ________.

（7）已知 x 的四次多项式 $f(x)=\begin{vmatrix} 6x & 3 & 2 & 5 \\ x & x & 1 & 2 \\ 4 & 2 & x & 1 \\ x & 1 & 2 & 3x \end{vmatrix}$，则 x^4 的系数为________，x^3 的系数为________.

3. 计算 4 阶行列式 $\begin{vmatrix} 4 & 5 & 0 & 0 \\ 0 & 4 & 5 & 0 \\ 0 & 0 & 4 & 5 \\ 5 & 0 & 0 & 4 \end{vmatrix}$.

4. 证明 $D_n=\begin{vmatrix} a_{11} & a_{12} & \cdots & a_{1,n-1} & a_{1n} \\ a_{21} & a_{22} & \cdots & a_{2,n-1} & 0 \\ \vdots & \vdots & & \vdots & \vdots \\ a_{n-1,1} & a_{n-1,2} & \cdots & 0 & 0 \\ a_{n1} & 0 & \cdots & 0 & 0 \end{vmatrix}=(-1)^{\frac{n(n-1)}{2}}a_{1n}a_{2,n-1}\cdots a_{n1}$.

1.3 行列式的性质及应用

1.3.1 行列式的性质

微课视频：行列式的性质

利用行列式的定义计算二阶行列式与三阶行列式相对容易，行列式的阶数越高，计算难度越大. 为了简化相应的计算，本节讨论行列式的性质.

定义 1.3.1 将行列式 D 的行与列互换得到的行列式称为行列式 D 的转置行列式，记为 D^{T} 或 D'，即

$$D=\begin{vmatrix} a_{11} & a_{12} & \cdots & a_{1n} \\ a_{21} & a_{22} & \cdots & a_{2n} \\ \vdots & \vdots & & \vdots \\ a_{n1} & a_{n2} & \cdots & a_{nn} \end{vmatrix},\quad D^{\mathrm{T}}=\begin{vmatrix} a_{11} & a_{21} & \cdots & a_{n1} \\ a_{12} & a_{22} & \cdots & a_{n2} \\ \vdots & \vdots & & \vdots \\ a_{1n} & a_{2n} & \cdots & a_{nn} \end{vmatrix}.$$

例如，行列式 $D=\begin{vmatrix} 1 & 4 & 7 \\ 2 & 5 & 8 \\ 3 & 6 & 9 \end{vmatrix}$ 的转置行列式为 $D^{\mathrm{T}}=\begin{vmatrix} 1 & 2 & 3 \\ 4 & 5 & 6 \\ 7 & 8 & 9 \end{vmatrix}$.

性质 1.3.1 行列式与其转置行列式的值相等，即

$$\begin{vmatrix} a_{11} & a_{12} & \cdots & a_{1n} \\ a_{21} & a_{22} & \cdots & a_{2n} \\ \vdots & \vdots & & \vdots \\ a_{n1} & a_{n2} & \cdots & a_{nn} \end{vmatrix}=\begin{vmatrix} a_{11} & a_{21} & \cdots & a_{n1} \\ a_{12} & a_{22} & \cdots & a_{n2} \\ \vdots & \vdots & & \vdots \\ a_{1n} & a_{2n} & \cdots & a_{nn} \end{vmatrix}.$$

证明略.

注 性质 1.3.1 说明行列式中行和列具有同样的地位，因此，下面叙述的行列式的性质，凡是对行成立的，对列同样也成立.

例如，
$$\begin{vmatrix} 4 & 5 \\ 2 & 9 \end{vmatrix}=\begin{vmatrix} 4 & 2 \\ 5 & 9 \end{vmatrix}.$$

性质 1.3.2 （换法性质）互换行列式的两行（列），行列式变号，绝对值不变.

证 用交换两行的情况来证明. 由行列式的定义，得

$$D=\begin{vmatrix} a_{11} & a_{12} & \cdots & a_{1n} \\ \vdots & \vdots & & \vdots \\ a_{i1} & a_{i2} & \cdots & a_{in} \\ \vdots & \vdots & & \vdots \\ a_{j1} & a_{j2} & \cdots & a_{jn} \\ \vdots & \vdots & & \vdots \\ a_{n1} & a_{n2} & \cdots & a_{nn} \end{vmatrix}=\sum_{p_1\cdots p_i\cdots p_j\cdots p_n}(-1)^{\tau(p_1\cdots p_i\cdots p_j\cdots p_n)}a_{1p_1}\cdots a_{ip_i}\cdots a_{jp_j}\cdots a_{np_n}$$

$$= -\sum_{p_1\cdots p_j\cdots p_i\cdots p_n}(-1)^{\tau(p_1\cdots p_j\cdots p_i\cdots p_n)}a_{1p_1}\cdots a_{jp_j}\cdots a_{ip_i}\cdots a_{np_n}$$

$$=-\begin{vmatrix} a_{11} & a_{12} & \cdots & a_{1n} \\ \vdots & \vdots & & \vdots \\ a_{j1} & a_{j2} & \cdots & a_{jn} \\ \vdots & \vdots & & \vdots \\ a_{i1} & a_{i2} & \cdots & a_{in} \\ \vdots & \vdots & & \vdots \\ a_{n1} & a_{n2} & \cdots & a_{nn} \end{vmatrix}.$$

行列式的第 i 行记为 r_i，行列式的第 i 列记为 c_i，交换第 i，j 行记为 $r_i \leftrightarrow r_j$，交换第 i，j 列记为 $c_i \leftrightarrow c_j$.

推论 1.3.1 若行列式有两行(列)对应元素相同，则行列式等于零.

证 把行列式 D 中相同的两行(列)互换，有

$$D=-D,$$

故 $D=0$.

性质 1.3.3 (倍法性质)若行列式中某一行(或列)有公因子 k，则公因子 k 可以提到行列式外面，或者说，用 k 乘以行列式的某一行(列)等于用 k 乘以此行列式，即

$$\begin{vmatrix} a_{11} & a_{12} & \cdots & a_{1n} \\ \vdots & \vdots & & \vdots \\ ka_{i1} & ka_{i2} & \cdots & ka_{in} \\ \vdots & \vdots & & \vdots \\ a_{n1} & a_{n2} & \cdots & a_{nn} \end{vmatrix} = k\begin{vmatrix} a_{11} & a_{12} & \cdots & a_{1n} \\ \vdots & \vdots & & \vdots \\ a_{i1} & a_{i2} & \cdots & a_{in} \\ \vdots & \vdots & & \vdots \\ a_{n1} & a_{n2} & \cdots & a_{nn} \end{vmatrix}.$$

证

$$\begin{vmatrix} a_{11} & a_{12} & \cdots & a_{1n} \\ \vdots & \vdots & & \vdots \\ ka_{i1} & ka_{i2} & \cdots & ka_{in} \\ \vdots & \vdots & & \vdots \\ a_{n1} & a_{n2} & \cdots & a_{nn} \end{vmatrix} = \sum_{j_1j_2\cdots j_n}(-1)^{\tau(j_1j_2\cdots j_n)}a_{1j_1}\cdots(ka_{ij_i})\cdots a_{nj_n}$$

$$= k\sum_{j_1j_2\cdots j_n}(-1)^{\tau(j_1j_2\cdots j_n)}a_{1j_1}\cdots a_{ij_i}\cdots a_{nj_n}$$

$$=k\begin{vmatrix} a_{11} & a_{12} & \cdots & a_{1n} \\ \vdots & \vdots & & \vdots \\ a_{i1} & a_{i2} & \cdots & a_{in} \\ \vdots & \vdots & & \vdots \\ a_{n1} & a_{n2} & \cdots & a_{nn} \end{vmatrix}.$$

行列式的第 i 行(或列)乘以 k 记为 kr_i(或 kc_i)，第 i 行(或列)提取公因子 k 记为$\frac{1}{k}r_i\left(\text{或}\frac{1}{k}c_i\right)$，其中 $k\neq0$.

推论 1.3.2 若行列式有两行(列)对应元素成比例，则行列式的值为零.

例如，
$$\begin{vmatrix} a & b & c \\ d & e & f \\ kd & ke & kf \end{vmatrix}=k\begin{vmatrix} a & b & c \\ d & e & f \\ d & e & f \end{vmatrix}=0.$$

性质 1.3.4 (拆分性质)若行列式的某一行(列)元素都是两数之和，则可按照此行(列)将行列式拆成两个行列式的和，即
$$\begin{vmatrix} a_{11} & a_{12} & \cdots & a_{1n} \\ \vdots & \vdots & & \vdots \\ b_{i1}+c_{i1} & b_{i2}+c_{i2} & \cdots & b_{in}+c_{in} \\ \vdots & \vdots & & \vdots \\ a_{n1} & a_{n2} & \cdots & a_{nn} \end{vmatrix}=\begin{vmatrix} a_{11} & a_{12} & \cdots & a_{1n} \\ \vdots & \vdots & & \vdots \\ b_{i1} & b_{i2} & \cdots & b_{in} \\ \vdots & \vdots & & \vdots \\ a_{n1} & a_{n2} & \cdots & a_{nn} \end{vmatrix}+\begin{vmatrix} a_{11} & a_{12} & \cdots & a_{1n} \\ \vdots & \vdots & & \vdots \\ c_{i1} & c_{i2} & \cdots & c_{in} \\ \vdots & \vdots & & \vdots \\ a_{n1} & a_{n2} & \cdots & a_{nn} \end{vmatrix}.$$

证 由行列式的定义可知
$$\begin{aligned}\begin{vmatrix} a_{11} & a_{12} & \cdots & a_{1n} \\ \vdots & \vdots & & \vdots \\ b_{i1}+c_{i1} & b_{i2}+c_{i2} & \cdots & b_{in}+c_{in} \\ \vdots & \vdots & & \vdots \\ a_{n1} & a_{n2} & \cdots & a_{nn} \end{vmatrix} &= \sum_{j_1j_2\cdots j_n}(-1)^{\tau(j_1j_2\cdots j_n)}a_{1j_1}\cdots(b_{ij_i}+c_{ij_i})\cdots a_{nj_n} \\ &= \sum_{j_1j_2\cdots j_n}(-1)^{\tau(j_1j_2\cdots j_n)}a_{1j_1}\cdots b_{ij_i}\cdots a_{nj_n}+ \\ &\quad \sum_{j_1j_2\cdots j_n}(-1)^{\tau(j_1j_2\cdots j_n)}a_{1j_1}\cdots c_{ij_i}\cdots a_{nj_n} \\ &= \begin{vmatrix} a_{11} & a_{12} & \cdots & a_{1n} \\ \vdots & \vdots & & \vdots \\ b_{i1} & b_{i2} & \cdots & b_{in} \\ \vdots & \vdots & & \vdots \\ a_{n1} & a_{n2} & \cdots & a_{nn} \end{vmatrix}+ \\ &\quad \begin{vmatrix} a_{11} & a_{12} & \cdots & a_{1n} \\ \vdots & \vdots & & \vdots \\ c_{i1} & c_{i2} & \cdots & c_{in} \\ \vdots & \vdots & & \vdots \\ a_{n1} & a_{n2} & \cdots & a_{nn} \end{vmatrix}.\end{aligned}$$

性质 1.3.5 （消法性质）把行列式的某一行(列)中每个元素都乘以数 k，加到另一行(列)中对应元素上，行列式的值不变，即

$$\begin{vmatrix} a_{11} & a_{12} & \cdots & a_{1n} \\ \vdots & \vdots & & \vdots \\ a_{i1} & a_{i2} & \cdots & a_{in} \\ \vdots & \vdots & & \vdots \\ a_{j1} & a_{j2} & \cdots & a_{jn} \\ \vdots & \vdots & & \vdots \\ a_{n1} & a_{n2} & \cdots & a_{nn} \end{vmatrix} = \begin{vmatrix} a_{11} & a_{12} & \cdots & a_{1n} \\ \vdots & \vdots & & \vdots \\ a_{i1} & a_{i2} & \cdots & a_{in} \\ \vdots & \vdots & & \vdots \\ a_{j1}+ka_{i1} & a_{j2}+ka_{i2} & \cdots & a_{jn}+ka_{in} \\ \vdots & \vdots & & \vdots \\ a_{n1} & a_{n2} & \cdots & a_{nn} \end{vmatrix}.$$

证 由性质 1.3.4，右端行列式可按照第 j 行写成两个行列式之和，其中一个为第 i 行与第 j 行对应元素成比例的情况，由推论 1.3.2 可知这个行列式值为零，另一个为左端行列式，故性质 1.3.5 成立.

行列式的第 i 行所有元素乘以常数 k 加到第 j 行的对应元素上去(此时行列式第 i 行不变，变化的是 j 行，$i\neq j$)，记为 r_j+kr_i. 同样，第 i 列所有元素乘以 k 加到第 j 列上去(此时行列式第 i 列不变，变化的是 j 列，$i\neq j$)，记为 c_j+kc_i.

1.3.2 行列式性质应用举例

例 1.3.1 计算行列式 $D=\begin{vmatrix} 0 & -1 & 2 & -3 \\ 1 & 3 & -2 & 1 \\ 3 & 4 & -1 & 0 \\ -2 & 0 & 5 & -2 \end{vmatrix}$.

解 由行列式的性质得

$$D=\begin{vmatrix} 0 & -1 & 2 & -3 \\ 1 & 3 & -2 & 1 \\ 3 & 4 & -1 & 0 \\ -2 & 0 & 5 & -2 \end{vmatrix} \xlongequal{r_1+r_2} \begin{vmatrix} 1 & 2 & 0 & -2 \\ 1 & 3 & -2 & 1 \\ 3 & 4 & -1 & 0 \\ -2 & 0 & 5 & -2 \end{vmatrix} \xlongequal[r_4+2r_1]{\substack{r_2-r_1 \\ r_3-3r_1}} \begin{vmatrix} 1 & 2 & 0 & -2 \\ 0 & 1 & -2 & 3 \\ 0 & -2 & -1 & 6 \\ 0 & 4 & 5 & -6 \end{vmatrix}$$

$$=\begin{vmatrix} 1 & 2 & 0 & -2 \\ 0 & 1 & -2 & 3 \\ 0 & 0 & -5 & 12 \\ 0 & 0 & 13 & -18 \end{vmatrix} = \begin{vmatrix} 1 & 2 & 0 & -2 \\ 0 & 1 & -2 & 3 \\ 0 & 0 & -5 & 12 \\ 0 & 0 & 0 & \dfrac{66}{5} \end{vmatrix} = -66.$$

例 1.3.2

$$\text{计算行列式 } D=\begin{vmatrix}3&1&1&1\\1&3&1&1\\1&1&3&1\\1&1&1&3\end{vmatrix}.$$

解 由行列式的性质得

$$D\xlongequal[c_1+c_4]{\substack{c_1+c_2\\c_1+c_3}}\begin{vmatrix}6&1&1&1\\6&3&1&1\\6&1&3&1\\6&1&1&3\end{vmatrix}=6\begin{vmatrix}1&1&1&1\\1&3&1&1\\1&1&3&1\\1&1&1&3\end{vmatrix}\xlongequal[r_4-r_1]{\substack{r_2-r_1\\r_3-r_1}}6\begin{vmatrix}1&1&1&1\\0&2&0&0\\0&0&2&0\\0&0&0&2\end{vmatrix}=48.$$

例 1.3.3

$$\text{计算行列式 } D=\begin{vmatrix}\lambda&b_1&b_2&b_3\\a_1&2&0&0\\a_2&0&3&0\\a_3&0&0&4\end{vmatrix}.$$

解 由行列式的性质得

$$D\xlongequal[c_1-\frac{a_3}{4}c_4]{\substack{c_1-\frac{a_1}{2}c_2\\c_1-\frac{a_2}{3}c_3}}\begin{vmatrix}\lambda-\frac{a_1b_1}{2}-\frac{a_2b_2}{3}-\frac{a_3b_3}{4}&b_1&b_2&b_3\\0&2&0&0\\0&0&3&0\\0&0&0&4\end{vmatrix}$$

$$=24\left(\lambda-\frac{a_1b_1}{2}-\frac{a_2b_2}{3}-\frac{a_3b_3}{4}\right).$$

由例 1.3.1~例 1.3.3 可知，将已知行列式化成上三角形行列式之后再计算行列式值的方法称为上三角形法. 同理有下三角形法.

例 1.3.4 将 $x^4+5x^3+5x^2-5x-6$ 分解因式.

解 $x^4+5x^3+5x^2-5x-6=x^2(x^2+5x+5)-(5x+6)$

$$=\begin{vmatrix}x^2+5x+5&1\\5x+6&x^2\end{vmatrix}\xlongequal{r_2-r_1}\begin{vmatrix}x^2+5x+5&1\\1-x^2&x^2-1\end{vmatrix}$$

$$=(x^2-1)\begin{vmatrix}x^2+5x+5&1\\-1&1\end{vmatrix}$$

$$=(x^2-1)(x^2+5x+6)$$

$$=(x-1)(x+1)(x+2)(x+3).$$

这个方法具有一定的普遍性.

例 1.3.5 求证 $\begin{vmatrix} x+y & y+z & z+x \\ p+q & q+r & r+p \\ a+b & b+c & c+a \end{vmatrix} = 2\begin{vmatrix} x & y & z \\ p & q & r \\ a & b & c \end{vmatrix}$.

证 由行列式的性质得

$$\begin{vmatrix} x+y & y+z & z+x \\ p+q & q+r & r+p \\ a+b & b+c & c+a \end{vmatrix} \xlongequal{c_2-c_1} \begin{vmatrix} x+y & z-x & z+x \\ p+q & r-p & r+p \\ a+b & c-a & c+a \end{vmatrix} \xlongequal{c_3+c_2} \begin{vmatrix} x+y & z-x & 2z \\ p+q & r-p & 2r \\ a+b & c-a & 2c \end{vmatrix}$$

$$= 2\begin{vmatrix} x+y & z-x & z \\ p+q & r-p & r \\ a+b & c-a & c \end{vmatrix} \xlongequal{c_2-c_3} 2\begin{vmatrix} x+y & -x & z \\ p+q & -p & r \\ a+b & -a & c \end{vmatrix} \xlongequal{c_1+c_2} 2\begin{vmatrix} y & -x & z \\ q & -p & r \\ b & -a & c \end{vmatrix}$$

$$\xlongequal[c_1\cdot(-1)]{c_1\leftrightarrow c_2} 2\begin{vmatrix} x & y & z \\ p & q & r \\ a & b & c \end{vmatrix}.$$

故该命题得证.

例 1.3.6 计算行列式

$$D = \begin{vmatrix} 1 & a_1 & a_2 & \cdots & a_n \\ 1 & a_1+b_1 & a_2 & \cdots & a_n \\ 1 & a_1 & a_2+b_2 & \cdots & a_n \\ \vdots & \vdots & \vdots & & \vdots \\ 1 & a_1 & a_2 & \cdots & a_n+b_n \end{vmatrix}.$$

解 由行列式的性质得

$$D \xlongequal[i=2,\cdots,n+1]{r_i+(-1)r_1} \begin{vmatrix} 1 & a_1 & a_2 & \cdots & a_n \\ 0 & b_1 & 0 & \cdots & 0 \\ 0 & 0 & b_2 & \cdots & 0 \\ \vdots & \vdots & \vdots & & \vdots \\ 0 & 0 & 0 & \cdots & b_n \end{vmatrix} = \prod_{i=1}^{n} b_i,$$

其中$\prod$表示连乘积.

习题 1.3 视频详解

习题 1.3

1. 计算下列行列式.

(1) $\begin{vmatrix} 1 & 2 & 3 & 4 \\ -2 & -1 & -5 & -2 \\ 3 & -5 & 6 & 3 \\ -4 & -2 & -3 & -4 \end{vmatrix}$;

(2) $\begin{vmatrix} -2 & 2 & -4 & 0 \\ 4 & -1 & 3 & 5 \\ 3 & 1 & -2 & -3 \\ 2 & 0 & 5 & 1 \end{vmatrix}$;

(3) $\begin{vmatrix} 1 & -1 & 1 & x-1 \\ 1 & -1 & x+1 & -1 \\ 1 & y-1 & 1 & -1 \\ y+1 & -1 & 1 & -1 \end{vmatrix}$;

(4) $\begin{vmatrix} 7 & 1 & 2 & 3 \\ 1 & 1 & 0 & 0 \\ 2 & 0 & 2 & 0 \\ 3 & 0 & 0 & 3 \end{vmatrix}$; (5) $\begin{vmatrix} 2 & 1 & 1 & 1 \\ 1 & 2 & 1 & 1 \\ 1 & 1 & 2 & 1 \\ 1 & 1 & 1 & 2 \end{vmatrix}$;

(6) $\begin{vmatrix} 1 & a & b & c \\ a & 2 & 0 & 0 \\ b & 0 & 3 & 0 \\ c & 0 & 0 & 4 \end{vmatrix}$; (7) $\begin{vmatrix} x & -1 & 0 & 0 \\ 0 & x & -1 & 0 \\ 0 & 0 & x & -1 \\ 4 & 3 & 2 & 1 \end{vmatrix}$;

(8) $\begin{vmatrix} 1823 & 823 & 23 & 3 \\ 1549 & 549 & 49 & 9 \\ 1667 & 667 & 67 & 7 \\ 1986 & 986 & 86 & 6 \end{vmatrix}$;

(9) $\begin{vmatrix} a & b & c & d \\ a & a+b & a+b+c & a+b+c+d \\ a & 2a+b & 3a+2b+c & 4a+3b+2c+d \\ a & 3a+b & 6a+3b+c & 10a+6b+3c+d \end{vmatrix}$;

(10) $\begin{vmatrix} x & y & 0 & 0 \\ 0 & x & y & 0 \\ 0 & 0 & x & y \\ y & 0 & 0 & x \end{vmatrix}$.

2. 证明下列不等式.

(1) $\begin{vmatrix} ax+by & ay+bz & az+bx \\ ay+bz & az+bx & ax+by \\ az+bx & ax+by & ay+bz \end{vmatrix} = (a^3+b^3)\begin{vmatrix} x & y & z \\ y & z & x \\ z & x & y \end{vmatrix}$;

(2) $\begin{vmatrix} a^2 & (a+1)^2 & (a+2)^2 & (a+3)^2 \\ b^2 & (b+1)^2 & (b+2)^2 & (b+3)^2 \\ c^2 & (c+1)^2 & (c+2)^2 & (c+3)^2 \\ d^2 & (d+1)^2 & (d+2)^2 & (d+3)^2 \end{vmatrix} = 0$.

3. 计算下列 n 阶行列式.

(1) $\begin{vmatrix} 0 & 1 & \cdots & 1 & 1 \\ 1 & 0 & \cdots & 1 & 1 \\ \vdots & \vdots & & \vdots & \vdots \\ 1 & 1 & \cdots & 0 & 1 \\ 1 & 1 & \cdots & 1 & 0 \end{vmatrix}$;

(2) $\begin{vmatrix} a-b & b & \cdots & b \\ b & a-b & \cdots & b \\ \vdots & \vdots & & \vdots \\ b & b & \cdots & a-b \end{vmatrix}$;

(3) $\begin{vmatrix} a_1-b_1 & a_1-b_2 & \cdots & a_1-b_n \\ a_2-b_1 & a_2-b_2 & \cdots & a_2-b_n \\ \vdots & \vdots & & \vdots \\ a_n-b_1 & a_n-b_2 & \cdots & a_n-b_n \end{vmatrix}$;

(4) $\begin{vmatrix} a_1-m & a_2 & \cdots & a_n \\ a_1 & a_2-m & \cdots & a_n \\ \vdots & \vdots & & \vdots \\ a_1 & a_2 & \cdots & a_n-m \end{vmatrix}$.

4. 将 $x^4+3x^3+x^2-3x-2$ 分解因式.

1.4 行列式按行(列)展开

微课视频：
行列式按行(列)展开

利用行列式的定义和性质可以计算一些行列式，但这些方法对低阶行列式和有规律的高阶行列式有效，对于一般的高阶行列式的计算还要探讨新的方法. 由于低阶行列式比高阶行列式容易计算，找到一个用低阶行列式来表达高阶行列式的公式是本节的主要内容.

1.4.1 余子式、代数余子式

定义 1.4.1 在 $n(n\geqslant 2)$ 阶行列式 $D=|a_{ij}|_n$ 中去掉元素 a_{ij}所在

的第 i 行和第 j 列后，余下的元素按原来的位置构成的 $n-1$ 阶行列式称为 D 的 (i,j) 元 a_{ij} 的余子式，记为 M_{ij}，即

$$M_{ij}=\begin{vmatrix} a_{11} & \cdots & a_{1,j-1} & a_{1,j+1} & \cdots & a_{1n} \\ \vdots & & \vdots & \vdots & & \vdots \\ a_{i-1,1} & \cdots & a_{i-1,j-1} & a_{i-1,j+1} & \cdots & a_{i-1,n} \\ a_{i+1,1} & \cdots & a_{i+1,j-1} & a_{i+1,j+1} & \cdots & a_{i+1,n} \\ \vdots & & \vdots & \vdots & & \vdots \\ a_{n1} & \cdots & a_{n,j-1} & a_{n,j+1} & \cdots & a_{nn} \end{vmatrix};$$

称 $A_{ij}=(-1)^{i+j}M_{ij}$ 为 D 的 (i,j) 元 a_{ij} 的代数余子式. 约定一阶行列式 $|a_{11}|$ 的代数余子式 $A_{11}=1$.

例 1.4.1　已知三阶行列式 $D=\begin{vmatrix} 1 & 2 & 3 \\ 2 & 3 & 4 \\ 3 & 5 & 7 \end{vmatrix}$，写出第一行 3 个元素的余子式，并计算相应的代数余子式.

解　由定义 1.4.1 可知第一行 3 个元素的余子式分别为

$$M_{11}=\begin{vmatrix} 3 & 4 \\ 5 & 7 \end{vmatrix}=1,\quad M_{12}=\begin{vmatrix} 2 & 4 \\ 3 & 7 \end{vmatrix}=2,\quad M_{13}=\begin{vmatrix} 2 & 3 \\ 3 & 5 \end{vmatrix}=1.$$

相应的代数余子式为

$$A_{11}=M_{11}=1,\quad A_{12}=-M_{12}=-2,\quad A_{13}=M_{13}=1.$$

例 1.4.2　证明

$$D=\begin{vmatrix} a_{11} & a_{12} & \cdots & a_{1,n-1} & 0 \\ a_{21} & a_{22} & \cdots & a_{2,n-1} & 0 \\ \vdots & \vdots & & \vdots & \vdots \\ a_{n-1,1} & a_{n-1,2} & \cdots & a_{n-1,n-1} & 0 \\ a_{n1} & a_{n2} & \cdots & a_{n,n-1} & a_{nn} \end{vmatrix}=a_{nn}\begin{vmatrix} a_{11} & a_{12} & \cdots & a_{1,n-1} \\ a_{21} & a_{22} & \cdots & a_{2,n-1} \\ \vdots & \vdots & & \vdots \\ a_{n-1,1} & a_{n-1,2} & \cdots & a_{n-1,n-1} \end{vmatrix}.$$

证　由 n 阶行列式的定义可得

$$D=\begin{vmatrix} a_{11} & a_{12} & \cdots & a_{1,n-1} & 0 \\ a_{21} & a_{22} & \cdots & a_{2,n-1} & 0 \\ \vdots & \vdots & & \vdots & \vdots \\ a_{n-1,1} & a_{n-1,2} & \cdots & a_{n-1,n-1} & 0 \\ a_{n1} & a_{n2} & \cdots & a_{n,n-1} & a_{nn} \end{vmatrix}$$

$$=\sum_{j_1j_2\cdots j_n}(-1)^{\tau(j_1j_2\cdots j_n)}a_{1j_1}a_{2j_2}\cdots a_{nj_n}$$

$$= \sum_{j_1 j_2 \cdots j_{n-1}} (-1)^{\tau(j_1 j_2 \cdots j_{n-1})} a_{1j_1} a_{2j_2} \cdots a_{n-1,j_{n-1}} a_{nn}$$

$$= a_{nn} \begin{vmatrix} a_{11} & a_{12} & \cdots & a_{1,n-1} \\ a_{21} & a_{22} & \cdots & a_{2,n-1} \\ \vdots & \vdots & & \vdots \\ a_{n-1,1} & a_{n-1,2} & \cdots & a_{n-1,n-1} \end{vmatrix}.$$

1.4.2 行列式的展开定理

定理 1.4.1 设 $D = \begin{vmatrix} a_{11} & a_{12} & \cdots & a_{1n} \\ a_{21} & a_{22} & \cdots & a_{2n} \\ \vdots & \vdots & & \vdots \\ a_{n1} & a_{n2} & \cdots & a_{nn} \end{vmatrix}$，$A_{ij}(1 \leqslant i,\ j \leqslant n)$ 为 D 的 $(i,\ j)$ 元 a_{ij} 的代数余子式，则

(1) $D = a_{k1}A_{k1} + a_{k2}A_{k2} + \cdots + a_{kn}A_{kn} = \sum_{j=1}^{n} a_{kj}A_{kj}$，$\forall k \in \{1,2,\cdots,n\}$；

(2) $D = a_{1l}A_{1l} + a_{2l}A_{2l} + \cdots + a_{nl}A_{nl} = \sum_{i=1}^{n} a_{il}A_{il}$，$\forall l \in \{1,2,\cdots,n\}$.

证 下面只证(2)，(1)同理可证. 因为 A_{ij} 为行列式 D 的 $(i,\ j)$ 元 a_{ij} 的代数余子式$(1 \leqslant i, j \leqslant n)$，于是由行列式的性质 1.3.4 和例 1.4.2 的结论可得

$$D = \begin{vmatrix} a_{11} & \cdots & a_{1l} & \cdots & a_{1n} \\ a_{21} & \cdots & a_{2l} & \cdots & a_{2n} \\ \vdots & & \vdots & & \vdots \\ a_{n1} & \cdots & a_{nl} & \cdots & a_{nn} \end{vmatrix} = \begin{vmatrix} a_{11} & \cdots & a_{1l}+0+\cdots+0 & \cdots & a_{1n} \\ a_{21} & \cdots & 0+a_{2l}+\cdots+0 & \cdots & a_{2n} \\ \vdots & & \vdots & & \vdots \\ a_{n1} & \cdots & 0+0+\cdots+a_{nl} & \cdots & a_{nn} \end{vmatrix}$$

$$= \begin{vmatrix} a_{11} & \cdots & a_{1l} & \cdots & a_{1n} \\ a_{21} & \cdots & 0 & \cdots & a_{2n} \\ \vdots & & \vdots & & \vdots \\ a_{n1} & \cdots & 0 & \cdots & a_{nn} \end{vmatrix} + \begin{vmatrix} a_{11} & \cdots & 0 & \cdots & a_{1n} \\ a_{21} & \cdots & a_{2l} & \cdots & a_{2n} \\ \vdots & & \vdots & & \vdots \\ a_{n1} & \cdots & 0 & \cdots & a_{nn} \end{vmatrix} + \cdots +$$

$$\begin{vmatrix} a_{11} & \cdots & 0 & \cdots & a_{1n} \\ a_{21} & \cdots & 0 & \cdots & a_{2n} \\ \vdots & & \vdots & & \vdots \\ a_{n1} & \cdots & a_{nl} & \cdots & a_{nn} \end{vmatrix}$$

$$= a_{1l}A_{1l} + a_{2l}A_{2l} + \cdots + a_{nl}A_{nl}.$$

利用定理 1.4.1 计算行列式值的方法称为降阶法.

例 1.4.3

$$\text{计算行列式 } D=\begin{vmatrix}1&2&3&4\\0&1&2&0\\0&3&4&0\\0&5&6&7\end{vmatrix}.$$

解　利用定理 1.4.1 将行列式按照第 1 列展开得

$$D=(-1)^{1+1}\times1\times\begin{vmatrix}1&2&0\\3&4&0\\5&6&7\end{vmatrix}=(-1)^{3+3}\times7\times\begin{vmatrix}1&2\\3&4\end{vmatrix}=-14.$$

例 1.4.4　计算行列式

$$D_n=\begin{vmatrix}x&y&0&\cdots&0&0\\0&x&y&\cdots&0&0\\0&0&x&\cdots&0&0\\\vdots&\vdots&\vdots&&\vdots&\vdots\\0&0&0&\cdots&x&y\\y&0&0&\cdots&0&x\end{vmatrix}(n\geqslant2).$$

解　将 D_n 按第 1 列展开，得

$$D_n=x(-1)^{1+1}\begin{vmatrix}x&y&\cdots&0&0\\0&x&\cdots&0&0\\\vdots&\vdots&&\vdots&\vdots\\0&0&\cdots&x&y\\0&0&\cdots&0&x\end{vmatrix}+y(-1)^{n+1}\begin{vmatrix}y&0&\cdots&0&0\\x&y&\cdots&0&0\\0&x&\cdots&0&0\\\vdots&\vdots&&\vdots&\vdots\\0&0&\cdots&x&y\end{vmatrix}$$

$$=x^n+(-1)^{n+1}y^n.$$

例 1.4.5　计算行列式

$$D_n=\begin{vmatrix}9&5&0&\cdots&0&0\\4&9&5&\cdots&0&0\\0&4&9&\cdots&0&0\\\vdots&\vdots&\vdots&&\vdots&\vdots\\0&0&0&\cdots&9&5\\0&0&0&\cdots&4&9\end{vmatrix}(n\geqslant2).$$

解　将 D_n 按第 1 列展开，得

$$D_n=9D_{n-1}-4\begin{vmatrix}5&0&\cdots&0&0\\4&9&\cdots&0&0\\\vdots&\vdots&&\vdots&\vdots\\0&0&\cdots&9&5\\0&0&\cdots&4&9\end{vmatrix}=9D_{n-1}-20D_{n-2}.$$

于是有

$$D_n-5D_{n-1}=4D_{n-1}-20D_{n-2}=4(D_{n-1}-5D_{n-2})=4^2(D_{n-2}-5D_{n-3}),$$
$$=4^{n-2}(D_2-5D_1)=4^{n-2}(61-5\times 9)=4^n,$$

及

$$D_n-4D_{n-1}=5D_{n-1}-20D_{n-2}=5(D_{n-1}-4D_{n-2})=5^2(D_{n-2}-4D_{n-3}),$$
$$=5^{n-2}(D_2-4D_1)=5^{n-2}(61-4\times 9)=5^n,$$

从上面两式中消去 D_{n-1} 得

$$D_n=5^{n+1}-4^{n+1}.$$

例 1.4.5 的解题方法是找到了递推关系式求行列式值，称该方法为递推公式法.

微课视频：
范德蒙德行列式

例 1.4.6 计算行列式 $D_n=\begin{vmatrix} 1 & 1 & \cdots & 1 & 1 \\ a_1 & a_2 & \cdots & a_{n-1} & a_n \\ a_1^2 & a_2^2 & \cdots & a_{n-1}^2 & a_n^2 \\ \vdots & \vdots & & \vdots & \vdots \\ a_1^{n-2} & a_2^{n-2} & \cdots & a_{n-1}^{n-2} & a_n^{n-2} \\ a_1^{n-1} & a_2^{n-1} & \cdots & a_{n-1}^{n-1} & a_n^{n-1} \end{vmatrix}$ $(n\geqslant 2)$.

解　当 $n\geqslant 3$ 时，从第 $n-1$ 行开始到第 1 行为止，每行元素依次乘 $-a_n$ 后加到相邻的下一行上得

$$D_n=\begin{vmatrix} 1 & 1 & \cdots & 1 & 1 \\ a_1-a_n & a_2-a_n & \cdots & a_{n-1}-a_n & 0 \\ a_1(a_1-a_n) & a_2(a_2-a_n) & \cdots & a_{n-1}(a_{n-1}-a_n) & 0 \\ \vdots & \vdots & & \vdots & \vdots \\ a_1^{n-3}(a_1-a_n) & a_2^{n-3}(a_2-a_n) & \cdots & a_{n-1}^{n-3}(a_{n-1}-a_n) & 0 \\ a_1^{n-2}(a_1-a_n) & a_2^{n-2}(a_2-a_n) & \cdots & a_{n-1}^{n-2}(a_{n-1}-a_n) & 0 \end{vmatrix},$$

再按第 n 列展开得

$$D_n=(-1)^{1+n}\times 1\times\begin{vmatrix} a_1-a_n & a_2-a_n & \cdots & a_{n-1}-a_n \\ a_1(a_1-a_n) & a_2(a_2-a_n) & \cdots & a_{n-1}(a_{n-1}-a_n) \\ \vdots & \vdots & & \vdots \\ a_1^{n-3}(a_1-a_n) & a_2^{n-3}(a_2-a_n) & \cdots & a_{n-1}^{n-3}(a_{n-1}-a_n) \\ a_1^{n-2}(a_1-a_n) & a_2^{n-2}(a_2-a_n) & \cdots & a_{n-1}^{n-2}(a_{n-1}-a_n) \end{vmatrix}$$

$$=(-1)^{1+n}(a_1-a_n)(a_2-a_n)\cdots(a_{n-1}-a_n)D_{n-1}$$
$$=(a_n-a_1)(a_n-a_2)\cdots(a_n-a_{n-1})D_{n-1}.$$

已知 $D_2=\begin{vmatrix} 1 & 1 \\ a_1 & a_2 \end{vmatrix}=a_2-a_1$，再结合上面的递推关系得

$$D_n=(a_n-a_1)(a_n-a_2)\cdots(a_n-a_{n-1})$$
$$\cdot(a_{n-1}-a_1)(a_{n-1}-a_2)\cdots(a_{n-1}-a_{n-2})$$

$$\cdots(a_3-a_1)(a_3-a_2)(a_2-a_1)=\prod_{1\leqslant j<i\leqslant n}(a_i-a_j).$$

称例 1.4.6 中的 n 阶行列式为范德蒙德(Vandermonde)行列式.

例 1.4.7 计算行列式 $\begin{vmatrix} 7 & 8 & 9 \\ 7^2 & 8^2 & 9^2 \\ 17 & 16 & 15 \end{vmatrix}$.

解 $$\begin{vmatrix} 7 & 8 & 9 \\ 7^2 & 8^2 & 9^2 \\ 17 & 16 & 15 \end{vmatrix} \xlongequal{r_3+r_1} \begin{vmatrix} 7 & 8 & 9 \\ 7^2 & 8^2 & 9^2 \\ 24 & 24 & 24 \end{vmatrix} = 24\begin{vmatrix} 7 & 8 & 9 \\ 7^2 & 8^2 & 9^2 \\ 1 & 1 & 1 \end{vmatrix}$$

$$=24\begin{vmatrix} 1 & 1 & 1 \\ 7 & 8 & 9 \\ 7^2 & 8^2 & 9^2 \end{vmatrix}=48.$$

定理 1.4.2 设 $D=\begin{vmatrix} a_{11} & a_{12} & \cdots & a_{1n} \\ a_{21} & a_{22} & \cdots & a_{2n} \\ \vdots & \vdots & & \vdots \\ a_{n1} & a_{n2} & \cdots & a_{nn} \end{vmatrix}$, $A_{ij}(1\leqslant i,j\leqslant n)$为 D 的 (i,j)元 a_{ij}的代数余子式, 则

(1) $\sum\limits_{j=1}^{n} a_{ij}A_{kj}=a_{i1}A_{k1}+a_{i2}A_{k2}+\cdots+a_{in}A_{kn}=0$, $\forall\, i\neq k$;

(2) $\sum\limits_{i=1}^{n} a_{il}A_{ij}=a_{1l}A_{1j}+a_{2l}A_{2j}+\cdots+a_{nl}A_{nj}=0$, $\forall\, l\neq j$.

证 下面只证(1), (2)同理可证. 因为 $A_{ij}(1\leqslant i,j\leqslant n)$为 D 的 (i,j)元 a_{ij}的代数余子式. 设

$$D_1=\begin{vmatrix} a_{11} & a_{12} & \cdots & a_{1n} \\ \vdots & \vdots & & \vdots \\ a_{i1} & a_{i2} & \cdots & a_{in} \\ \vdots & \vdots & & \vdots \\ a_{i1} & a_{i2} & \cdots & a_{in} \\ \vdots & \vdots & & \vdots \\ a_{n1} & a_{n2} & \cdots & a_{nn} \end{vmatrix} \begin{matrix} \\ \\ i \\ \\ k \\ \\ \\ \end{matrix}.$$

因为 D_1 的第 i 行和第 k 行相同, 由推论 1.3.1 知 $D_1=0$. 又因为 D_1 按第 k 行展开为

$$D_1=a_{i1}A_{k1}+a_{i2}A_{k2}+\cdots+a_{in}A_{kn},\quad \forall\, i\neq k,$$

故

$$\sum_{j=1}^{n} a_{ij}A_{kj} = a_{i1}A_{k1} + a_{i2}A_{k2} + \cdots + a_{in}A_{kn} = 0, \quad \forall\, i \neq k.$$

微课视频：
行列式计算

例 1.4.8 设 $|a_{ij}|_4 = \begin{vmatrix} 3 & 6 & 9 & 5 \\ 2 & 4 & 0 & 7 \\ 1 & 2 & 0 & 3 \\ 5 & 6 & 4 & 3 \end{vmatrix}$，$A_{ij}(1 \leqslant i, j \leqslant 4)$ 为 $|a_{ij}|_4$ 的 (i, j) 元 a_{ij} 的代数余子式，求

(1) $A_{41}+2A_{42}+3A_{44}$；

(2) $A_{41}+A_{42}+A_{44}$；

(3) $6A_{11}+7A_{21}+3A_{31}+3A_{41}$.

解 (1) 因 $A_{41}+2A_{42}+3A_{44} = 1A_{41}+2A_{42}+0A_{43}+3A_{44}$，它们是行列式 $|a_{ij}|_4$ 的第 3 行的所有元素与第 4 行的对应元素的代数余子式乘积之和，所以由定理 1.4.2 得

$$A_{41}+2A_{42}+3A_{44} = 1A_{41}+2A_{42}+0A_{43}+3A_{44} = 0.$$

(2) 因为 $A_{41}+A_{42}+A_{44} = 1A_{41}+1A_{42}+0A_{43}+1A_{44}$，而行列式 $|a_{ij}|_4$ 中没有一行的元素是 1，1，0，1，因此构造一个行列式，使得

$$A_{41}+A_{42}+A_{44} = \begin{vmatrix} 3 & 6 & 9 & 5 \\ 2 & 4 & 0 & 7 \\ 1 & 2 & 0 & 3 \\ 1 & 1 & 0 & 1 \end{vmatrix} = 9\begin{vmatrix} 2 & 4 & 7 \\ 1 & 2 & 3 \\ 1 & 1 & 1 \end{vmatrix} = 9\begin{vmatrix} 0 & 2 & 5 \\ 0 & 1 & 2 \\ 1 & 1 & 1 \end{vmatrix} = -9.$$

(3) 因为 $6A_{11}+7A_{21}+3A_{31}+3A_{41}$，而 $|a_{ij}|_4$ 中没有一列的元素是 6，7，3，3，因此构造一个行列式，使得

$$6A_{11}+7A_{21}+3A_{31}+3A_{41} = \begin{vmatrix} 6 & 6 & 9 & 5 \\ 7 & 4 & 0 & 7 \\ 3 & 2 & 0 & 3 \\ 3 & 6 & 4 & 3 \end{vmatrix} \xlongequal{c_1 - c_4} \begin{vmatrix} 1 & 6 & 9 & 5 \\ 0 & 4 & 0 & 7 \\ 0 & 2 & 0 & 3 \\ 0 & 6 & 4 & 3 \end{vmatrix}$$

$$= \begin{vmatrix} 4 & 0 & 7 \\ 2 & 0 & 3 \\ 6 & 4 & 3 \end{vmatrix} = -4\begin{vmatrix} 4 & 7 \\ 2 & 3 \end{vmatrix} = 8.$$

例 1.4.9 证明

$$\begin{vmatrix} a_{11} & \cdots & a_{1n} & * & \cdots & * \\ \vdots & & \vdots & \vdots & & \vdots \\ a_{n1} & \cdots & a_{nn} & * & \cdots & * \\ 0 & \cdots & 0 & b_{11} & \cdots & b_{1m} \\ \vdots & & \vdots & \vdots & & \vdots \\ 0 & \cdots & 0 & b_{m1} & \cdots & b_{mm} \end{vmatrix} = \begin{vmatrix} a_{11} & \cdots & a_{1n} \\ \vdots & & \vdots \\ a_{n1} & \cdots & a_{nn} \end{vmatrix} \begin{vmatrix} b_{11} & \cdots & b_{1m} \\ \vdots & & \vdots \\ b_{m1} & \cdots & b_{mm} \end{vmatrix}. \tag{1.4.1}$$

证 设 $D_1=\begin{vmatrix} a_{11} & \cdots & a_{1n} \\ \vdots & & \vdots \\ a_{n1} & \cdots & a_{nn} \end{vmatrix}$，$D_2=\begin{vmatrix} b_{11} & \cdots & b_{1m} \\ \vdots & & \vdots \\ b_{m1} & \cdots & b_{mm} \end{vmatrix}$，$D_1$ 中元素 a_{ij}的余子式为 M_{ij}，代数余子式为 A_{ij}. 利用数学归纳法来证.

当 $n=1$ 时，$D_1=a_{11}$，式(1.4.1)可以写为

$$\begin{vmatrix} a_{11} & * & \cdots & * \\ 0 & b_{11} & \cdots & b_{1m} \\ \vdots & \vdots & & \vdots \\ 0 & b_{m1} & \cdots & b_{mm} \end{vmatrix}=a_{11}\begin{vmatrix} b_{11} & \cdots & b_{1m} \\ \vdots & & \vdots \\ b_{m1} & \cdots & b_{mm} \end{vmatrix}=a_{11}D_2=D_1D_2.$$

假设当 D_1 为 $n-1$ 阶行列式时，结论成立；则当 D_1 为 n 阶行列式时，将式(1.4.1)按照第一列展开得

$$\begin{vmatrix} a_{11} & \cdots & a_{1n} & * & \cdots & * \\ \vdots & & \vdots & \vdots & & \vdots \\ a_{n1} & \cdots & a_{nn} & * & \cdots & * \\ 0 & \cdots & 0 & b_{11} & \cdots & b_{1m} \\ \vdots & & \vdots & \vdots & & \vdots \\ 0 & \cdots & 0 & b_{m1} & \cdots & b_{mm} \end{vmatrix}$$

$$=\sum_{i=1}^{n}(-1)^{i+1}a_{i1}\begin{vmatrix} a_{12} & \cdots & a_{1n} & * & \cdots & * \\ \vdots & & \vdots & \vdots & & \vdots \\ a_{i-1,2} & \cdots & a_{i-1,n} & * & \cdots & * \\ a_{i+1,2} & \cdots & a_{i+1,n} & * & \cdots & * \\ \vdots & & \vdots & \vdots & & \vdots \\ a_{n2} & \cdots & a_{nn} & * & \cdots & * \\ 0 & \cdots & 0 & b_{11} & \cdots & b_{1m} \\ \vdots & \vdots & \vdots & \vdots & & \vdots \\ 0 & \cdots & 0 & b_{m1} & \cdots & b_{mm} \end{vmatrix}$$

$$=\sum_{i=1}^{n}(-1)^{i+1}a_{i1}M_{i1}D_2$$

$$=\left(\sum_{i=1}^{n}(-1)^{i+1}a_{i1}M_{i1}\right)D_2$$

$$=\left(\sum_{i=1}^{n}a_{i1}A_{i1}\right)D_2$$

$$=D_1D_2.$$

例 1.4.10 计算 4 阶行列式

$$D=\begin{vmatrix} a & 0 & 0 & b \\ 0 & a & b & 0 \\ 0 & b & a & 0 \\ b & 0 & 0 & a \end{vmatrix}.$$

解 $D=\begin{vmatrix} a & 0 & 0 & b \\ 0 & a & b & 0 \\ 0 & b & a & 0 \\ b & 0 & 0 & a \end{vmatrix}\xlongequal{r_2\leftrightarrow r_4}-\begin{vmatrix} a & 0 & 0 & b \\ b & 0 & 0 & a \\ 0 & b & a & 0 \\ 0 & a & b & 0 \end{vmatrix}$

$$\xlongequal{c_2\leftrightarrow c_4}\begin{vmatrix} a & b & 0 & 0 \\ b & a & 0 & 0 \\ 0 & 0 & a & b \\ 0 & 0 & b & a \end{vmatrix}=\begin{vmatrix} a & b \\ b & a \end{vmatrix}\begin{vmatrix} a & b \\ b & a \end{vmatrix}=(a^2-b^2)^2.$$

习题 1.4 视频详解

习题 1.4

1. 计算下列行列式的所有代数余子式.

(1) $\begin{vmatrix} a & b \\ c & d \end{vmatrix}$;　　(2) $\begin{vmatrix} 1 & -1 & 1 \\ 1 & 1 & 0 \\ 2 & 1 & 1 \end{vmatrix}$.

2. 计算下列行列式.

(1) $\begin{vmatrix} 4 & 5 & 0 & 0 \\ 1 & 0 & 3 & 0 \\ 2 & 1 & 4 & 6 \\ -1 & 1 & 4 & 0 \end{vmatrix}$;　(2) $\begin{vmatrix} 1 & 1 & 1 & 1 \\ 1 & 3 & 2 & 4 \\ 1 & 9 & 4 & 16 \\ 1 & 27 & 8 & 64 \end{vmatrix}$;

(3) $\begin{vmatrix} 1 & 1 & 1 & 1 \\ 2 & 2^2 & 2^3 & 2^4 \\ 3 & 3^2 & 3^3 & 3^4 \\ 4 & 4^2 & 4^3 & 4^4 \end{vmatrix}$;

(4) $\begin{vmatrix} 1 & x_1+1 & x_1^2+x_1 & x_1^3+x_1 \\ 1 & x_2+1 & x_2^2+x_2 & x_2^3+x_2 \\ 1 & x_3+1 & x_3^2+x_3 & x_3^3+x_3 \\ 1 & x_4+1 & x_4^2+x_4 & x_4^3+x_4 \end{vmatrix}$;

(5) $\begin{vmatrix} 1 & 2 & 7 & 5 \\ 4 & 6 & 3 & 8 \\ 0 & 0 & 3 & 6 \\ 0 & 0 & 4 & 9 \end{vmatrix}$;

(6) $\begin{vmatrix} 3 & 0 & 0 & 0 & 0 \\ 7 & 5 & 0 & 0 & 0 \\ 1 & 6 & 7 & 8 & 9 \\ 2 & 8 & 49 & 64 & 81 \\ 4 & 9 & 51 & 36 & 19 \end{vmatrix}$.

3. 求解方程 $\begin{vmatrix} 1 & 1 & 1 \\ 4 & 6 & x \\ 16 & 36 & x^2 \end{vmatrix}=0$.

4. 行列式 $D=\begin{vmatrix} 1 & -5 & 1 & 7 \\ 1 & 4 & 0 & 8 \\ 1 & 7 & 0 & 6 \\ 2 & 2 & 3 & 5 \end{vmatrix}$，计算 $A_{14}+A_{24}+A_{34}+A_{44}$，其中 A_{i4} 为 D 的 $(i,4)$ $(i=1,2,3,4)$ 元的代数余子式.

5. 计算 5 阶行列式 $D=\begin{vmatrix} 1 & 1 & 1 & 1 & 1 \\ 0 & 1 & 1 & 1 & 1 \\ 0 & 0 & 1 & 1 & 1 \\ 0 & 0 & 0 & 1 & 1 \\ 0 & 0 & 0 & 0 & 1 \end{vmatrix}$ 的所有元素的代数余子式之和.

6. 计算行列式 $D_n=\begin{vmatrix} x & 0 & 0 & \cdots & 0 & a_n \\ -1 & x & 0 & \cdots & 0 & a_{n-1} \\ 0 & -1 & x & \cdots & 0 & a_{n-2} \\ \vdots & \vdots & \vdots & & \vdots & \vdots \\ 0 & 0 & 0 & \cdots & -1 & x+a_1 \end{vmatrix}$.

7. 计算 n 阶行列式
$$\begin{vmatrix} a+b & ab & 0 & \cdots & 0 & 0 \\ 1 & a+b & ab & \cdots & 0 & 0 \\ 0 & 1 & a+b & \cdots & 0 & 0 \\ \vdots & \vdots & \vdots & & \vdots & \vdots \\ 0 & 0 & 0 & \cdots & a+b & ab \\ 0 & 0 & 0 & \cdots & 1 & a+b \end{vmatrix}.$$

1.5 克拉默法则

在 1.1 节中求解含有 2 个未知量的线性方程组

$$\begin{cases} a_{11}x_1+a_{12}x_2=b_1, \\ a_{21}x_1+a_{22}x_2=b_2, \end{cases}$$

得出当 $D=\begin{vmatrix} a_{11} & a_{12} \\ a_{21} & a_{22} \end{vmatrix}\neq 0$ 时，方程组有唯一解 $x_1=\dfrac{D_1}{D}$，$x_2=\dfrac{D_2}{D}$，其中

$$D_1=\begin{vmatrix} b_1 & a_{12} \\ b_2 & a_{22} \end{vmatrix},\quad D_2=\begin{vmatrix} a_{11} & b_1 \\ a_{21} & b_2 \end{vmatrix}.$$

微课视频：
克拉默法则

可以将上述结论推广到 n 个未知量、n 个方程的情况，这就是下面要讨论的克拉默法则.

线性方程组

$$\begin{cases} a_{11}x_1+a_{12}x_2+\cdots+a_{1n}x_n=b_1, \\ a_{21}x_1+a_{22}x_2+\cdots+a_{2n}x_n=b_2, \\ \qquad\vdots \\ a_{n1}x_1+a_{n2}x_2+\cdots+a_{nn}x_n=b_n, \end{cases} \tag{1.5.1}$$

其中 x_1，x_2，$\cdots$，x_n 表示 n 个未知量，$a_{ij}(i=1,2,\cdots,n,\ j=1,2,\cdots,n)$ 为线性方程组(1.5.1)的系数，$b_j(j=1,2,\cdots,n)$ 为常数.

定理 1.5.1 若线性方程组(1.5.1)的系数行列式

$$D=\begin{vmatrix} a_{11} & a_{12} & \cdots & a_{1n} \\ a_{21} & a_{22} & \cdots & a_{2n} \\ \vdots & \vdots & & \vdots \\ a_{n1} & a_{n2} & \cdots & a_{nn} \end{vmatrix}\neq 0,$$

则方程组(1.5.1)有唯一解

$$x_1=\frac{D_1}{D},\ x_2=\frac{D_2}{D},\ \cdots,\ x_n=\frac{D_n}{D}, \tag{1.5.2}$$

其中 $D_j(j=1,2,\cdots,n)$ 是将系数行列式 D 的第 j 列换成常数项所得的 n 阶行列式，即

$$D_j=\begin{vmatrix} a_{11} & \cdots & a_{1,j-1} & b_1 & a_{1,j+1} & \cdots & a_{1n} \\ a_{21} & \cdots & a_{2,j-1} & b_2 & a_{2,j+1} & \cdots & a_{2n} \\ \vdots & & \vdots & \vdots & \vdots & & \vdots \\ a_{n1} & \cdots & a_{n,j-1} & b_n & a_{n,j+1} & \cdots & a_{nn} \end{vmatrix}.$$

定理 1.5.1 称为克拉默法则.

证　先验证式(1.5.2)是方程组(1.5.1)的解，将 $x_1=\dfrac{D_1}{D}$，$x_2=\dfrac{D_2}{D}$，…，$x_n=\dfrac{D_n}{D}$ 代入方程组(1.5.1)的第 $i(i=1,2,\cdots,n)$ 个方程得

$$a_{i1}x_1+a_{i2}x_2+\cdots+a_{in}x_n=a_{i1}\frac{D_1}{D}+a_{i2}\frac{D_2}{D}+\cdots+a_{in}\frac{D_n}{D}=\frac{1}{D}\sum_{j=1}^{n}a_{ij}D_j.$$

将 D_j 按第 j 列展开得 $D_j=b_1A_{1j}+b_2A_{2j}+\cdots+b_nA_{nj}=\sum\limits_{k=1}^{n}b_kA_{kj}$，其中 A_{kj} 既是 D_j 的也是 D 的 (k,j) 位置的代数余子式，$1\leqslant j\leqslant n$. 于是

$$\begin{aligned}\frac{1}{D}\sum_{j=1}^{n}a_{ij}D_j &= \frac{1}{D}\sum_{j=1}^{n}a_{ij}\sum_{k=1}^{n}b_kA_{kj}=\frac{1}{D}\sum_{k=1}^{n}\left(\sum_{j=1}^{n}a_{ij}A_{kj}\right)b_k \\ &= \frac{1}{D}\left(\sum_{j=1}^{n}a_{ij}A_{ij}\right)b_i=b_i,\end{aligned}$$

由 i 的任意性可知式(1.5.2)是方程组(1.5.1)的解.

下面证上述解是唯一的. 设 $x_1=c_1$，$x_2=c_2$，…，$x_n=c_n$ 是线性方程组(1.5.1)的任意一个解，由行列式的性质可得

$$c_1D=\begin{vmatrix} a_{11}c_1 & a_{12} & \cdots & a_{1n} \\ a_{21}c_1 & a_{22} & \cdots & a_{2n} \\ \vdots & \vdots & & \vdots \\ a_{n1}c_1 & a_{n2} & \cdots & a_{nn} \end{vmatrix}=\begin{vmatrix} a_{11}c_1+a_{12}c_2+\cdots+a_{1n}c_n & a_{12} & \cdots & a_{1n} \\ a_{21}c_1+a_{22}c_2+\cdots+a_{2n}c_n & a_{22} & \cdots & a_{2n} \\ \vdots & \vdots & & \vdots \\ a_{n1}c_1+a_{n2}c_2+\cdots+a_{nn}c_n & a_{n2} & \cdots & a_{nn} \end{vmatrix}$$

$$=\begin{vmatrix} b_1 & a_{12} & \cdots & a_{1n} \\ b_2 & a_{22} & \cdots & a_{2n} \\ \vdots & \vdots & & \vdots \\ b_n & a_{n2} & \cdots & a_{nn} \end{vmatrix}=D_1,$$

于是 $c_1=\dfrac{D_1}{D}$.

同理可以推出 $c_2=\dfrac{D_2}{D}$，$c_3=\dfrac{D_3}{D}$，…，$c_n=\dfrac{D_n}{D}$，于是线性方程组

(1.5.1)的解是唯一的.

在线性方程组(1.5.1)中，当 $b_1=b_2=\cdots=b_n=0$ 时，得

$$\begin{cases}a_{11}x_1+a_{12}x_2+\cdots+a_{1n}x_n=0,\\ a_{21}x_1+a_{22}x_2+\cdots+a_{2n}x_n=0,\\ \quad\vdots\\ a_{n1}x_1+a_{n2}x_2+\cdots+a_{nn}x_n=0.\end{cases}\tag{1.5.3}$$

称方程组(1.5.3)为齐次线性方程组.

对于齐次线性方程组(1.5.3)，结合克拉默法则可得如下定理.

定理 1.5.2　若齐次线性方程组(1.5.3)的系数行列式 $D\neq 0$，则方程组(1.5.3)只有零解.

推论 1.5.1　若齐次线性方程组(1.5.3)有非零解，则它的系数行列式 $D=0$.

例 1.5.1

解线性方程组 $\begin{cases}x+y-2z=-3,\\ 5x-2y+7z=22,\\ 2x-5y+4z=4.\end{cases}$

解　因为方程组的未知量个数与方程个数相等，而系数行列式

$$D=\begin{vmatrix}1&1&-2\\5&-2&7\\2&-5&4\end{vmatrix}=63\neq 0.$$

由克拉默法则可知方程组有唯一解，又

$$D_1=\begin{vmatrix}-3&1&-2\\22&-2&7\\4&-5&4\end{vmatrix}=63,\quad D_2=\begin{vmatrix}1&-3&-2\\5&22&7\\2&4&4\end{vmatrix}=126,$$

$$D_3=\begin{vmatrix}1&1&-3\\5&-2&22\\2&-5&4\end{vmatrix}=189,$$

所以
$$x=\frac{D_1}{D}=1,\quad y=\frac{D_2}{D}=2,\quad z=\frac{D_3}{D}=3.$$

例 1.5.2

判断齐次线性方程组 $\begin{cases}2x_1+x_2+x_3=0,\\ x_1+2x_2+5x_3=0,\\ 5x_1+6x_2-3x_3=0\end{cases}$ 是否只有零解.

解　因为该方程组的系数行列式

$$D=\begin{vmatrix}2&1&1\\1&2&5\\5&6&-3\end{vmatrix}=\begin{vmatrix}0&0&1\\-9&-3&5\\11&9&-3\end{vmatrix}=-48\neq 0,$$

由定理 1.5.2 可知方程组只有零解.

例 1.5.3　解线性方程组

$$\begin{cases}x_1+\ x_2+\ \ x_3+\ \ x_4=1,\\x_1+2x_2+\ 4x_3+\ 8x_4=1,\\x_1+3x_2+\ 9x_3+27x_4=1,\\x_1+4x_2+16x_3+64x_4=1.\end{cases}$$

解　因为系数行列式

$$D=\begin{vmatrix}1&1&1&1\\1&2&4&8\\1&3&9&27\\1&4&16&64\end{vmatrix}=(4-3)(4-2)(4-1)(3-2)(3-1)(2-1)=12\neq 0,$$

习题 1.5 视频详解

由克拉默法则可知该方程组有唯一解

$$x_1=\frac{D_1}{D}=\frac{D}{D}=1,\ x_2=\frac{D_2}{D}=\frac{0}{D}=0,\ x_3=\frac{D_3}{D}=\frac{0}{D}=0,\ x_4=\frac{D_4}{D}=\frac{0}{D}=0.$$

即线性方程组的解为

$$x_1=1,\ x_2=x_3=x_4=0.$$

习题 1.5

1. 用克拉默法则解下列线性方程组.

(1) $\begin{cases}x+2y=4,\\3x-\ y=5;\end{cases}$　　(2) $\begin{cases}4x_1+\ x_2=6,\\-x_1+5x_2=9;\end{cases}$

(3) $\begin{cases}3x_1+4x_2=3,\\9x_1-8x_2=-1;\end{cases}$　　(4) $\begin{cases}5x_1+4x_2=0,\\3x_1-7x_2=0;\end{cases}$

(5) $\begin{cases}x_1+x_2-4x_3=-8,\\x_1-x_2+3x_3=6,\\x_1+x_2+2x_3=4;\end{cases}$

(6) $\begin{cases}x_1\ -x_2+x_3+2x_4=4,\\2x_1\ \ \ \ -x_3-2x_4=1,\\3x_1+2x_2+x_3\ \ \ \ =-1,\\-x_1+2x_2-x_3+4x_4=-3.\end{cases}$

2. 当 λ 为何值时，齐次线性方程组 $\begin{cases}2x_1+\lambda x_2-x_3=0,\\\lambda x_1-x_2+x_3=0,\\4x_1+5x_2-5x_3=0\end{cases}$ 有非零解？

3. 已知非齐次线性方程组

$$\begin{cases}x_1+4x_2-2x_3=-3,\\2x_1+3x_2+\ x_3=1,\\3x_1+2x_2-ax_3=5\end{cases}$$

有多个解，求 a 的值.

4. 求证一元三次方程 $ax^3+bx^2+cx+d=0\ (a\neq 0)$ 不可能有四个不同的根.

1.6 运用 MATLAB 计算行列式

运用 MATLAB 计算行列式. MATLAB 是 matrix laboratory(矩阵实验室)的缩写. 它是以线性系统软件包 LINPACK 和特征值计算软件包 EISPACK 中的子程序为基础发展起来的一种开放式程序设计语言. MATLAB 软件以强大的功能和良好的开放性在科学计算中广泛应用. 利用 MATLAB 可以进行行列式计算、矩阵变换及运算、多项式运算、微积分运算、线性方程组与非线性方程组求解、微分方程求解、插值与拟合、图像处理、统计及优化等问题.

在 MATLAB 中利用命令函数 det(A)完成行列式计算.

例 1.6.1 利用 MATLAB 计算行列式 $|\boldsymbol{A}| = \begin{vmatrix} 2 & 2 & 2 & 2 \\ 4 & 7 & 8 & 4 \\ -13 & -21 & -26 & -16 \\ -7 & -11 & -3 & -1 \end{vmatrix}$ 的值.

解　首先输入 $\boldsymbol{A}$, 在命令行窗口输入

```
>>A=[2,2,2,2;4,7,8,4;-13,-21,-26,-16;-7,-11,
-3,-1]
A=
    2    2    2    2
    4    7    8    4
  -13  -21  -26  -16
   -7  -11   -3   -1
```

再计算 $\boldsymbol{A}$ 的行列式, 在命令行窗口输入

```
>>det(A)
ans=
   84
```

第1章思维导图

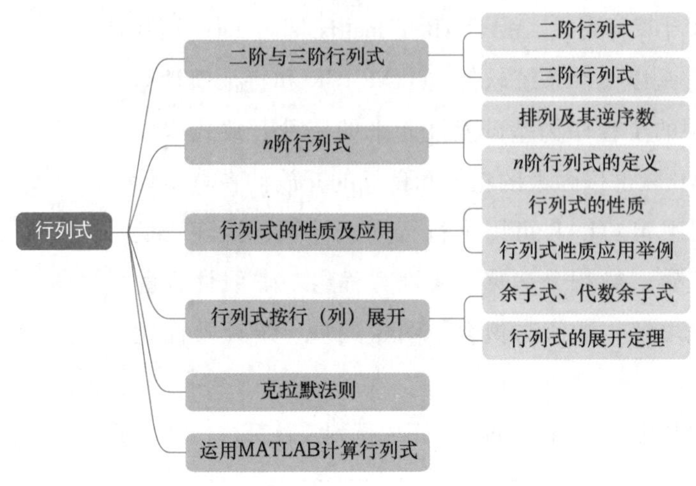

行列式历史介绍

行列式理论产生于17世纪末，源于线性方程组求解，到19世纪末，行列式理论基本成形.

1693年德国数学家莱布尼茨(Leibniz，1646—1716)给出了行列式定义并对行列式进行了研究，他被誉为行列式理论的鼻祖.

1729年英国数学家麦克劳林(Maclaurin，1698—1746)以行列式为工具解含有2、3、4个未知量的线性方程组. 1748年在麦克劳林遗作中，给出了比莱布尼茨更明确的行列式概念.

1750年瑞士数学家克拉默(Gramer，1704—1752)完整地叙述了用行列式解线性方程组的方法，即克拉默法则.

1772年法国数学家范德蒙(Vandermonde，1735—1796)对行列式理论做出了连贯的逻辑阐述，得出了行列式按一行(一列)展开法则.

1772年法国数学家拉普拉斯(Laplace，1749—1827)推广了范德蒙的行列式按行(列)展开法则，得到了拉普拉斯展开定理.

1813—1815年法国数学家柯西(Cauchy，1789—1857)系统地对行列式做了代数处理，对行列式中的元素加上双下标排成有序的行和列，使行列式的记法变成了现在的形式.

1841年德国数学家雅可比(jacobi，1804—1851)在《论行列式的形成与性质》中总结了行列式的发展. 同年，他还研究了函数行列式，给出了函数行列式求导公式及乘积定理.

至19世纪末，有关行列式的研究成果仍在不断公开发表，但行列式的基本理论体系已经形成.

人民的数学家
——华罗庚

总 习 题 1

一、填空题.

1. 排列 32514 的逆序数是________.

2. 排列 $13579\cdots(2n-1)(2n)(2n-2)\cdots8642$ 的逆序数是________.

3. 写出 4 阶行列式中包含因子 $a_{11}a_{24}$ 的项________.

4. 行列式 $\begin{vmatrix} \lambda & 2 & 2 \\ -2 & \lambda-2 & 2 \\ 2 & 2 & \lambda-2 \end{vmatrix}=$________.

5. 行列式 $\begin{vmatrix} a_1 & 0 & 0 & b_1 \\ 0 & a_2 & b_2 & 0 \\ 0 & b_3 & a_3 & 0 \\ b_4 & 0 & 0 & a_4 \end{vmatrix}=$________.

6. 设 $n(n\geqslant2)$ 阶行列式 $\begin{vmatrix} 1 & a & \cdots & a \\ a & 1 & \cdots & a \\ \vdots & \vdots & & \vdots \\ a & a & \cdots & 1 \end{vmatrix}=0$，则 $a=$________.

7. 设 $\begin{vmatrix} a_{11} & a_{12} & a_{13} \\ a_{21} & a_{22} & a_{23} \\ a_{31} & a_{32} & a_{33} \end{vmatrix}=8$，则 $\begin{vmatrix} 2a_{22}-3a_{21} & 4a_{21} & a_{23} \\ 2a_{12}-3a_{11} & 4a_{11} & a_{13} \\ 2a_{32}-3a_{31} & 4a_{31} & a_{33} \end{vmatrix}=$________.

8. 若方程组 $\begin{cases} x_1+\lambda x_2=0, \\ \lambda x_1+\lambda x_2=0 \end{cases}$ 有非零解，则 $\lambda=$________.

9. 设 4 阶行列式 $D=\begin{vmatrix} 3 & 6 & 7 & 5 \\ 3 & 3 & 3 & 3 \\ 0 & 1 & 4 & 2 \\ 5 & 3 & 1 & 8 \end{vmatrix}$，则 $A_{31}+A_{32}+A_{33}+A_{34}=$________，$3M_{41}-6M_{42}+7M_{43}-5M_{44}=$________.

10. $\begin{vmatrix} x-1 & x-2 & x-2 & x-3 \\ 2x-1 & 2x-2 & 2x-2 & 2x-3 \\ 3x-2 & 3x-3 & 4x-5 & 3x-5 \\ 4x-3 & 4x & 5x-7 & 4x-3 \end{vmatrix}=0$，则 $x=$________.

二、计算下列行列式.

1. $\begin{vmatrix} 1 & 2 & 3 \\ 3 & 1 & 2 \\ 2 & 3 & 1 \end{vmatrix}$；

2. $\begin{vmatrix} 1 & 1 & 1 \\ 3 & 1 & 4 \\ 8 & 9 & 5 \end{vmatrix}$；

3. $\begin{vmatrix} 1 & 2 & 3 & 8 \\ 0 & 4 & 0 & 5 \\ 0 & 6 & 7 & 0 \\ 0 & 0 & 9 & 0 \end{vmatrix}$；

4. $\begin{vmatrix} \lambda & -1 & 0 & 0 \\ -1 & \lambda & 0 & 0 \\ 0 & 0 & \lambda-y & -1 \\ 0 & 3 & -1 & \lambda-2 \end{vmatrix}$；

5. $\begin{vmatrix} \lambda & -1 & 0 & 0 \\ 0 & \lambda & -1 & 0 \\ 0 & 0 & \lambda & -1 \\ 4 & 3 & 2 & \lambda+1 \end{vmatrix}$；

6. $\begin{vmatrix} 1 & a & 0 & 0 \\ 0 & 1 & a & 0 \\ 0 & 0 & 1 & a \\ a & 0 & 0 & 1 \end{vmatrix}$；

7. $\begin{vmatrix} 0 & 1 & 1 & \cdots & 1 & 1 \\ 1 & 0 & x & \cdots & x & x \\ 1 & x & 0 & \cdots & x & x \\ \vdots & \vdots & \vdots & & \vdots & \vdots \\ 1 & x & x & \cdots & 0 & x \\ 1 & x & x & \cdots & x & 0 \end{vmatrix}_n$ $(n\geqslant3)$；

8. $\begin{vmatrix} 1 & 1 & 1 & \cdots & 1 & 1 \\ -a_1 & x_1 & 0 & \cdots & 0 & 0 \\ 0 & -a_2 & x_2 & \cdots & 0 & 0 \\ \vdots & \vdots & \vdots & & \vdots & \vdots \\ 0 & 0 & 0 & \cdots & x_{n-1} & 0 \\ 0 & 0 & 0 & \cdots & -a_n & x_n \end{vmatrix}$；

9. $\begin{vmatrix} 1-a_1 & a_2 & 0 & \cdots & 0 & 0 \\ -1 & 1-a_2 & a_3 & \cdots & 0 & 0 \\ 0 & -1 & 1-a_3 & \cdots & 0 & 0 \\ \vdots & \vdots & \vdots & & \vdots & \vdots \\ 0 & 0 & 0 & \cdots & 1-a_{n-1} & a_n \\ 0 & 0 & 0 & \cdots & -1 & 1-a_n \end{vmatrix}$；

10. $\begin{vmatrix} 2 & 0 & \cdots & 0 & 2 \\ -1 & 2 & \cdots & 0 & 2 \\ \vdots & \vdots & & \vdots & \vdots \\ 0 & 0 & \cdots & 2 & 2 \\ 0 & 0 & \cdots & -1 & 2 \end{vmatrix}_n$.

三、已知2669，1598，2822，3196都能被17整除，试证行列式

$$D=\begin{vmatrix} 2 & 6 & 6 & 9 \\ 1 & 5 & 9 & 8 \\ 2 & 8 & 2 & 2 \\ 3 & 1 & 9 & 6 \end{vmatrix}$$

也能被17整除.

四、k取何值时，线性方程组

$$\begin{cases} x_1+x_2+2x_3+3x_4=1, \\ x_1+3x_2+6x_3+x_4=3, \\ 3x_1-x_2-kx_3+15x_4=3, \\ x_1-5x_2-10x_3+12x_4=1 \end{cases}$$

有唯一解？

五、a，b满足什么条件时，齐次线性方程组

$$\begin{cases} x_1+x_2+x_3+ax_4=0, \\ x_1+2x_2+x_3+x_4=0, \\ x_1+x_2-3x_3+x_4=0, \\ x_1+x_2+ax_3+bx_4=0 \end{cases}$$

有非零解？

六、设曲线$y=a+bx+cx^2+dx^3$通过四点(1,2)，(2,4)，(3,2)，(4,-10)，求系数a，b，c，d.

七、(2020，高数(一))行列式$\begin{vmatrix} a & 0 & -1 & 1 \\ 0 & a & 1 & -1 \\ -1 & 1 & a & 0 \\ 1 & -1 & 0 & a \end{vmatrix}=$________.

八、(2021，高数(二))多项式$f(x)=\begin{vmatrix} x & x & 1 & 2x \\ 1 & x & 2 & -1 \\ 2 & 1 & x & 1 \\ 2 & -1 & 1 & x \end{vmatrix}$中$x^3$项的系数为________.

九、(联合收入问题)有3个股份制公司X，Y，Z互相关联，X公司持有X公司70%股份，持有Y公司20%股份，持有Z公司30%股份；Y公司持有Y公司60%股份，持有Z公司20%股份；Z公司持有X公司30%股份，持有Y公司20%股份，持有Z公司50%股份. 现设X，Y，Z公司各自的净收入分别为22万元、6万元、9万元，每家公司的联合收入是净收入加上其持有的其他公司的股份按比例的提成收入，试求各公司的联合收入及实际收入.

第 2 章 空间解析几何与向量代数

在平面解析几何中，在平面上建立平面直角坐标系，使平面上的每一个点与一个二元有序数组一一对应，使平面上的一些曲线与代数方程一一对应，进而可以用代数方法研究几何问题. 本章将这一理论推广到空间中.

本章主要讲解：

(1) 空间向量的数量积和向量积；

(2) 空间平面和直线方程；

(3) 空间曲面和曲线方程.

2.1 空间直角坐标系及其两点间的距离

2.1.1 空间直角坐标系

为建立空间的点与有序数组之间以及几何图形与方程之间的联系，把平面直角坐标系推广到空间中.

过空间一个定点 O，作三条互相垂直的数轴，分别叫作 x 轴(横轴)、y 轴(纵轴)和 z 轴(竖轴). 这三条数轴都以 O 为原点且有相同的单位长度，它们的正方向符合右手规则，即以右手握住 z 轴，当右手的四个手指从 x 轴的正向转过$\dfrac{\pi}{2}$角度后指向 y 轴的正向时，竖起的大拇指的指向就是 z 轴的正向(见图 2.1.1). 由此组成了空间直角坐标系，称为 $Oxyz$ 直角坐标系，点 O 称为该坐标系的原点.

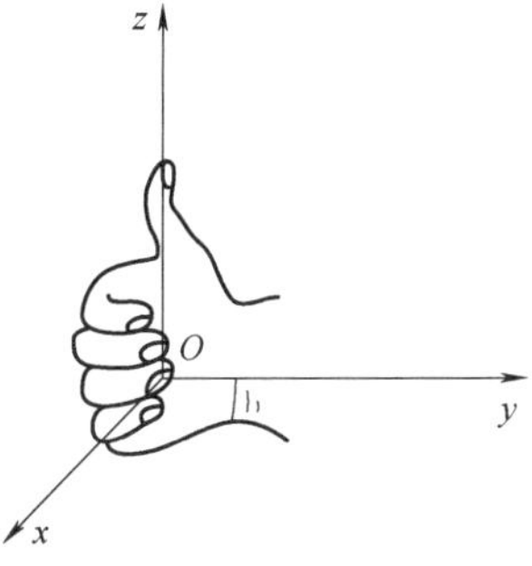

图 2.1.1

在坐标系 $Oxyz$ 中，两个坐标轴张成的平面称为坐标面，有 xOy 坐标面、yOz 坐标面、zOx 坐标面.

如图 2.1.2 所示，在坐标系 $Oxyz$ 中，三个坐标面将整个空间分成八个不连通的部分，每一部分称为一个卦限，xOy 坐标面第一象限的上方(z 轴正向)为第一卦限，第二象限的上方为第二卦限，第三象限的上方为第三卦限，第四象限的上方为第四卦限，

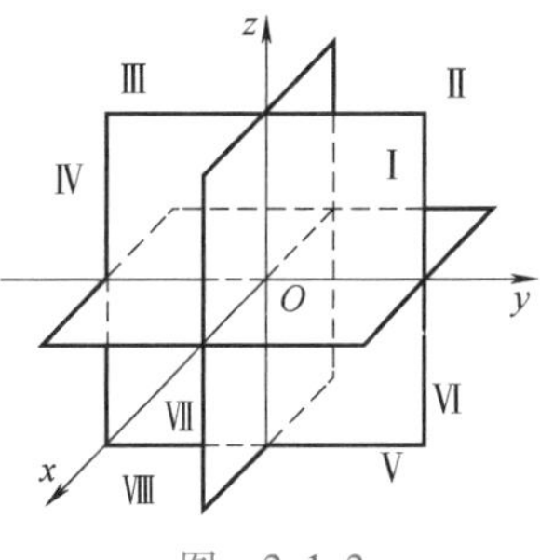

图 2.1.2

第一象限的下方为第五卦限，第二象限的下方为第六卦限，第三象限的下方为第七卦限，第四象限的下方为第八卦限，分别用Ⅰ，Ⅱ，Ⅲ，Ⅳ，Ⅴ，Ⅵ，Ⅶ和Ⅷ表示.

设 M 是空间的一点，过 M 作三个平面分别垂直于 x 轴、y 轴和 z 轴并交 x 轴、y 轴和 z 轴于三点 P、Q、R，点 P、Q、R 分别称为点 M 在 x 轴、y 轴和 z 轴上的投影. 设这三个投影在 x 轴、y 轴和 z 轴上的坐标依次为 x、y 和 z，于是空间点 M 唯一地确定了一个三元有序数组 (x,y,z). 反过来，对于给定的有序数组 x，y，z，可以在 x 轴上取坐标为 x 的点 P，在 y 轴上取坐标为 y 的点 Q，在 z 轴上取坐标为 z 的点 R，过点 P，Q，R 分别作垂直于 x 轴、y 轴和 z 轴的三个平面，这三个平面的交点 M 就是由有序数组 (x,y,z) 确定的唯一的点（见图 2.1.3）. 这样，空间的点 M 与三元有序数组 (x,y,z) 之间就建立了一一对应的关系. 这个三元有序数组 (x,y,z) 称为点 M 的坐标，分别称 x、y、z 为点 M 的横坐标、纵坐标和竖坐标，并记为 $M(x,y,z)$.

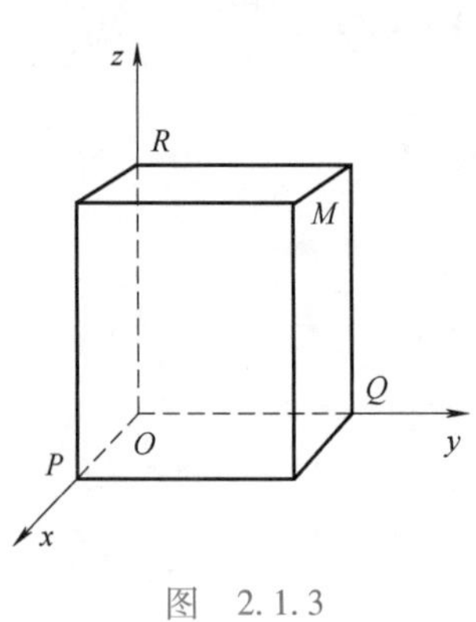

图 2.1.3

设空间任意一点的坐标为 (x,y,z)，则当 $x>0$，$y>0$，$z>0$ 时，(x,y,z) 在第Ⅰ卦限；当 $x<0$，$y>0$，$z>0$ 时，(x,y,z) 在第Ⅱ卦限；当 $x<0$，$y<0$，$z>0$ 时，(x,y,z) 在第Ⅲ卦限；当 $x>0$，$y<0$，$z>0$ 时，(x,y,z) 在第Ⅳ卦限；当 $x>0$，$y>0$，$z<0$ 时，(x,y,z) 在第Ⅴ卦限；当 $x<0$，$y>0$，$z<0$ 时，(x,y,z) 在第Ⅵ卦限；当 $x<0$，$y<0$，$z<0$ 时，(x,y,z) 在第Ⅶ卦限；当 $x>0$，$y<0$，$z<0$ 时，(x,y,z) 在第Ⅷ卦限.

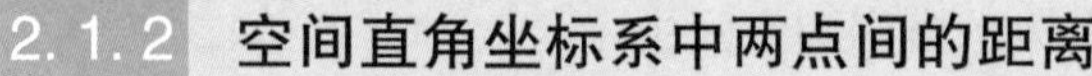

2.1.2 空间直角坐标系中两点间的距离

在空间直角坐标系 $Oxyz$ 中点 $M_1(x_1,y_1,z_1)$ 和点 $M_2(x_2,y_2,z_2)$ 的距离为

$$|M_1M_2|=\sqrt{(x_2-x_1)^2+(y_2-y_1)^2+(z_2-z_1)^2} \tag{2.1.1}$$

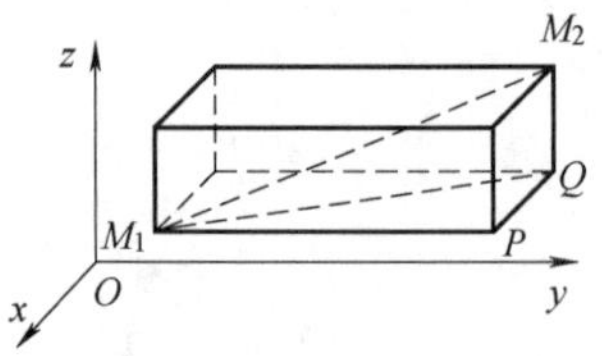

如图 2.1.4 所示，对直角三角形 $\triangle M_2QM_1$ 和 $\triangle M_1PQ$ 应用勾股定理，有

$$\begin{aligned}|M_1M_2|^2&=|M_1Q|^2+|QM_2|^2=(|PQ|^2+|M_1P|^2)+|QM_2|^2\\&=(x_2-x_1)^2+(y_2-y_1)^2+(z_2-z_1)^2.\end{aligned}$$

因此式(2.1.1)成立.

图 2.1.4

习题 2.1

习题 2.1 视频详解

1. 在空间直角坐标系中，指出下列各点所在的卦限：

$A(5,1,-4)$，$B(1,-6,-2)$，$C(-4,-2,-5)$，$D(-3,1,-1)$.

2. 在坐标面上和在坐标轴上的点的坐标各有什

么特征？指出下列各点的位置：

$P(-3,2,0)$，$Q(4,0,-1)$，$R(-5,0,0)$，$S(0,7,0)$.

3. 求点(a,b,c)关于①各坐标面、②各坐标轴、③坐标原点的对称点的坐标.

4. 自点 $M_0(x_0,y_0,z_0)$分别作各坐标面和各坐标轴的垂线，写出各垂足的坐标，进而求出 M_0 到各坐标面和各坐标轴的距离.

5. 过点 $M_0(x_0,y_0,z_0)$分别作平行于 x 轴的直线和平行于 yOz 面的平面，问：在它们上面的点的坐标各有什么特点？

6. 空间直角坐标系 $Oxyz$ 中，求点 $M(1,-2,3)$到原点的距离 d.

7. 已知点 $A(6,5,8)$，$B(8,7,-2)$，写出以线段 AB 为直径的球面方程.

8. 在空间直角坐标系 $Oxyz$ 中，满足 $x^2+y^2+z^2=4$ 的一切点构成怎样的曲面？

9. 在空间直角坐标系 $Oxyz$ 中，满足 $x^2+y^2+z^2\leqslant 16$ 的一切点构成怎样的几何体？

10. 证明以点 $A(3,0,8)$，$B(9,-2,5)$，$C(1,3,2)$为顶点的三角形是等腰直角三角形.

2.2 向量及其线性运算

2.2.1 向量的概念与表示方法

在客观世界中，人们会遇到这样的量，如温度、时间、价格、产量等，这些量都可以用一个实数来表示，这种只有大小没有方向的量称为标量或者数量. 人们还会遇到另外一种量，如物理学中的力、位移、速度、加速度等，它们不仅有数量的大小，而且有确定的方向，这种既有大小又有方向的量称为向量或矢量.

在数学上常用有向线段来表示向量，图 2.2.1 中有向线段所确定的向量记为$\overrightarrow{AB}$，点 A 称为起点，点 B 称为终点，其中箭头的指向确定了向量的方向. 线段 AB 的长度$|AB|$确定了向量$\overrightarrow{AB}$的大小，称$|AB|$为向量$\overrightarrow{AB}$的模，记为$|\overrightarrow{AB}|$. 有时也用一个黑体字母(书写时，在字母上面加箭头)来表示向量. 如 $\boldsymbol{a}$，$\boldsymbol{r}$，$\boldsymbol{v}$，$\boldsymbol{F}$ 或 $\vec{a}$，$\vec{r}$，$\vec{v}$，$\vec{F}$ 等.

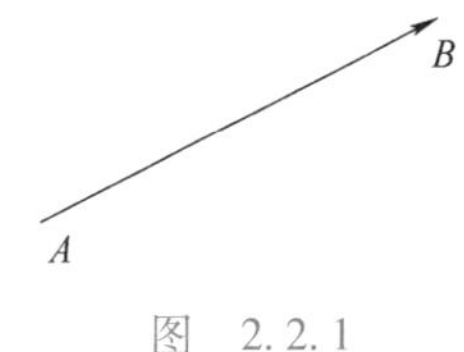

图　2.2.1

在实际问题中，有些向量与起点有关，有些向量与起点无关. 由于一切向量的共性是它们都有大小和方向，因此在数学上只研究与起点无关的向量，并称这种向量为自由向量，简称向量. 本教材中所涉及的向量，除特别说明外均指自由向量.

由于只讨论自由向量，所以如果两个向量 $\boldsymbol{a}$ 和 $\boldsymbol{b}$ 的大小相等且方向相同，我们称向量 $\boldsymbol{a}$ 和向量 $\boldsymbol{b}$ 是相等的，记作 $\boldsymbol{a}=\boldsymbol{b}$.

将模为 1 的向量称为单位向量. 模为零的向量称为零向量，记为 $\mathbf{0}$，零向量的起点和终点重合，规定它的方向是任意的. 如果两个向量 $\boldsymbol{a}$ 与 $\boldsymbol{b}$ 大小相等且方向相反，则称 $\boldsymbol{b}$ 为 $\boldsymbol{a}$ 的负向量，记为 $\boldsymbol{b}=-\boldsymbol{a}$(或者 $\boldsymbol{a}=-\boldsymbol{b}$).

以空间中任意一点 P 为起点作两个向量 $\boldsymbol{a}$ 和 $\boldsymbol{b}$，规定不超过 π

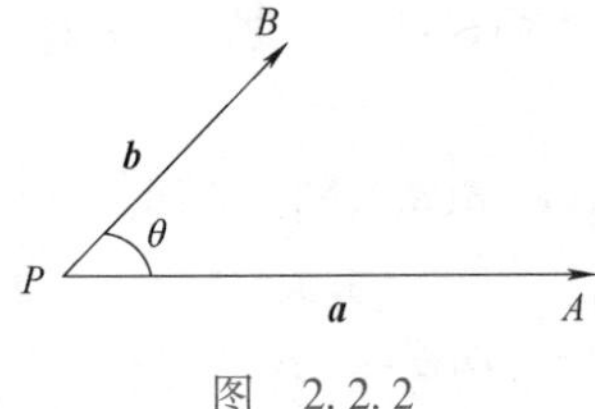

图　2.2.2

的∠APB（设 $\theta=\angle APB$，$0\leqslant\theta\leqslant\pi$）称为向量 $\boldsymbol{a}$ 与 $\boldsymbol{b}$ 的夹角（见图 2.2.2），记为 $<\boldsymbol{a},\boldsymbol{b}>$，即 $<\boldsymbol{a},\boldsymbol{b}>=\theta$. 如果两个向量中至少有一个是零向量，规定它们的夹角可以是 $0\sim\pi$ 中的任意值.

如果 $<\boldsymbol{a},\boldsymbol{b}>=0$ 或 π，则称向量 $\boldsymbol{a}$ 与 $\boldsymbol{b}$ 平行，记为 $\boldsymbol{a}/\!/\boldsymbol{b}$. 此时，若将两个向量的起点放在同一点，它们的终点和公共起点将在一条直线上，因此可将两个向量平行称为两个向量共线. 若把大于或等于 3 个向量的起点放在同一点时，公共起点与所有向量的终点在同一个平面上，则称这些向量共面. 如果 $<\boldsymbol{a},\boldsymbol{b}>=\dfrac{\pi}{2}$，则称向量 $\boldsymbol{a}$ 与 $\boldsymbol{b}$ 垂直，记为 $\boldsymbol{a}\perp\boldsymbol{b}$. 由于零向量与另一向量的夹角可以是 $0\sim\pi$ 中的任意值，所以可以认为零向量与任意一个向量平行（或垂直）.

2.2.2　向量的线性运算

由物理学中的位移合成过程可知，当一质点从点 A 移动到点 B，再从点 B 移动到点 C 时，可以看出连续两次移动的效果与从点 A 直接移动到点 C 的效果相同. 由此可以按照下述方式定义向量的加法运算.

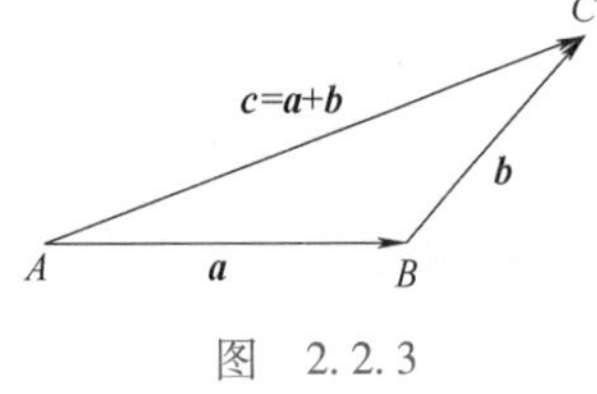

图　2.2.3

定义 2.2.1　设有两个向量 $\boldsymbol{a}$，$\boldsymbol{b}$，任意选定一点 A，作 $\overrightarrow{AB}=\boldsymbol{a}$，$\overrightarrow{BC}=\boldsymbol{b}$（见图 2.2.3），则向量 $\overrightarrow{AC}=\boldsymbol{c}$ 称为 $\boldsymbol{a}$ 与 $\boldsymbol{b}$ 的和，记为 $\boldsymbol{a}+\boldsymbol{b}$，即

$$\boldsymbol{c}=\boldsymbol{a}+\boldsymbol{b}.$$

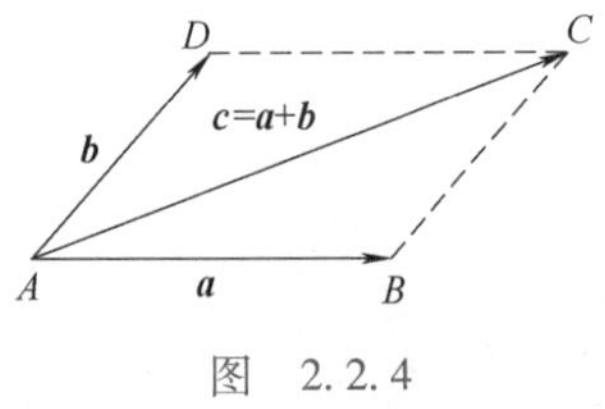

图　2.2.4

将定义 2.2.1 确定的向量加法运算法则称为三角形法则. 由实际应用可知，向量的加法运算还有平行四边形法则（见图 2.2.4）.

向量加法运算的一些性质（$\boldsymbol{a}$，$\boldsymbol{b}$，$\boldsymbol{c}$ 为任意向量）：

（1）$\boldsymbol{a}+\boldsymbol{b}=\boldsymbol{b}+\boldsymbol{a}$（加法交换律）；

（2）$(\boldsymbol{a}+\boldsymbol{b})+\boldsymbol{c}=\boldsymbol{a}+(\boldsymbol{b}+\boldsymbol{c})$（加法结合律）；

（3）$\boldsymbol{a}+\boldsymbol{0}=\boldsymbol{a}$；

（4）$\boldsymbol{a}+(-\boldsymbol{a})=\boldsymbol{0}$.

定义 2.2.2　向量 $\boldsymbol{a}$ 与向量 $\boldsymbol{b}$ 的负向量的和称为向量 $\boldsymbol{a}$ 与 $\boldsymbol{b}$ 的差，记为 $\boldsymbol{a}-\boldsymbol{b}$，即

$$\boldsymbol{a}-\boldsymbol{b}=\boldsymbol{a}+(-\boldsymbol{b}).$$

例 2.2.1　利用向量的加法运算证明对角线互相平分的四边形是平行四边形.

证　设四边形 $ABCD$ 的对角线 AC 和 BD 互相平分，记对角线

的交点为 O（见图 2.2.5），则 $\overrightarrow{AO}=\overrightarrow{OC}$，$\overrightarrow{DO}=\overrightarrow{OB}$，于是 $\overrightarrow{AB}=\overrightarrow{AO}+\overrightarrow{OB}=\overrightarrow{DO}+\overrightarrow{OC}=\overrightarrow{DC}$，由此可得 $\overrightarrow{AB}\parallel\overrightarrow{DC}$，且 $|\overrightarrow{AB}|=|\overrightarrow{DC}|$，即四边形 $ABCD$ 是平行四边形.

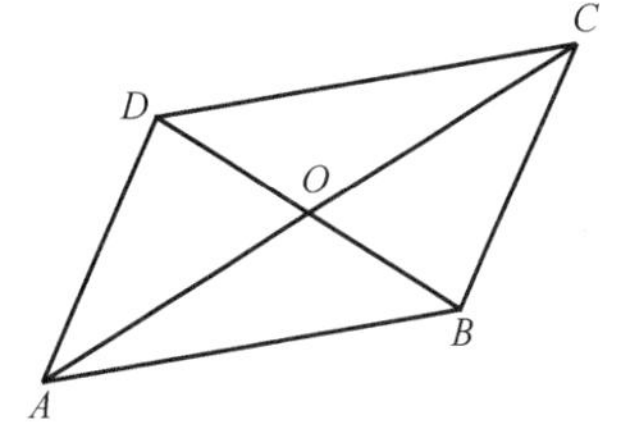

图　2.2.5

定义 2.2.3　设 λ 是一个实数，$\boldsymbol{a}$ 是向量，如果存在一个向量 $\boldsymbol{b}$，使得

$$|\boldsymbol{b}|=|\lambda||\boldsymbol{a}|,$$

并且当 $\lambda>0$ 时，$\boldsymbol{a}$ 与 $\boldsymbol{b}$ 的方向相同；当 $\lambda<0$ 时，$\boldsymbol{a}$ 与 $\boldsymbol{b}$ 的方向相反，则称向量 $\boldsymbol{b}$ 为实数 λ 与向量 $\boldsymbol{a}$ 的乘积，简称数乘，记为 $\lambda\boldsymbol{a}$. 当 $\lambda=0$ 时，$\lambda\boldsymbol{a}=\boldsymbol{0}$.

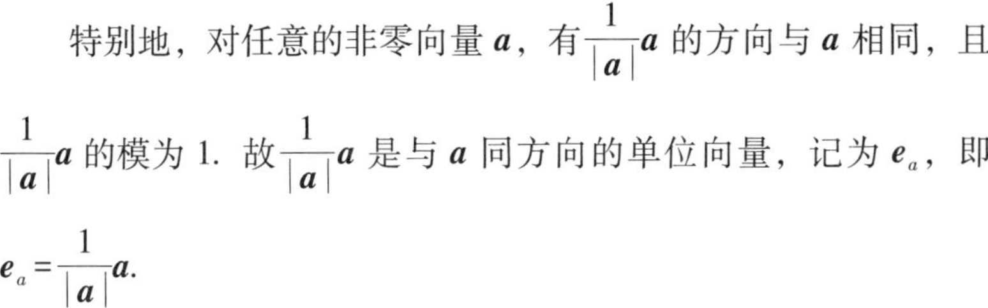

特别地，对任意的非零向量 $\boldsymbol{a}$，有 $\frac{1}{|\boldsymbol{a}|}\boldsymbol{a}$ 的方向与 $\boldsymbol{a}$ 相同，且 $\frac{1}{|\boldsymbol{a}|}\boldsymbol{a}$ 的模为 1. 故 $\frac{1}{|\boldsymbol{a}|}\boldsymbol{a}$ 是与 $\boldsymbol{a}$ 同方向的单位向量，记为 $\boldsymbol{e}_a$，即 $\boldsymbol{e}_a=\frac{1}{|\boldsymbol{a}|}\boldsymbol{a}$.

由定义 2.2.3 可得数乘运算的性质：

（1）对任意的实数 λ 及任意向量 $\boldsymbol{a}$，有 $\lambda\boldsymbol{a}\parallel\boldsymbol{a}$，且 $1\boldsymbol{a}=\boldsymbol{a}$，$(-1)\boldsymbol{a}=-\boldsymbol{a}$；

（2）对任意的实数 λ，μ 及任意向量 $\boldsymbol{a}$，有

$$\lambda(\mu\boldsymbol{a})=\mu(\lambda\boldsymbol{a})=(\lambda\mu)\boldsymbol{a}\quad（数乘结合律）；$$

（3）对任意的实数 λ，μ 及任意向量 $\boldsymbol{a}$，$\boldsymbol{b}$，有

$$(\lambda+\mu)\boldsymbol{a}=\lambda\boldsymbol{a}+\mu\boldsymbol{a},\ \lambda(\boldsymbol{a}+\boldsymbol{b})=\lambda\boldsymbol{a}+\lambda\boldsymbol{b}\quad（数乘分配律）.$$

定理 2.2.1　设 $\boldsymbol{a}$ 与 $\boldsymbol{b}$ 是任意给定的向量，如果 $\boldsymbol{a}\neq\boldsymbol{0}$，则向量 $\boldsymbol{b}$ 与向量 $\boldsymbol{a}$ 平行的充分必要条件是存在唯一的实数 λ，使得 $\boldsymbol{b}=\lambda\boldsymbol{a}$.

证　设存在唯一的实数 λ，使得 $\boldsymbol{b}=\lambda\boldsymbol{a}$，则由数乘向量的定义可知，$\boldsymbol{a}$ 与 $\lambda\boldsymbol{a}$ 平行，即 $\boldsymbol{a}$ 与 $\boldsymbol{b}$ 平行.

另一方面，设向量 $\boldsymbol{b}$ 与向量 $\boldsymbol{a}$ 平行，由 $\boldsymbol{a}\neq\boldsymbol{0}$ 可知，向量 $\boldsymbol{b}$ 与向量 $\frac{|\boldsymbol{b}|}{|\boldsymbol{a}|}\boldsymbol{a}$ 平行，且

$$\left|\frac{|\boldsymbol{b}|}{|\boldsymbol{a}|}\boldsymbol{a}\right|=\frac{|\boldsymbol{b}|}{|\boldsymbol{a}|}|\boldsymbol{a}|=|\boldsymbol{b}|.$$

由数乘定义可知，当 $\boldsymbol{b}$ 与 $\boldsymbol{a}$ 方向相同时，取 $\lambda=\frac{|\boldsymbol{b}|}{|\boldsymbol{a}|}$，则有 $\boldsymbol{b}=\lambda\boldsymbol{a}$；

当 $\boldsymbol{b}$ 与 $\boldsymbol{a}$ 方向相反时，取 $\lambda=-\frac{|\boldsymbol{b}|}{|\boldsymbol{a}|}$，则有 $\boldsymbol{b}=\lambda\boldsymbol{a}$.

下面证明 λ 是唯一的.

假设有两个实数 λ，μ 同时满足 $\boldsymbol{b}=\lambda\boldsymbol{a}$，$\boldsymbol{b}=\mu\boldsymbol{a}$，则

$$(\lambda-\mu)\boldsymbol{a}=\lambda\boldsymbol{a}-\mu\boldsymbol{a}=\boldsymbol{b}-\boldsymbol{b}=\boldsymbol{0};$$

由已知 $\boldsymbol{a}\neq\boldsymbol{0}$ 可得 $\lambda=\mu$.

推论 2.2.1　任意两个向量 $\boldsymbol{a}$ 与 $\boldsymbol{b}$ 平行的充分必要条件是存在不全为零的实数 λ，μ，使得 $\lambda\boldsymbol{a}+\mu\boldsymbol{b}=\boldsymbol{0}$.

例 2.2.2　用向量法证明三角形两边中点的连线平行于第三边，且长度等于第三边的长度的一半.

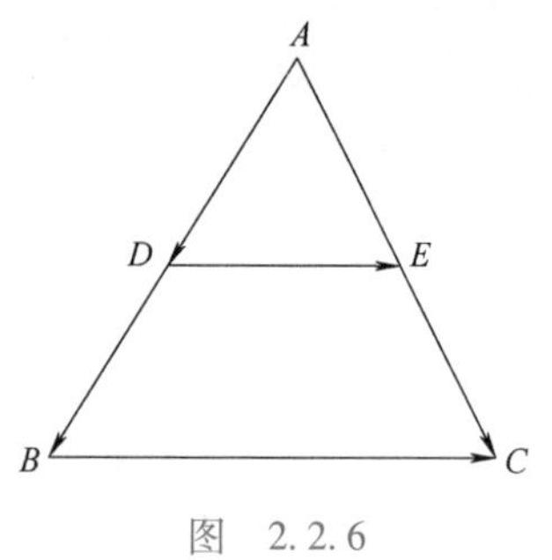

图　2.2.6

如图 2.2.6 所示，已知点 D，E 分别是边 AB，AC 的中点，证明 $DE/\!/BC$ 且 $|\overrightarrow{DE}|=\frac{1}{2}|\overrightarrow{BC}|$.

证　因为 $\overrightarrow{AD}=\frac{1}{2}\overrightarrow{AB}$，$\overrightarrow{AE}=\frac{1}{2}\overrightarrow{AC}$，由向量相加的三角形法则得

$\overrightarrow{DE}=\overrightarrow{AE}-\overrightarrow{AD}$，$\overrightarrow{BC}=\overrightarrow{AC}-\overrightarrow{AB}=2\overrightarrow{AE}-2\overrightarrow{AD}=2\overrightarrow{DE}$，

所以 $DE/\!/BC$ 且 $|\overrightarrow{DE}|=\frac{1}{2}|\overrightarrow{BC}|$.

2.2.3　向量的坐标表示

下面利用定理 2.2.1 建立向量的坐标.

在空间中建立直角坐标系 $Oxyz$ 后，选取方向分别与 x 轴、y 轴、z 轴的正方向相同的单位向量 $\boldsymbol{i}$，$\boldsymbol{j}$，$\boldsymbol{k}$，并称它们为坐标系 $Oxyz$ 下的基本单位向量.

把空间中任意向量 $\boldsymbol{a}$ 的起点放在坐标原点 $O(0,0,0)$，终点 M 对应的坐标记为(x,y,z). 作以 OM 为对角线，并且有三边分别落在三个坐标轴上的长方体(见图 2.2.7). 则

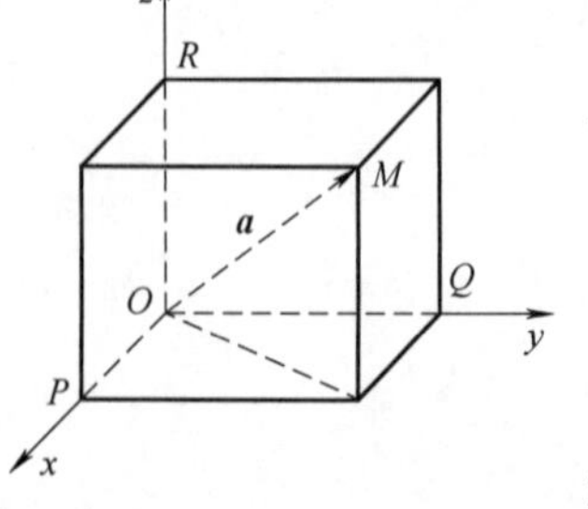

图　2.2.7

$$\boldsymbol{a}=\overrightarrow{OM}=\overrightarrow{OP}+\overrightarrow{OQ}+\overrightarrow{OR},$$

于是由 $\boldsymbol{i}/\!/\overrightarrow{OP}$，$\boldsymbol{j}/\!/\overrightarrow{OQ}$，$\boldsymbol{k}/\!/\overrightarrow{OR}$，并利用定理 2.2.1 得

$$\overrightarrow{OP}=x\boldsymbol{i},\ \overrightarrow{OQ}=y\boldsymbol{j},\ \overrightarrow{OR}=z\boldsymbol{k}.$$

由此得

$$\boldsymbol{a}=x\boldsymbol{i}+y\boldsymbol{j}+z\boldsymbol{k}.\tag{2.2.1}$$

式(2.2.1)称为向量 $\boldsymbol{a}$ 按基本单位向量的分解式，其中 $x\boldsymbol{i}$，$y\boldsymbol{j}$，$z\boldsymbol{k}$ 分别称为向量 $\boldsymbol{a}$ 在 x 轴、y 轴、z 轴上的分向量. 称有序数组(x,y,z)为向量 $\boldsymbol{a}$ 的坐标，记为 $\boldsymbol{a}=(x,y,z)$，也称为向量 $\boldsymbol{a}$ 的坐标表达式.

由此可知，对于任意一个向量 $\boldsymbol{a}$，存在唯一一点 $M(x,y,z)$，使得 $\boldsymbol{a}=(x,y,z)$；反之，对于任意一点 $M(x,y,z)$，可以唯一确定一个以 O 为起点，以 M 为终点的向量$\overrightarrow{OM}$，记为 $\boldsymbol{a}=(x,y,z)$，向量$\overrightarrow{OM}$称为点 M 的位置向量或向径.

利用向量坐标表达式的线性运算，可以将几何问题转化为代数问题.

对任意的向量 $\boldsymbol{a}=(a_1,a_2,a_3)$，$\boldsymbol{b}=(b_1,b_2,b_3)$，任意实数 λ，μ，利用向量的线性运算法则得

$$\begin{aligned}\lambda\boldsymbol{a}+\mu\boldsymbol{b}&=\lambda(a_1\boldsymbol{i}+a_2\boldsymbol{j}+a_3\boldsymbol{k})+\mu(b_1\boldsymbol{i}+b_2\boldsymbol{j}+b_3\boldsymbol{k})\\&=(\lambda a_1+\mu b_1)\boldsymbol{i}+(\lambda a_2+\mu b_2)\boldsymbol{j}+(\lambda a_3+\mu b_3)\boldsymbol{k}\\&=(\lambda a_1+\mu b_1,\lambda a_2+\mu b_2,\lambda a_3+\mu b_3).\end{aligned}$$

由此可将定理 2.2.1 改写为如下形式.

定理 2.2.1*　对于给定的两个向量 $\boldsymbol{a}=(a_1,a_2,a_3)$，$\boldsymbol{b}=(b_1,b_2,b_3)$，如果 $\boldsymbol{a}\neq\boldsymbol{0}$，则下列条件等价：

(1) 向量 $\boldsymbol{a}$ 与向量 $\boldsymbol{b}$ 平行，即 $\boldsymbol{a}/\!/\boldsymbol{b}$；

(2) 存在实数 λ，使得 $(b_1,b_2,b_3)=\lambda(a_1,a_2,a_3)=(\lambda a_1,\lambda a_2,\lambda a_3)$；

(3) 向量 $\boldsymbol{a}$ 与向量 $\boldsymbol{b}$ 对应的坐标成比例，即

$$\frac{b_1}{a_1}=\frac{b_2}{a_2}=\frac{b_3}{a_3}.\tag{2.2.2}$$

在式(2.2.2)中约定：当分母为零时，分子也是零.

证明留给读者完成.

例 2.2.3　设 $A(x_1,x_2,x_3)$，$B(y_1,y_2,y_3)$是任意的两个点，则

$$\overrightarrow{AB}=(y_1-x_1,y_2-x_2,y_3-x_3).$$

证　由已知可得向径

$$\overrightarrow{OA}=x_1\boldsymbol{i}+x_2\boldsymbol{j}+x_3\boldsymbol{k},\ \overrightarrow{OB}=y_1\boldsymbol{i}+y_2\boldsymbol{j}+y_3\boldsymbol{k},$$

于是

$$\begin{aligned}\overrightarrow{AB}=\overrightarrow{OB}-\overrightarrow{OA}&=(y_1\boldsymbol{i}+y_2\boldsymbol{j}+y_3\boldsymbol{k})-(x_1\boldsymbol{i}+x_2\boldsymbol{j}+x_3\boldsymbol{k})\\&=(y_1-x_1)\boldsymbol{i}+(y_2-x_2)\boldsymbol{j}+(y_3-x_3)\boldsymbol{k}=(y_1-x_1,y_2-x_2,y_3-x_3).\end{aligned}$$

例 2.2.4　设 $A(x_1,x_2,x_3)$，$B(y_1,y_2,y_3)$是任意的两个点，$\lambda(\lambda\neq-1)$是任意实数. 如果点 P 在直线 AB 上，且$\overrightarrow{AP}=\lambda\overrightarrow{PB}$，试求点 P 的坐标.

解　设点 P 的坐标为(z_1,z_2,z_3)，则

$$\overrightarrow{AP}=(z_1-x_1,z_2-x_2,z_3-x_3),\ \overrightarrow{PB}=(y_1-z_1,y_2-z_2,y_3-z_3),$$

由$\overrightarrow{AP}=\lambda\overrightarrow{PB}$可得

$$(z_1-x_1,z_2-x_2,z_3-x_3)=\lambda(y_1-z_1,y_2-z_2,y_3-z_3),$$

于是

$$z_1=\frac{x_1+\lambda y_1}{1+\lambda},\ z_2=\frac{x_2+\lambda y_2}{1+\lambda},\ z_3=\frac{x_3+\lambda y_3}{1+\lambda},$$

即点 P 的坐标为$\left(\frac{x_1+\lambda y_1}{1+\lambda},\frac{x_2+\lambda y_2}{1+\lambda},\frac{x_3+\lambda y_3}{1+\lambda}\right)$.

将点 P 称为有向线段$\overrightarrow{AB}$的 λ 分点. 特别地，当 $\lambda=1$ 时，得到线段 AB 的中点 P 的坐标是$\left(\frac{x_1+y_1}{2},\frac{x_2+y_2}{2},\frac{x_3+y_3}{2}\right)$.

2.2.4 向量的模与方向余弦

对于空间直角坐标系 $Oxyz$ 中的任意一个向量 $\boldsymbol{a}=(x,y,z)$，其模长为

$$|\boldsymbol{a}|=\sqrt{x^2+y^2+z^2}.$$

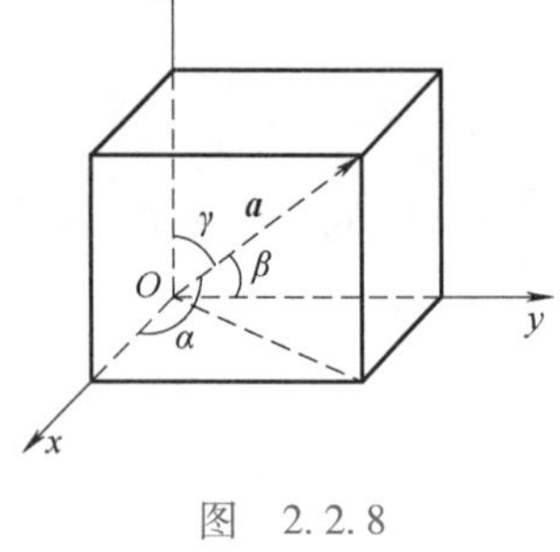

图 2.2.8

如果$|\boldsymbol{a}|\neq 0$，则向量 $\boldsymbol{a}$ 的方向可以用它与 x 轴、y 轴和 z 轴的正向之间的夹角 α，β，γ（规定 $0\leqslant\alpha,\beta,\gamma\leqslant\pi$）来确定（见图 2.2.8），$\alpha$，$\beta$，$\gamma$ 称为向量 $\boldsymbol{a}$ 的方向角，$\cos\alpha$，$\cos\beta$，$\cos\gamma$ 称为向量 $\boldsymbol{a}$ 的方向余弦. 由向量的坐标表达式可以推得

$$\cos\alpha=\frac{x}{|\boldsymbol{a}|}=\frac{x}{\sqrt{x^2+y^2+z^2}},$$

$$\cos\beta=\frac{y}{|\boldsymbol{a}|}=\frac{y}{\sqrt{x^2+y^2+z^2}},$$

$$\cos\gamma=\frac{z}{|\boldsymbol{a}|}=\frac{z}{\sqrt{x^2+y^2+z^2}},$$

从而有

$$\cos^2\alpha+\cos^2\beta+\cos^2\gamma=1,$$

并且 $\boldsymbol{e}_a=\frac{1}{|\boldsymbol{a}|}\boldsymbol{a}=(\cos\alpha,\cos\beta,\cos\gamma)$.

例 2.2.5 已知点 P 到原点 O 的距离为$|OP|=2$，且$\overrightarrow{OP}$与 x 轴、y 轴的夹角分别为 $\alpha=\frac{\pi}{3}$，$\beta=\frac{\pi}{4}$，求点 P 的坐标.

解 设点 P 的坐标为(x,y,z)，则由$|OP|=2$ 得

$$x=2\cos\alpha=2\cos\frac{\pi}{3}=1,\ y=2\cos\beta=2\cos\frac{\pi}{4}=\sqrt{2},$$

于是由

$$\cos^2\alpha+\cos^2\beta+\cos^2\gamma=\frac{1}{4}+\frac{2}{4}+\frac{z^2}{4}=1$$

可得 $z=\pm1$. 由此可知，点 P 的坐标为$(1,\sqrt{2},1)$或$(1,\sqrt{2},-1)$.

例 2.2.6　已知两点 $A(2,0,1)$ 和 $B(3,\sqrt{2},2)$，计算向量$\overrightarrow{AB}$的模、方向余弦、方向角以及平行于$\overrightarrow{AB}$的单位向量.

解　由例 2.2.3 可知$\overrightarrow{AB}=(3-2,\sqrt{2}-0,2-1)=(1,\sqrt{2},1)$，于是向量$\overrightarrow{AB}$的模为

$$|\overrightarrow{AB}|=\sqrt{1^2+(\sqrt{2})^2+1^2}=2,$$

向量$\overrightarrow{AB}$的方向余弦为

$$\cos\alpha=\frac{1}{|\overrightarrow{AB}|}=\frac{1}{2},\quad \cos\beta=\frac{\sqrt{2}}{|\overrightarrow{AB}|}=\frac{\sqrt{2}}{2},\quad \cos\alpha=\frac{1}{|\overrightarrow{AB}|}=\frac{1}{2},$$

向量$\overrightarrow{AB}$的方向角为

$$\alpha=\arccos\frac{1}{2}=\frac{\pi}{3},\quad \beta=\arccos\frac{\sqrt{2}}{2}=\frac{\pi}{4},\quad \gamma=\arccos\frac{1}{2}=\frac{\pi}{3},$$

与向量$\overrightarrow{AB}$平行的单位向量为$\pm\left(\frac{1}{2},\frac{\sqrt{2}}{2},\frac{1}{2}\right)$.

2.2.5　向量在轴上的投影

设 u 轴的原点为 O，单位向量为 $\boldsymbol{e}$，记$\overrightarrow{OM}=\boldsymbol{r}$，过点 M 作与 u 轴垂直的平面，该平面与 u 轴相交于点 M'，称点 M' 为点 M 在 u 轴上的投影，称向量$\overrightarrow{OM'}$为向量 $\boldsymbol{r}$ 在 u 轴上的分向量. 若$\overrightarrow{OM'}=\lambda\boldsymbol{e}$，则称实数 λ 为向量 $\boldsymbol{r}$ 在 u 轴上的投影，记为 $\mathrm{Prj}_u\boldsymbol{r}$ 或$(\boldsymbol{r})_u$. 如图 2.2.9 所示.

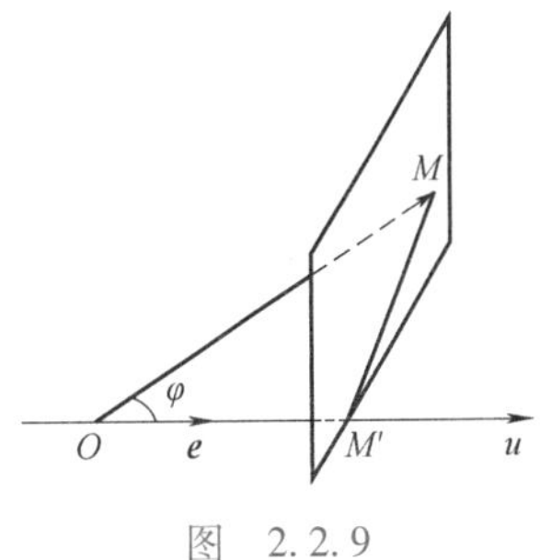

图　2.2.9

若向量 $\boldsymbol{a}=(a_x,a_y,a_z)$，则 $a_x=\mathrm{Prj}_x\boldsymbol{a}$，$a_y=\mathrm{Prj}_y\boldsymbol{a}$，$a_z=\mathrm{Prj}_z\boldsymbol{a}$.

性质 2.2.1　$\mathrm{Prj}_u\boldsymbol{a}=|\boldsymbol{a}|\cos\varphi$，其中 φ 为向量 $\boldsymbol{a}$ 与 u 轴的夹角.

性质 2.2.2　$\mathrm{Prj}_u(\boldsymbol{a}+\boldsymbol{b})=\mathrm{Prj}_u\boldsymbol{a}+\mathrm{Prj}_u\boldsymbol{b}$.

性质 2.2.3　$\mathrm{Prj}_u(\lambda\boldsymbol{a})=\lambda\mathrm{Prj}_u\boldsymbol{a}$.

性质 2.2.1 的证明留给读者完成. 下面给出性质 2.2.2 和性质 2.2.3 的证明.

证　(1) 作三条两两相互垂直的数轴 u，v，w，建立空间直角坐标系. 将 $\boldsymbol{a}$，$\boldsymbol{b}$ 按三个坐标轴分解

$$\boldsymbol{a}=\lambda_1\boldsymbol{e}_1+\lambda_2\boldsymbol{e}_2+\lambda_3\boldsymbol{e}_3,\quad \boldsymbol{b}=\mu_1\boldsymbol{e}_1+\mu_2\boldsymbol{e}_2+\mu_3\boldsymbol{e}_3,$$

其中 e_1，e_2，e_3 分别是与数轴 u，v，w 方向一致的单位向量.

根据投影定义 $\lambda_1=\mathrm{Prj}_u\boldsymbol{a}$，$\mu_1=\mathrm{Prj}_u\boldsymbol{b}$，又

$$\begin{aligned}\boldsymbol{a}+\boldsymbol{b}&=(\lambda_1\boldsymbol{e}_1+\lambda_2\boldsymbol{e}_2+\lambda_3\boldsymbol{e}_3)+(\mu_1\boldsymbol{e}_1+\mu_2\boldsymbol{e}_2+\mu_3\boldsymbol{e}_3)\\&=(\lambda_1+\mu_1)\boldsymbol{e}_1+(\lambda_2+\mu_2)\boldsymbol{e}_2+(\lambda_3+\mu_3)\boldsymbol{e}_3,\end{aligned}$$

即 $\mathrm{Prj}_u(\boldsymbol{a}+\boldsymbol{b})=\lambda_1+\mu_1$. 因此

$$\mathrm{Prj}_u(\boldsymbol{a}+\boldsymbol{b})=\lambda_1+\mu_1=\mathrm{Prj}_u\boldsymbol{a}+\mathrm{Prj}_u\boldsymbol{b}.$$

（2）同理

$$\lambda\boldsymbol{a}=\lambda(\lambda_1\boldsymbol{e}_1+\lambda_2\boldsymbol{e}_2+\lambda_3\boldsymbol{e}_3)=(\lambda\lambda_1)\boldsymbol{e}_1+(\lambda\lambda_2)\boldsymbol{e}_2+(\lambda\lambda_3)\boldsymbol{e}_3$$

$$\mathrm{Prj}_u(\lambda\boldsymbol{a})=\lambda\lambda_1=\lambda\mathrm{Prj}_u\boldsymbol{a}.$$

习题 2.2 视频详解

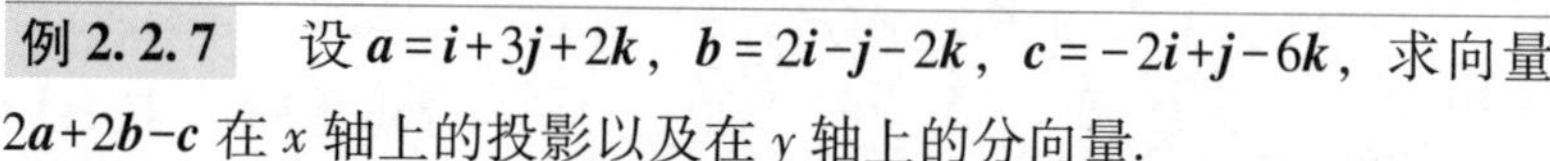

例 2.2.7 设 $\boldsymbol{a}=\boldsymbol{i}+3\boldsymbol{j}+2\boldsymbol{k}$，$\boldsymbol{b}=2\boldsymbol{i}-\boldsymbol{j}-2\boldsymbol{k}$，$\boldsymbol{c}=-2\boldsymbol{i}+\boldsymbol{j}-6\boldsymbol{k}$，求向量 $2\boldsymbol{a}+2\boldsymbol{b}-\boldsymbol{c}$ 在 x 轴上的投影以及在 y 轴上的分向量.

解

$$\begin{aligned}2\boldsymbol{a}+2\boldsymbol{b}-\boldsymbol{c}&=2(\boldsymbol{i}+3\boldsymbol{j}+2\boldsymbol{k})+2(2\boldsymbol{i}-\boldsymbol{j}-2\boldsymbol{k})-(-2\boldsymbol{i}+\boldsymbol{j}-6\boldsymbol{k})\\&=8\boldsymbol{i}+3\boldsymbol{j}+6\boldsymbol{k},\end{aligned}$$

所以 $2\boldsymbol{a}+2\boldsymbol{b}-\boldsymbol{c}$ 在 x 轴上的投影为 8，在 y 轴上的分向量为 $3\boldsymbol{j}$.

习题 2.2

1. 向量满足什么条件时，下列各式成立.

（1）$|\boldsymbol{a}+\boldsymbol{b}|=|\boldsymbol{a}|+|\boldsymbol{b}|$；

（2）$|\boldsymbol{a}+\boldsymbol{b}|=|\boldsymbol{a}|-|\boldsymbol{b}|$；

（3）$|\boldsymbol{a}-\boldsymbol{b}|=|\boldsymbol{a}|-|\boldsymbol{b}|$；

（4）$|\boldsymbol{a}-\boldsymbol{b}|=|\boldsymbol{a}|+|\boldsymbol{b}|$.

2. 已知向量 $\boldsymbol{a}=(5,7,2)$，$\boldsymbol{b}=(6,0,8)$，$\boldsymbol{c}=(6,-1,-2)$，求向量 $2\boldsymbol{a}+2\boldsymbol{b}+\boldsymbol{c}$ 的坐标.

3. 已知两点 $A(2,4,-\sqrt{3})$ 和 $B(1,4,0)$，计算向量$\overrightarrow{AB}$的模、方向余弦、方向角以及平行于$\overrightarrow{AB}$的单位向量.

4. 设 $\boldsymbol{u}=-\boldsymbol{a}+\boldsymbol{b}-2\boldsymbol{c}$，$\boldsymbol{v}=\boldsymbol{a}-3\boldsymbol{b}-\boldsymbol{c}$，试用 $\boldsymbol{a}$，$\boldsymbol{b}$，$\boldsymbol{c}$ 表示 $9\boldsymbol{v}-6\boldsymbol{u}$.

5. 已知点 $A(3,-1,2)$，$B(1,2,-4)$，$C(-1,1,2)$，试求点 D，使得以 A，B，C，D 为顶点的四边形为平行四边形.

6. 证明三点 $A(2,1,0)$，$B(4,5,6)$，$C(-1,-5,-9)$ 共线.

7. 设长方体的各棱与坐标轴平行，已知长方体的两个顶点的坐标，试写出余下六个顶点的坐标.

（1）$(1,-1,4)$，$(2,3,5)$；

（2）$(5,1,4)$，$(2,7,-8)$.

8. 已给正六边形 $ABCDEF$（字母顺序按逆时针方向），记$\overrightarrow{AB}=\boldsymbol{a}$，$\overrightarrow{AE}=\boldsymbol{b}$，试用向量 $\boldsymbol{a}$ 和向量 $\boldsymbol{b}$ 表示向量$\overrightarrow{AC}$，$\overrightarrow{AD}$，$\overrightarrow{AF}$和$\overrightarrow{CB}$.

9. 设向量的方向余弦分别满足①$\cos\alpha=0$，②$\cos\gamma=1$，③$\cos\beta=\cos\gamma=0$，问：这些向量与坐标轴或坐标面的关系如何？

10. 设 $\boldsymbol{a}=\boldsymbol{i}-2\boldsymbol{j}+\boldsymbol{k}$，$\boldsymbol{b}=-2\boldsymbol{i}+\boldsymbol{j}+2\boldsymbol{k}$，$\boldsymbol{c}=\boldsymbol{i}+\boldsymbol{j}+\boldsymbol{k}$，试用单位向量 $\boldsymbol{e}_a$，$\boldsymbol{e}_b$，$\boldsymbol{e}_c$ 表示向量 $\boldsymbol{i}$，$\boldsymbol{j}$，$\boldsymbol{k}$.

11. 设向量 $\boldsymbol{a}$ 与 $\boldsymbol{b}$ 不共线，且$\overrightarrow{AB}=\boldsymbol{a}+\boldsymbol{b}$，$\overrightarrow{BC}=3\boldsymbol{a}+6\boldsymbol{b}$，$\overrightarrow{CD}=2\boldsymbol{a}-\boldsymbol{b}$. 求证三点 A,B,D 共线.

12. 设向量 $\boldsymbol{a}$ 与 $\boldsymbol{b}$ 不共线，且$\overrightarrow{AB}=\boldsymbol{a}+2\boldsymbol{b}$，$\overrightarrow{BC}=-4\boldsymbol{a}-\boldsymbol{b}$，$\overrightarrow{CD}=-5\boldsymbol{a}-3\boldsymbol{b}$. 求证四边形 $ABCD$ 为梯形.

13. 证明（1）$\mathrm{Prj}_{\boldsymbol{a}}(\boldsymbol{b}+\boldsymbol{c})=\mathrm{Prj}_{\boldsymbol{a}}\boldsymbol{b}+\mathrm{Prj}_{\boldsymbol{a}}\boldsymbol{c}$；

（2）$\mathrm{Prj}_{\boldsymbol{a}}(\lambda\boldsymbol{b})=\lambda\mathrm{Prj}_{\boldsymbol{a}}\boldsymbol{b}$.

14. 设 $A_i(i=1,2,\cdots,n)$ 是正 n 多边形的顶点，O 是它的中心，求证 $\sum\limits_{i=1}^{n}\overrightarrow{OA_i}=\boldsymbol{0}$.

2.3 向量的数量积和向量积

前面讨论了向量的线性运算，本节引入有物理及几何背景的数量积、向量积，讨论它们的性质及其在空间直角坐标系中的计算公式.

2.3.1 向量的数量积

一质点在恒力 $\boldsymbol{F}$ 的作用下，由点 O 沿直线移动到点 P，如图 2.3.1 所示. 此时物体的位移为 $\boldsymbol{S}=\overrightarrow{OP}$. 如果 $\boldsymbol{F}$ 与 $\boldsymbol{S}$ 的夹角为 θ，则由物理学知识得到力 $\boldsymbol{F}$ 所做的功为

$$W=|\boldsymbol{F}||\boldsymbol{S}|\cos\theta.$$

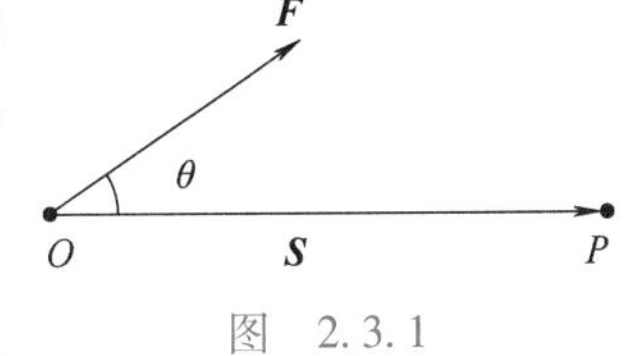

图 2.3.1

由这个物理问题可知，有时候要研究向量 $\boldsymbol{a}$，$\boldsymbol{b}$ 的一种运算，运算的结果是一个数，这个数等于向量 $\boldsymbol{a}$，$\boldsymbol{b}$ 的模与它们夹角的余弦的乘积. 下面根据这一表达式来给出向量的数量积的定义.

定义 2.3.1　对于给定的向量 $\boldsymbol{a}$ 与 $\boldsymbol{b}$，称实数

$$|\boldsymbol{a}||\boldsymbol{b}|\cos\langle\boldsymbol{a},\boldsymbol{b}\rangle$$

为向量 $\boldsymbol{a}$ 与 $\boldsymbol{b}$ 的数量积，也称为内积，记为 $\boldsymbol{a}\cdot\boldsymbol{b}$，即

$$\boldsymbol{a}\cdot\boldsymbol{b}=|\boldsymbol{a}||\boldsymbol{b}|\cos\langle\boldsymbol{a},\boldsymbol{b}\rangle.$$

显然零向量与任何向量的数量积为零.

在定义 2.3.1 中，如果向量 $\boldsymbol{a}\neq\boldsymbol{0}$，则称数 $|\boldsymbol{b}|\cos\langle\boldsymbol{a},\boldsymbol{b}\rangle$ 为向量 $\boldsymbol{b}$ 在向量 $\boldsymbol{a}$ 上的投影，并记为 $\mathrm{Prj}_{\boldsymbol{a}}\boldsymbol{b}$，即

$$\mathrm{Prj}_{\boldsymbol{a}}\boldsymbol{b}=|\boldsymbol{b}|\cos\langle\boldsymbol{a},\boldsymbol{b}\rangle.$$

同理当向量 $\boldsymbol{b}\neq\boldsymbol{0}$ 时，则称数 $|\boldsymbol{a}|\cos\langle\boldsymbol{a},\boldsymbol{b}\rangle$ 为向量 $\boldsymbol{a}$ 在向量 $\boldsymbol{b}$ 上的投影，并记为 $\mathrm{Prj}_{\boldsymbol{b}}\boldsymbol{a}$，即 $\mathrm{Prj}_{\boldsymbol{b}}\boldsymbol{a}=|\boldsymbol{a}|\cos\langle\boldsymbol{a},\boldsymbol{b}\rangle$. 于是 $\boldsymbol{a}\cdot\boldsymbol{b}=|\boldsymbol{a}|\mathrm{Prj}_{\boldsymbol{a}}\boldsymbol{b}=|\boldsymbol{b}|\mathrm{Prj}_{\boldsymbol{b}}\boldsymbol{a}$.

向量的数量积的性质($\boldsymbol{a}$，$\boldsymbol{b}$，$\boldsymbol{c}$ 为任意向量，λ 为任意实数).

(1) $\boldsymbol{a}\cdot\boldsymbol{a}=|\boldsymbol{a}|^2\geqslant0$，且 $\boldsymbol{a}=\boldsymbol{0}\Leftrightarrow\boldsymbol{a}\cdot\boldsymbol{a}=0$（非负性）；

(2) $\boldsymbol{a}\perp\boldsymbol{b}$ 充分必要条件是 $\boldsymbol{a}\cdot\boldsymbol{b}=0$；

(3) $\boldsymbol{a}\cdot\boldsymbol{b}=\boldsymbol{b}\cdot\boldsymbol{a}$（交换律）；

(4) $(\lambda\boldsymbol{a})\cdot\boldsymbol{b}=\boldsymbol{a}\cdot(\lambda\boldsymbol{b})=\lambda(\boldsymbol{a}\cdot\boldsymbol{b})$（结合律）；

(5) $(\boldsymbol{a}+\boldsymbol{b})\cdot\boldsymbol{c}=\boldsymbol{a}\cdot\boldsymbol{c}+\boldsymbol{b}\cdot\boldsymbol{c}$（分配律）.

由定义 2.3.1 给出了数量积的几何方式的定义，为了能简单地通过代数方式计算数量积，给出下面的数量积的坐标表达式.

在空间直角坐标系中，由数量积的定义可知，对应的基本单位向量 $\boldsymbol{i},\boldsymbol{j},\boldsymbol{k}$ 之间的数量积有如下结论：

$$\boldsymbol{i}\cdot\boldsymbol{i}=1,\ \boldsymbol{j}\cdot\boldsymbol{j}=1,\ \boldsymbol{k}\cdot\boldsymbol{k}=1,$$

$$\boldsymbol{i}\cdot\boldsymbol{j}=0,\ \boldsymbol{j}\cdot\boldsymbol{i}=0,\ \boldsymbol{j}\cdot\boldsymbol{k}=0,\ \boldsymbol{k}\cdot\boldsymbol{j}=0,\ \boldsymbol{k}\cdot\boldsymbol{i}=0,\ \boldsymbol{i}\cdot\boldsymbol{k}=0.$$

由此可知，对任意的向量 $\boldsymbol{a}=(a_1,a_2,a_3)$，$\boldsymbol{b}=(b_1,b_2,b_3)$，利用数量积的性质可得

$$\boldsymbol{a}\cdot\boldsymbol{b}=(a_1\boldsymbol{i}+a_2\boldsymbol{j}+a_3\boldsymbol{k})\cdot(b_1\boldsymbol{i}+b_2\boldsymbol{j}+b_3\boldsymbol{k})=a_1b_1+a_2b_2+a_3b_3,$$

即向量 $\boldsymbol{a}=(a_1,a_2,a_3)$ 与 $\boldsymbol{b}=(b_1,b_2,b_3)$ 的数量积等于它们对应坐标乘积之和.

利用数量积的坐标表示式，向量的数量积还有如下性质（任意的向量 $\boldsymbol{a}=(a_1,a_2,a_3)$ 与 $\boldsymbol{b}=(b_1,b_2,b_3)$）：

（1）$\boldsymbol{a}\perp\boldsymbol{b}\Leftrightarrow a_1b_1+a_2b_2+a_3b_3=0$；

（2）当 $|\boldsymbol{a}||\boldsymbol{b}|\neq 0$ 时，有

$$\cos\langle\boldsymbol{a},\boldsymbol{b}\rangle=\frac{a_1b_1+a_2b_2+a_3b_3}{\sqrt{a_1^2+a_2^2+a_3^2}\sqrt{b_1^2+b_2^2+b_3^2}};$$

（3）$a_1=\boldsymbol{a}\cdot\boldsymbol{i}$，$a_2=\boldsymbol{a}\cdot\boldsymbol{j}$，$a_3=\boldsymbol{a}\cdot\boldsymbol{k}$.

例 2.3.1 已知向量 $\boldsymbol{a}=(1,2,3)$，$\boldsymbol{b}=(1,1,2)$，求向量 $\boldsymbol{a}=(1,2,3)$ 与 $\boldsymbol{b}=(1,1,2)$ 的夹角.

解 因为

$$\boldsymbol{a}\cdot\boldsymbol{b}=1\times1+2\times1+3\times2=9,$$

$$|\boldsymbol{a}|=\sqrt{1^2+2^2+3^2}=\sqrt{14},$$

$$|\boldsymbol{b}|=\sqrt{1^2+1^2+2^2}=\sqrt{6},$$

所以

$$\cos\langle\boldsymbol{a},\boldsymbol{b}\rangle=\frac{\boldsymbol{a}\cdot\boldsymbol{b}}{|\boldsymbol{a}||\boldsymbol{b}|}=\frac{9}{\sqrt{14}\sqrt{6}}=\frac{9}{2\sqrt{21}}.$$

于是向量 $\boldsymbol{a}=(1,2,3)$ 与 $\boldsymbol{b}=(1,1,2)$ 的夹角为 $\arccos\dfrac{9}{2\sqrt{21}}$.

例 2.3.2 已知一正三角形 ABC 的边长为 2，且 $\overrightarrow{BC}=\boldsymbol{a}$，$\overrightarrow{CA}=\boldsymbol{b}$，$\overrightarrow{AB}=\boldsymbol{c}$，求

$$\boldsymbol{c}\cdot\boldsymbol{a}+\boldsymbol{a}\cdot\boldsymbol{b}+\boldsymbol{b}\cdot\boldsymbol{c}.$$

解 已知正三角形 ABC 的边长为 2，所以 $|\boldsymbol{a}|^2=4$，$|\boldsymbol{b}|^2=4$，$|\boldsymbol{c}|^2=4$. 因为

$$(\boldsymbol{a}+\boldsymbol{b}+\boldsymbol{c})\cdot(\boldsymbol{a}+\boldsymbol{b}+\boldsymbol{c})=\boldsymbol{a}\cdot\boldsymbol{a}+\boldsymbol{b}\cdot\boldsymbol{b}+\boldsymbol{c}\cdot\boldsymbol{c}+2(\boldsymbol{c}\cdot\boldsymbol{a}+\boldsymbol{a}\cdot\boldsymbol{b}+\boldsymbol{b}\cdot\boldsymbol{c}),$$

又因

$$\boldsymbol{a}+\boldsymbol{b}+\boldsymbol{c}=\overrightarrow{BC}+\overrightarrow{CA}+\overrightarrow{AB}=\boldsymbol{0},$$

综上可得

$$\boldsymbol{c}\cdot\boldsymbol{a}+\boldsymbol{a}\cdot\boldsymbol{b}+\boldsymbol{b}\cdot\boldsymbol{c}=-\frac{1}{2}(\boldsymbol{a}\cdot\boldsymbol{a}+\boldsymbol{b}\cdot\boldsymbol{b}+\boldsymbol{c}\cdot\boldsymbol{c})=-6.$$

注 $\boldsymbol{a}\cdot\boldsymbol{b}=\boldsymbol{a}\cdot\boldsymbol{c}$ 且 $\boldsymbol{a}\neq\boldsymbol{0}$ 不能推出 $\boldsymbol{b}=\boldsymbol{c}$.

设 $\boldsymbol{a}=(1,2,0)$，$\boldsymbol{b}=(0,0,7)$，$\boldsymbol{c}=(-2,1,3)$，则

$$\boldsymbol{a}\cdot\boldsymbol{b}=1\times0+2\times0+0\times7=0,\quad \boldsymbol{a}\cdot\boldsymbol{c}=1\times(-2)+2\times1+0\times3=0,$$

即 $\boldsymbol{a}\cdot\boldsymbol{b}=\boldsymbol{a}\cdot\boldsymbol{c}$ 且 $\boldsymbol{a}\neq\boldsymbol{0}$，但是 $\boldsymbol{b}\neq\boldsymbol{c}$.

2.3.2 向量的向量积

在物理学和几何学等自然科学中，有时要考虑两个向量 $\boldsymbol{a}$，$\boldsymbol{b}$ 产生的另外一个向量 $\boldsymbol{c}$，此向量与向量 $\boldsymbol{a}$，$\boldsymbol{b}$ 都垂直，且其长度也与向量 $\boldsymbol{a}$，$\boldsymbol{b}$ 的长度有一定的关系.

设 $\boldsymbol{a}$，$\boldsymbol{b}$ 为两个不共线的非零向量. 直线 L 上的全部向量就是与向量 $\boldsymbol{a}$，$\boldsymbol{b}$ 都垂直的向量，如图 2.3.2 所示，方向有两个. 下面找出它们.

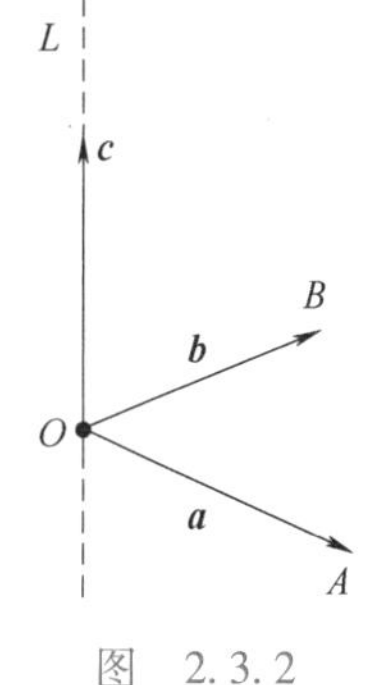

图　2.3.2

例 2.3.3　设向量 $\boldsymbol{a}=(a_1,a_2,a_3)$，$\boldsymbol{b}=(b_1,b_2,b_3)$ 为不共线的非零向量，求与向量 $\boldsymbol{a}$，$\boldsymbol{b}$ 都垂直的向量.

解　设向量 $\boldsymbol{c}=(x_1,x_2,x_3)$ 与向量 $\boldsymbol{a}$，$\boldsymbol{b}$ 都垂直，有方程组

$$\begin{cases}a_1x_1+a_2x_2+a_3x_3=0,\\ b_1x_1+b_2x_2+b_3x_3=0,\end{cases}\tag{2.3.1}$$

存在一个非零向量 $\boldsymbol{d}=(l,m,n)$，使得 $\boldsymbol{c}=\lambda\boldsymbol{d}$（$\lambda$ 为任意实数），即

$$\begin{cases}x_1=\lambda l,\\ x_2=\lambda m,\\ x_3=\lambda n\end{cases}$$

是方程组(2.3.1)的全部解.

由行列式按行展开定理可知，行列式

$$\begin{vmatrix}1 & 1 & 1\\ a_1 & a_2 & a_3\\ b_1 & b_2 & b_3\end{vmatrix}$$

第一行的代数余子式

$$A_{11}=\begin{vmatrix}a_2 & a_3\\ b_2 & b_3\end{vmatrix},\ A_{12}=-\begin{vmatrix}a_1 & a_3\\ b_1 & b_3\end{vmatrix},\ A_{13}=\begin{vmatrix}a_1 & a_2\\ b_1 & b_2\end{vmatrix}$$

为方程组(2.3.1)的解. 如果 A_{11},A_{12},A_{13} 都为 0，则可以推出 a_1，a_2,a_3 与 b_1,b_2,b_3 对应成比例，即向量 $\boldsymbol{a}$，$\boldsymbol{b}$ 共线，这与已知矛盾，所以

$$(A_{11},A_{12},A_{13})=(a_2b_3-a_3b_2,a_3b_1-a_1b_3,a_1b_2-a_2b_1)\neq\boldsymbol{0}.$$

于是向量

$$(\lambda(a_2b_3-a_3b_2),\lambda(a_3b_1-a_1b_3),\lambda(a_1b_2-a_2b_1))$$

是垂直于向量 $\boldsymbol{a}$，$\boldsymbol{b}$ 的全部向量.

定义 2.3.2　向量 $\boldsymbol{a}$ 与 $\boldsymbol{b}$ 的向量积 $\boldsymbol{c}=\boldsymbol{a}\times\boldsymbol{b}$ 满足下列条件（见图 2.3.2）：

(1) $\boldsymbol{a}\times\boldsymbol{b}$ 与向量 $\boldsymbol{a}$，$\boldsymbol{b}$ 都垂直；

(2) $\boldsymbol{a}$，$\boldsymbol{b}$，$\boldsymbol{a}\times\boldsymbol{b}$ 构成右手系；

(3) $|\boldsymbol{a}\times\boldsymbol{b}|=|\boldsymbol{a}||\boldsymbol{b}|\sin<\boldsymbol{a},\boldsymbol{b}>$($|\boldsymbol{a}\times\boldsymbol{b}|$为以向量 $\boldsymbol{a}$ 和 $\boldsymbol{b}$ 为邻边的平行四边形的面积).

设向量 $\boldsymbol{a}=(a_1,a_2,a_3)$与 $\boldsymbol{b}=(b_1,b_2,b_3)$，由向量积的定义有如下结论：

(1) $\boldsymbol{a}\times\boldsymbol{a}=\boldsymbol{0}$；

(2) $\boldsymbol{a}/\!/\boldsymbol{b}\Leftrightarrow\boldsymbol{a}\times\boldsymbol{b}=\boldsymbol{0}\Leftrightarrow\dfrac{a_1}{b_1}=\dfrac{a_2}{b_2}=\dfrac{a_3}{b_3}$.

向量积的性质($\boldsymbol{a}$，$\boldsymbol{b}$，$\boldsymbol{c}$ 是任意向量，λ 是任意实数)：

(1) $\boldsymbol{a}\times\boldsymbol{b}=-\boldsymbol{b}\times\boldsymbol{a}$（向量积不满足交换律）；

(2) $(\lambda\boldsymbol{a})\times\boldsymbol{b}=\lambda(\boldsymbol{a}\times\boldsymbol{b})=\boldsymbol{a}\times(\lambda\boldsymbol{b})$（数乘结合律）；

(3) $(\boldsymbol{a}+\boldsymbol{b})\times\boldsymbol{c}=\boldsymbol{a}\times\boldsymbol{c}+\boldsymbol{b}\times\boldsymbol{c}$，$\boldsymbol{a}\times(\boldsymbol{b}+\boldsymbol{c})=\boldsymbol{a}\times\boldsymbol{b}+\boldsymbol{a}\times\boldsymbol{c}$（分配律）.

为了能简单地通过代数方式计算向量积，下面利用向量的坐标表示式给出向量积的坐标表示式.

在空间直角坐标系中，由向量积的定义可知，对应的基本单位向量 $\boldsymbol{i}$，$\boldsymbol{j}$，$\boldsymbol{k}$ 之间的向量积有如下结论：

$$\boldsymbol{i}\times\boldsymbol{i}=\boldsymbol{0},\ \boldsymbol{j}\times\boldsymbol{j}=\boldsymbol{0},\ \boldsymbol{k}\times\boldsymbol{k}=\boldsymbol{0},$$

$$\boldsymbol{i}\times\boldsymbol{j}=-\boldsymbol{j}\times\boldsymbol{i}=\boldsymbol{k},\ \boldsymbol{j}\times\boldsymbol{k}=-\boldsymbol{k}\times\boldsymbol{j}=\boldsymbol{i},\ \boldsymbol{k}\times\boldsymbol{i}=-\boldsymbol{i}\times\boldsymbol{k}=\boldsymbol{j}.$$

由此可得，对任意的向量 $\boldsymbol{a}=(a_1,a_2,a_3)$，$\boldsymbol{b}=(b_1,b_2,b_3)$，利用向量积的性质得

$$\begin{aligned}\boldsymbol{a}\times\boldsymbol{b}&=(a_1\boldsymbol{i}+a_2\boldsymbol{j}+a_3\boldsymbol{k})\times(b_1\boldsymbol{i}+b_2\boldsymbol{j}+b_3\boldsymbol{k})\\&=(a_2b_3-a_3b_2)\boldsymbol{i}+(a_3b_1-a_1b_3)\boldsymbol{j}+(a_1b_2-a_2b_1)\boldsymbol{k}\\&=(a_2b_3-a_3b_2,a_3b_1-a_1b_3,a_1b_2-a_2b_1).\end{aligned}$$

为了帮助记忆，上式可以写成

$$\boldsymbol{a}\times\boldsymbol{b}=\begin{vmatrix}\boldsymbol{i}&\boldsymbol{j}&\boldsymbol{k}\\a_1&a_2&a_3\\b_1&b_2&b_3\end{vmatrix}=\begin{vmatrix}a_2&a_3\\b_2&b_3\end{vmatrix}\boldsymbol{i}-\begin{vmatrix}a_1&a_3\\b_1&b_3\end{vmatrix}\boldsymbol{j}+\begin{vmatrix}a_1&a_2\\b_1&b_2\end{vmatrix}\boldsymbol{k}.$$

显然，向量 $\boldsymbol{a}\times\boldsymbol{b}$ 的结果是$(a_2b_3-a_3b_2,a_3b_1-a_1b_3,a_1b_2-a_2b_1)$. 例 2.3.3 中垂直于 $\boldsymbol{a}$，$\boldsymbol{b}$ 的全部向量为

$$(\lambda(a_2b_3-a_3b_2),\lambda(a_3b_1-a_1b_3),\lambda(a_1b_2-a_2b_1)).\quad(2.3.2)$$

证明 $\boldsymbol{a}\times\boldsymbol{b}$ 是式(2.3.2)中当 $\lambda=1$ 时的情形. 该证明留给读者完成.

例 2.3.4 设$\triangle ABC$ 的三个顶点坐标分别为 $A(1,1,1)$，$B(0,2,1)$，$C(1,-1,2)$，求$\triangle ABC$ 的面积及 BC 边上的高.

解 由向量的坐标表示式可知$\overrightarrow{AB}=(-1,1,0)$，$\overrightarrow{AC}=(0,-2,1)$，$\overrightarrow{BC}=(1,-3,1)$，因为

$$\overrightarrow{AB}\times\overrightarrow{AC}=\begin{vmatrix} \boldsymbol{i} & \boldsymbol{j} & \boldsymbol{k} \\ -1 & 1 & 0 \\ 0 & -2 & 1 \end{vmatrix}$$

$$=\begin{vmatrix} 1 & 0 \\ -2 & 1 \end{vmatrix}\boldsymbol{i}-\begin{vmatrix} -1 & 0 \\ 0 & 1 \end{vmatrix}\boldsymbol{j}+\begin{vmatrix} -1 & 1 \\ 0 & -2 \end{vmatrix}\boldsymbol{k}=\boldsymbol{i}+\boldsymbol{j}+2\boldsymbol{k}.$$

于是$\triangle ABC$ 的面积为

$$S_{\triangle ABC}=\frac{1}{2}|\overrightarrow{AB}\times\overrightarrow{AC}|=\frac{1}{2}\sqrt{1^2+1^2+2^2}=\frac{\sqrt{6}}{2}.$$

BC 边上的高 h 为

$$h=\frac{2S_{\triangle ABC}}{|\overrightarrow{BC}|}=\frac{\sqrt{6}}{\sqrt{1^2+(-3)^2+1^2}}=\frac{\sqrt{66}}{11}.$$

2.3.3 向量的混合积*

定义 2.3.3　对于任意给定的三个向量 $\boldsymbol{a}$，$\boldsymbol{b}$，$\boldsymbol{c}$，称实数

$$|\boldsymbol{a}\times\boldsymbol{b}||\boldsymbol{c}|\cos<\boldsymbol{a}\times\boldsymbol{b},\boldsymbol{c}>$$

为向量 $\boldsymbol{a}$，$\boldsymbol{b}$，$\boldsymbol{c}$ 的混合积，记为$[\boldsymbol{a}\ \boldsymbol{b}\ \boldsymbol{c}]$，即

$$[\boldsymbol{a}\ \boldsymbol{b}\ \boldsymbol{c}]=(\boldsymbol{a}\times\boldsymbol{b})\cdot\boldsymbol{c}.$$

这个实数是以向量 $\boldsymbol{a}$，$\boldsymbol{b}$ 为邻边的平行四边形的面积$|\boldsymbol{a}\times\boldsymbol{b}|$乘以向量 $\boldsymbol{c}$ 在向量 $\boldsymbol{a}\times\boldsymbol{b}$ 上的投影$|\boldsymbol{c}|\cos<\boldsymbol{a}\times\boldsymbol{b},\boldsymbol{c}>$，而此投影的绝对值就是以 $\boldsymbol{a}$，$\boldsymbol{b}$，$\boldsymbol{c}$ 为邻边的平行六面体的高，即$|(\boldsymbol{a}\times\boldsymbol{b})\cdot\boldsymbol{c}|$是该六面体的体积，如图 2.3.3 所示.

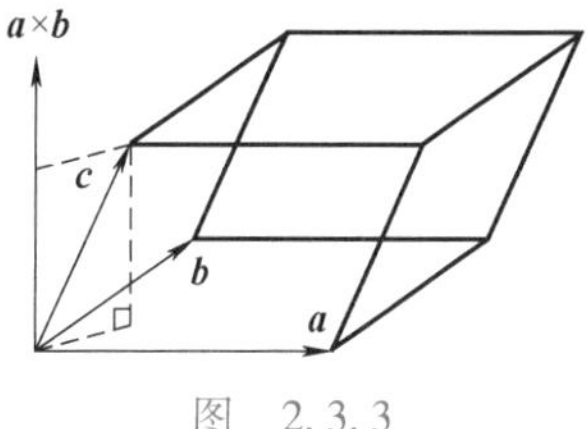

图　2.3.3

下面给出向量混合积的坐标表达式.

对任意向量 $\boldsymbol{a}=(a_1,a_2,a_3)$，$\boldsymbol{b}=(b_1,b_2,b_3)$，$\boldsymbol{c}=(c_1,c_2,c_3)$，因为

$$\boldsymbol{a}\times\boldsymbol{b}=\begin{vmatrix} \boldsymbol{i} & \boldsymbol{j} & \boldsymbol{k} \\ a_1 & a_2 & a_3 \\ b_1 & b_2 & b_3 \end{vmatrix}=\begin{vmatrix} a_2 & a_3 \\ b_2 & b_3 \end{vmatrix}\boldsymbol{i}-\begin{vmatrix} a_1 & a_3 \\ b_1 & b_3 \end{vmatrix}\boldsymbol{j}+\begin{vmatrix} a_1 & a_2 \\ b_1 & b_2 \end{vmatrix}\boldsymbol{k},$$

于是

$$(\boldsymbol{a}\times\boldsymbol{b})\cdot\boldsymbol{c}=\begin{vmatrix} a_2 & a_3 \\ b_2 & b_3 \end{vmatrix}c_1-\begin{vmatrix} a_1 & a_3 \\ b_1 & b_3 \end{vmatrix}c_2+\begin{vmatrix} a_1 & a_2 \\ b_1 & b_2 \end{vmatrix}c_3$$

$$=\begin{vmatrix} c_1 & c_2 & c_3 \\ a_1 & a_2 & a_3 \\ b_1 & b_2 & b_3 \end{vmatrix}=\begin{vmatrix} a_1 & a_2 & a_3 \\ b_1 & b_2 & b_3 \\ c_1 & c_2 & c_3 \end{vmatrix}.$$

利用混合积的坐标表达式可得，向量的混合积有如下性质(其中 $\boldsymbol{a}=(a_1,a_2,a_3)$，$\boldsymbol{b}=(b_1,b_2,b_3)$，$\boldsymbol{c}=(c_1,c_2,c_3)$为任意的向量)：

(1) $(\boldsymbol{a}\times\boldsymbol{b})\cdot\boldsymbol{c}=(\boldsymbol{b}\times\boldsymbol{c})\cdot\boldsymbol{a}=(\boldsymbol{c}\times\boldsymbol{a})\cdot\boldsymbol{b}$,

即

$$[\boldsymbol{a}\ \boldsymbol{b}\ \boldsymbol{c}]=[\boldsymbol{b}\ \boldsymbol{c}\ \boldsymbol{a}]=[\boldsymbol{c}\ \boldsymbol{a}\ \boldsymbol{b}].$$

(2) 三个向量 $\boldsymbol{a}$，$\boldsymbol{b}$，$\boldsymbol{c}$ 在同一个平面上(简称共面)的充分必要条件为

$$[\boldsymbol{a}\ \boldsymbol{b}\ \boldsymbol{c}]=(\boldsymbol{a}\times\boldsymbol{b})\cdot\boldsymbol{c}=\begin{vmatrix} a_1 & a_2 & a_3 \\ b_1 & b_2 & b_3 \\ c_1 & c_2 & c_3 \end{vmatrix}=0.$$

例 2.3.5　已知一个四面体 $ABCD$ 的四个顶点分别为 $A(1,2,0)$，$B(1,3,2)$，$C(1,3,0)$，$D(3,2,1)$，求四面体 $ABCD$ 的体积 V.

解　因为$\overrightarrow{AB}=(0,1,2)$，$\overrightarrow{AC}=(0,1,0)$，$\overrightarrow{AD}=(2,0,1)$，所以

$$(\overrightarrow{AB}\times\overrightarrow{AC})\cdot\overrightarrow{AD}=\begin{vmatrix} 0 & 1 & 2 \\ 0 & 1 & 0 \\ 2 & 0 & 1 \end{vmatrix}=-4.$$

从而由混合积的几何意义可知，四面体 $ABCD$ 的体积为

$$V=\frac{1}{6}\left|(\overrightarrow{AB}\times\overrightarrow{AC})\cdot\overrightarrow{AD}\right|=\frac{2}{3}.$$

习题 2.3 视频详解

习题 2.3

1. 已知 $\boldsymbol{a}+\boldsymbol{b}+\boldsymbol{c}=\boldsymbol{0}$，$|\boldsymbol{a}|=1$，$|\boldsymbol{b}|=2$，$|\boldsymbol{c}|=3$，求 $\boldsymbol{a}\cdot\boldsymbol{b}+\boldsymbol{b}\cdot\boldsymbol{c}+\boldsymbol{c}\cdot\boldsymbol{a}$ 的值.

2. 已知向量 $\boldsymbol{a}$ 与 $\boldsymbol{b}$ 的夹角为$\frac{2}{3}\pi$，且 $|\boldsymbol{a}|=3$，$|\boldsymbol{b}|=4$，计算：

(1) $(\boldsymbol{a}+\boldsymbol{b})\cdot(\boldsymbol{a}-\boldsymbol{b})$；　(2) $|2\boldsymbol{a}+\boldsymbol{b}|^2$.

3. 已知向量 $\boldsymbol{a}$，$\boldsymbol{b}$，$\boldsymbol{c}$ 两两垂直，且 $|\boldsymbol{a}|=1$，$|\boldsymbol{b}|=2$，$|\boldsymbol{c}|=2$，求向量 $\boldsymbol{r}=\boldsymbol{a}+\boldsymbol{b}+\boldsymbol{c}$ 的模以及它与 $\boldsymbol{a}$，$\boldsymbol{b}$，$\boldsymbol{c}$ 的夹角.

4. 已知平行四边形以 $\boldsymbol{a}=(1,1,1)$，$\boldsymbol{b}=(1,2,0)$ 为相邻的边，求：

(1) 它的边长和内角；

(2) 它的两对角线的长和夹角.

5. 求同时垂直于 $\boldsymbol{a}=(1,1,1)$ 和 $\boldsymbol{b}=(0,-1,1)$ 的单位向量.

6. 已知 $|\boldsymbol{a}|=1$，$|\boldsymbol{b}|=2$，$\boldsymbol{a}\cdot\boldsymbol{b}=\sqrt{2}$，试求：

(1) $|\boldsymbol{a}\times\boldsymbol{b}|^2$；　(2) $|(\boldsymbol{a}+2\boldsymbol{b})\times(2\boldsymbol{a}-\boldsymbol{b})|$.

7. 设 $\boldsymbol{a}=4\boldsymbol{i}-\boldsymbol{j}+3\boldsymbol{k}$，$\boldsymbol{b}=3\boldsymbol{i}+\boldsymbol{j}+4\boldsymbol{k}$，求：

(1) $\boldsymbol{a}\cdot\boldsymbol{b}$；　(2) $(3\boldsymbol{a})\cdot(-2\boldsymbol{b})$；

(3) $\boldsymbol{a}\times\boldsymbol{b}$；　(4) $(\boldsymbol{a}+\boldsymbol{b})\times(5\boldsymbol{b})$；

(5) $\mathrm{Prj}_{\boldsymbol{b}}\boldsymbol{a}$；　(6) $\cos(\widehat{\boldsymbol{a},\boldsymbol{b}})$.

8. 设 $\boldsymbol{a}=6\boldsymbol{i}-2\boldsymbol{j}-8\boldsymbol{k}$，$\boldsymbol{b}=\boldsymbol{i}+3\boldsymbol{j}-\boldsymbol{k}$，$\boldsymbol{c}=\boldsymbol{i}-2\boldsymbol{j}$，求：

(1) $(\boldsymbol{a}\cdot\boldsymbol{b})\boldsymbol{c}-(\boldsymbol{a}\cdot\boldsymbol{c})\boldsymbol{b}$；(2) $(\boldsymbol{a}+\boldsymbol{b})\times(\boldsymbol{b}+\boldsymbol{c})$；

(3) $(\boldsymbol{a}\times\boldsymbol{b})\cdot\boldsymbol{c}$；　(4) $(\boldsymbol{a}\times\boldsymbol{b})\times\boldsymbol{c}$.

9. 已知 $A(3,1,4)$，$B(7,-4,4)$，$C(3,5,1)$，求：

(1) 与$\overrightarrow{AB}$，$\overrightarrow{AC}$同时垂直的单位向量；

(2) $\triangle ABC$ 的面积；

(3) 点 B 到过 A，C 两点的直线的距离.

10. 设 $\boldsymbol{a}=3\boldsymbol{i}+5\boldsymbol{j}+2\boldsymbol{k}$，$\boldsymbol{b}=2\boldsymbol{i}+\boldsymbol{j}-7\boldsymbol{k}$，求满足 $\lambda\boldsymbol{a}+\boldsymbol{b}$ 与 $\boldsymbol{a}$ 垂直的 λ 的值，并证明此时 $|\lambda\boldsymbol{a}+\boldsymbol{b}|$ 取得最小值.

11. 设 $\boldsymbol{a}+\boldsymbol{b}+\boldsymbol{c}=\boldsymbol{0}$，求证 $\boldsymbol{a}\times\boldsymbol{b}=\boldsymbol{b}\times\boldsymbol{c}=\boldsymbol{c}\times\boldsymbol{a}$，并说明它的几何意义.

12. 设 $\boldsymbol{a}\times\boldsymbol{b}=\boldsymbol{c}\times\boldsymbol{d}$，$\boldsymbol{a}\times\boldsymbol{c}=\boldsymbol{b}\times\boldsymbol{d}$，求证 $\boldsymbol{a}-\boldsymbol{d}$ 与 $\boldsymbol{b}-\boldsymbol{c}$

平行.

13. 在空间直角坐标系中，已知三点 $A(1,0,0)$，$B(0,1,0)$，$C(0,0,1)$，求$\triangle ABC$ 的面积.

14. 已知 $\boldsymbol{a}$，$\boldsymbol{b}$ 为两个不平行的非零向量，且 $k\boldsymbol{a}+\boldsymbol{b}$ 与 $\boldsymbol{a}+k\boldsymbol{b}$ 平行，求 k.

15. 证明对任意的向量 $\boldsymbol{a}$，$\boldsymbol{b}$，有 $|\boldsymbol{a}+\boldsymbol{b}|^2+|\boldsymbol{a}-\boldsymbol{b}|^2=2(|\boldsymbol{a}|^2+|\boldsymbol{b}|^2)$. 当向量 $\boldsymbol{a}$ 与 $\boldsymbol{b}$ 不平行时，说明此等式的几何意义.

16. 用向量证明：

（1）直径所对的圆周角是直角；

（2）三角形的三条高交于一点.

2.4 平面与直线

在实际计算中，经常会遇到各种曲面，例如汽车前照灯的反光镜的镜面，上下水管道的外表面以及建筑工人师傅用的铅锤的侧面等. 先以曲面为例来说明空间几何图形的方程. 如果在空间中建立直角坐标系 $Oxyz$，则曲面 Σ 上任意点 P 的坐标可用(x,y,z)来表示，从而点 $P(x,y,z)$满足的规律可表示为含有 x,y,z 的方程

$$F(x,y,z)=0. \tag{2.4.1}$$

如果曲面 Σ 与方程(2.4.1)有下述关系：

（1）曲面 Σ 上任意点的坐标都满足方程(2.4.1)；

（2）不在曲面 Σ 上的点的坐标都不满足方程(2.4.1)；

则称方程(2.4.1)为曲面 Σ 的方程，而曲面 Σ 称为方程(2.4.1)的图形.

平面和直线是空间中最简单的几何图形，本节利用向量和坐标的相关知识将平面、直线与方程联系起来，建立空间中平面和直线方程，再通过方程研究它们的几何性质、位置关系及相关问题.

2.4.1 平面方程

在空间直角坐标系 $Oxyz$ 中给定一个平面 Π，垂直于平面 Π 的直线称为它的法线，平行于法线的任何非零向量称为平面 Π 的法向量，通常用向量 $\boldsymbol{n}$ 来表示.

设平面 Π 过点 $P_0(x_0,y_0,z_0)$，且 $\boldsymbol{n}=(A,B,C)$是平面 Π 的一个法向量，如图 2.4.1 所示. 此时平面 Π 的位置就完全确定了，则对于平面 Π 上的任意一点 $P(x,y,z)$有$\overrightarrow{P_0P}\perp\boldsymbol{n}$，即

$$\overrightarrow{P_0P}\cdot\boldsymbol{n}=0.$$

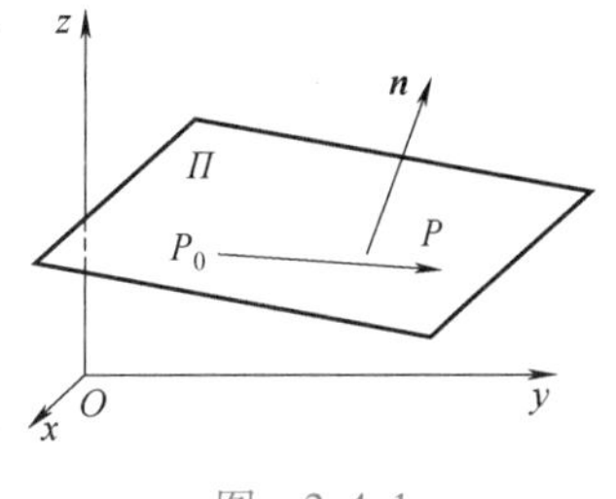

图 2.4.1

由于 $\boldsymbol{n}=(A,B,C)$，$\overrightarrow{P_0P}=(x-x_0,y-y_0,z-z_0)$，从而由向量数量积的坐标表达式可得

$$A(x-x_0)+B(y-y_0)+C(z-z_0)=0. \tag{2.4.2}$$

一方面，由点 $P(x,y,z)$的任意性可知，平面 Π 上所有点的坐标都

满足方程(2.4.2)；另一方面，当点 $P(x,y,z)$ 不在平面 Π 上时，向量$\overrightarrow{P_0P}$不垂直于 $\boldsymbol{n}$，有$\overrightarrow{P_0P}\cdot\boldsymbol{n}\neq 0$，即点 P 的坐标(x,y,z)不满足方程(2.4.2)．由此可知，方程(2.4.2)是平面 Π 的方程，而平面 Π 就是方程(2.4.2)的图形．方程(2.4.2)是由平面 Π 上的点 $P_0(x_0,y_0,z_0)$ 及法向量 $\boldsymbol{n}$ 所确定的，故称方程(2.4.2)为平面的点法式方程.

在方程(2.4.2)中，令 $D=-Ax_0-By_0-Cz_0$，则方程(2.4.2)可写成三元一次方程

$$Ax+By+Cz+D=0. \tag{2.4.3}$$

反之，对任意给定的一个三元一次方程(仍然可以用方程(2.4.3)表示)，此时方程(2.4.3)的系数满足 $A^2+B^2+C^2\neq 0$. 如果点(x_0, y_0,z_0)的坐标是方程(2.4.3)的解，即

$$Ax_0+By_0+Cz_0+D=0, \tag{2.4.4}$$

则将方程(2.4.3)与式(2.4.4)相减可得

$$A(x-x_0)+B(y-y_0)+C(z-z_0)=0.$$

由此可知，在直角坐标系下，方程(2.4.3)是一个平面方程，我们称方程(2.4.3)为平面的一般(式)方程.

例 2.4.1 求过点(5,-1,3)且以 $\boldsymbol{n}=(6,7,4)$ 为法向量的平面方程.

解 由平面的点法式方程(2.4.2)，得所求平面的方程是

$$6(x-5)+7(y+1)+4(z-3)=0,$$

即

$$6x+7y+4z-35=0.$$

例 2.4.2 已知平面 Π 过点 $M_1(a,0,0)$，$M_2(0,b,0)$，$M_3(0,0,c)$，并且 $abc\neq 0$，求平面 Π 的方程.

解 设所求平面的法向量为 $\boldsymbol{n}$，则根据题意可知，$\boldsymbol{n}\perp\overrightarrow{M_1M_2}$，$\boldsymbol{n}\perp\overrightarrow{M_1M_3}$，即可取

$$\boldsymbol{n}=\overrightarrow{M_1M_2}\times\overrightarrow{M_1M_3}=\begin{vmatrix}\boldsymbol{i} & \boldsymbol{j} & \boldsymbol{k}\\ -a & b & 0\\ -a & 0 & c\end{vmatrix}=(bc,ac,ab),$$

于是由点 $M_1(a,0,0)$ 在平面 Π 上可知，对于平面 Π 上的任意一点 $M(x,y,z)$，由平面的点法式方程(2.4.2)，得所求平面方程是

$$bc(x-a)+acy+abz=0,$$

即

$$bcx-abc+acy+abz=0.$$

于是所求平面 Π 的方程为

$$\frac{x}{a}+\frac{y}{b}+\frac{z}{c}=1. \tag{2.4.5}$$

称方程(2.4.5)为平面 Π 的截距式方程.

一般地，如果不共线的三点 $M_1(x_1,y_1,z_1)$，$M_2(x_2,y_2,z_2)$，$M_3(x_3,y_3,z_3)$在平面 Π 上，则对于平面 Π 上的任意一点 $M(x,y,z)$，有

$$(\overrightarrow{M_1M_2}\times\overrightarrow{M_1M_3})\cdot\overrightarrow{M_1M}=\begin{vmatrix} x-x_1 & y-y_1 & z-z_1 \\ x_2-x_1 & y_2-y_1 & z_2-z_1 \\ x_3-x_1 & y_3-y_1 & z_3-z_1 \end{vmatrix}=0. \tag{2.4.6}$$

式(2.4.6)称为平面 Π 的三点式方程.

例 2.4.3　设平面 Π 的方程为 $Ax+By+Cz+D=0$，点 $P_0(x_0,y_0,z_0)$ 不在平面 Π 上，求点 P_0 到平面 Π 的距离 d.

解　过点 $P_0(x_0,y_0,z_0)$作平面 Π 的垂线且垂足记为 P_1，如图 2.4.2 所示. 则向量 $\overrightarrow{P_0P_1}$的模就是点 $P_0(x_0,y_0,z_0)$到平面 Π 的距离 d. 平面 Π 的法向量为 $\boldsymbol{n}=(A,B,C)$，则对于平面 Π 上的任意一点 $P(x,y,z)$，由$\overrightarrow{P_0P_1}/\!/\boldsymbol{n}$ 及数量积的定义可得

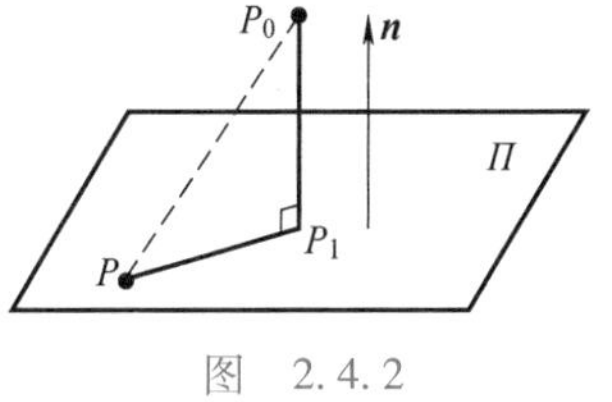

图　2.4.2

$$|\cos<\overrightarrow{P_0P},\overrightarrow{P_0P_1}>|=|\cos<\overrightarrow{P_0P},\boldsymbol{n}>|=\frac{|\overrightarrow{P_0P}\cdot\boldsymbol{n}|}{|\overrightarrow{P_0P}||\boldsymbol{n}|},$$

于是由点 $P(x,y,z)$在平面 Π 上及$\overrightarrow{PP_1}\perp\overrightarrow{P_0P_1}$可知，$Ax+By+Cz+D=0$，且

$$d=|\overrightarrow{P_0P_1}|=|\overrightarrow{P_0P}||\cos<\overrightarrow{P_0P},\overrightarrow{P_0P_1}>|=\frac{|\overrightarrow{P_0P}\cdot\boldsymbol{n}|}{|\boldsymbol{n}|}$$

$$=\frac{|A(x-x_0)+B(y-y_0)+C(z-z_0)|}{\sqrt{A^2+B^2+C^2}}=\frac{|Ax_0+By_0+Cz_0+D|}{\sqrt{A^2+B^2+C^2}}.$$

故点 P_0 到平面 Π 的距离为

$$d=\frac{|Ax_0+By_0+Cz_0+D|}{\sqrt{A^2+B^2+C^2}}. \tag{2.4.7}$$

称式(2.4.7)为点 P_0 到平面 Π 的距离公式，称点 P_1 为点 P_0 在平面 Π 上的投影.

例 2.4.4　求点(3,2,1)到平面 Π：$2x-y+5z+6=0$ 的距离 d.

解　利用式(2.4.7)可得

$$d=\frac{|2\times3-1\times2+5\times1+6|}{\sqrt{2^2+(-1)^2+5^2}}=\frac{15}{\sqrt{30}}=\frac{\sqrt{30}}{2}.$$

2.4.2 直线方程

空间中任意一条直线 L 可以看作不平行的两个平面

$$\Pi_1: A_1x+B_1y+C_1z+D_1=0,$$

$$\Pi_2: A_2x+B_2y+C_2z+D_2=0$$

的交线，如图 2.4.3 所示. 如果点 $M(x,y,z)$ 在直线 L 上，则点 M 的坐标满足方程组

$$\begin{cases} A_1x+B_1y+C_1z+D_1=0, \\ A_2x+B_2y+C_2z+D_2=0. \end{cases} \tag{2.4.8}$$

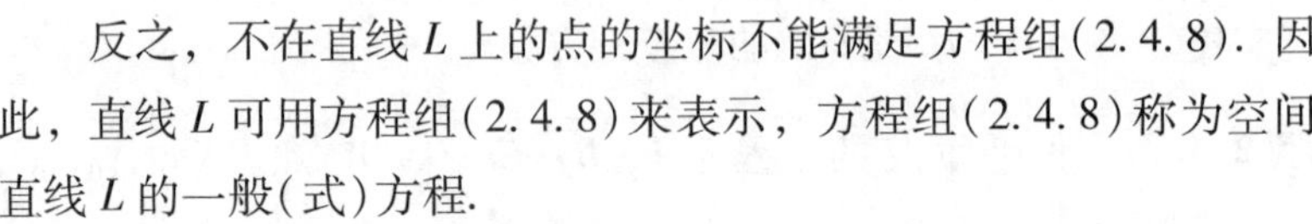

反之，不在直线 L 上的点的坐标不能满足方程组(2.4.8). 因此，直线 L 可用方程组(2.4.8)来表示，方程组(2.4.8)称为空间直线 L 的一般(式)方程.

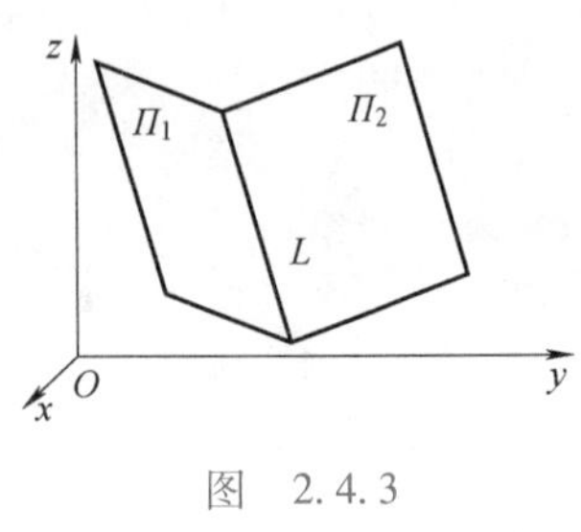

图 2.4.3

由图 2.4.3 可知，法向量 $\boldsymbol{n}_1=(A_1,B_1,C_1)$，$\boldsymbol{n}_2=(A_2,B_2,C_2)$ 同时垂直于直线 L，即 $\boldsymbol{n}_1\times\boldsymbol{n}_2$ 平行于直线 L. 与已知直线 L 平行的非零向量称为该直线 L 的方向向量，通常记为 $\boldsymbol{s}$(或 $\vec{s}$).

如果已知直线 L 经过一个已知点 $M_0(x_0,y_0,z_0)$，且与一个已知非零向量 $\boldsymbol{s}=(m,n,l)$ 平行，则对于直线 L 上的任意一点 $M(x,y,z)$，有 $\boldsymbol{s}/\!/\overrightarrow{M_0M}$. 于是由两个向量平行的充分必要条件可得

$$\frac{x-x_0}{m}=\frac{y-y_0}{n}=\frac{z-z_0}{l}. \tag{2.4.9}$$

式(2.4.9)称为空间直线 L 的对称式方程或点向式方程. 其中与空间直线 L 平行的非零向量 $\boldsymbol{s}=(m,n,l)$ 称为该直线的方向向量，向量 $\boldsymbol{s}$ 在三个坐标轴上的投影 m，n，l 称为该直线的一组**方向数**，而向量 $\boldsymbol{s}$ 的方向余弦叫作该直线的**方向余弦**，式(2.4.9)写成式(2.4.8)的形式为

$$\begin{cases} \dfrac{x-x_0}{m}=\dfrac{y-y_0}{n}, \\ \dfrac{y-y_0}{n}=\dfrac{z-z_0}{l}; \end{cases}$$

如果 m，n，l 中有一个为 0，不妨设 $m=0$，则式(2.4.9)可以写成如下形式

$$\begin{cases} x-x_0=0, \\ \dfrac{y-y_0}{n}=\dfrac{z-z_0}{l}; \end{cases}$$

如果 m，n，l 中有两个为 0，不妨设 $m=n=0$，，则式(2.4.9)可以写成如下形式

$$\begin{cases}x-x_0=0,\\y-y_0=0.\end{cases}$$

如果已知直线 L 上的一定点 $P_0(x_0,y_0,z_0)$ 及方向向量 $\boldsymbol{s}=(m,\ n,\ l)$，则直线 L 的位置完全确定. 由定理 2. 2. 1 可知点 P 在 L 上的充要条件是向量 $\overrightarrow{P_0P}\,/\!/\,\boldsymbol{s}$，即存在唯一的实数 λ，使得 $\overrightarrow{P_0P}=\lambda\boldsymbol{s}(\lambda\in\mathbf{R})$. 于是由向量的坐标表示式可得

$$\begin{cases}x=x_0+\lambda m,\\y=y_0+\lambda n,\\z=z_0+\lambda l.\end{cases}\tag{2.4.10}$$

式(2. 4. 10)称为直线 L 的参数式方程(参数方程).

例 2. 4. 5　设空间直线 L 的一般方程为

$$\begin{cases}2x-3y+3z+6=0,\\4x-3y+2z=0,\end{cases}$$

求直线 L 的对称式方程.

解　令 $z=0$，代入直线 L 的一般方程得

$$\begin{cases}2x-3y+6=0,\\4x-3y=0,\end{cases}$$

解得 $x=3$，$y=4$. 所以点(3,4,0)在直线 L 上.

所给两个平面的法向量分别为 $\boldsymbol{n}_1=(2,-3,3)$，$\boldsymbol{n}_2=(4,-3,2)$，并且直线 L 在这两个平面上，所以直线 L 的方向向量可以取

$$\boldsymbol{n}_1\times\boldsymbol{n}_2=\begin{vmatrix}\boldsymbol{i}&\boldsymbol{j}&\boldsymbol{k}\\2&-3&3\\4&-3&2\end{vmatrix}=(3,8,6).$$

于是空间直线 L 的对称式方程为

$$\frac{x-3}{3}=\frac{y-4}{8}=\frac{z}{6}.$$

例 2. 4. 6　设通过点 $P_0(x_0,y_0,z_0)$ 的直线 L 的方程为

$$\frac{x-x_0}{m}=\frac{y-y_0}{n}=\frac{z-z_0}{l},$$

如果点 $P(x,y,z)$ 不在直线 L 上，求点 $P(x,y,z)$ 到直线 L 的距离 d.

解　过点 $P(x,y,z)$ 作直线 L 的垂线且交直线 L 于点 P_1，则向量 $\overrightarrow{P_1P}$ 的模是点 $P(x,y,z)$ 到直线 L 的距离 d.

设直线 L 的方向向量为 $\boldsymbol{s}=(m,n,l)$，则由点 $P_0(x_0,y_0,z_0)$ 在直线 L 上可知，$\overrightarrow{P_1P}\perp\overrightarrow{P_0P_1}$，且 $\overrightarrow{P_0P_1}\,/\!/\,\boldsymbol{s}$，于是由向量积的定义可得

$$|\overrightarrow{P_1P}|=|\overrightarrow{P_0P}|\sin<\overrightarrow{P_0P},\boldsymbol{s}>=\frac{|\overrightarrow{P_0P}\times\boldsymbol{s}|}{|\boldsymbol{s}|}.$$

所以点 P 到直线 L 的距离为

$$d=\frac{|(x-x_0,y-y_0,z-z_0)\times(m,n,l)|}{\sqrt{m^2+n^2+l^2}}.\qquad(2.4.11)$$

式(2.4.11)称为点 $P(x,y,z)$ 到直线 L 的距离公式，点 P_1 称为点 $P(x,y,z)$ 在直线 L 上的投影.

2.4.3 平面与平面、直线与直线、直线与平面的位置关系

(1) 平面与平面的位置关系

空间中任意两个平面的位置关系有重合、平行和相交三种情况. 下面给出利用已知两平面的方程来判断它们的位置关系的方法.

设两个相交平面 Π_1 与 Π_2 的法向量分别为 $\boldsymbol{n}_1$，$\boldsymbol{n}_2$，如果 θ 满足

$$\theta=\begin{cases}<\boldsymbol{n}_1,\boldsymbol{n}_2>, & 0\leqslant\cos<\boldsymbol{n}_1,\boldsymbol{n}_2><1,\\ \pi-<\boldsymbol{n}_1,\boldsymbol{n}_2>, & -1<\cos<\boldsymbol{n}_1,\boldsymbol{n}_2><0,\end{cases}$$

则 θ 称为平面 Π_1 与 Π_2 的夹角，如图 2.4.4 所示. 此外，当两平面 Π_1 与 Π_2 重合或者平行时，规定平面 Π_1 与 Π_2 的夹角为 0. 当 $\theta=<\boldsymbol{n}_1,\boldsymbol{n}_2>=\frac{\pi}{2}$时，称平面 Π_1 与 Π_2 垂直，进而平面 Π_1 与 Π_2 垂直的充分必要条件是 $\boldsymbol{n}_1\cdot\boldsymbol{n}_2=0$.

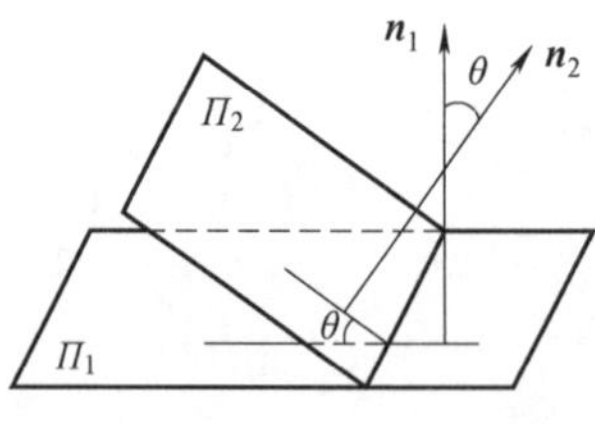

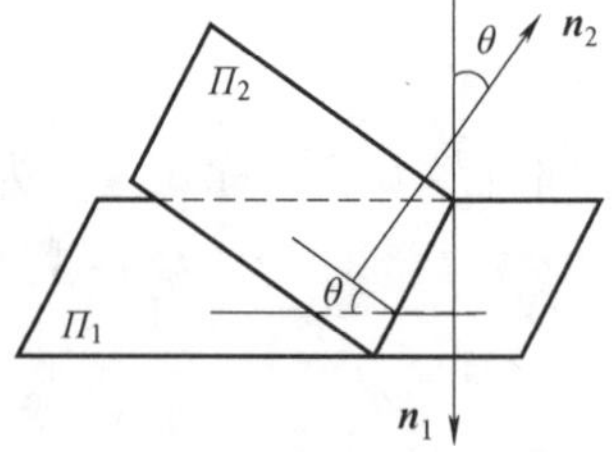

图 2.4.4

设平面 Π_1 与 Π_2 的一般方程为

$$\Pi_1:A_1x+B_1y+C_1z+D_1=0,$$
$$\Pi_2:A_2x+B_2y+C_2z+D_2=0.$$

平面 Π_1 与 Π_2 的法向量分别为 $\boldsymbol{n}_1=(A_1,B_1,C_1)$，$\boldsymbol{n}_2=(A_2,B_2,C_2)$，两平面 Π_1 与 Π_2 的夹角为 θ，则

$$\cos\theta=\frac{|\boldsymbol{n}_1\cdot\boldsymbol{n}_2|}{|\boldsymbol{n}_1||\boldsymbol{n}_2|}=\frac{|A_1A_2+B_1B_2+C_1C_2|}{\sqrt{A_1^2+B_1^2+C_1^2}\sqrt{A_2^2+B_2^2+C_2^2}}.\qquad(2.4.12)$$

平面 Π_1 与 Π_2 之间的位置关系有如下结论：

1）平面 Π_1 与 Π_2 重合的充分必要条件为

$$\frac{A_1}{A_2}=\frac{B_1}{B_2}=\frac{C_1}{C_2}=\frac{D_1}{D_2}.$$

2）平面 $\Pi_1 /\!/ \Pi_2$ 的充分必要条件为

$$\frac{A_1}{A_2}=\frac{B_1}{B_2}=\frac{C_1}{C_2}\neq\frac{D_1}{D_2}.$$

3）平面 Π_1 与 Π_2 相交的充分必要条件为

$$\boldsymbol{n}_1\times\boldsymbol{n}_2\neq\boldsymbol{0},$$

即$\frac{A_1}{A_2}$，$\frac{B_1}{B_2}$，$\frac{C_1}{C_2}$中至少有两个不相等.

例 2.4.7　求平面 $x+y+2z+3=0$ 与平面 $2x+y-z-4=0$ 的夹角 θ.

解　由已知，两平面的法向量分别为 $\boldsymbol{n}_1=(1,1,2)$，$\boldsymbol{n}_2=(2,1,-1)$，则

$$\cos\theta=\frac{|\boldsymbol{n}_1\cdot\boldsymbol{n}_2|}{|\boldsymbol{n}_1||\boldsymbol{n}_2|}=\frac{|1\times2+1\times1+2\times(-1)|}{\sqrt{1^2+1^2+2^2}\sqrt{2^2+1^2+(-1)^2}}=\frac{1}{6},$$

于是所求两平面的夹角为

$$\theta=\arccos\frac{1}{6}.$$

例 2.4.8　设平面 Π 通过 y 轴，并且与 yOz 面的夹角为$\frac{\pi}{3}$，求平面 Π 的方程.

解　设平面 Π 的法向量为 $\boldsymbol{n}=(A,B,C)$，方程为

$$Ax+By+Cz+D=0,$$

则由平面 Π 通过 y 轴可知，点$(0,0,0)$，$(0,1,0)$在平面 Π 上，于是将这两个点代入平面 Π 的方程可得 $D=0$，$B=0$.

已知平面 Π 与 yOz 面的夹角为$\frac{\pi}{3}$，而 yOz 平面的法向量为$(1,0,0)$，所以

$$\frac{1}{2}=\cos\frac{\pi}{3}=\frac{|A|}{\sqrt{A^2+C^2}}.\tag{2.4.13}$$

从而由式(2.4.13)可解得 $C=\sqrt{3}A$ 或 $C=-\sqrt{3}A$.

综上所述，所求平面 Π 的方程为

$$x+\sqrt{3}z=0 \text{ 或 } x-\sqrt{3}z=0.$$

（2）直线与直线的位置关系

空间中的任意两条直线的位置关系有异面、相交、平行和重合四种情形.

设两条直线 L_1 与 L_2 的方向向量分别为 $\boldsymbol{s}_1$，$\boldsymbol{s}_2$，称分别以向量 $\boldsymbol{s}_1$，$\boldsymbol{s}_2$ 为法向量的两个平面的夹角 θ 为直线 L_1 与 L_2 的夹角，如图 2.4.4 所示，即

$$\theta=\begin{cases} <\boldsymbol{s}_1,\boldsymbol{s}_2>, & 0\leqslant\cos<\boldsymbol{s}_1,\boldsymbol{s}_2><1, \\ \pi-<\boldsymbol{s}_1,\boldsymbol{s}_2>, & -1<\cos<\boldsymbol{s}_1,\boldsymbol{s}_2><0. \end{cases}$$

此外，当两直线 L_1 与 L_2 重合或平行时，规定直线 L_1 与 L_2 的夹角为 $\theta=0$. 特别地，当 $\theta=\dfrac{\pi}{2}$时，称直线 L_1 与 L_2 垂直，进而直线 L_1 与 L_2 垂直的充要条件是 $\boldsymbol{s}_1\cdot\boldsymbol{s}_2=0$.

设直线 L_1 与 L_2 的方程为

$$L_1:\frac{x-x_1}{m_1}=\frac{y-y_1}{n_1}=\frac{z-z_1}{l_1},$$

$$L_2:\frac{x-x_2}{m_2}=\frac{y-y_2}{n_2}=\frac{z-z_2}{l_2}.$$

$P_1(x_1,y_1,z_1)$，$P_2(x_2,y_2,z_2)$ 分别为直线 L_1，L_2 上的点，$\boldsymbol{s}_1=(m_1,n_1,l_1)$，$\boldsymbol{s}_2=(m_2,n_2,l_2)$分别为直线 L_1，L_2 的方向向量，直线 L_1 与 L_2 的夹角为 θ，则

$$\cos\theta=\frac{|\boldsymbol{s}_1\cdot\boldsymbol{s}_2|}{|\boldsymbol{s}_1||\boldsymbol{s}_2|}=\frac{|m_1m_2+n_1n_2+l_1l_2|}{\sqrt{m_1^2+n_1^2+l_1^2}\sqrt{m_2^2+n_2^2+l_2^2}}.$$

直线 L_1 与 L_2 之间的位置关系有如下结论：

1）直线 L_1 与 L_2 异面的充分必要条件为$(\boldsymbol{s}_1\times\boldsymbol{s}_2)\cdot\overrightarrow{P_1P_2}\neq0$；

2）直线 L_1 与 L_2 相交的充分必要条件为 $\boldsymbol{s}_1\times\boldsymbol{s}_2\neq\boldsymbol{0}$，且$(\boldsymbol{s}_1\times\boldsymbol{s}_2)\cdot\overrightarrow{P_1P_2}=0$；

3）直线 L_1 与 L_2 平行的充分必要条件为 $\boldsymbol{s}_1\times\boldsymbol{s}_2=\boldsymbol{0}$，且 $\boldsymbol{s}_1\times\overrightarrow{P_1P_2}\neq\boldsymbol{0}$；

4）直线 L_1 与 L_2 重合的充分必要条件为 $\boldsymbol{s}_1\times\boldsymbol{s}_2=\boldsymbol{0}$，且 $\boldsymbol{s}_1\times\overrightarrow{P_1P_2}=\boldsymbol{0}$，即三个向量 $\boldsymbol{s}_1$，$\boldsymbol{s}_2$，$\overrightarrow{P_1P_2}$共线.

例 2.4.9 设直线 L_1 与 L_2 的方程分别为

$$\frac{x}{-1}=\frac{y-2}{1}=\frac{z-5}{3},$$

$$\frac{x+2}{-3}=\frac{y-5}{4}=\frac{z-4}{2},$$

证明直线 L_1 与 L_2 相交，并求出交点.

证 由已知，直线 L_1,L_2 的方向向量分别为 $\boldsymbol{s}_1=(-1,1,3)$，$\boldsymbol{s}_2=(-3,4,2)$，直线 L_1 与 L_2 分别过点 $P_1=(0,2,5)$，$P_2=(-2,5,4)$，则$\overrightarrow{P_1P_2}=(-2,3,-1)$，并且

$$s_1 \times s_2 = \begin{vmatrix} \boldsymbol{i} & \boldsymbol{j} & \boldsymbol{k} \\ -1 & 1 & 3 \\ -3 & 4 & 2 \end{vmatrix} = (-10,-7,-1) \neq \boldsymbol{0},$$

且

$$(s_1 \times s_2) \cdot \overrightarrow{P_1P_2} = (-10)\times(-2)+(-7)\times 3+(-1)\times(-1)=0,$$

于是直线 L_1 与 L_2 相交.

设直线 L_1 与 L_2 的交点为 $P_0(x_0,y_0,z_0)$，则 $P_0(x_0,y_0,z_0)$ 的坐标满足直线 L_1 与 L_2 的方程，于是将 x_0,y_0,z_0 代入直线 L_1 与 L_2 的方程可得方程组

$$\begin{cases} x_0+y_0-2=0, \\ 3y_0-z_0-1=0, \\ 2x_0+3z_0-8=0, \\ y_0-2z_0+3=0. \end{cases}$$

解上述方程组得 $x_0=1$，$y_0=1$，$z_0=2$，即直线 L_1 与 L_2 的交点为 $P_0(1,1,2)$.

由解出的唯一交点 $P_0(1,1,2)$ 也可证明 L_1 和 L_2 相交.

(3) 直线与平面的位置关系

空间中的任意一条直线与任意一个平面的位置关系有直线在平面上、直线与平面平行、直线与平面相交三种情况.

设直线 L 的方向向量为 $\boldsymbol{s}$，平面 Π 的法向量为 $\boldsymbol{n}$，称分别以 $\boldsymbol{s}$，$\boldsymbol{n}$ 为方向向量的两条直线夹角的余角 φ 为直线 L 与平面 Π 的夹角，如图 2.4.5 所示，即

$$\varphi = \begin{cases} \dfrac{\pi}{2} - \langle \boldsymbol{s},\boldsymbol{n} \rangle, & 0 < \cos\langle \boldsymbol{s},\boldsymbol{n} \rangle \leqslant 1, \\ \langle \boldsymbol{s},\boldsymbol{n} \rangle - \dfrac{\pi}{2}, & -1 \leqslant \cos\langle \boldsymbol{s},\boldsymbol{n} \rangle < 0. \end{cases}$$

当直线 L 在平面 Π 上或直线 L 与平面 Π 平行时，规定 $\varphi=0$.

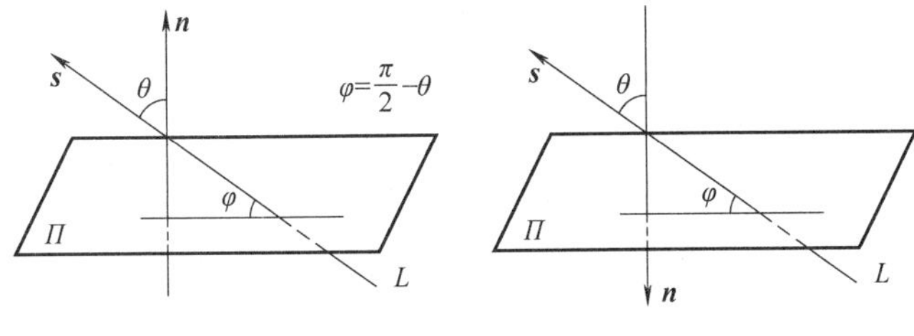

图　2.4.5

设直线 L 与平面 Π 的方程分别为

$$\frac{x-x_0}{m}=\frac{y-y_0}{n}=\frac{z-z_0}{l},$$

$$Ax+By+Cz+D=0,$$

其中直线 L 的方向向量为 $\boldsymbol{s}=(m,n,l)$，$P_0(x_0,y_0,z_0)$ 为直线 L 上的一点，平面 Π 的法向量为 $\boldsymbol{n}=(A,B,C)$，直线 L 与平面 Π 的夹角为 φ，则

$$\sin\varphi=|\cos\langle\boldsymbol{s},\boldsymbol{n}\rangle|=\frac{|\boldsymbol{s}\cdot\boldsymbol{n}|}{|\boldsymbol{s}||\boldsymbol{n}|}=\frac{|Am+Bn+Cl|}{\sqrt{A^2+B^2+C^2}\sqrt{m^2+n^2+l^2}}. \tag{2.4.14}$$

直线 L 与平面 Π 之间的位置关系有如下结论：

1）直线 L 在平面 Π 上的充分必要条件为 $Am+Bn+Cl=0$，且 $Ax_0+By_0+Cz_0+D=0$.

2）直线 L 与平面 Π 平行的充分必要条件为 $Am+Bn+Cl=0$，且 $Ax_0+By_0+Cz_0+D\neq 0$.

3）直线 L 与平面 Π 相交的充分必要条件为 $Am+Bn+Cl\neq 0$.

例 2.4.10 求直线 L 与平面 Π 的夹角 φ，其中直线 L 方程为

$$\begin{cases} x+2y+3z-1=0, \\ 3x-2y+z+1=0, \end{cases}$$

平面 Π 的方程为

$$x+y+z-7=0.$$

解 由已知，平面 Π 的法向量为 $\boldsymbol{n}=(1,1,1)$，记直线 L 的方向向量为 $\boldsymbol{s}$，由题可得 $\boldsymbol{s}$ 可以选取为

$$\boldsymbol{s}=(1,2,3)\times(3,-2,1)=\begin{vmatrix} \boldsymbol{i} & \boldsymbol{j} & \boldsymbol{k} \\ 1 & 2 & 3 \\ 3 & -2 & 1 \end{vmatrix}=8(1,1,-1),$$

从而

$$\sin\varphi=\frac{|\boldsymbol{n}\cdot\boldsymbol{s}|}{|\boldsymbol{n}||\boldsymbol{s}|}=\frac{8\times|1\times1+1\times1+1\times(-1)|}{\sqrt{1^2+1^2+1^2}\,8\times\sqrt{1^2+1^2+(-1)^2}}=\frac{1}{3},$$

于是所求角度 $\varphi=\arcsin\dfrac{1}{3}$.

例 2.4.11 设直线 L 与平面 Π 的方程分别为

$$\frac{x-x_0}{m}=\frac{y-y_0}{n}=\frac{z-z_0}{l},$$

$$Ax+By+Cz+D=0.$$

已知平面 Π_1 与平面 Π 垂直，并且直线 L 在平面 Π_1 上，求平面 Π_1 的方程.

解 设所求平面 Π_1 的方程为

$$A_1x+B_1y+C_1z+D_1=0.$$

由题意可知平面 Π 的法向量为 $\boldsymbol{n}=(A,B,C)$，平面 Π_1 的法向量为 $\boldsymbol{n}_1=(A_1,B_1,C_1)$，由平面 Π_1 与平面 Π 垂直及直线 L 在平面 Π_1 上

可知 $\boldsymbol{n}\times\boldsymbol{s}/\!/\boldsymbol{n}_1$，于是 $\boldsymbol{n}_1$ 可以取为

$$\boldsymbol{n}_1=\boldsymbol{s}\times\boldsymbol{n}=\begin{vmatrix} n & l \\ B & C \end{vmatrix}\boldsymbol{i}+\begin{vmatrix} l & m \\ C & A \end{vmatrix}\boldsymbol{j}+\begin{vmatrix} m & n \\ A & B \end{vmatrix}\boldsymbol{k}.$$

由已知直线 L 在平面 Π_1 上，在平面 Π_1 上选择一个定点 $P_0(x_0,y_0,z_0)$，所以平面 Π_1 的方程为

$$\begin{vmatrix} n & l \\ B & C \end{vmatrix}(x-x_0)+\begin{vmatrix} l & m \\ C & A \end{vmatrix}(y-y_0)+\begin{vmatrix} m & n \\ A & B \end{vmatrix}(z-z_0)=0.$$

在例 2.4.11 中，称平面 Π 与 Π_1 的交线

$$\begin{cases} Ax+By+Cz+D=0, \\ A_1(x-x_0)+B_1(y-y_0)+C_1(z-z_0)=0 \end{cases}$$

为直线 L 在平面 Π 上的投影直线，简称投影. 于是直线 L 与平面 Π 的夹角 φ 等于直线 L 与它在平面 Π 的投影直线的夹角.

例 2.4.12　设直线 L_1 与 L_2 分别过点 $P_1(x_1,y_1,z_1)$，$P_2(x_2,y_2,z_2)$，方向向量分别为 $\boldsymbol{s}_1$，$\boldsymbol{s}_2$，求这两条直线的距离 d.

解　空间中两条直线上的点与点之间的最短距离称为这两条直线的距离. 于是两相交直线的距离为零，两平行直线之间的距离为其中一条直线上的任意一点到另一条直线的距离. 下面研究两条异面直线的距离.

由 $(\boldsymbol{s}_1\times\boldsymbol{s}_2)\cdot\overrightarrow{P_1P_2}\neq 0$ 可知，过点 P_1 以 $\boldsymbol{s}_1\times\boldsymbol{s}_2$ 为法向量的平面 Π 的方程为

$$(x-x_1,y-y_1,z-z_1)\cdot(\boldsymbol{s}_1\times\boldsymbol{s}_2)=0,$$

于是直线 L_1 在过点 P_1 以 $\boldsymbol{s}_1\times\boldsymbol{s}_2$ 为法向量的平面 Π 上，直线 L_2 平行于平面 Π. 于是点 P_2 到平面 Π 的距离就是直线 L_1 与 L_2 的距离，即

$$d=\frac{|(\boldsymbol{s}_1\times\boldsymbol{s}_2)\cdot\overrightarrow{P_1P_2}|}{|\boldsymbol{s}_1\times\boldsymbol{s}_2|}.$$

习题 2.4 视频详解

习题 2.4

1. 指出下列各平面的位置，并画出各平面.

(1) $7y-5=0$；　(2) $2x+3y=0$；

(3) $2y-3z-1=0$；　(4) $4x-6y+z=2$.

2. 分别按下列条件求平面方程.

(1) 过点 $(-4,2,3)$ 且与平面 $2x-5y+7z-13=0$ 平行；

(2) 过点 $(-2,2,1)$ 且与两向量 $\boldsymbol{a}=3\boldsymbol{i}+\boldsymbol{j}+\boldsymbol{k}$ 和 $\boldsymbol{b}=2\boldsymbol{i}-\boldsymbol{j}$ 平行；

(3) 过两点 $(2,2,2)$ 和 $(1,2,0)$ 且与平面 $4x+6y-2z+5=0$ 垂直；

(4) 过三点 $(2,2,0)$，$(-1,-1,3)$ 和 $(2,4,3)$；

(5) 过 x 轴和点 $(7,-4,3)$；

(6) 平行于 x 轴且过两点 $(3,4,-2)$ 和 $(-1,5,7)$.

3. 写出下列直线的对称式方程和参数方程.

(1) $\begin{cases} 2x-2y+2z=3, \\ 4x+2y+2z=9; \end{cases}$　(2) $\begin{cases} 2x+\quad 5z+3=0, \\ x-3y+z+3=0. \end{cases}$

4. 分别按下列条件求直线方程.

(1) 过点(2, −5, 7)且与直线$\frac{x-3}{-3}=\frac{y}{2}=\frac{z-1}{8}$平行;

(2) 过点(1, −5, 7)且与平面 $3x+4y-5z+1=0$ 垂直;

(3) 过两点(4, −2, 3)和(1, 0, 6);

(4) 过点(−3, 6, 7)且与两平面 $2x+4z=1$ 和 $2y-6z=2$ 平行.

5. 求平面 $x-2y+2z+5=0$ 与各坐标面的夹角的余弦.

6. 求平面 $x-2y+2z+21=0$ 与平面 $7x+24z-5=0$ 之间的二面角的平分面.

7. 求直线$\begin{cases}5x-3y+3z-9=0,\\3x-2y+z-1=0\end{cases}$与直线$\begin{cases}2x+2y-z+23=0,\\3x+8y+z-18=0\end{cases}$的夹角.

8. 求直线$\frac{x-4}{2}=\frac{y-3}{-1}=\frac{z+6}{2}$与平面 $x+y-3z=7$ 的夹角.

9. 求两平行平面 $3x+4y+5z+2=0$ 与 $3x+4y+5z+7=0$ 之间的距离.

10. 计算.

(1) 点 $M_1(3,-4,4)$ 到直线 L_1: $\frac{x-4}{2}=\frac{y-5}{-2}=\frac{z-2}{1}$ 的距离;

(2) 点 $M_2(3,-1,2)$ 到直线 L_2: $\begin{cases}x+y-z+1=0,\\2x-y+z-4=0\end{cases}$ 的距离.

11. 求下列投影的坐标.

(1) 点(−1, −4, 5)在平面 $x+3y-z+7=0$ 上的投影;

(2) 点(−9, −7, −6)在直线$\frac{x+7}{-2}=\frac{y}{2}=\frac{z-2}{3}$上的投影.

12. 求直线$\begin{cases}4x-y+3z-1=0,\\x+5y-z+3=0\end{cases}$在平面 $2x-y+z+7=0$ 上的投影直线的方程.

13. 求点(−2, 1, 0)关于平面 $x-y+2z=0$ 的对称点的坐标.

14. 已知入射光线的路径为$\frac{x-1}{4}=\frac{y-1}{3}=\frac{z-2}{1}$, 求该光线经平面镜 $x+2y+5z+17=0$ 反射后的反射光线方程.

2.5 曲面与曲线

在 2.4 节中已经给出了曲面方程的概念, 并在空间直角坐标系中讨论了平面与直线, 本节将介绍曲面中的柱面和旋转曲面, 以及空间曲线的方程和空间曲线在坐标面上的投影, 关于二次曲面的讨论放在 2.6 节学习. 曲面和曲线的讨论, 总是围绕着两个问题进行:

(1) 根据曲面或曲线的几何特征来建立方程;

(2) 根据给定方程的特点, 讨论该方程所表示的曲面或曲线的形状.

2.5.1 曲面方程

曲面的一般方程是一个三元方程

$$F(x,y,z)=0.$$

下面用例子来说明建立曲面方程的方法.

例 2.5.1　建立以点 $M_0(x_0,y_0,z_0)$ 为球心，半径为 R 的球面方程.

解　设 $M(x,y,z)$ 是球面上的任意一点，则由两点间距离公式可知 $|M_0M|=R$，从而点 $M(x,y,z)$ 所满足的方程为

$$(x-x_0)^2+(y-y_0)^2+(z-z_0)^2=R^2. \tag{2.5.1}$$

而不在球面上的点的坐标都不满足这个方程. 所以方程(2.5.1)就是以点 $M_0(x_0,y_0,z_0)$ 为球心，半径为 R 的球面方程.

对于给定的三元二次方程

$$x^2+y^2+z^2-2ax-2by-2cz+d=0, \tag{2.5.2}$$

将方程(2.5.2)改写为

$$(x-a)^2+(y-b)^2+(z-c)^2+d-a^2-b^2-c^2=0.$$

当 $a^2+b^2+c^2<d$ 时，方程(2.5.2)没有轨迹(或者说它表示虚球面)；当 $a^2+b^2+c^2=d$ 时，方程(2.5.2)表示一个点 M_0；当 $a^2+b^2+c^2>d$ 时，方程(2.5.2)表示以点 $M_0(a,b,c)$ 为球心，半径为 $\sqrt{a^2+b^2+c^2-d}$ 的球面. 此时方程(2.5.2)称为球面的一般方程.

例 2.5.2　方程 $x^4+x^2y^2+x^2z^2+3x^2+4y^2+4z^2-4=0$ 表示怎样的曲面.

解　将方程改写成

$$(x^2+y^2+z^2-1)(x^2+4)=0,$$

于是原方程与方程

$$x^2+y^2+z^2-1=0$$

是同解方程. 这说明原方程表示的是以原点为球心，半径为 1 的球面，这样的球面称为单位球面.

下面讲解曲面的参数方程.

设曲面 Σ 的方程为 $F(x,y,z)=z-f(x,y)=0$，则对于变量 x，y 的取值范围 D 内任意的一组 (x,y) 代入 $z=f(x,y)$，都能确定出曲面上的一点 (x,y,z)，于是曲面 Σ 的方程为

$$\begin{cases} x=u, \\ y=v, \\ z=f(u,v) \quad ((u,v)\in D), \end{cases}$$

上面的曲面方程称为曲面 Σ 的参数方程.

一般情况，对于给定的方程组

$$\begin{cases} x=x(u,v), \\ y=y(u,v), \\ z=z(u,v) \quad ((u,v)\in D), \end{cases} \tag{2.5.3}$$

如果曲面 Σ 上任意一点的坐标 (x,y,z) 都可以由 D 中的某一点

(u,v)通过式(2.5.3)来表示；反之，对于 D 中任意一点(u,v)，由式(2.5.3)确定的点(x,y,z)都在曲面 Σ 上，则称式(2.5.3)为曲面 Σ 的参数方程，其中 u，v 叫作参数. 在实际问题中，使用曲面的参数方程常常是比较方便的.

下面建立球面的参数方程.

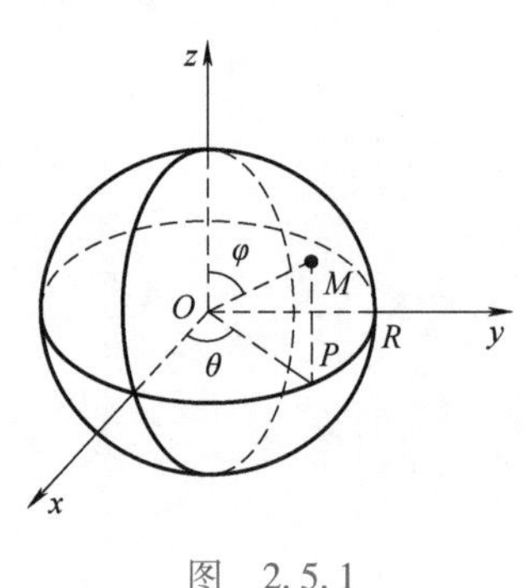

图　2.5.1

设 Σ 为以原点 O 为球心，R 为半径的球面，$M(x,y,z)$为球面 Σ 上的任意一点，过点 $M(x,y,z)$作 xOy 面的垂线并交 xOy 面于点 $P(x,y,0)$，连接 OM，OP，把向量$\overrightarrow{OP}$与 x 轴正向的夹角记为 θ，并把向量$\overrightarrow{OM}$与 z 轴正向的夹角记为 φ，如图 2.5.1 所示，则球面 Σ 的参数方程为

$$\begin{cases} x=R\sin\varphi\cos\theta, \\ y=R\sin\varphi\sin\theta, \\ z=R\cos\varphi \end{cases} \tag{2.5.4}$$

(其中 $0\leqslant\theta\leqslant 2\pi$，$0\leqslant\varphi\leqslant\pi$).

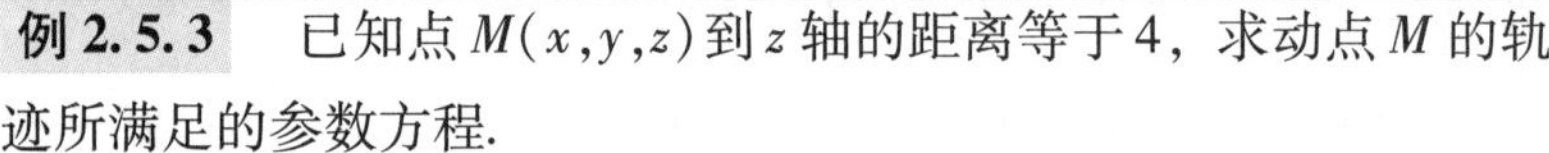

例 2.5.3　已知点 $M(x,y,z)$到 z 轴的距离等于4，求动点 M 的轨迹所满足的参数方程.

解　记与 z 轴正向相同的单位向量为 $\boldsymbol{k}=(0,0,1)$，则由原点在 z 轴上，并利用式(2.4.11)可知，动点 $M(x,y,z)$的坐标满足方程

$$\frac{|\overrightarrow{OM}\times\boldsymbol{k}|}{|\boldsymbol{k}|}=\sqrt{x^2+y^2}=4.$$

所以

$$x^2+y^2=16.$$

此方程表示的曲面称为圆柱面，z 轴称为该圆柱面的轴，4 称为半径.

圆柱面的方程 $x^2+y^2=16$ 的参数方程为

$$\begin{cases} x=4\cos\theta, \\ y=4\sin\theta, \\ z=t \quad (0\leqslant\theta\leqslant 2\pi, -\infty<t<+\infty). \end{cases}$$

2.5.2　空间曲线方程

2.4 节讨论空间直线的一般方程为两个平面方程组成的方程组，即空间直线可以看成两个相交平面的交线. 类似地，空间曲线可以看成两个相交曲面的交线，该曲线的方程也可以表示成由两个相交曲面的方程组成的方程组.

对于给定的一条空间曲线 Γ 及两个相交曲面方程组成的方

程组

$$\begin{cases}F(x,y,z)=0,\\G(x,y,z)=0.\end{cases}\tag{2.5.5}$$

如果曲线 Γ 上每一点的坐标都满足方程组(2.5.5)，而不在曲线 Γ 上的点的坐标都不满足方程组(2.5.5)，则称方程组(2.5.5)为曲线 Γ 的一般(式)方程.

例 2.5.4　设曲线 Γ 是平面 Π 上的圆，且过点(1,0,0)，(0,1,0)，(0,0,1).求曲线 Γ 的方程.

解　由于曲线 Γ 可以看成一个球面与平面 Π 的交线，故可设其方程为

$$\begin{cases}x^2+y^2+z^2-2ax-2by-2cz+d=0,\\x+y+z-1=0.\end{cases}$$

将点(1,0,0)，(0,1,0)，(0,0,1)的坐标代入球面方程得

$$\begin{cases}1-2a+d=0,\\1-2b+d=0,\\1-2c+d=0,\end{cases}$$

解得 $a=\dfrac{1+d}{2}$，$b=\dfrac{1+d}{2}$，$c=\dfrac{1+d}{2}$，于是曲线 Γ 的方程为

$$\begin{cases}x^2+y^2+z^2-(1+d)x-(1+d)y-(1+d)z+d=0,\\x+y+z-1=0.\end{cases}$$

其中 d 是满足

$$3d^2+2d+3>0$$

的任意常数.

下面讲解空间曲线的参数方程.

对于给定的一条空间曲线 Γ 及方程组

$$\begin{cases}x=\varphi(t),\\y=\psi(t),\\z=\omega(t)\ (\alpha\leqslant t\leqslant\beta).\end{cases}\tag{2.5.6}$$

如果曲线 Γ 上任意一点的坐标(x,y,z)都可以由$[\alpha,\beta]$中的某一个点 t 通过表达式(2.5.6)来表示；反之，对于$[\alpha,\beta]$中任意一点 t，由表达式(2.5.6)确定的点都在曲线 Γ 上，则称表达式(2.5.6)为曲线 Γ 的参数(式)方程.

例 2.5.5　将空间曲线 Γ 的方程$\begin{cases}\dfrac{3}{2}x^2+2y^2+\dfrac{z^2}{2}=8,\\x-z=0\end{cases}$化为参数方程.

解　将 $x-z=0$ 代入曲线 Γ 的另一个方程消去 z，得

$$\begin{cases}x^2+y^2=4,\\x-z=0.\end{cases}$$

令 $x=2\cos\theta$，$y=2\sin\theta(0\leqslant\theta\leqslant2\pi)$，则 $z=2\cos\theta$，于是曲线 Γ 的参数方程为

$$\begin{cases}x=2\cos\theta,\\y=2\sin\theta,\\z=2\cos\theta\ (0\leqslant\theta\leqslant2\pi).\end{cases}$$

例 2.5.6　如图 2.5.2 所示，已知动点 M 沿着圆柱面 $x^2+y^2=R^2$ 以角速度 ω 绕 z 轴匀速旋转，同时又以线速度 v 沿平行于 z 轴的正向匀速上升，求动点 M 的轨迹方程.

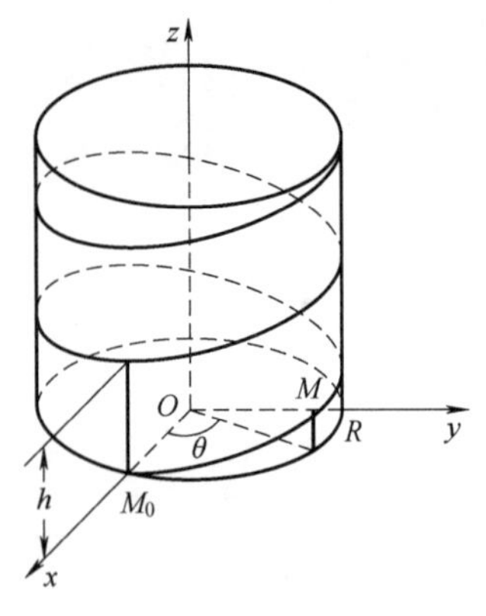

图　2.5.2

解　设时间变量为 t，动点为 $M(x,y,z)$，且当 $t=0$ 时的坐标为 $(R,0,0)$，则当动点 M 沿半径为 R 的圆柱面 $x^2+y^2=R^2$ 以角速度 ω 绕 z 轴匀速旋转，同时又以线速度 v 沿平行于 z 轴的正向匀速上升时，在时刻 t 的动点 $M(x,y,z)$ 的坐标满足

$$\begin{cases}x=R\cos\omega t,\\y=R\sin\omega t,\\z=vt\quad(0\leqslant t<+\infty).\end{cases}$$

此参数方程表示的曲线称为圆柱螺线(或螺旋线).

如果令 $\theta=\omega t$，则圆柱螺线的参数方程为

$$\begin{cases}x=R\cos\theta,\\y=R\sin\theta,\\z=b\theta\quad(0\leqslant\theta<+\infty).\end{cases}$$

这里 $b=\dfrac{v}{\omega}$ 为常数，θ 为参数.

当 θ 从 θ_0 变到 $\theta_0+\alpha$ 时，z 由 $b\theta_0$ 变到 $b\theta_0+b\alpha$. 这说明当动点 M 转过角 α 时，动点 M 也沿螺旋线上升了高度 $b\alpha$，即动点上升的高度与动点转过的角度成正比. 特别是当动点 M 转过一周，即 $\alpha=2\pi$ 时，点 M 上升固定的高度 $h=2\pi b$，这一高度在工程技术上称为螺距.

2.5.3　柱面、旋转曲面

(1) 柱面

一条动直线 L 沿着给定的空间曲线 Γ 且平行于一定直线 l 移动所形成的曲面称为**柱面**，动直线 L 称为柱面的**母线**，定直线 l 的方向向量称为母线方向，定曲线 Γ 称为柱面的**准线**.

设柱面 Σ 的母线方向为 $\boldsymbol{s}=(m,n,l)$，准线为 Γ，则对于柱面

Σ 上的任意一点 $M(x,y,z)$，将点 M 所在的母线与准线的交点记为 $M_0(x_0,y_0,z_0)$，如图 2.5.3 所示，于是由 $\overrightarrow{M_0M}\,/\!/\,\boldsymbol{s}$ 可知，过点 M_0 的母线方程为

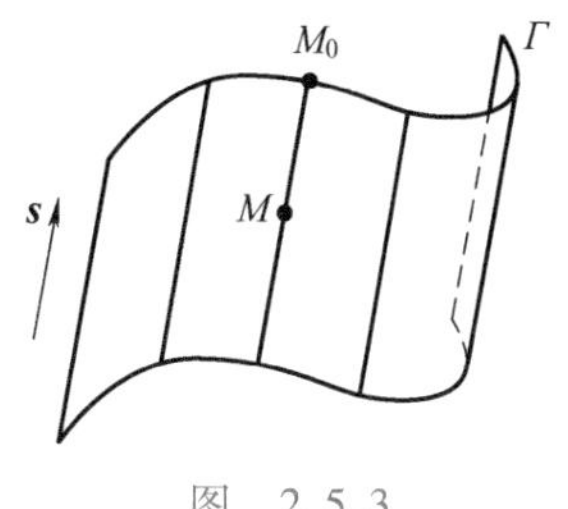

图　2.5.3

$$\begin{cases}x-x_0=mr,\\ y-y_0=nr,\\ z-z_0=lr\quad(-\infty<r<+\infty).\end{cases}\tag{2.5.7}$$

如果准线 Γ 的方程由式(2.5.5)确定，则由方程组(2.5.7)解得点 M_0 的坐标并代入式(2.5.5)得

$$\begin{cases}F(x-mr,y-nr,z-lr)=0,\\ G(x-mr,y-nr,z-lr)=0,\end{cases}\tag{2.5.8}$$

于是由方程组(2.5.8)消去参数 r 得所求柱面 Σ 的一般方程.

如果准线 Γ 的方程由式(2.5.6)确定，点 M_0 对应的参数记为 t_0，即

$$\begin{cases}x_0=\varphi(t_0),\\ y_0=\psi(t_0),\\ z_0=\omega(t_0),\end{cases}$$

则过点 M_0 的母线方程为

$$\begin{cases}x=\varphi(t_0)+mr,\\ y=\psi(t_0)+nr,\\ z=\omega(t_0)+lr\quad(-\infty<r<+\infty),\end{cases}\tag{2.5.9}$$

于是让 t_0 取遍 $[\alpha,\beta]$ 内的每一个值，由式(2.5.9)确定的母线族构成柱面 Σ. 于是柱面 Σ 的参数方程为

$$\begin{cases}x=\varphi(t)+mr,\\ y=\psi(t)+nr,\\ z=\omega(t)+lr\quad(\alpha\leqslant t\leqslant\beta,-\infty<r<+\infty).\end{cases}$$

由柱面的定义可知，柱面由它的准线和母线方向决定，但它的准线不唯一，与每一条母线都相交的曲线均可以看作准线，我们常以垂直于母线的平面与柱面的交线作为柱面的准线. 例如准线方程为

$$\begin{cases}F(x,y,z)=0,\\ z=0,\end{cases}$$

并且母线平行于 z 轴的柱面方程为 $f(x,y)=F(x,y,0)=0$；准线方程为

$$\begin{cases}G(x,y,z)=0,\\ y=0,\end{cases}$$

并且母线平行于 y 轴的柱面方程为 $g(x,z)=G(x,0,z)=0$；准线方

程为

$$\begin{cases} H(x,y,z)=0, \\ x=0, \end{cases}$$

并且母线平行于 x 轴的柱面方程为 $h(y,z)=H(0,y,z)=0$.

例 2.5.7 在空间直角坐标系 $Oxyz$ 中，由下列方程

$$\frac{x^2}{a^2}+\frac{y^2}{b^2}=1,\quad \frac{y^2}{b^2}+\frac{z^2}{c^2}=1,\quad \frac{z^2}{c^2}+\frac{x^2}{a^2}=1$$

表示的柱面称为椭圆柱面；由下列方程

$$x^2=2b_1y,\ x^2=2c_1z,\ y^2=2a_1x,\ y^2=2c_1z,\ z^2=2a_1x,\ z^2=2b_1y$$

表示的柱面称为抛物柱面；由下列方程

$$\frac{x^2}{a^2}-\frac{y^2}{b^2}=\pm1,\quad \frac{y^2}{b^2}-\frac{z^2}{c^2}=\pm1,\quad \frac{z^2}{c^2}-\frac{x^2}{a^2}=\pm1$$

表示的柱面称为双曲柱面. 这里 a，b，c 都是正数，a_1，b_1，c_1 都是非零常数.

上面三种柱面中，母线平行于 z 轴的三种柱面形状如图 2.5.4 所示.

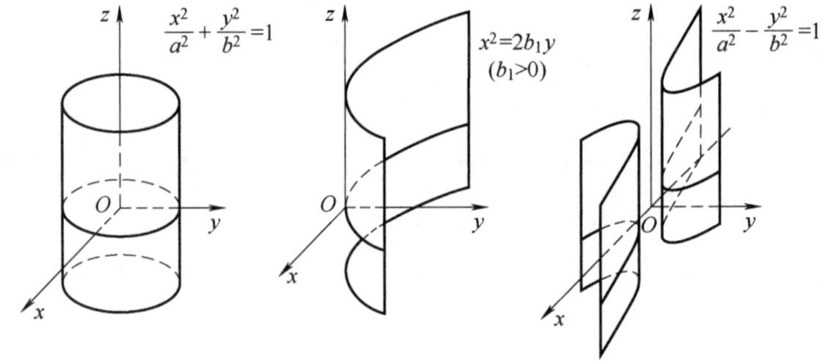

图 2.5.4

下面利用柱面讨论空间曲线在坐标面上的投影.

对于给定的空间曲线 Γ，以 Γ 为准线，母线平行于 z(x 或 y) 轴的柱面称为曲线 Γ 沿 z(x 或 y) 轴的投影柱面，投影柱面与 xOy (yOz 或 zOx) 坐标面的交线称为曲线 Γ 在 xOy(yOz 或 zOx) 坐标面上的投影曲线，简称投影.

设空间曲线 Γ 的方程为

$$\begin{cases} F(x,y,z)=0, \\ G(x,y,z)=0, \end{cases}$$

并且曲线 Γ 上所有点构成的集合记为 Ω. 如果由曲线 Γ 的方程可以消去变量 z，并得到方程

$$H(x,y)=0,$$

则由此方程所表示的柱面必包含曲线 Γ 沿 z 轴的投影柱面，而

方程

$$\begin{cases}H(x,y)=0,\\z=0\end{cases}$$

所表示的曲线必包含曲线 Γ 在 xOy 面上的投影. 于是曲线 Γ 在 xOy 面上投影的方程为

$$\begin{cases}H(x,y)=0,\\z=0\quad((x,y)\in D_{xy}),\end{cases}$$

其中 D_{xy} 为 Ω 中的点在 xOy 面上投影的全体构成的集合，即 $\{(x,y,0)\mid(x,y,z)\in\Omega\}$，通常简记为

$$D_{xy}=\{(x,y)\mid(x,y,z)\in\Omega\}.$$

同理，如果由曲线 Γ 的方程可以消去变量 x，则曲线 Γ 在 yOz 面上的投影的方程为

$$\begin{cases}R(y,z)=0,\\x=0\quad((y,z)\in D_{yz}),\end{cases}$$

其中

$$D_{yz}=\{(y,z)\mid(x,y,z)\in\Omega\}.$$

如果由曲线 Γ 的方程可以消去变量 y，则曲线 Γ 在 zOx 面上的投影的方程为

$$\begin{cases}T(x,z)=0,\\y=0\quad((x,z)\in D_{xz}),\end{cases}$$

其中
$$D_{xz}=\{(x,z)\mid(x,y,z)\in\Omega\}.$$

例 2.5.8　求曲线 Γ 在各坐标面上的投影曲线方程，其中曲线 Γ 的方程为

$$\begin{cases}x^2+y^2+z^2=4,\\x^2+y^2-4x=0.\end{cases}$$

解　设 Γ 上所有点构成的集合为 Ω，则曲线 Γ 在 xOy 面上的投影方程为

$$\begin{cases}x^2+y^2-4x=0,\\z=0\quad((x,y)\in D_{xy});\end{cases}$$

曲线 Γ 在 zOx 面上的投影方程为

$$\begin{cases}z^2+4x=4,\\y=0\quad((x,z)\in D_{xz});\end{cases}$$

曲线 Γ 在 yOz 面上的投影方程为

$$\begin{cases}16y^2+(4+z^2)^2=64,\\x=0\quad((y,z)\in D_{yz}).\end{cases}$$

例 2.5.9　画出曲线 Γ 在第Ⅰ卦限内的图形，其中曲线 Γ 的方程为

$$\begin{cases}x^2+y^2=a^2,\\ y^2+z^2=a^2.\end{cases}$$

解　设曲线 Γ 上在第Ⅰ卦限内所有点构成的集合为 Ω，则曲线 Γ 在 xOy 面上的投影 Γ_1 的方程为

$$\begin{cases}x^2+y^2=a^2,\\ z=0 \quad ((x,y)\in D_{xy});\end{cases}$$

曲线 Γ 在 yOz 面上的投影 Γ_2 的方程为

$$\begin{cases}y^2+z^2=a^2,\\ x=0 \quad ((y,z)\in D_{yz}).\end{cases}$$

在 y 轴上取点 P，过点 P 作 x 轴的平行线交 Γ_1 于点 Q，过点 P 作 z 轴的平行线交 Γ_2 于点 R，再过点 Q，R 分别作 z 轴与 x 轴的平行线交于点 S，则点 S 就是 Γ 上的点. 按此方法在 y 轴上选取 n 个点 $P_1,P_2,\cdots,P_n$，则可对应得到 Γ 上的 n 个点 $S_1,S_2,\cdots,S_n$，将这些点光滑地连接起来就得到曲线 Γ 的图形，如图 2.5.5 所示.

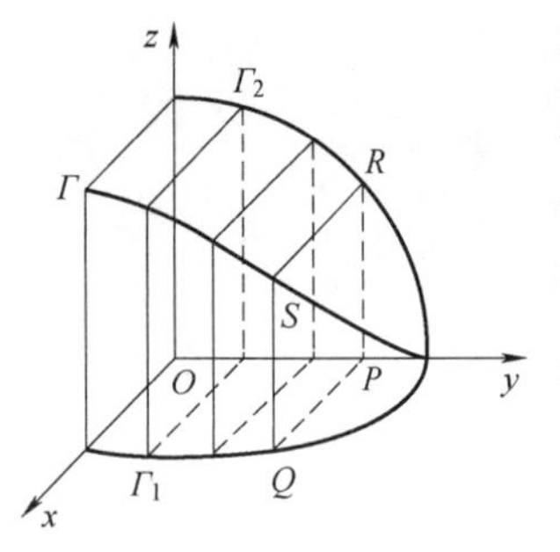

图　2.5.5

(2) 旋转曲面

一条已知平面曲线 Γ 绕一条定直线 L 旋转一周所得的曲面称为旋转曲面，定直线 L 称为轴，平面曲线 Γ 称为母线.

设旋转曲面 Σ 的母线为 Γ，轴为 L，其中 L 的方程为

$$\frac{x-x_1}{l}=\frac{y-y_1}{m}=\frac{z-z_1}{n}.$$

对于旋转曲面上的任意一点 $M(x,y,z)$，过点 $M(x,y,z)$ 作垂直于轴 L 的平面 Π 交母线 Γ 于点 $M_0(x_0,y_0,z_0)$，如图 2.5.6 所示，则 M 与 M_0 都在平面 Π 上，且由 $M_1(x_1,y_1,z_1)$ 在轴 L 上得

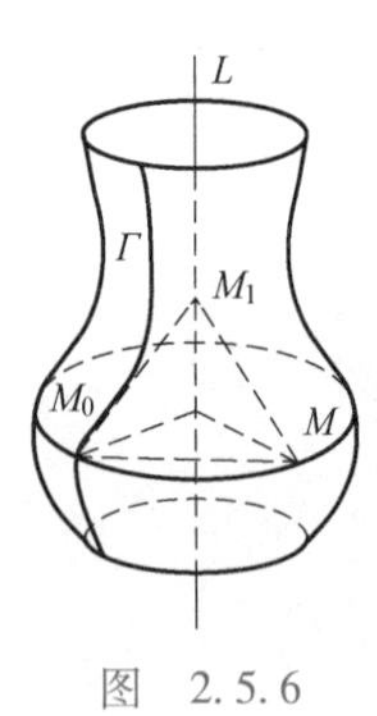

图　2.5.6

$$|M_1M|=|M_1M_0|,\ \overrightarrow{M_0M}\cdot(l,m,n)=0,$$

于是点 M 和 M_0 的坐标满足方程组

$$\begin{cases}(x-x_1)^2+(y-y_1)^2+(z-z_1)^2=(x_0-x_1)^2+(y_0-y_1)^2+(z_0-z_1)^2,\\ l(x-x_0)+m(y-y_0)+n(z-z_0)=0.\end{cases}$$

如果母线 Γ 的方程由式(2.5.5)确定，则点 M_0 满足式(2.5.5)，于是由方程组

$$\begin{cases}F(x_0,y_0,z_0)=0,\\ G(x_0,y_0,z_0)=0,\\ (x-x_1)^2+(y-y_1)^2+(z-z_1)^2=(x_0-x_1)^2+(y_0-y_1)^2+(z_0-z_1)^2,\\ l(x-x_0)+m(y-y_0)+n(z-z_0)=0.\end{cases}$$

消去 x_0，y_0，z_0 即得到所求旋转曲面的一般方程.

由旋转曲面的定义可知，过轴的半平面与旋转曲面的交线可以作为母线，我们常以坐标轴作为旋转曲面的轴，以过该坐标轴

的坐标面与旋转曲面的交线作为母线. 例如，旋转曲面的轴为 z 轴，其方程为

$$\frac{x}{0}=\frac{y}{0}=\frac{z-z_1}{1},$$

母线 Γ 在坐标面 yOz 上，如图 2.5.7 所示，其方程为

$$\begin{cases}f(y,z)=0,\\x=0,\end{cases}$$

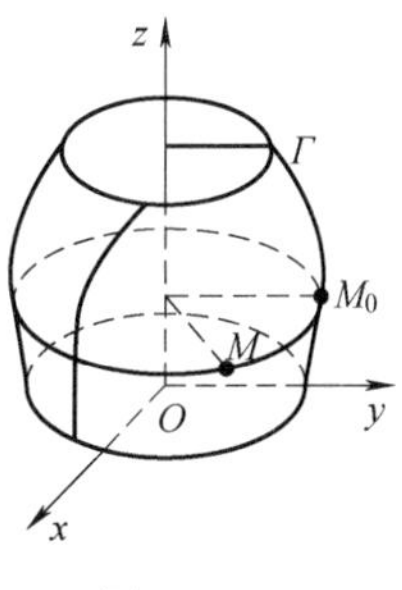

图　2.5.7

则点 M 和 M_0 满足方程组

$$\begin{cases}f(y_0,z_0)=0,\\x_0=0,\\x^2+y^2+(z-z_1)^2=x_0^2+y_0^2+(z_0-z_1)^2\\z-z_0=0,\end{cases}\tag{2.5.10}$$

于是由方程组(2.5.10)消去 x_0，y_0，z_0 得到所求旋转曲面的方程

$$f(\pm\sqrt{x^2+y^2},z)=0.$$

类似地，母线 Γ 绕 y 轴旋转所得的旋转曲面方程为

$$f(y,\pm\sqrt{x^2+z^2})=0.$$

zOx 平面上的曲线

$$\begin{cases}g(x,z)=0,\\y=0,\end{cases}$$

绕 z 轴旋转所得的旋转曲面方程为

$$g(\pm\sqrt{x^2+y^2},z)=0.$$

绕 x 轴旋转所得的旋转曲面方程为

$$g(x,\pm\sqrt{y^2+z^2})=0.$$

xOy 平面上的曲线

$$\begin{cases}h(x,y)=0,\\z=0,\end{cases}$$

绕 y 轴旋转所得的旋转曲面方程为

$$h(\pm\sqrt{x^2+z^2},y)=0.$$

绕 x 轴旋转所得的旋转曲面方程为

$$h(x,\pm\sqrt{y^2+z^2})=0.$$

例 2.5.10　yOz 平面上的抛物线 $\begin{cases}y^2=z,\\x=0\end{cases}$ 绕 z 轴旋转所得的旋转曲面方程为

$$x^2+y^2=z,$$

称为旋转抛物面.

例 2.5.11 yOz 平面上的直线 $z=\sqrt{3}y$ 绕 z 轴旋转所得的旋转曲面方程为

$$z=\pm\sqrt{3}\sqrt{x^2+y^2},$$

即

$$z^2=3(x^2+y^2).$$

由此方程表示的曲面称为圆锥面，$\arctan\frac{1}{\sqrt{3}}=\frac{\pi}{6}$称为该圆锥面的半顶角.

一般情况下，圆锥面 $z^2=a^2(x^2+y^2)$ 的半顶角为 $\arctan\frac{1}{|a|}$.

特别地，当 $a=1$ 时，圆锥面方程为 $z^2=x^2+y^2$，半顶角为$\frac{\pi}{4}$，顶角为$\frac{\pi}{2}$.

习题 2.5 视频详解

习题 2.5

1. 求球面 $x^2+y^2+z^2-6x+4y-2z-11=0$ 的球心和半径.

2. 指出下列方程在平面解析几何中与在空间解析几何中分别表示什么图形.

(1) $4x-3y=8$； (2) $x^2-5y^2=1$；

(3) $6x^2-y=1$； (4) $4x^2+y^2=1$.

3. 求下列曲线绕指定轴旋转所产生的旋转曲面的方程.

(1) zOx 平面上的抛物线 $z^2=7-x$ 绕 x 轴旋转；

(2) xOy 平面上的双曲线 $9x^2-4y^2=36$ 绕 x 轴旋转；

(3) xOy 平面上的圆 $x^2+(y-2)^2=1$ 绕 x 轴旋转；

(4) yOz 平面上的直线 $4y-2z-1=0$ 绕 z 轴旋转.

4. 指出下列方程所表示的曲面哪些是旋转曲面，这些旋转曲面是怎么形成的.

(1) $2x+y^2+z^2=1$； (2) $x^2+2y+3z=4$；

(3) $3x^2-y^2+3z^2=1$； (4) $25x^2+25y^2-z^2+2z=1$.

5. 分别按下列条件求动点的轨迹方程，并指出它们各表示什么曲面.

(1) 动点到坐标原点的距离等于它到点(1,2,3)的距离的一半；

(2) 动点到坐标原点的距离等于它到平面 $z+7=0$ 的距离；

(3) 动点到点(0,0,2)的距离等于它到 x 轴的距离；

(4) 动点到 x 轴的距离等于它到 yOz 面的距离.

6. 画出下列各曲面所围立体的图形.

(1) $x=0$，$y=0$，$z=0$，$x^2+y^2=4$，$y^2+z^2=4$（在第Ⅰ卦限内）；

(2) $y=2x^2$，$x+y+z=2$，$z=0$.

7. 画出下列曲线在第Ⅰ卦限内的图形.

(1) $\begin{cases}z=\sqrt{4-x^2-y^2},\\y=x;\end{cases}$ (2) $\begin{cases}z=3x^2+3y^2,\\x+y=1;\end{cases}$

(3) $\begin{cases}z=\sqrt{3x^2+3y^2},\\x=2;\end{cases}$ (4) $\begin{cases}x^2+y^2=9,\\x^2+z^2=9.\end{cases}$

8. 试把下列曲线方程转换成母线平行于坐标轴的柱面的交线方程.

(1) $\begin{cases}2x^2+y^2+z^2=4,\\6x^2-3y^2+5z^2=4;\end{cases}$ (2) $\begin{cases}3y^2+z^2+4x-4z=0,\\y^2+z^2-x-4z=0.\end{cases}$

9. 求下列曲线在 xOy 面上的投影曲线的方程.

(1) $\begin{cases}x^2+y^2+z^2=1,\\y+z=1;\end{cases}$ (2) $\begin{cases}z=x^2+y^2,\\x+y+z=2;\end{cases}$

(3) $\begin{cases} x^2+3y^2=1, \\ z=x^2; \end{cases}$　　(4) $\begin{cases} x=\cos 2\theta, \\ y=\sin 2\theta, \\ z=3\theta. \end{cases}$

10. 将下列曲线的一般方程化为参数方程.

(1) $\begin{cases} x^2+y^2+z^2=9, \\ x+y=0; \end{cases}$　　(2) $\begin{cases} z=1-x^2-y^2, \\ (x-2)^2+y^2=4. \end{cases}$

11. 求由 $z=\sqrt{x^2+y^2-4}$，$x^2+y^2=9$ 和 $z=0$ 所围立体在 xOy 面上的投影区域.

12. 求旋转抛物面 $4z=x^2+y^2(0\leqslant z\leqslant 1)$ 在三个坐标面上的投影区域.

2.6 二次曲面

三元二次方程所表示的曲面称为二次曲面，平行于坐标面的平面与曲面的交线称为截痕. 本节主要根据截痕的形状来讨论常见的二次曲面的几何特征，此方法称为截痕法.

2.6.1 椭球面

方程

$$\frac{x^2}{a^2}+\frac{y^2}{b^2}+\frac{z^2}{c^2}=1 \tag{2.6.1}$$

表示的曲面称为椭球面，方程(2.6.1)称为椭球面的标准方程，其中 $a>0$，$b>0$，$c>0$，并称它们为椭球面的半轴.

由方程(2.6.1)确定的椭球面的几何特性如下：

(1) 椭球面关于坐标面、坐标轴、坐标原点是对称的

对于椭球面上的任意一点 $M(x,y,z)$，由方程(2.6.1)可知，点$(-x,y,z)$的坐标也满足方程(2.6.1)，称椭球面关于 yOz 坐标面对称. 同理椭球面关于 zOx，xOy 坐标面对称.

由点$(x,-y,-z)$，$(-x,y,-z)$，$(-x,-y,z)$的坐标也满足方程(2.6.1)可知，椭球面关于三个坐标轴都是对称的；由点$(-x,-y,-z)$的坐标也满足方程(2.6.1)可知，椭球面关于坐标原点是对称的，坐标原点称为它的对称中心. 关于坐标原点对称的二次曲面称为中心二次曲面.

(2) 截痕的形状

平行于 xOy 坐标面的平面 $z=h(-c<h<c)$ 与椭球面的交线是椭圆，其方程为

$$\begin{cases} \dfrac{x^2}{a^2}+\dfrac{y^2}{b^2}=1-\dfrac{z^2}{c^2}, \\ z=h. \end{cases}$$

中心为$(0,0,h)$，半轴分别是 $a\sqrt{1-\dfrac{h^2}{c^2}}$，$b\sqrt{1-\dfrac{h^2}{c^2}}$，顶点坐标为

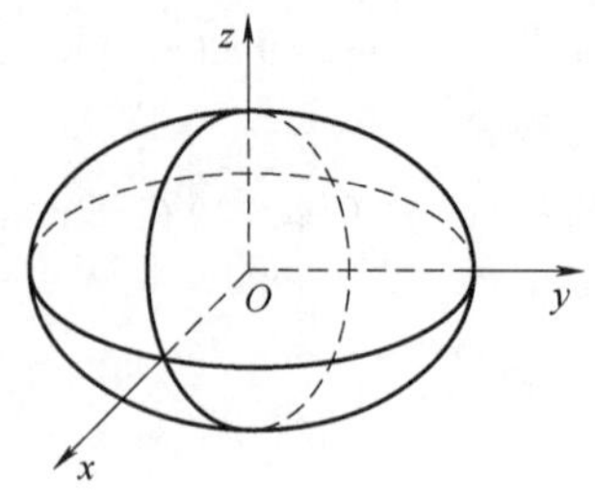

图 2.6.1

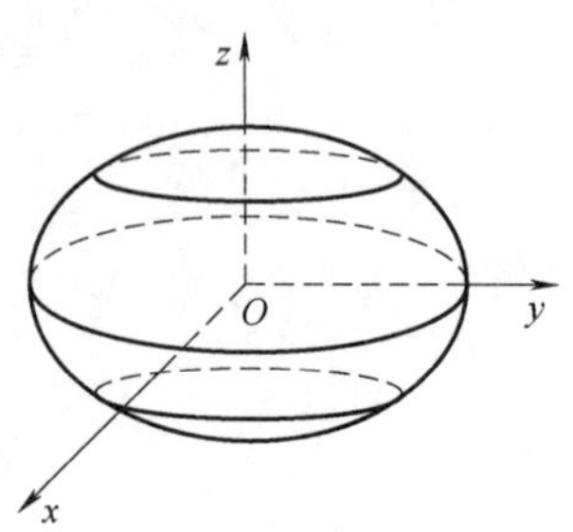

图 2.6.2

$$\left(\pm a\sqrt{1-\frac{h^2}{c^2}},0,h\right),\left(0,\pm b\sqrt{1-\frac{h^2}{c^2}},h\right).$$

当$|h|=c$时，交线退化为点$(0,0,c)$或$(0,0,-c)$；当$|h|>c$时，没有交线.

同理可知，平面$x=m(-a<m<a)$或$y=n(-b<n<b)$与椭球面的交线是椭圆.

截痕的形状为椭圆，故椭球面的形状如图 2.6.1 所示.

特别地，当$a=b$时，方程(2.6.1)化为旋转椭球面方程，如图 2.6.2 所示.

$$\frac{x^2+y^2}{a^2}+\frac{z^2}{c^2}=1;$$

当$a=b=c$时，椭球面方程(2.6.1)化为球面方程

$$x^2+y^2+z^2=a^2.$$

2.6.2 双曲面

方程

$$\frac{x^2}{a^2}+\frac{y^2}{b^2}-\frac{z^2}{c^2}=1,$$

$$\frac{x^2}{a^2}-\frac{y^2}{b^2}+\frac{z^2}{c^2}=1,$$

$$-\frac{x^2}{a^2}+\frac{y^2}{b^2}+\frac{z^2}{c^2}=1$$

表示的曲面称为单叶双曲面，其方程称为单叶双曲面的标准方程，其中$a>0$，$b>0$，$c>0$.

下面给出以方程$\frac{x^2}{a^2}+\frac{y^2}{b^2}-\frac{z^2}{c^2}=1$表示的单叶双曲面的几何特性.

(1) 单叶双曲面关于坐标面、坐标轴、坐标原点是对称的，坐标原点为对称中心.

(2) 截痕的形状. 平行于xOy坐标面的平面$z=h(-\infty<h<+\infty)$与单叶双曲面的交线是椭圆，其方程为

$$\begin{cases}\frac{x^2}{a^2}+\frac{y^2}{b^2}=1+\frac{z^2}{c^2},\\ z=h.\end{cases}$$

当$|h|$增大时，椭圆的长、短半轴$a\sqrt{1+\frac{h^2}{c^2}}$，$b\sqrt{1+\frac{h^2}{c^2}}$都增大.

平行于zOx坐标面的平面$y=m(-\infty<m<+\infty)$与单叶双曲面的交线方程为

$$\begin{cases}\dfrac{x^2}{a^2}-\dfrac{z^2}{c^2}=1-\dfrac{y^2}{b^2},\\ y=m.\end{cases}$$

当 $|m|<b$ 时，交线为双曲线，它的实轴平行于 x 轴，虚轴平行于 z 轴；当 $|m|=b$ 时，交线为两条相交直线，并相交于点 $(0,b,0)$ 或 $(0,-b,0)$；当 $|m|>b$ 时，交线为双曲线，它的实轴平行于 z 轴，虚轴平行于 x 轴，如图 2.6.3 所示.

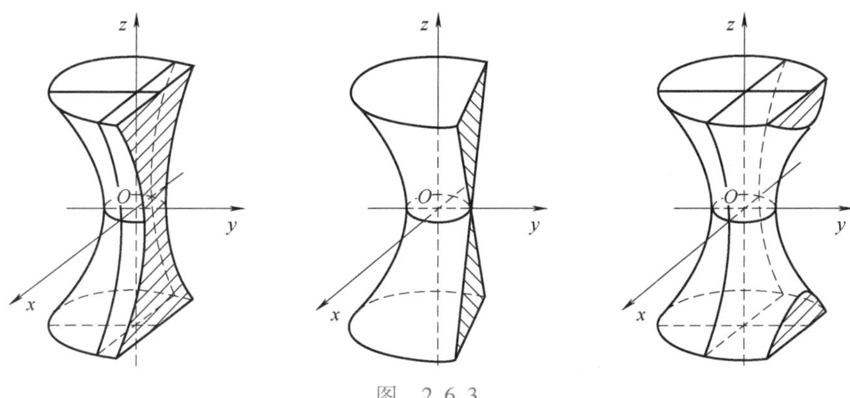

图　2.6.3

同理可得，平行于 yOz 面的平面 $x=n$ 与单叶双曲面的交线情况.

综上可知，单叶双曲面的形状如图 2.6.4 所示.

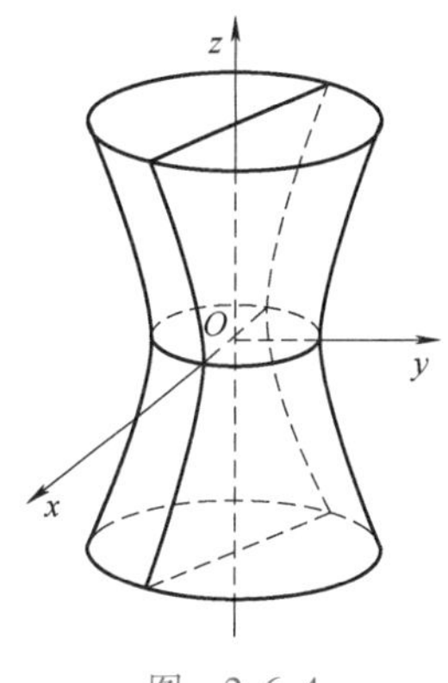

图　2.6.4

特别地，当 $a=b$ 时，方程

$$\frac{x^2+y^2}{a^2}-\frac{z^2}{c^2}=1$$

表示的曲面称为旋转单叶双曲面，如图 2.6.5 所示.

方程

$$\frac{x^2}{a^2}+\frac{y^2}{b^2}-\frac{z^2}{c^2}=-1,$$

$$\frac{x^2}{a^2}-\frac{y^2}{b^2}+\frac{z^2}{c^2}=-1,$$

$$-\frac{x^2}{a^2}+\frac{y^2}{b^2}+\frac{z^2}{c^2}=-1$$

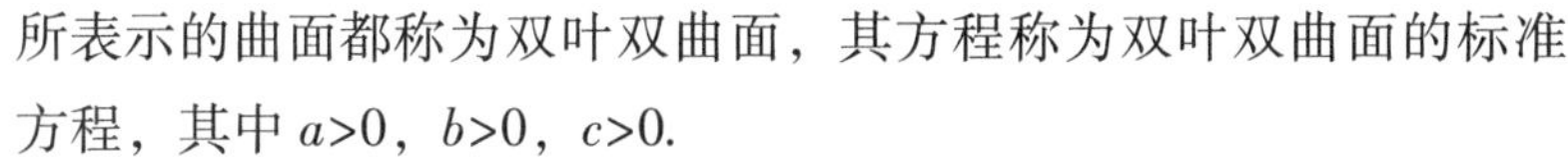

所表示的曲面都称为双叶双曲面，其方程称为双叶双曲面的标准方程，其中 $a>0$，$b>0$，$c>0$.

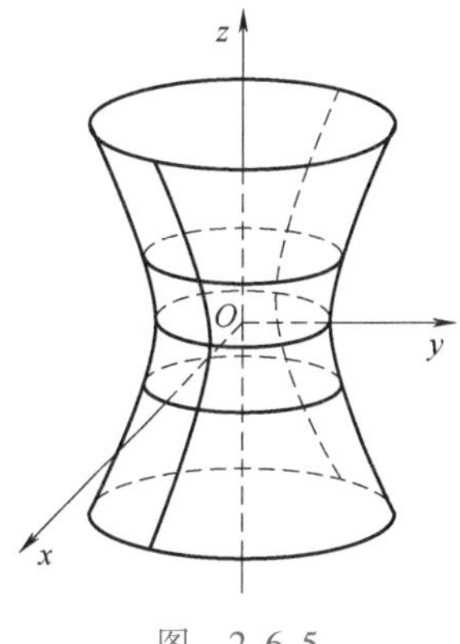

图　2.6.5

方程 $\dfrac{x^2}{a^2}+\dfrac{y^2}{b^2}-\dfrac{z^2}{c^2}=-1$ 表示的双叶双曲面的几何性质如下：

(1) 该双叶双曲面所表示的图形关于坐标面、坐标轴、坐标原点都是对称的，坐标原点也是它的对称中心.

(2) 截痕的形状. 平行于坐标面 zOx，yOz 的平面与双叶双曲

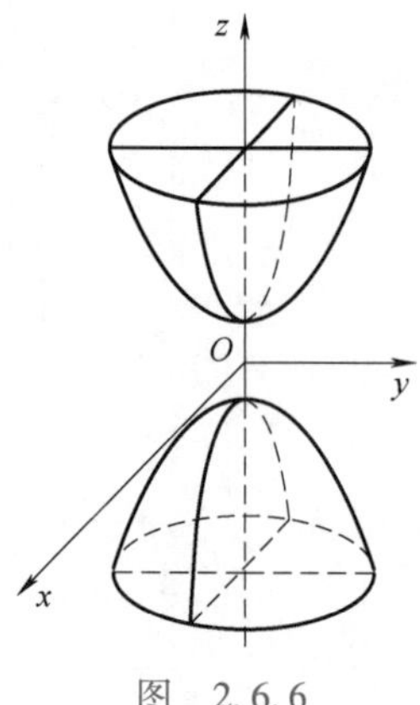

图 2.6.6

面的交线都是双曲线. 平行于坐标面 xOy 的平面 $z=h(|h|>c)$ 与双叶双曲面的交线是椭圆，椭圆方程为

$$\begin{cases}\dfrac{x^2}{a^2}+\dfrac{y^2}{b^2}=\dfrac{z^2}{c^2}-1,\\ z=h,\end{cases}$$

平行于坐标面 xOy 的平面 $z=\pm c$ 与双叶双曲面交于点 $(0,0,c)$ 或 $(0,0,-c)$.

由以上讨论可知，双叶双曲面 $\dfrac{x^2}{a^2}+\dfrac{y^2}{b^2}-\dfrac{z^2}{c^2}=-1$ 所表示的几何图形如图 2.6.6 所示.

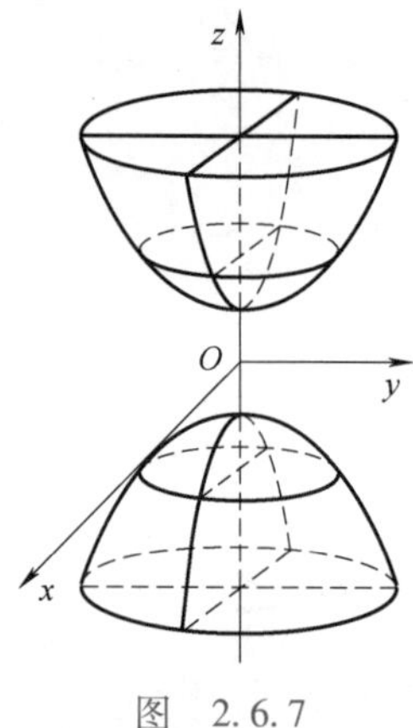

图 2.6.7

特别地，当 $a=b$ 时，方程

$$\frac{x^2+y^2}{a^2}-\frac{z^2}{c^2}=-1$$

表示的曲面称为旋转双叶双曲面，如图 2.6.7 所示.

2.6.3 抛物面

方程

$$\frac{x^2}{a^2}+\frac{y^2}{b^2}=2c_1z,$$

$$\frac{y^2}{b^2}+\frac{z^2}{c^2}=2a_1x,$$

$$\frac{x^2}{a^2}+\frac{z^2}{c^2}=2b_1y$$

表示的曲面称为椭圆抛物面，其方程称为椭圆抛物面的标准方程，其中 $a>0$，$b>0$，$c>0$，a_1，b_1，c_1 是任意非零常数.

下面讨论方程 $\dfrac{x^2}{a^2}+\dfrac{y^2}{b^2}=2z$ 表示的椭圆抛物面的几何性质.

（1）该椭圆抛物面关于坐标面 yOz，zOx 和坐标轴 z 轴都是对称的，没有对称中心.

（2）截痕的形状. 平行于坐标面 yOz，zOx 的平面与椭圆抛物面的交线都是抛物线；平行于坐标面 xOy 的平面 $z=h(h>0)$ 与该椭圆抛物面的交线是椭圆，椭圆方程为

$$\begin{cases}\dfrac{x^2}{a^2}+\dfrac{y^2}{b^2}=2z,\\ z=h,\end{cases}$$

xOy 坐标面与该椭圆抛物面的交点是坐标原点 $(0,0,0)$.

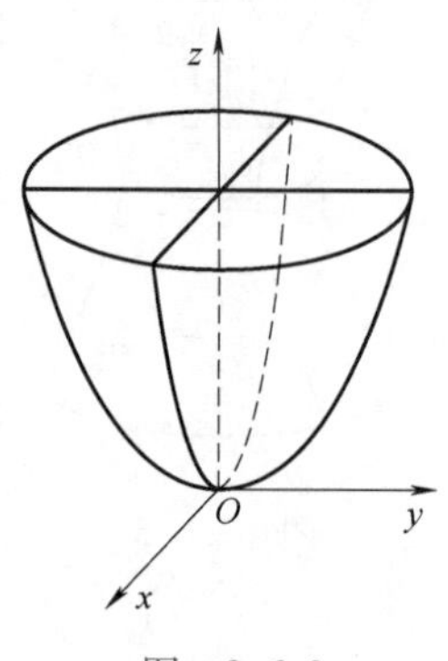

图 2.6.8

由上面的讨论可得，椭圆抛物面的形状如图 2.6.8 所示.

特别地，当 $a=b$ 时，方程

$$x^2+y^2=2a^2z$$

表示的曲面称为旋转抛物面，如图 2.6.9 所示.

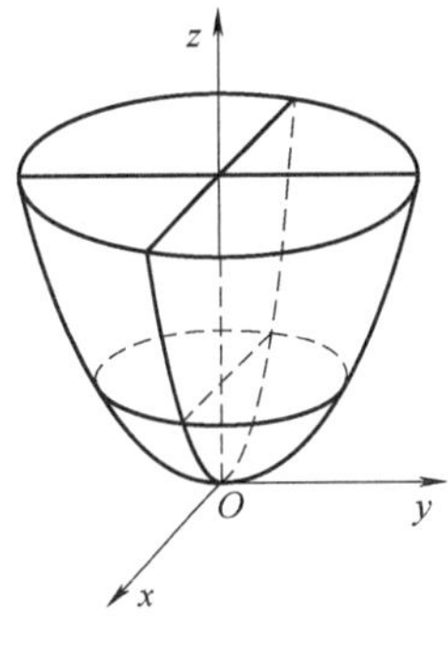

图　2.6.9

下面讨论双曲抛物面. 方程

$$\frac{x^2}{a^2}-\frac{y^2}{b^2}=2c_1z,$$

$$\frac{y^2}{b^2}-\frac{z^2}{c^2}=2a_1x,$$

$$\frac{x^2}{a^2}-\frac{z^2}{c^2}=2b_1y$$

表示的曲面都为双曲抛物面，上面方程称为双曲抛物面的标准方程，其中 $a>0$，$b>0$，$c>0$，a_1，b_1，c_1 是任意非零常数.

下面讨论方程 $-\frac{x^2}{a^2}+\frac{y^2}{b^2}=2z$ 表示的双曲抛物面的几何性质：

（1）该双曲抛物面是关于坐标面 yOz，zOx 和坐标轴 z 轴都是对称的，没有对称中心.

（2）截痕的形状. 平行于坐标面 xOy 的平面 $z=h(h\neq0)$ 与双曲抛物面的交线是双曲线，双曲线方程为

$$\begin{cases}-\frac{x^2}{a^2}+\frac{y^2}{b^2}=2z,\\ z=h,\end{cases}$$

当 $h>0$ 时，双曲线的实轴平行于 y 轴，虚轴平行于 x 轴；当 $h<0$ 时，双曲线的实轴平行于 x 轴，虚轴平行于 y 轴；xOy 坐标面与该双曲抛物面的交线是两条相交于原点的直线.

平行于坐标面 zOx 的平面 $y=m$ 与双曲抛物面的交线是抛物线，抛物线方程为

$$\begin{cases}x^2=-2a^2\left(z-\frac{y^2}{2b^2}\right),\\ y=m,\end{cases}$$

抛物线的顶点 $\left(0,m,\frac{m^2}{2b^2}\right)$ 在 yOz 面与双曲抛物面的交线 $\begin{cases}y^2=2b^2z,\\ x=0\end{cases}$ 上.

同理平行于坐标面 yOz 的平面 $x=n$ 与双曲抛物面的交线是抛物线.

曲面的形状像马鞍，因此双曲抛物面也称为马鞍面，如图 2.6.10 所示.

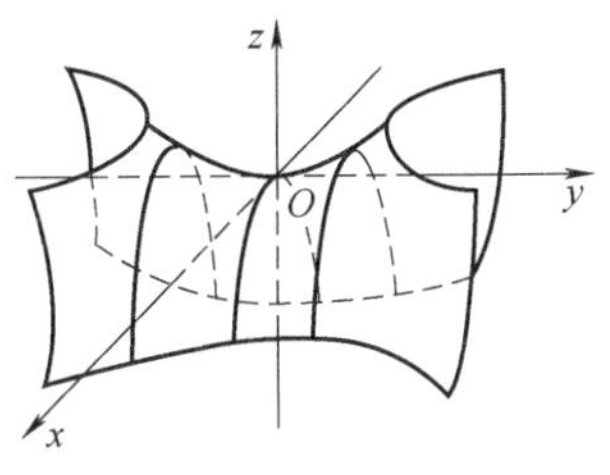

图　2.6.10

习题 2.6

1. 写出下列方程所表示的二次曲面.

(1) $3x^2+9y^2+4z^2=1$;

(2) $3x^2+4y^2-12z^2=12$;

(3) $6x^2-3y^2-2z^2=6$;

(4) $7x^2+5y^2-2z=1$.

(5) $2x^2+3y^2+z^2-4x+6y-1=0$;

(6) $x^2+2y^2-z^2-4x-4y-2z+1=0$;

(7) $x^2+y^2-3z^2+4x+6z+1=0$;

(8) $2x^2-3y^2+6y-12z-3=0$.

2. 画出下列各曲面所围立体的图形.

(1) $z=0$, $z=10-2x^2-5y^2$;

(2) $z=\sqrt{x^2+2y^2}$, $z=\sqrt{4-x^2-2y^2}$;

(3) $z=0$, $y+z=1$, $z^2=x^2+3y^2-3$.

2.7 运用 MATLAB 绘图

在 MATLAB 中利用命令函数 mesh(x,y,z)绘制三维网线图，利用命令函数 ezmesh('f(x,y)')简单绘制三维图形.

例 2.7.1 绘制墨西哥帽子 $z=\dfrac{\sin\sqrt{x^2+y^2}}{\sqrt{x^2+y^2}}$.

解　方法一：

```
>> [x,y]=meshgrid(-9:.3:9);
>> c=sqrt(x.^2+y.^2)+eps;
>> z=sin(c)./c;
>> mesh(x,y,z)
>> axis square
```

结果如图 2.7.1 所示.

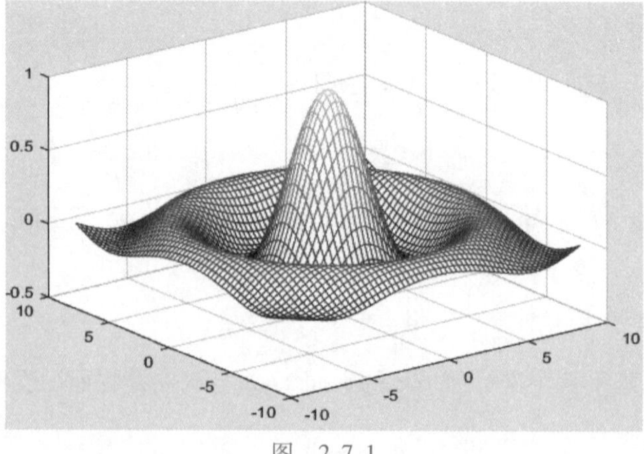

图 2.7.1

方法二：直接利用 ezmesh 命令.

```
>> ezmesh('sin(sqrt(x^2+y^2))/sqrt(x^2+y^2)')
```

结果如图 2.7.2 所示.

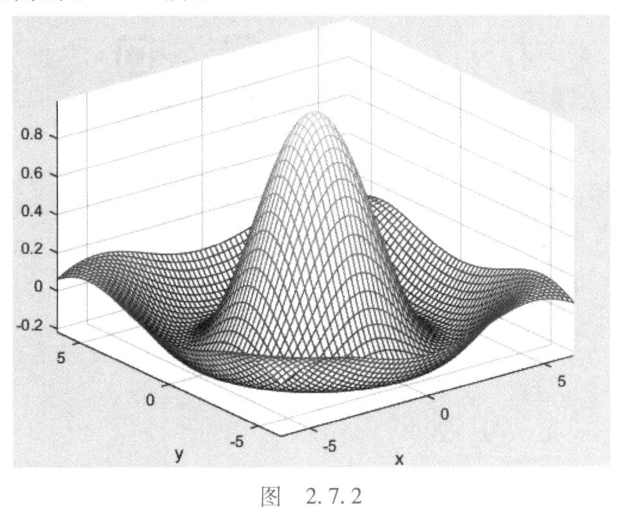

图　2.7.2

第 2 章思维导图

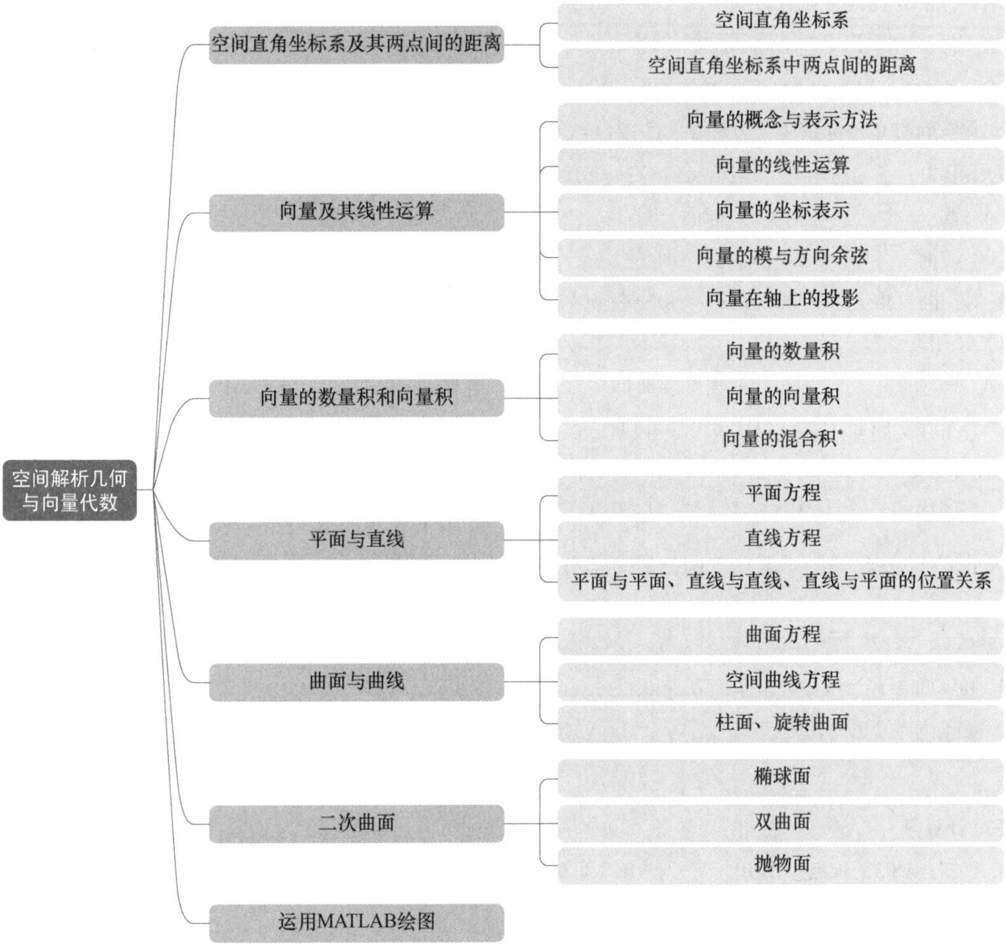

- 空间解析几何与向量代数
  - 空间直角坐标系及其两点间的距离
    - 空间直角坐标系
    - 空间直角坐标系中两点间的距离
  - 向量及其线性运算
    - 向量的概念与表示方法
    - 向量的线性运算
    - 向量的坐标表示
    - 向量的模与方向余弦
    - 向量在轴上的投影
  - 向量的数量积和向量积
    - 向量的数量积
    - 向量的向量积
    - 向量的混合积*
  - 平面与直线
    - 平面方程
    - 直线方程
    - 平面与平面、直线与直线、直线与平面的位置关系
  - 曲面与曲线
    - 曲面方程
    - 空间曲线方程
    - 柱面、旋转曲面
  - 二次曲面
    - 椭球面
    - 双曲面
    - 抛物面
  - 运用MATLAB绘图

空间解析几何与向量代数历史介绍

欧几里得(希腊文：Ευκλειδης，约公元前330年—公元前275年)，古希腊数学家，欧氏几何学开创者，被称为“几何之父”. 他编著的《几何原本》是欧洲数学的基础，在书中他总结了平面几何五大公设，此书成为历史上最成功的教科书. 欧几里得也写了一些关于透视、圆锥曲线、球面几何学及数论的作品.

两弹一星功勋科学家——钱学森

总习题2

一、单项选择题.

1. 已知 $\boldsymbol{a}\neq\boldsymbol{0}$，下列命题正确的是________.

(A) 若 $\boldsymbol{a}\cdot\boldsymbol{b}=\boldsymbol{a}\cdot\boldsymbol{c}$，则 $\boldsymbol{b}=\boldsymbol{c}$

(B) 若 $\boldsymbol{a}\times\boldsymbol{b}=\boldsymbol{a}\times\boldsymbol{c}$，则 $\boldsymbol{b}=\boldsymbol{c}$

(C) 若 $\boldsymbol{a}\cdot\boldsymbol{b}=\boldsymbol{a}\cdot\boldsymbol{c}$ 且 $\boldsymbol{a}\times\boldsymbol{b}=\boldsymbol{a}\times\boldsymbol{c}$，则 $\boldsymbol{b}=\boldsymbol{c}$

(D) 若 $\boldsymbol{a}/\!/\boldsymbol{b}$，则 $\boldsymbol{a}=\lambda\boldsymbol{b}$ (λ 是实数)

2. 在空间直角坐标系中，方程 $x^2+y^2-2x+4y=0$ 表示的图形为________.

(A) 圆　　(B) 球面

(C) 柱面　　(D) 圆锥面

3. 在空间直角坐标系中，方程 $(x-1)^2+4(y+1)^2-z^2=1$ 表示的图形为________.

(A) 椭球面　　(B) 单叶双曲面

(C) 双叶双曲面　　(D) 椭圆抛物面

二、填空题.

1. 空间中的三个点 $M_1(1,1,1)$，$M_2(0,1,0)$，$M_3\left(\frac{1}{2},0,\frac{1}{2}\right)$ 与球面 $x^2+y^2+z^2=1$ 的位置关系分别为________，________，________.

2. 椭球面 $\frac{x^2}{4}+\frac{y^2}{9}+z^2=1$ 的参数方程为________.

3. 在空间直角坐标系中，方程 $z=xy$ 表示的曲面为________.

三、计算题.

1. 已知△ABC 的顶点为 $A(10,-4,-2)$，$B(2,8,6)$，$C(2,-2,4)$，求从点向 C 向 AB 边所引中线的长度.

2. 已知以向量 $\boldsymbol{a}=(1,2,3)$ 与 $\boldsymbol{b}=(3,1,4)$ 为邻边作平行四边形 $ABCD$，求 $\boldsymbol{a}$ 边上的高向量 $\boldsymbol{c}$.

3. 在边长为 1 的立方体中，设 OM 为对角线，OA 为棱，求 $\overrightarrow{OA}$ 在 $\overrightarrow{OM}$ 上的投影.

4. 设 $|\boldsymbol{a}|=1$，$|\boldsymbol{b}|=2$，$(\widehat{\boldsymbol{a},\boldsymbol{b}})=\frac{\pi}{3}$，计算：

(1) $2\boldsymbol{a}+2\boldsymbol{b}$ 与 $3\boldsymbol{a}-3\boldsymbol{b}$ 之间的夹角；

(2) 以 $2\boldsymbol{a}+6\boldsymbol{b}$ 与 $2\boldsymbol{a}-8\boldsymbol{b}$ 为邻边的平行四边形的面积.

5. 设 $(2\boldsymbol{a}+6\boldsymbol{b})\perp(7\boldsymbol{a}-5\boldsymbol{b})$，$(2\boldsymbol{a}-8\boldsymbol{b})\perp(7\boldsymbol{a}-2\boldsymbol{b})$，求 $(\widehat{\boldsymbol{a},\boldsymbol{b}})$.

6. 已知单位向量 $\overrightarrow{OA}$ 与三个坐标轴的夹角相等，B 是点 $M(1,-2,-3)$ 关于点 $N(2,-1,3)$ 的对称点，求 $\overrightarrow{OA}\times\overrightarrow{OB}$.

7. 已知 $\boldsymbol{a}=(4,-4,-2)$，$\boldsymbol{b}=(-8,14,8)$，向量 $\boldsymbol{c}$ 平分 $\boldsymbol{a}$ 与 $\boldsymbol{b}$ 的夹角，且 $|\boldsymbol{c}|=4$，求 $\boldsymbol{c}$.

8. 求通过点 $A(-2,1,0)$ 和 $B(1,2,0)$ 且与 zOx 面成 $\frac{\pi}{6}$ 角的平面方程.

9. 设一平面与平面 $3x+y-2z=9$ 垂直，且通过从点 $(1,-1,1)$ 到直线 $\begin{cases}y-z+1=0,\\x=0\end{cases}$ 的垂线，求此平面方程.

10. 求过点 $(-1,0,4)$ 且平行于平面 $3x-4y+z-10=0$，又与直线 $x+1=y-3=\frac{z}{2}$ 相交的直线的方程.

11. 求过点 $(2,-1,2)$ 且与两直线 $\frac{x-1}{1}=\frac{y-1}{0}=\frac{z-1}{1}$，$\frac{x-2}{1}=\frac{y-1}{1}=\frac{z+3}{-3}$ 都相交的直线方程.

12. 求平行于直线 $\begin{cases}y=2x,\\z=-3x\end{cases}$ 并沿曲线 $\begin{cases}x^2+y^2+z^2=1,\\z=0\end{cases}$ 移动的直线所形成的曲面方程.

13. 求过点 $A(1,0,0)$ 和 $B(2,2,3)$ 的直线绕 z 轴旋转所生成的旋转曲面的方程.

14. 求柱面 $z^2=4y$ 与锥面 $z=\sqrt{x^2+y^2}$ 所围立体在三个坐标面上的投影.

15. 画出下列各曲面所围立体的图形：

(1) $x^2=1-z$，$y=0$，$z=0$，$x+y=1$；

(2) $z=\sqrt{1+x^2+y^2}$，$z=\sqrt{9-x^2-y^2}$.

四、(2009，高数(一)) 椭球面 S_1 是椭圆 $\frac{x^2}{4}+\frac{y^2}{3}=1$ 绕 x 轴旋转而成，圆锥面 S_2 是由过点 $(4,0)$ 且与椭圆 $\frac{x^2}{4}+\frac{y^2}{3}=1$ 相切的直线绕 x 轴旋转而成，求 S_1 及 S_2 的方程.

总习题 2 视频详解

第 3 章 矩阵

研究现实世界中存在的数量关系是数学的一个重要内容. 数首先经过了自然数、整数、有理数、实数、复数的不断扩充，然后从数量发展到向量，人们开始从多维的角度研究世界. 通过数表引入矩阵后，数的概念得到了进一步扩充，利用矩阵可以把问题变得简洁明了，能更好地把握研究对象的本质特征和变化规律. 矩阵是线性代数的一个重要研究对象，它在数学、自然科学、工程技术及经济学等领域有着极为广泛的应用，矩阵也是研究线性方程组和线性变换的工具.

本章主要讲解：

(1) 矩阵的加法和数乘运算；

(2) 矩阵的乘法和逆矩阵；

(3) 矩阵的分块运算；

(4) 矩阵的初等变换与初等矩阵的对应；

(5) 矩阵的秩；

(6) 线性方程组可解性判别.

3.1 矩阵的概念

3.1.1 矩阵的定义

微课视频：矩阵的定义

人们在具体的实践工作中经常会处理 m 行 n 列的数表，比如财务报表、学生成绩表、物资调拨表、产品统计表和物理实验测量数据表等.

(1) 引例

例 3.1.1 在某学校物理实验中，随机抽取某班的三名学生分别测量 3 个不同钢丝的半径，测量结果见表 3.1.1.

表 3.1.1 （单位：mm）

学生	半径		
	r_1	r_2	r_3
学生 1	1.01	2.02	3.03

（续）

学生	半径		
	r_1	r_2	r_3
学生 2	1.02	2.01	3.01
学生 3	1.03	2.03	3.02

这样很容易从表 3.1.1 中找到学生 $i(i=1,2,3)$ 所测得第 $j(j=1,2,3)$ 个钢丝的半径 a_{ij}，例如学生 3 测得第 2 个钢丝的半径为 2.03mm.

例 3.1.2 （减肥配方问题）市场上曾经流行一种名为“细胞营养粉”的减肥产品，销售价格为 388 元/500g，产品说明上标明该产品符合某医学院给出的减肥所需要的每日营养量的简洁处方，该处方为每日摄入营养量为蛋白质 33g、碳水化合物 45g、脂肪 3g. 另外，细胞营养粉、脱脂牛奶、大豆粉和乳清所含蛋白质、碳水化合物、脂肪各种营养成分见表 3.1.2.

表 3.1.2 （单位：g）

营养	每 100g 食物所含营养			
	细胞营养粉	脱脂牛奶	大豆粉	乳清
蛋白质	40	36	51	13
碳水化合物	52	52	34	74
脂肪	3.2	0	7	1.1

为了方便研究，我们从这些数表中抽象出矩阵的定义.

（2）矩阵的定义

定义 3.1.1 由 $m\times n$ 个数 $a_{ij}(i=1,\cdots,m;j=1,\cdots,n)$ 排成的 m 行 n 列的数表

$$\begin{pmatrix} a_{11} & a_{12} & \cdots & a_{1n} \\ a_{21} & a_{22} & \cdots & a_{2n} \\ \vdots & \vdots & & \vdots \\ a_{m1} & a_{m2} & \cdots & a_{mn} \end{pmatrix}$$

称为 $m\times n$ 矩阵，简称矩阵，记作 $\boldsymbol{A}$ 或 $\boldsymbol{A}_{m\times n}$，也记作 (a_{ij}) 或 $(a_{ij})_{m\times n}$. 称 a_{ij} 为 $\boldsymbol{A}$ 的 (i, j) 位置元素. 下标 i，j 分别叫作 a_{ij} 的行标和列标.

一般用大写英文字母 $\boldsymbol{A}$，$\boldsymbol{B}$，$\boldsymbol{C}$ 等表示矩阵. 特别地，$n\times 1$ 矩阵也可用 $\boldsymbol{a}$，$\boldsymbol{b}$，$\boldsymbol{\alpha}$，$\boldsymbol{\beta}$ 等表示. 只有一行一列的矩阵称为一阶方阵，实际上一阶方阵就是一个数，即可写为 (a)，也可直接写为 a.

元素 a_{ij} 是实数的矩阵称为实矩阵，元素 a_{ij} 是复数的矩阵称为复矩阵. 如无特别说明，我们所指的都是实矩阵.

在例 3.1.1 中，三名学生分别测量 3 个不同钢丝半径的测量结果可用矩阵表示为

$$\boldsymbol{A}=\begin{pmatrix}1.01 & 2.02 & 3.03\\ 1.02 & 2.01 & 3.01\\ 1.03 & 2.03 & 3.02\end{pmatrix}.$$

在例 3.1.2 中，细胞营养粉、脱脂牛奶、大豆粉和乳清所含蛋白质、碳水化合物、脂肪各种营养成分可用矩阵表示为

$$\boldsymbol{B}=\begin{pmatrix}40 & 36 & 51 & 13\\ 52 & 52 & 34 & 74\\ 3.2 & 0 & 7 & 1.1\end{pmatrix}.$$

3.1.2 几种特殊的矩阵

微课视频：
常用的特殊矩阵

（1）零矩阵

元素都是零的矩阵称为零矩阵，记为 $\boldsymbol{O}_{m\times n}$ 或 $\boldsymbol{O}$. 例如下列都是零矩阵

$$(0,0),\ \begin{pmatrix}0\\ 0\end{pmatrix},\ \begin{pmatrix}0 & 0\\ 0 & 0\end{pmatrix}.$$

（2）方阵

行数和列数相等的矩阵称为方阵. 对于矩阵 $\boldsymbol{A}_{m\times n}$，当 $m=n$ 时，矩阵常称为 n 阶方阵，记为 $\boldsymbol{A}_n$.

（3）三角矩阵

在 n 阶方阵 $\boldsymbol{A}_n$ 中，经常把元素 $a_{11},a_{22},\cdots,a_{nn}$ 所占的位置称为方阵的主对角线，把元素 $a_{1n},a_{2,n-1},\cdots,a_{n1}$ 所占的位置称为方阵的次(副)对角线. 主对角线下方元素都是 0 的方阵

$$\begin{pmatrix}a_{11} & a_{12} & \cdots & a_{1n}\\ 0 & a_{22} & \cdots & a_{2n}\\ \vdots & \vdots & & \vdots\\ 0 & 0 & \cdots & a_{nn}\end{pmatrix}$$

称为上三角矩阵；主对角线上方元素都是 0 的矩阵

$$\begin{pmatrix}a_{11} & 0 & \cdots & 0\\ a_{21} & a_{22} & \cdots & 0\\ \vdots & \vdots & & \vdots\\ a_{n1} & a_{n2} & \cdots & a_{nn}\end{pmatrix}$$

称为下三角矩阵，上三角矩阵和下三角矩阵统称为三角矩阵.

（4）对角矩阵

主对角线之外的元素都是0的 n 阶方阵

$$\begin{pmatrix} a_{11} & 0 & \cdots & 0 \\ 0 & a_{22} & \cdots & 0 \\ \vdots & \vdots & & \vdots \\ 0 & 0 & \cdots & a_{nn} \end{pmatrix}$$

称为 n 阶对角矩阵，经常记为 $\boldsymbol{A}=\mathbf{diag}(a_{11},a_{22},\cdots,a_{nn})$.

（5）数量矩阵

将 $a_{11}=a_{22}=\cdots=a_{nn}=k$ 的 n 阶对角矩阵

$$\begin{pmatrix} k & 0 & \cdots & 0 \\ 0 & k & \cdots & 0 \\ \vdots & \vdots & & \vdots \\ 0 & 0 & \cdots & k \end{pmatrix}$$

称为 n 阶数量矩阵.

（6）单位矩阵

将 $a_{11}=a_{22}=\cdots=a_{nn}=k=1$ 的 n 阶数量矩阵

$$\begin{pmatrix} 1 & 0 & \cdots & 0 \\ 0 & 1 & \cdots & 0 \\ \vdots & \vdots & & \vdots \\ 0 & 0 & \cdots & 1 \end{pmatrix}$$

称为 n 阶单位矩阵，记为 $\boldsymbol{E}_n$ 或 $\boldsymbol{I}_n$，简记为 $\boldsymbol{E}$ 或 $\boldsymbol{I}$.

（7）对称矩阵与反对称矩阵

将满足 $a_{ij}=a_{ji}(i,j=1,2,\cdots,n)$ 的 n 阶方阵 $\boldsymbol{A}=(a_{ij})_{n\times n}$ 称为 n 阶对称矩阵；将满足 $a_{ij}=-a_{ji}(i,\ j=1,2,\cdots,n)$ 的 n 阶方阵 $\boldsymbol{A}=(a_{ij})_{n\times n}$ 称为 n 阶反对称矩阵.

（8）矩阵单位

如果矩阵 $\boldsymbol{A}=(a_{ij})_{m\times n}$ 中只有一个元素 $a_{ij}=1$，其余元素都是0，则称该矩阵为矩阵单位，记为

$$\boldsymbol{E}_{ij}=\begin{pmatrix} 0 & \cdots & 0 & 0 & 0 & \cdots & 0 \\ \vdots & & \vdots & \vdots & \vdots & & \vdots \\ 0 & \cdots & 0 & 1 & 0 & \cdots & 0 \\ \vdots & & \vdots & \vdots & \vdots & & \vdots \\ 0 & \cdots & 0 & 0 & 0 & \cdots & 0 \end{pmatrix}\begin{matrix} \\ \\ i\text{ 行}. \\ \\ \\ \end{matrix}$$

（其中 1 位于第 j 列，第 i 行）

(9) 行矩阵和列矩阵

称矩阵 $\boldsymbol{A}=(a_1,a_2,\cdots,a_n)$ 为行矩阵或行向量；称矩阵 $\boldsymbol{B}=\begin{pmatrix}b_1\\b_2\\\vdots\\b_m\end{pmatrix}$ 为列矩阵或列向量.

习题 3.1 视频详解

习题 3.1

1. 写出对应的矩阵.

(1) 某工厂生产 4 种产品，在 3 个商场销售，供货量见表 3.1.3.

表 3.1.3 (单位：箱)

项目	供货量		
	商场 1	商场 2	商场 3
产品 1	15	20	25
产品 2	20	25	20
产品 3	30	30	15
产品 4	35	25	10

(2) 某学校的 3 组学生分别对 5 个电阻测量阻值，测量情况见表 3.1.4.

表 3.1.4 (单位：Ω)

项目	电阻测量阻值				
	电阻 1	电阻 2	电阻 3	电阻 4	电阻 5
1 组	1.50	1.01	4.99	1.99	3.01
2 组	1.51	1.00	5.01	2.01	2.99
3 组	1.49	1.01	4.99	2.01	3.01

2. 单项选择题.

(1) 以下对矩阵的描述中，不正确的是( ).

(A) n 阶方阵的行数与列数相同

(B) 三角矩阵都是方阵

(C) 对称矩阵与反对称矩阵都是方阵

(D) 任何矩阵都是方阵

(2) 下列矩阵中( )不是对称矩阵.

(A) 数量矩阵　(B) $\begin{pmatrix}0&-1\\1&0\end{pmatrix}$

(C) 对角矩阵　(D) 单位矩阵 $\boldsymbol{E}$

(3) 下列矩阵是对称矩阵的为( ).

(A) $\begin{pmatrix}1&-1&4\\-1&2&5\\4&5&3\end{pmatrix}$　(B) $\begin{pmatrix}1&1&3\\-1&2&-6\\-3&6&3\end{pmatrix}$

(C) $\begin{pmatrix}0&-5\\5&0\end{pmatrix}$　(D) $\begin{pmatrix}5&-5\\5&5\end{pmatrix}$

(4) 下列矩阵是反对称矩阵的为( ).

(A) $\begin{pmatrix}4&0\\0&-4\end{pmatrix}$　(B) $\begin{pmatrix}0&4\\4&0\end{pmatrix}$

(C) $\begin{pmatrix}0&-4\\4&0\end{pmatrix}$　(D) $\begin{pmatrix}0&-4\\4&4\end{pmatrix}$

3.2 矩阵的运算

在初等数学里用数的运算来描述事物数量的变化，对于矩阵也需要引入相应的基本运算，主要包括矩阵的线性运算、矩阵的乘法、矩阵的转置和方阵的行列式等. 同时在本节中还将学习共轭矩阵，为讨论逆矩阵做准备.

3.2.1 矩阵的线性运算

行数相同、列数也相同的矩阵称为同型矩阵.

微课视频：
矩阵的线性运算

定义 3.2.1　若矩阵 $\boldsymbol{A}=(a_{ij})_{m\times n}$ 和 $\boldsymbol{B}=(b_{ij})_{m\times n}$ 是同型矩阵，且它们的对应元素相等，即

$$a_{ij}=b_{ij}\quad(i=1,2,\cdots,m;j=1,2,\cdots,n),$$

则称矩阵 $\boldsymbol{A}$ 与矩阵 $\boldsymbol{B}$ 相等，记作 $\boldsymbol{A}=\boldsymbol{B}$.

定义 3.2.2　若矩阵 $\boldsymbol{A}=(a_{ij})_{m\times n}$ 和 $\boldsymbol{B}=(b_{ij})_{m\times n}$ 是同型矩阵，则称矩阵

$$\boldsymbol{C}=(c_{ij})_{m\times n}=(a_{ij}+b_{ij})_{m\times n}$$

为矩阵 $\boldsymbol{A}$ 与 $\boldsymbol{B}$ 的和，记作 $\boldsymbol{C}=\boldsymbol{A}+\boldsymbol{B}$. 即

$$\boldsymbol{C}=\boldsymbol{A}+\boldsymbol{B}=\begin{pmatrix} a_{11}+b_{11} & a_{12}+b_{12} & \cdots & a_{1n}+b_{1n} \\ a_{21}+b_{21} & a_{22}+b_{22} & \cdots & a_{2n}+b_{2n} \\ \vdots & \vdots & & \vdots \\ a_{m1}+b_{m1} & a_{m2}+b_{m2} & \cdots & a_{mn}+b_{mn} \end{pmatrix}.$$

只有两个同型矩阵才能进行矩阵的加法运算. 矩阵的加法是把两个矩阵中的对应元素相加，由于数的加法满足交换律和结合律，因此矩阵加法也满足交换律和结合律.

若矩阵 $\boldsymbol{A}=(a_{ij})_{m\times n}$，记 $-\boldsymbol{A}=(-a_{ij})_{m\times n}$，则称 $-\boldsymbol{A}$ 为 $\boldsymbol{A}$ 的负矩阵. 由此规定矩阵 $\boldsymbol{A}$ 与 $\boldsymbol{B}$ 的减法为

$$\boldsymbol{A}-\boldsymbol{B}=\boldsymbol{A}+(-\boldsymbol{B}),$$

称 $\boldsymbol{A}-\boldsymbol{B}$ 为矩阵 $\boldsymbol{A}$ 与 $\boldsymbol{B}$ 的差.

性质 3.2.1　矩阵加法满足下列运算规律(其中矩阵 $\boldsymbol{A}$，$\boldsymbol{B}$，$\boldsymbol{C}$，$\boldsymbol{O}$ 都为 $m\times n$ 矩阵)：

(1) 交换律 $\boldsymbol{A}+\boldsymbol{B}=\boldsymbol{B}+\boldsymbol{A}$；

(2) 结合律 $(\boldsymbol{A}+\boldsymbol{B})+\boldsymbol{C}=\boldsymbol{A}+(\boldsymbol{B}+\boldsymbol{C})$；

(3) 对任意的矩阵 $\boldsymbol{A}$，有 $\boldsymbol{A}+\boldsymbol{O}=\boldsymbol{A}$；

(4) 对任意的矩阵 $\boldsymbol{A}$，有 $\boldsymbol{A}+(-\boldsymbol{A})=\boldsymbol{O}$.

定义 3.2.3　若矩阵 $\boldsymbol{A}=(a_{ij})_{m\times n}$，则称 $(\lambda a_{ij})_{m\times n}$ 为数 λ 与矩阵 $\boldsymbol{A}$ 的乘积，记作 $\lambda\boldsymbol{A}$，即

$$\lambda\boldsymbol{A}=\begin{pmatrix} \lambda a_{11} & \lambda a_{12} & \cdots & \lambda a_{1n} \\ \lambda a_{21} & \lambda a_{22} & \cdots & \lambda a_{2n} \\ \vdots & \vdots & & \vdots \\ \lambda a_{m1} & \lambda a_{m2} & \cdots & \lambda a_{mn} \end{pmatrix}.$$

由此可见，数乘矩阵就是用数去乘矩阵中的每个元素，因此，由数乘的运算规律可以直接验证出数与矩阵的乘法满足的运算规律.

性质 3.2.2 数乘矩阵满足下列运算规律(其中矩阵 $\boldsymbol{A}$，$\boldsymbol{B}$ 都为 $m\times n$ 矩阵，λ，μ 是常数)：

(1) $(\lambda+\mu)\boldsymbol{A}=\lambda\boldsymbol{A}+\mu\boldsymbol{A}$；

(2) $\lambda(\boldsymbol{A}+\boldsymbol{B})=\lambda\boldsymbol{A}+\lambda\boldsymbol{B}$；

(3) $\lambda(\mu\boldsymbol{A})=(\lambda\mu)\boldsymbol{A}$.

矩阵的加法和数与矩阵的乘法统称为矩阵的线性运算.

例 3.2.1 设 $\boldsymbol{A}=\begin{pmatrix}1&3\\-1&2\end{pmatrix}$，求 $3\boldsymbol{A}$.

解 根据数与矩阵的乘法定义得，

$$3\boldsymbol{A}=\begin{pmatrix}3&9\\-3&6\end{pmatrix}.$$

例 3.2.2 设 $\boldsymbol{A}=\begin{pmatrix}1&-4&-5\\-2&0&-1\end{pmatrix}$，$\boldsymbol{B}=\begin{pmatrix}-3&0&7\\1&-1&2\end{pmatrix}$，求 $4\boldsymbol{A}-6\boldsymbol{B}$.

解

$$\begin{aligned}4\boldsymbol{A}-6\boldsymbol{B}&=4\begin{pmatrix}1&-4&-5\\-2&0&-1\end{pmatrix}-6\begin{pmatrix}-3&0&7\\1&-1&2\end{pmatrix}\\&=\begin{pmatrix}4&-16&-20\\-8&0&-4\end{pmatrix}-\begin{pmatrix}-18&0&42\\6&-6&12\end{pmatrix}\\&=\begin{pmatrix}22&-16&-62\\-14&6&-16\end{pmatrix}.\end{aligned}$$

3.2.2 矩阵乘法

微课视频：矩阵的乘法、转置、方阵的行列式

为了定义矩阵乘法，我们来看这样一个例子，有一组变量 $x_1,x_2,\cdots,x_n$，令

$$\begin{cases}y_1=b_{11}x_1+b_{12}x_2+\cdots+b_{1n}x_n,\\y_2=b_{21}x_1+b_{22}x_2+\cdots+b_{2n}x_n,\\\quad\vdots\\y_s=b_{s1}x_1+b_{s2}x_2+\cdots+b_{sn}x_n,\end{cases}\tag{3.2.1}$$

则得到一组新的变量 $y_1,y_2,\cdots,y_s$，再令

$$\begin{cases}z_1=a_{11}y_1+a_{12}y_2+\cdots+a_{1s}y_s,\\z_2=a_{21}y_1+a_{22}y_2+\cdots+a_{2s}y_s,\\\quad\vdots\\z_m=a_{m1}y_1+a_{m2}y_2+\cdots+a_{ms}y_s,\end{cases}\tag{3.2.2}$$

又得到一组新的变量 $z_1,z_2,\cdots,z_m$. 显然 $z_1,z_2,\cdots,z_m$ 可以看成由 $x_1,x_2,\cdots,x_n$ 得到. 将式(3.2.1)代入式(3.2.2)得

$$\begin{cases} z_1=c_{11}x_1+c_{12}x_2+\cdots+c_{1n}x_n, \\ z_2=c_{21}x_1+c_{22}x_2+\cdots+c_{2n}x_n, \\ \qquad\vdots \\ z_m=c_{m1}x_1+c_{m2}x_2+\cdots+c_{mn}x_n, \end{cases} \tag{3.2.3}$$

其中

$$c_{ij}=a_{i1}b_{1j}+a_{i2}b_{2j}+\cdots+a_{is}b_{sj},\ i=1,2,\cdots,m;\ j=1,2,\cdots,n.$$

我们类似定义矩阵的乘法.

定义 3.2.4　设矩阵 $\boldsymbol{A}=(a_{ij})_{m\times s}$，矩阵 $\boldsymbol{B}=(b_{ij})_{s\times n}$，则它们的乘积 $\boldsymbol{AB}$ 等于矩阵 $\boldsymbol{C}=(c_{ij})_{m\times n}$，记为 $\boldsymbol{AB}=\boldsymbol{C}$，其中

$$c_{ij}=(a_{i1},a_{i2},\cdots,a_{is})\begin{pmatrix} b_{1j} \\ b_{2j} \\ \vdots \\ b_{sj} \end{pmatrix}$$

$$=a_{i1}b_{1j}+a_{i2}b_{2j}+\cdots+a_{is}b_{sj},i=1,2,\cdots,m;j=1,2,\cdots,n.$$

显然，只有 $\boldsymbol{A}$ 的列数与 $\boldsymbol{B}$ 的行数相等时，$\boldsymbol{AB}$ 才有意义，且乘积 $\boldsymbol{AB}$ 的 (i,j) 位置元素恰为 $\boldsymbol{A}$ 的第 i 行各元素与 $\boldsymbol{B}$ 的第 j 列对应元素乘积之和，即 $c_{ij}=\sum\limits_{k=1}^{s}a_{ik}b_{kj}$.

例 3.2.3

$$\text{设 } \boldsymbol{A}=\begin{pmatrix} 1 \\ 2 \\ 3 \end{pmatrix},\ \boldsymbol{B}=(1,-2,-3)\text{，求 } \boldsymbol{AB} \text{ 与 } \boldsymbol{BA}.$$

解　根据矩阵乘法定义得

$$\boldsymbol{AB}=\begin{pmatrix} 1 \\ 2 \\ 3 \end{pmatrix}(1,-2,-3)=\begin{pmatrix} 1 & -2 & -3 \\ 2 & -4 & -6 \\ 3 & -6 & -9 \end{pmatrix},$$

$$\boldsymbol{BA}=(1,-2,-3)\begin{pmatrix} 1 \\ 2 \\ 3 \end{pmatrix}=1-4-9=-12.$$

从以上运算看出，即使 $\boldsymbol{AB}$ 与 $\boldsymbol{BA}$ 都有意义，也未必是同型矩阵，当然也不能保证相等.

例 3.2.4

$$\text{设 } \boldsymbol{A}=\begin{pmatrix} 1 & 1 \\ 1 & 1 \end{pmatrix},\ \boldsymbol{B}=\begin{pmatrix} 2 \\ -2 \end{pmatrix}\text{，求 } \boldsymbol{AB} \text{ 与 } \boldsymbol{BA}.$$

解　根据矩阵乘法定义得

$$\boldsymbol{AB}=\begin{pmatrix}1&1\\1&1\end{pmatrix}\begin{pmatrix}2\\-2\end{pmatrix}=\begin{pmatrix}0\\0\end{pmatrix},$$

而由于矩阵 $\boldsymbol{B}$ 的列数不等于矩阵 $\boldsymbol{A}$ 的行数，所以 $\boldsymbol{BA}$ 无意义.

例 3.2.5　设 $\boldsymbol{A}=\begin{pmatrix}1&0\\2&0\end{pmatrix}$，$\boldsymbol{B}=\begin{pmatrix}0&0\\2&3\end{pmatrix}$，$\boldsymbol{C}=\begin{pmatrix}0&0\\2&4\end{pmatrix}$，计算 $\boldsymbol{BA}$，$\boldsymbol{AB}$，$\boldsymbol{AC}$.

解　根据矩阵乘法定义得

$$\boldsymbol{BA}=\begin{pmatrix}0&0\\2&3\end{pmatrix}\begin{pmatrix}1&0\\2&0\end{pmatrix}=\begin{pmatrix}0&0\\8&0\end{pmatrix},$$

$$\boldsymbol{AB}=\begin{pmatrix}1&0\\2&0\end{pmatrix}\begin{pmatrix}0&0\\2&3\end{pmatrix}=\begin{pmatrix}0&0\\0&0\end{pmatrix},$$

$$\boldsymbol{AC}=\begin{pmatrix}1&0\\2&0\end{pmatrix}\begin{pmatrix}0&0\\2&4\end{pmatrix}=\begin{pmatrix}0&0\\0&0\end{pmatrix}.$$

注　由此可见，矩阵乘法与数的乘法在运算中有许多不同之处，需要注意：

（1）矩阵乘法一般不满足交换律. 这是因为 $\boldsymbol{AB}$ 与 $\boldsymbol{BA}$ 不一定都有意义，即使 $\boldsymbol{AB}$ 与 $\boldsymbol{BA}$ 都有意义，$\boldsymbol{AB}=\boldsymbol{BA}$ 也不一定成立.

特别地，对于同阶方阵 $\boldsymbol{A}$，$\boldsymbol{B}$，如果 $\boldsymbol{AB}=\boldsymbol{BA}$，则称矩阵 $\boldsymbol{A}$，$\boldsymbol{B}$ 可交换.

（2）在矩阵乘法的运算中，“若 $\boldsymbol{AB}=\boldsymbol{O}$，则必有 $\boldsymbol{A}=\boldsymbol{O}$ 或 $\boldsymbol{B}=\boldsymbol{O}$”这个结论不一定成立.

（3）矩阵乘法的消去律不一定成立，即“若 $\boldsymbol{AD}=\boldsymbol{AC}$ 且 $\boldsymbol{A}\neq\boldsymbol{O}$，则必有 $\boldsymbol{D}=\boldsymbol{C}$”这个结论不一定成立.

性质 3.2.3　矩阵乘法的运算规律（假设以下运算都有意义，λ 是常数）：

（1）结合律 $(\boldsymbol{AB})\boldsymbol{C}=\boldsymbol{A}(\boldsymbol{BC})$；

（2）分配律 $\boldsymbol{A}(\boldsymbol{B}+\boldsymbol{C})=\boldsymbol{AB}+\boldsymbol{AC}$，$(\boldsymbol{B}+\boldsymbol{C})\boldsymbol{A}=\boldsymbol{BA}+\boldsymbol{CA}$；

（3）$\lambda(\boldsymbol{AB})=(\lambda\boldsymbol{A})\boldsymbol{B}=\boldsymbol{A}(\lambda\boldsymbol{B})$.

不难得到以下结论：

（1）$\boldsymbol{E}_m\boldsymbol{A}_{m\times n}=\boldsymbol{A}_{m\times n}$，$\boldsymbol{A}_{m\times n}\boldsymbol{E}_n=\boldsymbol{A}_{m\times n}$，或者可以写成 $\boldsymbol{EA}=\boldsymbol{AE}=\boldsymbol{A}$，即单位矩阵 $\boldsymbol{E}$ 在矩阵乘法中的作用类似于数的乘法运算中的常数 1.

（2）当 $\boldsymbol{A}$ 为方阵时，我们定义 $\boldsymbol{A}^k$ 为 k 个 $\boldsymbol{A}$ 的连乘积，即

$$\boldsymbol{A}^k=\underbrace{\boldsymbol{AA}\cdots\boldsymbol{AA}}_{k\text{个}}$$

称 $\boldsymbol{A}^k$ 为方阵 $\boldsymbol{A}$ 的 k 次幂. 特别地，当 $\boldsymbol{A}$ 为非零方阵时，规定 $\boldsymbol{A}^0=\boldsymbol{E}$. 显然，当 s，t 为非负整数时有

$$\boldsymbol{A}^s\boldsymbol{A}^t=\boldsymbol{A}^{s+t},\ (\boldsymbol{A}^s)^t=\boldsymbol{A}^{st}.$$

由方阵的幂可以定义一个方阵的多项式. 设

$$f(x)=a_mx^m+a_{m-1}x^{m-1}+\cdots+a_1x+a_0,$$

$\boldsymbol{A}$ 为 n 阶方阵，称

$$a_m\boldsymbol{A}^m+a_{m-1}\boldsymbol{A}^{m-1}+\cdots+a_1\boldsymbol{A}+a_0\boldsymbol{E}$$

为 $\boldsymbol{A}$ 的多项式，记为 $f(\boldsymbol{A})$.

例 3.2.6 设 $\boldsymbol{A}=\begin{pmatrix}1&2\\2&1\end{pmatrix}$，$f(x)=2x^2+3x-5$，求 $f(\boldsymbol{A})$.

解

$$\begin{aligned}f(\boldsymbol{A})&=2\boldsymbol{A}^2+3\boldsymbol{A}-5\boldsymbol{E}\\&=2\begin{pmatrix}1&2\\2&1\end{pmatrix}^2+3\begin{pmatrix}1&2\\2&1\end{pmatrix}-5\begin{pmatrix}1&0\\0&1\end{pmatrix}\\&=\begin{pmatrix}8&14\\14&8\end{pmatrix}.\end{aligned}$$

例 3.2.7 已知 $\boldsymbol{A}=\begin{pmatrix}1&2&3\\2&4&6\\3&6&9\end{pmatrix}$，求 $\boldsymbol{A}^{100}$.

解

$$\boldsymbol{A}=\begin{pmatrix}1&2&3\\2&4&6\\3&6&9\end{pmatrix}=\begin{pmatrix}1\\2\\3\end{pmatrix}(1,2,3),$$

$$(1,2,3)\begin{pmatrix}1\\2\\3\end{pmatrix}=1+4+9=14,$$

$$\boldsymbol{A}^{100}=\begin{pmatrix}1\\2\\3\end{pmatrix}\left[(1,2,3)\begin{pmatrix}1\\2\\3\end{pmatrix}\right]^{99}(1,2,3)=14^{99}\begin{pmatrix}1\\2\\3\end{pmatrix}(1,2,3)$$

$$=14^{99}\boldsymbol{A}=14^{99}\begin{pmatrix}1&2&3\\2&4&6\\3&6&9\end{pmatrix}.$$

3.2.3 矩阵的转置

定义 3.2.5 设 $m\times n$ 矩阵 $\boldsymbol{A}=\begin{pmatrix}a_{11}&a_{12}&\cdots&a_{1n}\\a_{21}&a_{22}&\cdots&a_{2n}\\\vdots&\vdots&&\vdots\\a_{m1}&a_{m2}&\cdots&a_{mn}\end{pmatrix}$，将其对应

的行与列互换位置，得到一个 $n\times m$ 的新矩阵

$$\begin{pmatrix} a_{11} & a_{21} & \cdots & a_{m1} \\ a_{12} & a_{22} & \cdots & a_{m2} \\ \vdots & \vdots & & \vdots \\ a_{1n} & a_{2n} & \cdots & a_{mn} \end{pmatrix},$$

称为 $\boldsymbol{A}$ 的转置矩阵，记作 $\boldsymbol{A}^{\mathrm{T}}$ 或 $\boldsymbol{A}'$.

例如 $\begin{pmatrix} 6 & 1 & 2 \\ 3 & 5 & -7 \end{pmatrix}^{\mathrm{T}} = \begin{pmatrix} 6 & 3 \\ 1 & 5 \\ 2 & -7 \end{pmatrix}$.

性质 3.2.4 矩阵转置的运算规律(假设以下运算都有意义，k 是常数)：

(1) $(\boldsymbol{A}^{\mathrm{T}})^{\mathrm{T}}=\boldsymbol{A}$；

(2) $(\boldsymbol{A}+\boldsymbol{B})^{\mathrm{T}}=\boldsymbol{A}^{\mathrm{T}}+\boldsymbol{B}^{\mathrm{T}}$；

(3) $(k\boldsymbol{A})^{\mathrm{T}}=k\boldsymbol{A}^{\mathrm{T}}$；

(4) $(\boldsymbol{A}\boldsymbol{B})^{\mathrm{T}}=\boldsymbol{B}^{\mathrm{T}}\boldsymbol{A}^{\mathrm{T}}$；

(5) $\boldsymbol{A}$ 是对称矩阵的充要条件为 $\boldsymbol{A}=\boldsymbol{A}^{\mathrm{T}}$；

(6) $\boldsymbol{A}$ 是反对称矩阵的充要条件为 $\boldsymbol{A}^{\mathrm{T}}=-\boldsymbol{A}$.

由定义很容易证明(1)，(2)，(3)，(5)，(6)成立，现在我们证明(4).

设 $\boldsymbol{A}=(a_{ij})_{m\times t}$，$\boldsymbol{B}=(b_{ij})_{t\times n}$，则 $\boldsymbol{AB}=\boldsymbol{C}=(c_{ij})_{m\times n}$，$(\boldsymbol{AB})^{\mathrm{T}}=\boldsymbol{C}^{\mathrm{T}}=(u_{ij})_{n\times m}$，其中

$$u_{ij}=c_{ji}=\sum_{k=1}^{t} a_{jk}b_{ki}.$$

又设 $\boldsymbol{B}^{\mathrm{T}}\boldsymbol{A}^{\mathrm{T}}=D=(d_{ij})_{n\times m}$，因为 $(b_{1i},b_{2i},\cdots,b_{ti})$ 是 $\boldsymbol{B}^{\mathrm{T}}$ 的第 i 行，$(a_{j1},a_{j2},\cdots,a_{jt})^{\mathrm{T}}$ 是 $\boldsymbol{A}^{\mathrm{T}}$ 的第 j 列，于是

$$d_{ij}=\sum_{k=1}^{t} b_{ki}a_{jk},$$

所以

$$d_{ij}=u_{ij}(i=1,2,\cdots,n;j=1,2,\cdots,m),$$

即 $\boldsymbol{D}=\boldsymbol{C}^{\mathrm{T}}$，从而 $(\boldsymbol{AB})^{\mathrm{T}}=\boldsymbol{B}^{\mathrm{T}}\boldsymbol{A}^{\mathrm{T}}$.

例 3.2.8 设 $\boldsymbol{A}=\begin{pmatrix} 1 & 2 & 3 \\ -1 & 0 & 1 \\ 5 & 3 & 1 \end{pmatrix}$，$\boldsymbol{B}=\begin{pmatrix} 1 & 3 \\ 2 & 2 \\ 3 & 1 \end{pmatrix}$，用两种方法计算 $(\boldsymbol{AB})^{\mathrm{T}}$.

解 方法一，因为

$$AB=\begin{pmatrix}1&2&3\\-1&0&1\\5&3&1\end{pmatrix}\begin{pmatrix}1&3\\2&2\\3&1\end{pmatrix}=\begin{pmatrix}14&10\\2&-2\\14&22\end{pmatrix},$$

所以

$$(AB)^{T}=\begin{pmatrix}14&2&14\\10&-2&22\end{pmatrix}.$$

方法二，利用公式$(AB)^T=B^TA^T$，由于

$$A^{T}=\begin{pmatrix}1&-1&5\\2&0&3\\3&1&1\end{pmatrix},\quad B^{T}=\begin{pmatrix}1&2&3\\3&2&1\end{pmatrix},$$

于是

$$(AB)^{T}=B^{T}A^{T}=\begin{pmatrix}1&2&3\\3&2&1\end{pmatrix}\begin{pmatrix}1&-1&5\\2&0&3\\3&1&1\end{pmatrix}=\begin{pmatrix}14&2&14\\10&-2&22\end{pmatrix}.$$

例 3.2.9 设$A=(a_{ij})_{m\times n}$，证明AA^T和A^TA都是对称矩阵.

证 由已知可得AA^T是m阶方阵，并且

$$(AA^{T})^{T}=(A^{T})^{T}A^{T}=AA^{T},$$

所以AA^T是对称矩阵. 同理可证A^TA也是对称矩阵.

例 3.2.10 设A是n阶对称矩阵，B是n阶反对称矩阵，证明$AB+BA$是反对称矩阵.

证 已知$A^T=A$，$B^T=-B$，于是

$$\begin{aligned}(AB+BA)^{T}&=(AB)^{T}+(BA)^{T}=B^{T}A^{T}+A^{T}B^{T}\\&=-BA-AB=-(AB+BA),\end{aligned}$$

所以$AB+BA$是反对称矩阵.

3.2.4 方阵的行列式

定义 3.2.6 n阶方阵A的所有元素(保持各元素位置不变)构成的行列式，称为方阵A的行列式，记作$|A|$或$\det A$.

例如方阵$A=\begin{pmatrix}1&4\\-1&1\end{pmatrix}$，则方阵$A$的行列式为

$$|A|=\begin{vmatrix}1&4\\-1&1\end{vmatrix}=1-(-4)=5.$$

性质 3.2.5 设A，B是n阶方阵，k是常数，则

(1) $|A^T|=|A|$;

(2) $|k\boldsymbol{A}|=k^n|\boldsymbol{A}|$;

(3) $|\boldsymbol{AB}|=|\boldsymbol{A}||\boldsymbol{B}|$.

例 3.2.11 已知矩阵 $\boldsymbol{A}=\begin{pmatrix}1&2&3\\3&-1&0\\1&0&1\end{pmatrix}$, $\boldsymbol{B}=\begin{pmatrix}1&3&1\\0&1&3\\0&0&1\end{pmatrix}$, λ 为常数, 计算 $|2\boldsymbol{A}|$, $|\lambda\boldsymbol{B}|$, $|\boldsymbol{AB}-\boldsymbol{BA}|$.

解　由方阵的行列式运算性质可得

$$|2\boldsymbol{A}|=2^3\begin{vmatrix}1&2&3\\3&-1&0\\1&0&1\end{vmatrix}=8\times(-4)=-32;$$

$$|\lambda\boldsymbol{B}|=\lambda^3\begin{vmatrix}1&3&1\\0&1&3\\0&0&1\end{vmatrix}=\lambda^3;$$

因为

$$\boldsymbol{AB}=\begin{pmatrix}1&2&3\\3&-1&0\\1&0&1\end{pmatrix}\begin{pmatrix}1&3&1\\0&1&3\\0&0&1\end{pmatrix}=\begin{pmatrix}1&5&10\\3&8&0\\1&3&2\end{pmatrix},$$

$$\boldsymbol{BA}=\begin{pmatrix}1&3&1\\0&1&3\\0&0&1\end{pmatrix}\begin{pmatrix}1&2&3\\3&-1&0\\1&0&1\end{pmatrix}=\begin{pmatrix}11&-1&4\\6&-1&3\\1&0&1\end{pmatrix},$$

$$\boldsymbol{AB}-\boldsymbol{BA}=\begin{pmatrix}1&5&10\\3&8&0\\1&3&2\end{pmatrix}-\begin{pmatrix}11&-1&4\\6&-1&3\\1&0&1\end{pmatrix}=\begin{pmatrix}-10&6&6\\-3&9&-3\\0&3&1\end{pmatrix}.$$

所以

$$|\boldsymbol{AB}-\boldsymbol{BA}|=\begin{vmatrix}-10&6&6\\-3&9&-3\\0&3&1\end{vmatrix}=-216.$$

微课视频:
伴随矩阵

例 3.2.12 设方阵 $\boldsymbol{A}=(a_{ij})_{n\times n}$, $\boldsymbol{A}$ 的行列式 $|\boldsymbol{A}|$ 的元素 a_{ij} 的代数余子式为 A_{ij}, n 阶方阵

$$\boldsymbol{A}^*=(A_{ji})_{n\times n}=\begin{pmatrix}A_{11}&A_{21}&\cdots&A_{n1}\\A_{12}&A_{22}&\cdots&A_{n2}\\\vdots&\vdots&&\vdots\\A_{1n}&A_{2n}&\cdots&A_{nn}\end{pmatrix}$$

称为方阵 $\boldsymbol{A}$ 的伴随矩阵. 证明 $\boldsymbol{AA}^*=\boldsymbol{A}^*\boldsymbol{A}=|\boldsymbol{A}|\boldsymbol{E}$.

证　记 $\boldsymbol{AA}^*=\boldsymbol{C}=(c_{ij})_{n\times n}$，其中

$$c_{ij}=a_{i1}A_{j1}+a_{i2}A_{j2}+\cdots+a_{in}A_{jn}=\begin{cases}|\boldsymbol{A}|, & i=j,\\ 0, & i\neq j,\end{cases}$$

由此可得

$$\boldsymbol{AA}^*=\boldsymbol{C}=(c_{ij})_{n\times n}=|\boldsymbol{A}|\boldsymbol{E},$$

同理可证 $\boldsymbol{A}^*\boldsymbol{A}=|\boldsymbol{A}|\boldsymbol{E}$. 于是

$$\boldsymbol{AA}^*=\boldsymbol{A}^*\boldsymbol{A}=|\boldsymbol{A}|\boldsymbol{E}.$$

例 3.2.13　设方阵 $\boldsymbol{A}=\begin{pmatrix}a & b\\ c & d\end{pmatrix}$，求方阵 $\boldsymbol{A}$ 的伴随矩阵 $\boldsymbol{A}^*$.

解　因为

$$A_{11}=d,\ A_{12}=-c,\ A_{21}=-b,\ A_{22}=a,$$

所以

$$\boldsymbol{A}^*=\begin{pmatrix}d & -b\\ -c & a\end{pmatrix}.$$

例 3.2.14　设方阵 $\boldsymbol{A}=\begin{pmatrix}1 & -1 & 1\\ 1 & 1 & 0\\ 2 & 1 & 1\end{pmatrix}$，求方阵 $\boldsymbol{A}$ 的伴随矩阵 $\boldsymbol{A}^*$.

解　因为

$$A_{11}=1, A_{12}=-1, A_{13}=-1,$$
$$A_{21}=2, A_{22}=-1, A_{23}=-3,$$
$$A_{31}=-1, A_{32}=1, A_{33}=2,$$

所以

$$\boldsymbol{A}^*=\begin{pmatrix}1 & 2 & -1\\ -1 & -1 & 1\\ -1 & -3 & 2\end{pmatrix}.$$

3.2.5　共轭矩阵

定义 3.2.7　设矩阵 $\boldsymbol{A}=(a_{ij})_{m\times n}$ 为复矩阵，用 $\overline{a}_{ij}$ 表示 a_{ij} 的共轭复数，则称

$$\overline{\boldsymbol{A}}=(\overline{a}_{ij})_{m\times n}$$

为矩阵 $\boldsymbol{A}$ 的共轭矩阵.

性质 3.2.6　设 $\boldsymbol{A}$，$\boldsymbol{B}$ 为复矩阵，λ 为复数，并且下面运算都是可行的，则共轭矩阵有下面运算规律：

(1) $\overline{\boldsymbol{A}+\boldsymbol{B}}=\overline{\boldsymbol{A}}+\overline{\boldsymbol{B}}$；

习题 3.2 视频详解

(2) $\overline{\lambda A}=\overline{\lambda}\,\overline{A}$;

(3) $\overline{AB}=\overline{A}\,\overline{B}$.

习题 3.2

1. 计算.

(1) $\begin{pmatrix}1&2\\3&4\end{pmatrix}+\begin{pmatrix}0&2\\-4&6\end{pmatrix}$;

(2) $3\begin{pmatrix}-1&1\\0&1\end{pmatrix}+2\begin{pmatrix}1&2\\-1&1\end{pmatrix}$;

(3) $\begin{pmatrix}1&2\\3&4\end{pmatrix}-\begin{pmatrix}1&0\\-2&3\end{pmatrix}$;

(4) $\begin{pmatrix}1&2\\3&4\end{pmatrix}\begin{pmatrix}1&1\\1&3\end{pmatrix}$;

(5) $\begin{pmatrix}1&0&k\\0&1&0\\0&0&1\end{pmatrix}\begin{pmatrix}a_{11}&a_{12}\\a_{21}&a_{22}\\a_{31}&a_{32}\end{pmatrix}$;

(6) $\begin{pmatrix}a_{11}&a_{12}&a_{13}\\a_{21}&a_{22}&a_{23}\\a_{31}&a_{32}&a_{33}\end{pmatrix}\begin{pmatrix}1&0&k\\0&1&0\\0&0&1\end{pmatrix}$;

(7) $\begin{pmatrix}1\\2\\3\end{pmatrix}(-2,3)$;

(8) $(x_1,x_2,x_3)\begin{pmatrix}a&d&e\\d&b&f\\e&f&c\end{pmatrix}\begin{pmatrix}x_1\\x_2\\x_3\end{pmatrix}$.

2. 已知矩阵 $A=\begin{pmatrix}0&-1\\-1&0\end{pmatrix}$，多项式 $f(x)=x^3-2x^2+3x-7$，求 $f(A)$.

3. 已知矩阵 $A=\begin{pmatrix}1&2\\0&3\end{pmatrix}$，$B=\begin{pmatrix}-1&0\\2&-1\end{pmatrix}$，计算 $A^{\mathrm T}$，$B^{\mathrm T}$，$(AB)^{\mathrm T}$，$B^{\mathrm T}A^{\mathrm T}$.

4. 已知 $\begin{pmatrix}1&2\\3&4\end{pmatrix}X=\begin{pmatrix}-1&0&4\\2&3&-1\end{pmatrix}$，求 X.

5. 判断下列叙述的正确性，如果错误，举出反例.

(1) 对于矩阵 A，B，若 $AB=O$ 且 $A\neq O$，则 $B=O$.

(2) 对于数 λ 及矩阵 A，若 $\lambda A=O$，则 $\lambda=0$ 或 $A=O$.

(3) 矩阵 A，B 为同阶方阵，则 $(A+B)^2=A^2+2AB+B^2$.

(4) 设矩阵 A 为 n 阶方阵，则 $A^2-E_n^2=(A+E_n)(A-E_n)$.

(5) 若 A，B，C 为同阶方阵且 $AB=AC$，则 $B=C$.

(6) 设 A，B 为同阶方阵，则 $|A+B|=|A|+|B|$.

6. 已知 $x=(1,2,3)$，$y=(a,b,c)$，$A=x^{\mathrm T}y$，求 A^{100}.

7. 求证与所有矩阵都可交换的矩阵是数量矩阵.

8. 设 $A+B=AB$，证明 $|A-E||B-E|=1$.

9. 设 $A=\begin{pmatrix}1&3&3\\1&4&3\\1&3&4\end{pmatrix}$，求 A^*.

10. 已知 $A=\begin{pmatrix}1&2\\3&4\end{pmatrix}$，$B=\begin{pmatrix}\mathrm i&-1\\-2\mathrm i&3\mathrm i\end{pmatrix}$，计算 $\overline{A}$，$\overline{B}$，$(\overline{A})^{\mathrm T}$，$(\overline{B})^{\mathrm T}$，$\overline{A+B}$，$(\overline{A+B})^{\mathrm T}$.

3.3 逆矩阵

在数的运算中，当 $a\neq0$ 时，数 a^{-1} 满足 $aa^{-1}=a^{-1}a=1$，其中 $a^{-1}=\dfrac{1}{a}$ 为 a 的倒数，也可以称为 a 的逆. 在矩阵的乘法运算中，

单位矩阵 $\boldsymbol{E}$ 相当于数的乘法运算中的1，那么对于一个方阵 $\boldsymbol{A}$，是否存在这样的矩阵 $\boldsymbol{A}^{-1}$，使 $\boldsymbol{A}\boldsymbol{A}^{-1}=\boldsymbol{A}^{-1}\boldsymbol{A}=\boldsymbol{E}$ 呢？由于矩阵乘法一般不满足交换律，因此对一般的矩阵不能定义矩阵的逆的概念. 下面对于方阵给出可逆方阵及其逆矩阵的定义，并讨论方阵可逆的条件及求逆矩阵的方法.

3.3.1 逆矩阵的定义

微课视频：
逆矩阵的定义

定义 3.3.1　设 $\boldsymbol{A}$ 为 n 阶方阵，如果存在 n 阶方阵 B，使得 $\boldsymbol{AB}=\boldsymbol{BA}=\boldsymbol{E}$，则称矩阵 $\boldsymbol{A}$ 可逆，矩阵 $\boldsymbol{B}$ 称为 A 的逆矩阵，简称逆阵.

按照定义 3.3.1，上面的 a^{-1} 是一阶方阵 $a(a\neq0)$ 的逆矩阵，显然一阶方阵 a 可逆的充要条件是 $a\neq0$，且 a 可逆时有唯一的逆矩阵 a^{-1}. 那么，对于一般的 n 阶方阵 $\boldsymbol{A}$ 来说，它在什么条件下可逆？可逆时它的逆阵是否唯一呢？

3.3.2 矩阵可逆的充要条件

定理 3.3.1　设 $\boldsymbol{A}$ 为 n 阶方阵，则 $\boldsymbol{A}$ 可逆的充要条件是 $|\boldsymbol{A}|\neq0$.

证　必要性. 若 $\boldsymbol{A}$ 可逆，则存在矩阵 $\boldsymbol{B}$，使得 $\boldsymbol{AB}=\boldsymbol{E}$，两边取行列式得

$$|\boldsymbol{AB}|=|\boldsymbol{A}||\boldsymbol{B}|=|\boldsymbol{E}|=1,$$

所以 $|\boldsymbol{A}|\neq0$.

充分性. 设 $\boldsymbol{A}^*$ 为 $\boldsymbol{A}$ 的伴随矩阵，于是有

$$\boldsymbol{AA}^*=\boldsymbol{A}^*\boldsymbol{A}=|\boldsymbol{A}|\boldsymbol{E},$$

如果 $|\boldsymbol{A}|\neq0$，则

$$\boldsymbol{A}\left(\frac{1}{|\boldsymbol{A}|}\boldsymbol{A}^*\right)=\left(\frac{1}{|\boldsymbol{A}|}\boldsymbol{A}^*\right)\boldsymbol{A}=\boldsymbol{E},$$

所以 $\boldsymbol{A}$ 可逆.

如果矩阵 $\boldsymbol{A}$ 可逆，且 $\boldsymbol{B}$ 与 $\boldsymbol{C}$ 都是 $\boldsymbol{A}$ 的逆矩阵，则

$$\boldsymbol{AB}=\boldsymbol{BA}=\boldsymbol{E},\ \boldsymbol{AC}=\boldsymbol{CA}=\boldsymbol{E},$$

于是

$$\boldsymbol{B}=\boldsymbol{BE}=\boldsymbol{B}(\boldsymbol{AC})=(\boldsymbol{BA})\boldsymbol{C}=\boldsymbol{EC}=\boldsymbol{C},$$

即 $\boldsymbol{A}$ 的逆矩阵是唯一的. 我们把可逆矩阵 $\boldsymbol{A}$ 的唯一的逆矩阵记为 $\boldsymbol{A}^{-1}$，即

$$\boldsymbol{AA}^{-1}=\boldsymbol{A}^{-1}\boldsymbol{A}=\boldsymbol{E}.$$

由定理 3.3.1 的证明可得下面的推论.

推论 3.3.1　设 $\boldsymbol{A}$ 为 n 阶方阵，如果 $|\boldsymbol{A}|\neq 0$，则 $\boldsymbol{A}^{-1}=\frac{1}{|\boldsymbol{A}|}\boldsymbol{A}^{*}$（求逆矩阵的伴随矩阵法）.

推论 3.3.2　设 $\boldsymbol{A}$ 为 n 阶方阵，则 $\boldsymbol{A}$ 可逆的充要条件是存在矩阵 $\boldsymbol{B}$ 使得 $\boldsymbol{AB}=\boldsymbol{E}$（或 $\boldsymbol{BA}=\boldsymbol{E}$），此时 $\boldsymbol{A}^{-1}=\boldsymbol{B}$.

证　必要性显然.

充分性. 如果存在矩阵 $\boldsymbol{B}$ 使得 $\boldsymbol{AB}=\boldsymbol{E}$，则 $|\boldsymbol{A}||\boldsymbol{B}|=1$，所以 $|\boldsymbol{A}|\neq 0$. 由定理 3.3.1 知 $\boldsymbol{A}^{-1}$ 存在，且

$$\boldsymbol{A}^{-1}=\boldsymbol{A}^{-1}\boldsymbol{E}=\boldsymbol{A}^{-1}(\boldsymbol{AB})=(\boldsymbol{A}^{-1}\boldsymbol{A})\boldsymbol{B}=\boldsymbol{EB}=\boldsymbol{B}.$$

当 $\boldsymbol{BA}=\boldsymbol{E}$ 时，可类似证明.

定义 3.3.2　当 $|\boldsymbol{A}|\neq 0$ 时，称 $\boldsymbol{A}$ 为非奇异矩阵；当 $|\boldsymbol{A}|=0$ 时，称 $\boldsymbol{A}$ 为奇异矩阵.

例 3.3.1　判断下列矩阵是否可逆，如果可逆，求出其逆矩阵.

（1）$\boldsymbol{A}=\begin{pmatrix}3 & 4\\ 5 & 7\end{pmatrix}$；　　（2）$\boldsymbol{B}=\begin{pmatrix}2 & 2 & 3\\ 1 & -1 & 0\\ -1 & 2 & 1\end{pmatrix}$；

（3）$\boldsymbol{C}=\begin{pmatrix}1 & -2 & -1\\ 3 & 2 & 5\\ 2 & 1 & 3\end{pmatrix}$；　　（4）$\boldsymbol{\Lambda}=\begin{pmatrix}a_1 & & & \\ & a_2 & & \\ & & \ddots & \\ & & & a_n\end{pmatrix}$，其中 $a_1a_2\cdots a_n\neq 0$.

解　（1）由于 $|\boldsymbol{A}|=1\neq 0$，故 $\boldsymbol{A}$ 可逆，又因为

$$A_{11}=7,\ A_{12}=-5,\ A_{21}=-4,\ A_{22}=3,$$

所以

$$\boldsymbol{A}^{-1}=\begin{pmatrix}7 & -4\\ -5 & 3\end{pmatrix}.$$

（2）由于 $|\boldsymbol{B}|=-1\neq 0$，故 $\boldsymbol{B}$ 可逆，又因为

$$A_{11}=-1,A_{12}=-1,A_{13}=1,$$
$$A_{21}=4,A_{22}=5,A_{23}=-6,$$
$$A_{31}=3,A_{32}=3,A_{33}=-4,$$

所以

$$B^{-1}=\begin{pmatrix}1&-4&-3\\1&-5&-3\\-1&6&4\end{pmatrix}.$$

（3）由于 $|C|=0$，故 C 不可逆.

（4）由于 $|\Lambda|=a_1a_2\cdots a_n\neq 0$，故 Λ 可逆，记

$$F=\begin{pmatrix}\frac{1}{a_1}&&&\\&\frac{1}{a_2}&&\\&&\ddots&\\&&&\frac{1}{a_n}\end{pmatrix},$$

因为 $\Lambda F=F\Lambda=E$，所以

$$\Lambda^{-1}=\begin{pmatrix}a_1&&&\\&a_2&&\\&&\ddots&\\&&&a_n\end{pmatrix}^{-1}=\begin{pmatrix}\frac{1}{a_1}&&&\\&\frac{1}{a_2}&&\\&&\ddots&\\&&&\frac{1}{a_n}\end{pmatrix}.$$

例 3.3.2　设 n 阶方阵 A 满足 $A^2-2A-5E=O$，判断 $A-2E$ 和 $A-E$ 是否可逆，如果可逆，写出它们的逆矩阵.

解　由 $A^2-2A-5E=O$ 得

$$A(A-2E)=5E,$$

即

$$\left(\frac{1}{5}A\right)(A-2E)=E,$$

故 $A-2E$ 可逆，且

$$(A-2E)^{-1}=\frac{1}{5}A.$$

再由 $A^2-2A-5E=O$ 得

$$(A-E)^2=6E,$$

故 $A-E$ 可逆，且

$$(A-E)^{-1}=\frac{1}{6}(A-E).$$

上面例 3.3.2 利用定义法求抽象矩阵的逆矩阵.

3.3.3 逆矩阵的性质

微课视频：
可逆矩阵的性质

性质 3.3.1 可逆矩阵 $\boldsymbol{A}$ 的逆矩阵 $\boldsymbol{A}^{-1}$ 是可逆矩阵，并且 $(\boldsymbol{A}^{-1})^{-1}=\boldsymbol{A}$.

证 因为

$$\boldsymbol{A}^{-1}\boldsymbol{A}=\boldsymbol{E},$$

所以矩阵 $\boldsymbol{A}^{-1}$ 是可逆矩阵，并且

$$(\boldsymbol{A}^{-1})^{-1}=\boldsymbol{A}.$$

性质 3.3.2 非零常数 k 乘以可逆矩阵 $\boldsymbol{A}$ 仍为可逆矩阵，并且 $(k\boldsymbol{A})^{-1}=k^{-1}\boldsymbol{A}^{-1}$.

证 因为

$$k\boldsymbol{A}(k^{-1}\boldsymbol{A}^{-1})=(kk^{-1})(\boldsymbol{A}\boldsymbol{A}^{-1})=\boldsymbol{E},$$

所以矩阵 $k\boldsymbol{A}$ 是可逆矩阵，并且

$$(k\boldsymbol{A})^{-1}=k^{-1}\boldsymbol{A}^{-1}.$$

性质 3.3.3 两个同阶可逆矩阵 $\boldsymbol{A}$，$\boldsymbol{B}$ 的乘积仍为可逆矩阵，并且 $(\boldsymbol{AB})^{-1}=\boldsymbol{B}^{-1}\boldsymbol{A}^{-1}$.

证 因为

$$(\boldsymbol{AB})(\boldsymbol{B}^{-1}\boldsymbol{A}^{-1})=\boldsymbol{A}(\boldsymbol{B}\boldsymbol{B}^{-1})\boldsymbol{A}^{-1}=\boldsymbol{AEA}^{-1}=\boldsymbol{E},$$

所以矩阵 $\boldsymbol{AB}$ 是可逆矩阵，并且

$$(\boldsymbol{AB})^{-1}=\boldsymbol{B}^{-1}\boldsymbol{A}^{-1}.$$

性质 3.3.4 可逆矩阵 $\boldsymbol{A}$ 的转置矩阵 $\boldsymbol{A}^{\mathrm{T}}$ 是可逆矩阵，并且 $(\boldsymbol{A}^{\mathrm{T}})^{-1}=(\boldsymbol{A}^{-1})^{\mathrm{T}}$.

证 因为

$$\boldsymbol{A}^{\mathrm{T}}(\boldsymbol{A}^{-1})^{\mathrm{T}}=(\boldsymbol{A}^{-1}\boldsymbol{A})^{\mathrm{T}}=\boldsymbol{E}^{\mathrm{T}}=\boldsymbol{E},$$

所以矩阵 $\boldsymbol{A}^{\mathrm{T}}$ 是可逆矩阵，并且

$$(\boldsymbol{A}^{\mathrm{T}})^{-1}=(\boldsymbol{A}^{-1})^{\mathrm{T}}.$$

性质 3.3.5 可逆矩阵 $\boldsymbol{A}$ 的逆矩阵 $\boldsymbol{A}^{-1}$ 的行列式等于 $\boldsymbol{A}$ 的行列式的倒数，即 $|\boldsymbol{A}^{-1}|=\dfrac{1}{|\boldsymbol{A}|}$.

证 因为 $\boldsymbol{A}^{-1}\boldsymbol{A}=\boldsymbol{E}$，所以

$$|A^{-1}||A|=|A^{-1}A|=|E|=1,$$

于是

$$|A^{-1}|=\frac{1}{|A|}.$$

性质 3.3.6　可逆矩阵 A 的伴随矩阵 A^* 是可逆矩阵，并且 $(A^*)^{-1}=(A^{-1})^*$.

证　因为 $AA^*=A^*A=|A|E$，所以 $A^{-1}(A^{-1})^*=|A^{-1}|E$，因此有

$$A^*=|A|A^{-1},\ (A^{-1})^*=|A^{-1}|A=\frac{A}{|A|},$$

所以

$$A^*(A^{-1})^*=|A|A^{-1}\frac{A}{|A|}=E,$$

于是矩阵 A^* 是可逆矩阵，并且

$$(A^*)^{-1}=(A^{-1})^*.$$

例 3.3.3　已知三阶方阵 A 的行列式 $|A|=2$，计算 $\left|\left(\frac{1}{2}A\right)^{-1}-2A^*\right|$ 的值.

解　由已知 $|A|=2$ 可得

$$|A^{-1}|=\frac{1}{2},\ A^*=|A|A^{-1}=2A^{-1},$$

所以

$$\begin{aligned}\left|\left(\frac{1}{2}A\right)^{-1}-2A^*\right|&=|2A^{-1}-4A^{-1}|=|-2A^{-1}|\\&=(-2)^3|A^{-1}|=-4.\end{aligned}$$

3.3.4 解矩阵方程

定理 3.3.2　(1) 若 A 为可逆矩阵，则矩阵方程 $AX=C$ 有唯一解 $X=A^{-1}C$；

(2) 若 A 为可逆矩阵，则矩阵方程 $XA=C$ 有唯一解 $X=CA^{-1}$；

(3) 若 A，B 为可逆矩阵，则矩阵方程 $AXB=C$ 有唯一解 $X=A^{-1}CB^{-1}$.

微课视频：解矩阵方程

例 3.3.4 设 $A=\begin{pmatrix}2&2&3\\1&-1&0\\-1&2&1\end{pmatrix}$，$B=\begin{pmatrix}3&4\\5&7\end{pmatrix}$，$C=\begin{pmatrix}1&-1\\1&0\\2&1\end{pmatrix}$，满足 $AXB=C$，求未知矩阵 X.

解 由例 3.3.1 可知 $A^{-1}=\begin{pmatrix}1&-4&-3\\1&-5&-3\\-1&6&4\end{pmatrix}$，$B^{-1}=\begin{pmatrix}7&-4\\-5&3\end{pmatrix}$.

由已知 $AXB=C$，可知 $X=A^{-1}CB^{-1}$，故

$$X=A^{-1}CB^{-1}=\begin{pmatrix}1&-4&-3\\1&-5&-3\\-1&6&4\end{pmatrix}\begin{pmatrix}1&-1\\1&0\\2&1\end{pmatrix}\begin{pmatrix}7&-4\\-5&3\end{pmatrix}=\begin{pmatrix}-43&24\\-50&28\\66&-37\end{pmatrix}.$$

例 3.3.5 已知 $A=\begin{pmatrix}1&1&-1\\0&1&1\\0&0&-1\end{pmatrix}$，且满足 $A^2-AB=E$，其中 E 为 3 阶单位矩阵，求矩阵 B.

解 因为 $|A|=\begin{vmatrix}1&1&-1\\0&1&1\\0&0&-1\end{vmatrix}=-1\neq 0$，所以 A 可逆，求得

$$A^{-1}=\begin{pmatrix}1&-1&-2\\0&1&1\\0&0&-1\end{pmatrix}.$$

又由已知 $A^2-AB=E$ 可得

$$B=A-A^{-1},$$

因此

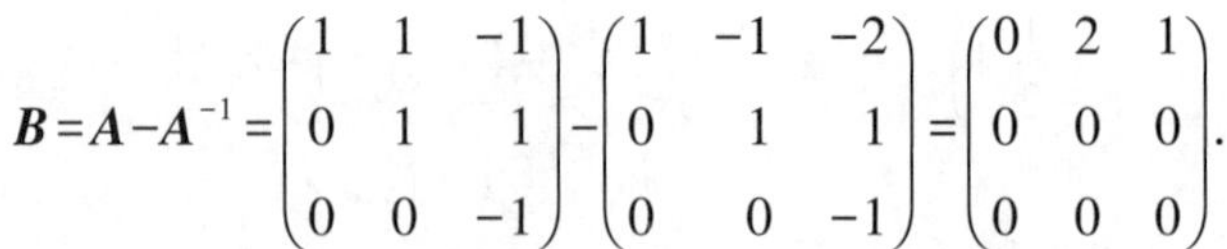

$$B=A-A^{-1}=\begin{pmatrix}1&1&-1\\0&1&1\\0&0&-1\end{pmatrix}-\begin{pmatrix}1&-1&-2\\0&1&1\\0&0&-1\end{pmatrix}=\begin{pmatrix}0&2&1\\0&0&0\\0&0&0\end{pmatrix}.$$

习题 3.3 视频详解

习题 3.3

1. 判断下列矩阵是否可逆. 如果可逆，求出它的逆矩阵：

(1) $\begin{pmatrix}1&2\\3&4\end{pmatrix}$；　(2) $\begin{pmatrix}1&-1\\-3&5\end{pmatrix}$；

(3) $\begin{pmatrix}2&2&3\\1&-1&0\\0&1&1\end{pmatrix}$；　(4) $\begin{pmatrix}1&-2&-1\\3&2&5\\5&3&8\end{pmatrix}$；

(5) $\begin{pmatrix}1&0&0&0\\0&2&0&0\\0&0&3&0\\0&0&0&4\end{pmatrix}$.

2. 设三阶方阵 A，B 满足关系式 $A^{-1}BA=6A+$

BA，且 $A=\begin{pmatrix}\frac{1}{3}&0&0\\0&\frac{1}{4}&0\\0&0&\frac{1}{7}\end{pmatrix}$，求 B.

3. 设 $A=\begin{pmatrix}1&0&0\\2&2&0\\3&4&5\end{pmatrix}$，$A^*$ 是 A 的伴随矩阵，求 $(A^*)^{-1}$.

4. 设矩阵 A 为三阶可逆矩阵，并且 $|A|=3$，计算

$|2A^{-1}|$，$|A^*|$，$|(A^*)^*|$，$|(A^*)^{-1}|$，$|5A^{-1}-2A^*|$，$|2A^*|$，$|4A-(A^*)^*|$.

5. 已知 $A^3=O$，$B=E-2A-A^2$，证明 B 可逆，并求出其逆矩阵.

6. 已知 $A=\begin{pmatrix}3&2\\8&5\end{pmatrix}$，$B=\begin{pmatrix}2&7\\3&9\end{pmatrix}$，求满足矩阵方程 $AX=B$ 的未知矩阵 X.

7. 已知 $A=\begin{pmatrix}1&3&3\\1&4&3\\1&3&4\end{pmatrix}$，$B=\begin{pmatrix}2&7\\3&10\end{pmatrix}$，$C=\begin{pmatrix}1&2\\4&3\\1&3\end{pmatrix}$，求满足矩阵方程 $AXB=C$ 的未知矩阵 X.

3.4 分块矩阵

在矩阵计算及某些理论问题的讨论中，人们发现把行数和列数较多的矩阵分割成一些小块来研究可以突出要讨论的重点部分，给出简单的表达式，特别当矩阵有成块的元素为零的部分时更是如此. 采取分块法可以提高计算效率，同时减少运算错误.

3.4.1 分块矩阵的定义

定义 3.4.1 用若干条贯穿矩阵的横线和纵线将矩阵 A 分成若干个小块，每一小块称为矩阵 A 的**子块**(或**子阵**). 以子块为元素的形式上的矩阵称为**分块矩阵**.

例如，矩阵 $A=\begin{pmatrix}1&0&0&0\\0&1&0&0\\2&0&1&0\\3&0&0&1\end{pmatrix}$，如果令

微课视频：
分块矩阵

$$A_1=(1),\ E=\begin{pmatrix}1&0&0\\0&1&0\\0&0&1\end{pmatrix},\ O=(0,0,0),\ A_2=\begin{pmatrix}0\\2\\3\end{pmatrix},$$

则

$$A=\left(\begin{array}{c|ccc}1&0&0&0\\\hline 0&1&0&0\\2&0&1&0\\3&0&0&1\end{array}\right)=\begin{pmatrix}A_1&O\\A_2&E\end{pmatrix}.$$

矩阵的分块有多种形式，可以根据实际具体问题的需要来确定. 比如上面矩阵 $\boldsymbol{A}$ 还可以分块如下：

$$\boldsymbol{A}=\left(\begin{array}{cc|cc}1&0&0&0\\0&1&0&0\\\hline 2&0&1&0\\3&0&0&1\end{array}\right)=\begin{pmatrix}\boldsymbol{E}&\boldsymbol{O}\\\boldsymbol{B}&\boldsymbol{E}\end{pmatrix},$$

其中，
$$\boldsymbol{E}=\begin{pmatrix}1&0\\0&1\end{pmatrix},\ \boldsymbol{O}=\begin{pmatrix}0&0\\0&0\end{pmatrix},\ \boldsymbol{B}=\begin{pmatrix}2&0\\3&0\end{pmatrix}.$$

$$\boldsymbol{A}=\left(\begin{array}{c|c|c|c}1&0&0&0\\0&1&0&0\\2&0&1&0\\3&0&0&1\end{array}\right)=(\boldsymbol{C}_1,\boldsymbol{C}_2,\boldsymbol{C}_3,\boldsymbol{C}_4),$$

其中，
$$\boldsymbol{C}_1=\begin{pmatrix}1\\0\\2\\3\end{pmatrix},\ \boldsymbol{C}_2=\begin{pmatrix}0\\1\\0\\0\end{pmatrix},\ \boldsymbol{C}_3=\begin{pmatrix}0\\0\\1\\0\end{pmatrix},\ \boldsymbol{C}_4=\begin{pmatrix}0\\0\\0\\1\end{pmatrix}.$$

可见分块的方式有很多种，下面列举其中的 3 种分块方法.

（1）普通分块

$$\boldsymbol{A}=\left(\begin{array}{c|cc|c}a_{11}&a_{12}&a_{13}&a_{14}\\\hline a_{21}&a_{22}&a_{23}&a_{24}\\a_{31}&a_{32}&a_{33}&a_{34}\\a_{41}&a_{42}&a_{43}&a_{44}\end{array}\right)=\begin{pmatrix}\boldsymbol{A}_{11}&\boldsymbol{A}_{12}&\boldsymbol{A}_{13}\\\boldsymbol{A}_{21}&\boldsymbol{A}_{22}&\boldsymbol{A}_{23}\end{pmatrix}.$$

（2）按行分块

$$\boldsymbol{A}=\left(\begin{array}{cccc}a_{11}&a_{12}&a_{13}&a_{14}\\\hline a_{21}&a_{22}&a_{23}&a_{24}\\\hline a_{31}&a_{32}&a_{33}&a_{34}\\\hline a_{41}&a_{42}&a_{43}&a_{44}\end{array}\right).$$

（3）按列分块

$$\boldsymbol{A}=\left(\begin{array}{c|c|c|c}a_{11}&a_{12}&a_{13}&a_{14}\\a_{21}&a_{22}&a_{23}&a_{24}\\a_{31}&a_{32}&a_{33}&a_{34}\\a_{41}&a_{42}&a_{43}&a_{44}\end{array}\right).$$

在矩阵的运算中，对矩阵做分块时需要注意两点，一是使矩阵的子块满足矩阵运算的要求，不同的运算要采取不同的分块方法，二是要使运算尽量简捷方便.

3.4.2 分块矩阵的运算

按照矩阵的运算规则，总结分块矩阵的运算如下：

(1) 分块矩阵的加法

设 $\boldsymbol{A}$，$\boldsymbol{B}$ 是同型矩阵，对 $\boldsymbol{A}$，$\boldsymbol{B}$ 采用相同分块法，

$$\boldsymbol{A}=\begin{pmatrix}\boldsymbol{A}_{11} & \boldsymbol{A}_{12} & \cdots & \boldsymbol{A}_{1t}\\ \boldsymbol{A}_{21} & \boldsymbol{A}_{22} & \cdots & \boldsymbol{A}_{2t}\\ \vdots & \vdots & & \vdots\\ \boldsymbol{A}_{s1} & \boldsymbol{A}_{s2} & \cdots & \boldsymbol{A}_{st}\end{pmatrix},\quad \boldsymbol{B}=\begin{pmatrix}\boldsymbol{B}_{11} & \boldsymbol{B}_{12} & \cdots & \boldsymbol{B}_{1t}\\ \boldsymbol{B}_{21} & \boldsymbol{B}_{22} & \cdots & \boldsymbol{B}_{2t}\\ \vdots & \vdots & & \vdots\\ \boldsymbol{B}_{s1} & \boldsymbol{B}_{s2} & \cdots & \boldsymbol{B}_{st}\end{pmatrix},$$

其中 $\boldsymbol{A}_{ij}$，$\boldsymbol{B}_{ij}(i=1,2,\cdots,s;j=1,2,\cdots,t)$ 也是同型矩阵，则

$$\boldsymbol{A}+\boldsymbol{B}=\begin{pmatrix}\boldsymbol{A}_{11}+\boldsymbol{B}_{11} & \boldsymbol{A}_{12}+\boldsymbol{B}_{12} & \cdots & \boldsymbol{A}_{1t}+\boldsymbol{B}_{1t}\\ \boldsymbol{A}_{21}+\boldsymbol{B}_{21} & \boldsymbol{A}_{22}+\boldsymbol{B}_{22} & \cdots & \boldsymbol{A}_{2t}+\boldsymbol{B}_{2t}\\ \vdots & \vdots & & \vdots\\ \boldsymbol{A}_{s1}+\boldsymbol{B}_{s1} & \boldsymbol{A}_{s2}+\boldsymbol{B}_{s2} & \cdots & \boldsymbol{A}_{st}+\boldsymbol{B}_{st}\end{pmatrix}.$$

(2) 分块矩阵的数乘

设 $\boldsymbol{A}=\begin{pmatrix}\boldsymbol{A}_{11} & \boldsymbol{A}_{12} & \cdots & \boldsymbol{A}_{1t}\\ \boldsymbol{A}_{21} & \boldsymbol{A}_{22} & \cdots & \boldsymbol{A}_{2t}\\ \vdots & \vdots & & \vdots\\ \boldsymbol{A}_{s1} & \boldsymbol{A}_{s2} & \cdots & \boldsymbol{A}_{st}\end{pmatrix}$，$\lambda$ 是常数，则

$$\lambda\boldsymbol{A}=\begin{pmatrix}\lambda\boldsymbol{A}_{11} & \lambda\boldsymbol{A}_{12} & \cdots & \lambda\boldsymbol{A}_{1t}\\ \lambda\boldsymbol{A}_{21} & \lambda\boldsymbol{A}_{22} & \cdots & \lambda\boldsymbol{A}_{2t}\\ \vdots & \vdots & & \vdots\\ \lambda\boldsymbol{A}_{s1} & \lambda\boldsymbol{A}_{s2} & \cdots & \lambda\boldsymbol{A}_{st}\end{pmatrix}.$$

(3) 分块矩阵的乘法

设矩阵 $\boldsymbol{A}=(a_{ij})_{m\times p}$，$\boldsymbol{B}=(b_{ij})_{p\times n}$，且对 $\boldsymbol{A}$ 的列分块方法与 $\boldsymbol{B}$ 的行分块方法相同，即

$$\boldsymbol{A}=\begin{pmatrix}\boldsymbol{A}_{11} & \boldsymbol{A}_{12} & \cdots & \boldsymbol{A}_{1t}\\ \boldsymbol{A}_{21} & \boldsymbol{A}_{22} & \cdots & \boldsymbol{A}_{2t}\\ \vdots & \vdots & & \vdots\\ \boldsymbol{A}_{s1} & \boldsymbol{A}_{s2} & \cdots & \boldsymbol{A}_{st}\end{pmatrix},\quad \boldsymbol{B}=\begin{pmatrix}\boldsymbol{B}_{11} & \boldsymbol{B}_{12} & \cdots & \boldsymbol{B}_{1u}\\ \boldsymbol{B}_{21} & \boldsymbol{B}_{22} & \cdots & \boldsymbol{B}_{2u}\\ \vdots & \vdots & & \vdots\\ \boldsymbol{B}_{t1} & \boldsymbol{B}_{t2} & \cdots & \boldsymbol{B}_{tu}\end{pmatrix},$$

其中 $\boldsymbol{A}_{i1},\boldsymbol{A}_{i2},\cdots,\boldsymbol{A}_{it}(i=1,2,\cdots,s)$ 的列数分别与 $\boldsymbol{B}_{1j},\boldsymbol{B}_{2j},\cdots,\boldsymbol{B}_{tj}(j=1,2,\cdots,u)$ 的行数相同，则

$$\boldsymbol{AB}=\begin{pmatrix}\boldsymbol{C}_{11} & \boldsymbol{C}_{12} & \cdots & \boldsymbol{C}_{1u}\\ \boldsymbol{C}_{21} & \boldsymbol{C}_{22} & \cdots & \boldsymbol{C}_{2u}\\ \vdots & \vdots & & \vdots\\ \boldsymbol{C}_{s1} & \boldsymbol{C}_{s2} & \cdots & \boldsymbol{C}_{su}\end{pmatrix},$$

其中 $C_{ij}=\sum_{k=1}^{t}A_{ik}B_{kj}(i=1,2,\cdots,s;j=1,2,\cdots,u)$.

（4）分块矩阵的转置

设 $A=\begin{pmatrix}A_{11} & A_{12} & \cdots & A_{1t}\\ A_{21} & A_{22} & \cdots & A_{2t}\\ \vdots & \vdots & & \vdots\\ A_{s1} & A_{s2} & \cdots & A_{st}\end{pmatrix}$，则 $A^{\mathrm{T}}=\begin{pmatrix}A_{11}^{\mathrm{T}} & A_{21}^{\mathrm{T}} & \cdots & A_{s1}^{\mathrm{T}}\\ A_{12}^{\mathrm{T}} & A_{22}^{\mathrm{T}} & \cdots & A_{s2}^{\mathrm{T}}\\ \vdots & \vdots & & \vdots\\ A_{1t}^{\mathrm{T}} & A_{2t}^{\mathrm{T}} & \cdots & A_{st}^{\mathrm{T}}\end{pmatrix}$.

例 3.4.1

设有两个矩阵 $A=\begin{pmatrix}1 & 0 & 0 & 0\\ 0 & 1 & 0 & 0\\ 1 & -1 & 1 & 0\\ 2 & -2 & 0 & 1\end{pmatrix}$，$B=\begin{pmatrix}1 & 0 & 1 & 2\\ 0 & 1 & 1 & 2\\ 0 & 0 & 1 & 0\\ 0 & 0 & 0 & 1\end{pmatrix}$，

利用分块矩阵计算 $2A-3B$，AB，BA，A^{T}，B^{T}，$(AB)^{\mathrm{T}}$.

解　把矩阵 A，B 分块如下：

$$A=\left(\begin{array}{cc|cc}1 & 0 & 0 & 0\\ 0 & 1 & 0 & 0\\ \hline 1 & -1 & 1 & 0\\ 2 & -2 & 0 & 1\end{array}\right)=\begin{pmatrix}E & O\\ A_1 & E\end{pmatrix},$$

$$B=\left(\begin{array}{cc|cc}1 & 0 & 1 & 2\\ 0 & 1 & 1 & 2\\ \hline 0 & 0 & 1 & 0\\ 0 & 0 & 0 & 1\end{array}\right)=\begin{pmatrix}E & B_1\\ O & E\end{pmatrix},$$

则

$$2A-3B=\begin{pmatrix}2E & O\\ 2A_1 & 2E\end{pmatrix}-\begin{pmatrix}3E & 3B_1\\ O & 3E\end{pmatrix}=\begin{pmatrix}-E & -3B_1\\ 2A_1 & -E\end{pmatrix}$$

$$=\begin{pmatrix}-1 & 0 & -3 & -6\\ 0 & -1 & -3 & -6\\ 2 & -2 & -1 & 0\\ 4 & -4 & 0 & -1\end{pmatrix},$$

又因为

$$A_1B_1=\begin{pmatrix}1 & -1\\ 2 & -2\end{pmatrix}\begin{pmatrix}1 & 2\\ 1 & 2\end{pmatrix}=\begin{pmatrix}0 & 0\\ 0 & 0\end{pmatrix}=O,$$

$$B_1A_1=\begin{pmatrix}1 & 2\\ 1 & 2\end{pmatrix}\begin{pmatrix}1 & -1\\ 2 & -2\end{pmatrix}=\begin{pmatrix}5 & -5\\ 5 & -5\end{pmatrix},$$

所以

$$AB=\begin{pmatrix}E & O\\ A_1 & E\end{pmatrix}\begin{pmatrix}E & B_1\\ O & E\end{pmatrix}=\begin{pmatrix}E & B_1\\ A_1 & A_1B_1+E\end{pmatrix}$$

$$=\begin{pmatrix} E & B_1 \\ A_1 & E \end{pmatrix}=\begin{pmatrix} 1 & 0 & 1 & 2 \\ 0 & 1 & 1 & 2 \\ 1 & -1 & 1 & 0 \\ 2 & -2 & 0 & 1 \end{pmatrix},$$

$$BA=\begin{pmatrix} E & B_1 \\ O & E \end{pmatrix}\begin{pmatrix} E & O \\ A_1 & E \end{pmatrix}=\begin{pmatrix} E+B_1A_1 & B_1 \\ A_1 & E \end{pmatrix}$$

$$=\begin{pmatrix} 6 & -5 & 1 & 2 \\ 5 & -4 & 1 & 2 \\ 1 & -1 & 1 & 0 \\ 2 & -2 & 0 & 1 \end{pmatrix},$$

$$A^{\mathrm{T}}=\begin{pmatrix} E^{\mathrm{T}} & A_1^{\mathrm{T}} \\ O^{\mathrm{T}} & E^{\mathrm{T}} \end{pmatrix}=\begin{pmatrix} E & A_1^{\mathrm{T}} \\ O & E \end{pmatrix}=\begin{pmatrix} 1 & 0 & 1 & 2 \\ 0 & 1 & -1 & -2 \\ 0 & 0 & 1 & 0 \\ 0 & 0 & 0 & 1 \end{pmatrix},$$

$$B^{\mathrm{T}}=\begin{pmatrix} E^{\mathrm{T}} & O^{\mathrm{T}} \\ B_1^{\mathrm{T}} & E^{\mathrm{T}} \end{pmatrix}=\begin{pmatrix} E & O \\ B_1^{\mathrm{T}} & E \end{pmatrix}=\begin{pmatrix} 1 & 0 & 0 & 0 \\ 0 & 1 & 0 & 0 \\ 1 & 1 & 1 & 0 \\ 2 & 2 & 0 & 1 \end{pmatrix},$$

$$(AB)^{\mathrm{T}}=\begin{pmatrix} E & B_1 \\ A_1 & E \end{pmatrix}^{\mathrm{T}}=\begin{pmatrix} E & A_1^{\mathrm{T}} \\ B_1^{\mathrm{T}} & E \end{pmatrix}=\begin{pmatrix} 1 & 0 & 1 & 2 \\ 0 & 1 & -1 & -2 \\ 1 & 1 & 1 & 0 \\ 2 & 2 & 0 & 1 \end{pmatrix}.$$

容易验证上面这些按照分块计算得到的结果与直接不用分块矩阵计算得到的结果相同.

3.4.3 分块对角矩阵

在矩阵分块运算中，分块对角矩阵的运算很重要，也是常用的，下面讨论分块对角矩阵的运算.

定义 3.4.2　设 A 是 n 阶方阵，如果它的某个分块矩阵只有主对角线上有非零子块且这些子块都是方阵，其余子块均为零矩阵，即

$$A=\begin{pmatrix} A_1 & O & \cdots & O \\ O & A_2 & \cdots & O \\ \vdots & \vdots & & \vdots \\ O & O & \cdots & A_s \end{pmatrix}=\mathbf{diag}(A_1,A_2,\cdots,A_s),$$

其中 $A_i(i=1,2,\cdots,s)$ 都是方阵，则称 A 为分块对角矩阵，也称为准对角矩阵.

设 $\boldsymbol{A}$，$\boldsymbol{B}$ 都是分块对角矩阵，即

$$\boldsymbol{A}=\begin{pmatrix}\boldsymbol{A}_1 & & & \\ & \boldsymbol{A}_2 & & \\ & & \ddots & \\ & & & \boldsymbol{A}_s\end{pmatrix},\quad \boldsymbol{B}=\begin{pmatrix}\boldsymbol{B}_1 & & & \\ & \boldsymbol{B}_2 & & \\ & & \ddots & \\ & & & \boldsymbol{B}_s\end{pmatrix},$$

其中 $\boldsymbol{A}_i$，$\boldsymbol{B}_i(i=1,2,\cdots,s)$ 是同阶方阵，则有下面的运算性质.

性质 3.4.1

(1) $\boldsymbol{A}\pm\boldsymbol{B}=\begin{pmatrix}\boldsymbol{A}_1\pm\boldsymbol{B}_1 & & & \\ & \boldsymbol{A}_2\pm\boldsymbol{B}_2 & & \\ & & \ddots & \\ & & & \boldsymbol{A}_s\pm\boldsymbol{B}_s\end{pmatrix}$.

(2) $\lambda\boldsymbol{A}=\begin{pmatrix}\lambda\boldsymbol{A}_1 & & & \\ & \lambda\boldsymbol{A}_2 & & \\ & & \ddots & \\ & & & \lambda\boldsymbol{A}_s\end{pmatrix}$.

(3) $\boldsymbol{A}\boldsymbol{B}=\begin{pmatrix}\boldsymbol{A}_1\boldsymbol{B}_1 & & & \\ & \boldsymbol{A}_2\boldsymbol{B}_2 & & \\ & & \ddots & \\ & & & \boldsymbol{A}_s\boldsymbol{B}_s\end{pmatrix}$.

(4) $\boldsymbol{A}^k=\begin{pmatrix}\boldsymbol{A}_1^k & & & \\ & \boldsymbol{A}_2^k & & \\ & & \ddots & \\ & & & \boldsymbol{A}_s^k\end{pmatrix}$，其中 k 为正整数.

(5) $\boldsymbol{A}^{\mathrm{T}}=\begin{pmatrix}\boldsymbol{A}_1^{\mathrm{T}} & & & \\ & \boldsymbol{A}_2^{\mathrm{T}} & & \\ & & \ddots & \\ & & & \boldsymbol{A}_s^{\mathrm{T}}\end{pmatrix}$.

(6) $|\boldsymbol{A}|=|\boldsymbol{A}_1||\boldsymbol{A}_2|\cdots|\boldsymbol{A}_s|$.

(7) 若 $|\boldsymbol{A}|=|\boldsymbol{A}_1||\boldsymbol{A}_2|\cdots|\boldsymbol{A}_s|\neq0$，则 $\boldsymbol{A}$ 可逆，且

$$\boldsymbol{A}^{-1}=\begin{pmatrix}\boldsymbol{A}_1^{-1} & & & \\ & \boldsymbol{A}_2^{-1} & & \\ & & \ddots & \\ & & & \boldsymbol{A}_s^{-1}\end{pmatrix}.$$

(8) 设矩阵 $\boldsymbol{A}$，$\boldsymbol{B}$ 分别为 m 阶及 n 阶可逆矩阵，则 $\boldsymbol{D}_1=\begin{pmatrix}\boldsymbol{A} & \boldsymbol{C}\\ \boldsymbol{O} & \boldsymbol{B}\end{pmatrix}$ 的逆矩阵为

$$\boldsymbol{D}_1^{-1}=\begin{pmatrix}\boldsymbol{A}^{-1} & -\boldsymbol{A}^{-1}\boldsymbol{C}\boldsymbol{B}^{-1}\\ \boldsymbol{O} & \boldsymbol{B}^{-1}\end{pmatrix};$$

$\boldsymbol{D}_2=\begin{pmatrix}\boldsymbol{A} & \boldsymbol{O}\\ \boldsymbol{C} & \boldsymbol{B}\end{pmatrix}$ 的逆矩阵为

$$\boldsymbol{D}_2^{-1}=\begin{pmatrix}\boldsymbol{A}^{-1} & \boldsymbol{O}\\ -\boldsymbol{B}^{-1}\boldsymbol{C}\boldsymbol{A}^{-1} & \boldsymbol{B}^{-1}\end{pmatrix};$$

$\boldsymbol{D}_3=\begin{pmatrix}\boldsymbol{O} & \boldsymbol{A}\\ \boldsymbol{B} & \boldsymbol{O}\end{pmatrix}$ 的逆矩阵为

$$\boldsymbol{D}_3^{-1}=\begin{pmatrix}\boldsymbol{O} & \boldsymbol{B}^{-1}\\ \boldsymbol{A}^{-1} & \boldsymbol{O}\end{pmatrix}.$$

上面计算 $\boldsymbol{D}_1^{-1}$，$\boldsymbol{D}_2^{-1}$，$\boldsymbol{D}_3^{-1}$ 的方法称为求逆矩阵的分块法.

例 3.4.2　设矩阵 $\boldsymbol{A}=\begin{pmatrix}2 & 7\\ 1 & 4\end{pmatrix}$，$\boldsymbol{B}=\begin{pmatrix}2 & 5\\ 3 & 7\end{pmatrix}$，$\boldsymbol{C}=\begin{pmatrix}1 & 2\\ 3 & 4\end{pmatrix}$，$\boldsymbol{D}_1=\begin{pmatrix}\boldsymbol{A} & \boldsymbol{O}\\ \boldsymbol{O} & \boldsymbol{B}\end{pmatrix}$，$\boldsymbol{D}_2=\begin{pmatrix}\boldsymbol{A} & \boldsymbol{C}\\ \boldsymbol{O} & \boldsymbol{B}\end{pmatrix}$，求 $\boldsymbol{D}_1^{-1}$，$\boldsymbol{D}_2^{-1}$.

解　因为

$$\boldsymbol{A}^{-1}=\begin{pmatrix}4 & -7\\ -1 & 2\end{pmatrix},\ \boldsymbol{B}^{-1}=\begin{pmatrix}-7 & 5\\ 3 & -2\end{pmatrix},$$

$$\boldsymbol{A}^{-1}\boldsymbol{C}\boldsymbol{B}^{-1}=\begin{pmatrix}4 & -7\\ -1 & 2\end{pmatrix}\begin{pmatrix}1 & 2\\ 3 & 4\end{pmatrix}\begin{pmatrix}-7 & 5\\ 3 & -2\end{pmatrix}=\begin{pmatrix}59 & -45\\ -17 & 13\end{pmatrix},$$

所以

$$\boldsymbol{D}_1^{-1}=\begin{pmatrix}\boldsymbol{A}^{-1} & \boldsymbol{O}\\ \boldsymbol{O} & \boldsymbol{B}^{-1}\end{pmatrix}=\begin{pmatrix}4 & -7 & 0 & 0\\ -1 & 2 & 0 & 0\\ 0 & 0 & -7 & 5\\ 0 & 0 & 3 & -2\end{pmatrix},$$

$$\boldsymbol{D}_2^{-1}=\begin{pmatrix}\boldsymbol{A}^{-1} & -\boldsymbol{A}^{-1}\boldsymbol{C}\boldsymbol{B}^{-1}\\ \boldsymbol{O} & \boldsymbol{B}^{-1}\end{pmatrix}=\begin{pmatrix}4 & -7 & -59 & 45\\ -1 & 2 & 17 & -13\\ 0 & 0 & -7 & 5\\ 0 & 0 & 3 & -2\end{pmatrix}.$$

例 3.4.3 已知 $a_1a_2\cdots a_n\neq 0$，$\boldsymbol{A}=\begin{pmatrix}0&a_1&0&\cdots&0\\0&0&a_2&\cdots&0\\\vdots&\vdots&\vdots&&\vdots\\0&0&0&\cdots&a_{n-1}\\a_n&0&0&\cdots&0\end{pmatrix}$，求 $\boldsymbol{A}^{-1}$.

解 因为

$$\boldsymbol{A}=\begin{pmatrix}0&a_1&0&\cdots&0\\0&0&a_2&\cdots&0\\\vdots&\vdots&\vdots&&\vdots\\0&0&0&\cdots&a_{n-1}\\a_n&0&0&\cdots&0\end{pmatrix}=\begin{pmatrix}\boldsymbol{O}&\boldsymbol{A}_1\\\boldsymbol{A}_2&\boldsymbol{O}\end{pmatrix},$$

$$\boldsymbol{A}_1^{-1}=\begin{pmatrix}a_1&&&\\&a_2&&\\&&\ddots&\\&&&a_{n-1}\end{pmatrix}^{-1}=\begin{pmatrix}\frac{1}{a_1}&&&\\&\frac{1}{a_2}&&\\&&\ddots&\\&&&\frac{1}{a_{n-1}}\end{pmatrix},\quad \boldsymbol{A}_2^{-1}=(a_n)^{-1}=\left(\frac{1}{a_n}\right),$$

所以

$$\boldsymbol{A}^{-1}=\begin{pmatrix}0&0&\cdots&0&\frac{1}{a_n}\\\frac{1}{a_1}&0&\cdots&0&0\\0&\frac{1}{a_2}&\cdots&0&0\\\vdots&\vdots&&\vdots&\vdots\\0&0&\cdots&\frac{1}{a_{n-1}}&0\end{pmatrix}.$$

习题 3.4 视频详解

习题 3.4

1. 设 $\boldsymbol{A}$，$\boldsymbol{B}$，$\boldsymbol{C}$，$\boldsymbol{D}$ 都是 n 阶方阵，判断下列各式是否正确，如果不正确请举一个反例.

(1) $\boldsymbol{A}(\boldsymbol{B},\boldsymbol{C},\boldsymbol{D})=(\boldsymbol{AB},\boldsymbol{AC},\boldsymbol{AD})$；

(2) $\boldsymbol{A}\begin{pmatrix}\boldsymbol{B}\\\boldsymbol{C}\\\boldsymbol{D}\end{pmatrix}=\begin{pmatrix}\boldsymbol{AB}\\\boldsymbol{AC}\\\boldsymbol{AD}\end{pmatrix}$；

(3) $(\boldsymbol{A},\boldsymbol{B})\boldsymbol{C}=(\boldsymbol{AC},\boldsymbol{BC})$；

(4) $\begin{pmatrix}\boldsymbol{A}\\\boldsymbol{B}\end{pmatrix}\boldsymbol{C}=\begin{pmatrix}\boldsymbol{AC}\\\boldsymbol{BC}\end{pmatrix}$；

(5) $\begin{pmatrix}\boldsymbol{A}\\\boldsymbol{B}\end{pmatrix}(\boldsymbol{C},\boldsymbol{D})=\boldsymbol{AC}+\boldsymbol{BD}$；

(6) $\begin{pmatrix}A\\B\end{pmatrix}(C,D)=\begin{pmatrix}AC & AD\\BC & BD\end{pmatrix}$;

(7) $(\mathbf{diag}(A,B,C,D))^{\mathrm{T}}=\mathbf{diag}(A,B,C,D)$;

(8) $(A,B)^{\mathrm{T}}=\begin{pmatrix}A\\B\end{pmatrix}$;

(9) $\begin{pmatrix}A & O\\O & B\end{pmatrix}^{\mathrm{T}}=\begin{pmatrix}A & O\\O & B\end{pmatrix}$.

2. 用分块矩阵方法求下列矩阵的逆矩阵.

(1) $\begin{pmatrix}1 & 3 & 3\\2 & 2 & 4\\0 & 0 & 5\end{pmatrix}$;　　(2) $\begin{pmatrix}2 & 0 & 0 & 0\\0 & 2 & 3 & 0\\0 & 3 & 4 & 0\\0 & 0 & 0 & 7\end{pmatrix}$;

(3) $\begin{pmatrix}3 & 4 & 0 & 0\\1 & 1 & 0 & 0\\0 & 0 & 2 & 6\\0 & 0 & 0 & 3\end{pmatrix}$;　　(4) $\begin{pmatrix}1 & 2 & 3 & 4\\-1 & 1 & 2 & -1\\0 & 0 & 3 & 0\\0 & 0 & 5 & 2\end{pmatrix}$.

3. 设矩阵 A，B 可逆，证明下列分块矩阵可逆，并求其逆矩阵.

(1) $\begin{pmatrix}O & A\\B & C\end{pmatrix}$;　　(2) $\begin{pmatrix}C & A\\B & O\end{pmatrix}$.

3.5 初等变换与初等矩阵

3.5.1 矩阵的初等变换

矩阵的初等变换是矩阵的一种非常重要的运算，在计算逆矩阵、求矩阵的秩及解线性方程组等问题中起到了十分重要的作用.

微课视频：
矩阵的初等变换

定义 3.5.1 对矩阵所做的以下变换称为矩阵的初等行(列)变换.

(1) 对调矩阵 A 的两行(列)称为对矩阵 A 做一次行(列)换法变换. 对调矩阵 A 的 i, j 两行记为 $r_i\leftrightarrow r_j$，对调矩阵 A 的 i, j 两列记为 $c_i\leftrightarrow c_j$.

(2) 以数 $k\neq0$ 乘矩阵 A 的某一行(列)的所有元素称为对矩阵 A 做一次行(列)倍法变换. 对矩阵 A 的第 i 行的所有元都乘 k 记为 $r_i\times k$，对矩阵 A 的第 i 列的所有元素都乘 k 记为 $c_i\times k$.

(3) 把矩阵 A 的某一行(列)的所有元素的 k 倍加到另一行(列)的对应元素上称为对矩阵 A 做一次行(列)消法变换. 矩阵 A 的第 j 行的 k 倍加到第 i 行上记为 r_i+kr_j，矩阵 A 的第 j 列的 k 倍加到第 i 列上记为 c_i+kc_j.

矩阵的初等行变换和初等列变换统称为矩阵的初等变换.

显然，矩阵的初等变换都有相应的逆变换，且它们的逆变换与它们是同一类型的初等变换. 对矩阵的初等行变换来说 $r_i\leftrightarrow r_j$ 的逆变换是 $r_i\leftrightarrow r_j$；$r_i\times k$ 的逆变换是 $r_i\times\dfrac{1}{k}$ $(k\neq0)$；r_i+kr_j 的逆变换是

$r_i+(-k)r_j$(或者是 r_i-kr_j). 对初等列变换有类似的结论.

定义 3.5.2 若矩阵 $\boldsymbol{A}$ 经过有限次初等变换变成矩阵 $\boldsymbol{B}$，则称矩阵 $\boldsymbol{A}$ 与矩阵 $\boldsymbol{B}$ 等价，记为 $\boldsymbol{A}\sim\boldsymbol{B}$.

性质 3.5.1 矩阵的等价关系具有下列性质：

(1) 反身性：$\boldsymbol{A}\sim\boldsymbol{A}$.

(2) 对称性：若 $\boldsymbol{A}\sim\boldsymbol{B}$，则 $\boldsymbol{B}\sim\boldsymbol{A}$.

(3) 传递性：若 $\boldsymbol{A}\sim\boldsymbol{B}$，$\boldsymbol{B}\sim\boldsymbol{C}$，则 $\boldsymbol{A}\sim\boldsymbol{C}$.

定理 3.5.1 设 $\boldsymbol{A}$ 为 $m\times n$ 矩阵，则

(1) 在适当的初等行变换下 $\boldsymbol{A}$ 能化为如下的行阶梯形

$$\begin{pmatrix} 0 & \cdots & 0 & b_{1i_1} & \cdots & * & * & \cdots & * & * & \cdots & * \\ 0 & \cdots & 0 & 0 & \cdots & 0 & b_{2i_2} & \cdots & * & * & \cdots & * \\ \vdots & & \vdots & \vdots & & \vdots & \vdots & & \vdots & \vdots & & \vdots \\ 0 & \cdots & 0 & 0 & \cdots & 0 & 0 & \cdots & 0 & b_{ri_r} & \cdots & * \\ 0 & \cdots & 0 & 0 & \cdots & 0 & 0 & \cdots & 0 & 0 & \cdots & 0 \\ \vdots & & \vdots & \vdots & & \vdots & \vdots & & \vdots & \vdots & & \vdots \\ 0 & \cdots & 0 & 0 & \cdots & 0 & 0 & \cdots & 0 & 0 & \cdots & 0 \end{pmatrix},$$

其中 $b_{ji_j}\neq 0$，$j=1,2,\cdots,r$.

(2) 在适当初等行变换下 $\boldsymbol{A}$ 能进一步化为如下的行最简形

$$\begin{pmatrix} 0 & \cdots & 0 & 1 & \cdots & * & 0 & \cdots & * & 0 & \cdots & * \\ 0 & \cdots & 0 & 0 & \cdots & 0 & 1 & \cdots & * & 0 & \cdots & * \\ \vdots & & \vdots & \vdots & & \vdots & \vdots & & \vdots & \vdots & & \vdots \\ 0 & \cdots & 0 & 0 & \cdots & 0 & 0 & \cdots & 0 & 1 & \cdots & * \\ 0 & \cdots & 0 & 0 & \cdots & 0 & 0 & \cdots & 0 & 0 & \cdots & 0 \\ \vdots & & \vdots & \vdots & & \vdots & \vdots & & \vdots & \vdots & & \vdots \\ 0 & \cdots & 0 & 0 & \cdots & 0 & 0 & \cdots & 0 & 0 & \cdots & 0 \end{pmatrix},$$

即每个非零行(如果矩阵的某一行所有元素都是零，则称其为矩阵的零行，否则称其为矩阵的非零行)的第一个非零元都是 1，而且这些 1 所在列的其余元素都是 0 的行阶梯形矩阵，其中 1 的个数为(1)中的 r.

(3) 在适当初等列变换下 $\boldsymbol{A}$ 能进一步化为如下的标准形

$$\begin{pmatrix} 1 & 0 & \cdots & 0 & 0 & \cdots & 0 \\ 0 & 1 & \cdots & 0 & 0 & \cdots & 0 \\ \vdots & \vdots & & \vdots & \vdots & & \vdots \\ 0 & 0 & \cdots & 1 & 0 & \cdots & 0 \\ 0 & 0 & \cdots & 0 & 0 & \cdots & 0 \\ \vdots & \vdots & & \vdots & \vdots & & \vdots \\ 0 & 0 & \cdots & 0 & 0 & \cdots & 0 \end{pmatrix}_{m\times n} = \begin{pmatrix} \boldsymbol{E}_r & \boldsymbol{O} \\ \boldsymbol{O} & \boldsymbol{O} \end{pmatrix},$$

其中 1 的个数为(1)中的 r.

定理的证明见参考文献[10].

例 3.5.1　将矩阵 $\boldsymbol{A}$ 分别化成行阶梯形、行最简形和标准形，其中

$$\boldsymbol{A} = \begin{pmatrix} 3 & -4 & 3 & -1 & 1 \\ 4 & -7 & -1 & -3 & 1 \\ 2 & -3 & 1 & -1 & 1 \\ 6 & -10 & 0 & -4 & 2 \end{pmatrix}.$$

解　对矩阵 $\boldsymbol{A}$ 进行初等行变换得

$$\boldsymbol{A} = \begin{pmatrix} 3 & -4 & 3 & -1 & 1 \\ 4 & -7 & -1 & -3 & 1 \\ 2 & -3 & 1 & -1 & 1 \\ 6 & -10 & 0 & -4 & 2 \end{pmatrix} \xrightarrow[r_4-r_3]{r_1-r_3} \begin{pmatrix} 1 & -1 & 2 & 0 & 0 \\ 4 & -7 & -1 & -3 & 1 \\ 2 & -3 & 1 & -1 & 1 \\ 4 & -7 & -1 & -3 & 1 \end{pmatrix} \xrightarrow[r_3-2r_1]{\substack{r_4-r_2 \\ r_2-4r_1}}$$

$$\begin{pmatrix} 1 & -1 & 2 & 0 & 0 \\ 0 & -3 & -9 & -3 & 1 \\ 0 & -1 & -3 & -1 & 1 \\ 0 & 0 & 0 & 0 & 0 \end{pmatrix} \xrightarrow{r_3-\frac{1}{3}r_2} \begin{pmatrix} 1 & -1 & 2 & 0 & 0 \\ 0 & -3 & -9 & -3 & 1 \\ 0 & 0 & 0 & 0 & \frac{2}{3} \\ 0 & 0 & 0 & 0 & 0 \end{pmatrix} = \boldsymbol{B},$$

矩阵 $\boldsymbol{B}$ 为矩阵 $\boldsymbol{A}$ 的行阶梯形矩阵，对矩阵 $\boldsymbol{B}$ 继续进行初等行变换得

$$\boldsymbol{B} = \begin{pmatrix} 1 & -1 & 2 & 0 & 0 \\ 0 & -3 & -9 & -3 & 1 \\ 0 & 0 & 0 & 0 & \frac{2}{3} \\ 0 & 0 & 0 & 0 & 0 \end{pmatrix} \xrightarrow[r_3\times\frac{3}{2}]{r_2\times\left(-\frac{1}{3}\right)} \begin{pmatrix} 1 & -1 & 2 & 0 & 0 \\ 0 & 1 & 3 & 1 & -\frac{1}{3} \\ 0 & 0 & 0 & 0 & 1 \\ 0 & 0 & 0 & 0 & 0 \end{pmatrix}$$

$$\xrightarrow[r_1+r_2]{r_2+r_3\times\frac{1}{3}} \begin{pmatrix} 1 & 0 & 5 & 1 & 0 \\ 0 & 1 & 3 & 1 & 0 \\ 0 & 0 & 0 & 0 & 1 \\ 0 & 0 & 0 & 0 & 0 \end{pmatrix} = \boldsymbol{C},$$

矩阵 $\boldsymbol{C}$ 为矩阵 $\boldsymbol{A}$ 的行最简形矩阵，对矩阵 $\boldsymbol{C}$ 继续进行初等列变换得

$$\boldsymbol{C}=\begin{pmatrix}1&0&5&1&0\\0&1&3&1&0\\0&0&0&0&1\\0&0&0&0&0\end{pmatrix}\xrightarrow[c_4-c_1-c_2]{c_3-5c_1-3c_2}\begin{pmatrix}1&0&0&0&0\\0&1&0&0&0\\0&0&0&0&1\\0&0&0&0&0\end{pmatrix}$$

$$\xrightarrow{c_3\leftrightarrow c_5}\begin{pmatrix}1&0&0&0&0\\0&1&0&0&0\\0&0&1&0&0\\0&0&0&0&0\end{pmatrix}=\begin{pmatrix}\boldsymbol{E}_3&\boldsymbol{O}\\\boldsymbol{O}&\boldsymbol{O}\end{pmatrix}=\boldsymbol{F},$$

矩阵 $\boldsymbol{F}$ 为矩阵 $\boldsymbol{A}$ 的标准形矩阵.

3.5.2 初等矩阵

微课视频：
初等矩阵、求逆矩阵

下面来研究矩阵的初等变换与矩阵的运算之间的关系. 首先来看几个矩阵乘法，设

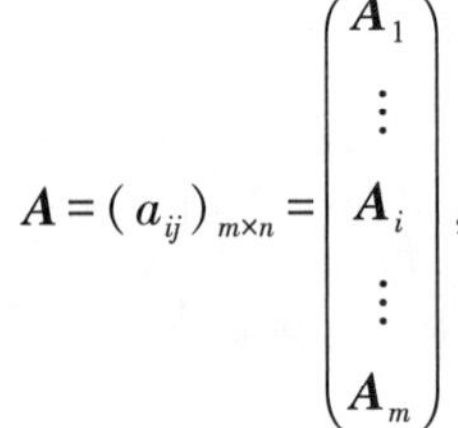

$$\boldsymbol{A}=(a_{ij})_{m\times n}=\begin{pmatrix}\boldsymbol{A}_1\\\vdots\\\boldsymbol{A}_i\\\vdots\\\boldsymbol{A}_m\end{pmatrix},$$

则

$$(i)\begin{pmatrix}1&&&&&&\\&\ddots&&&&&\\&&1&&&&\\&&&k&&&\\&&&&1&&\\&&&&&\ddots&\\&&&&&&1\end{pmatrix}_{m\times m}\begin{pmatrix}\boldsymbol{A}_1\\\vdots\\\boldsymbol{A}_i\\\vdots\\\boldsymbol{A}_m\end{pmatrix}=\begin{pmatrix}\boldsymbol{A}_1\\\vdots\\k\boldsymbol{A}_i\\\vdots\\\boldsymbol{A}_m\end{pmatrix}(k\neq 0),\quad(3.5.1)$$

$$\begin{matrix}\\(i)\\\\(j)\\\\\end{matrix}\begin{pmatrix}1&&&&&\\&\ddots&&&&\\&&1&&k&\\&&&\ddots&&\\&&&&1&\\&&&&&\ddots&\\&&&&&&1\end{pmatrix}_{m\times m}\begin{pmatrix}\boldsymbol{A}_1\\\vdots\\\boldsymbol{A}_i\\\vdots\\\boldsymbol{A}_j\\\vdots\\\boldsymbol{A}_m\end{pmatrix}=\begin{pmatrix}\boldsymbol{A}_1\\\vdots\\\boldsymbol{A}_i+k\boldsymbol{A}_j\\\vdots\\\boldsymbol{A}_j\\\vdots\\\boldsymbol{A}_m\end{pmatrix},\qquad(3.5.2)$$

$$
\begin{array}{c}
\\ \\ \\ (i) \\ \\ \\ \\ (j) \\ \\ \\ \\
\end{array}
\begin{pmatrix}
1 & & & & & & & & & \\
& \ddots & & & & & & & & \\
& & 1 & & & & & & & \\
& & & 0 & \cdots & \cdots & \cdots & 1 & & \\
& & & \vdots & 1 & & & \vdots & & \\
& & & \vdots & & \ddots & & \vdots & & \\
& & & \vdots & & & 1 & \vdots & & \\
& & & 1 & \cdots & \cdots & \cdots & 0 & & \\
& & & & & & & & 1 & \\
& & & & & & & & & \ddots \\
& & & & & & & & & & 1
\end{pmatrix}_{m\times m}
\begin{pmatrix} \boldsymbol{A}_1 \\ \vdots \\ \boldsymbol{A}_i \\ \vdots \\ \boldsymbol{A}_j \\ \vdots \\ \boldsymbol{A}_m \end{pmatrix}
=
\begin{pmatrix} \boldsymbol{A}_1 \\ \vdots \\ \boldsymbol{A}_j \\ \vdots \\ \boldsymbol{A}_i \\ \vdots \\ \boldsymbol{A}_m \end{pmatrix}.
\tag{3.5.3}
$$

观察上面的等式，式(3.5.1)相当于对矩阵 $\boldsymbol{A}$ 作一次初等行倍法变换，式(3.5.2)相当于对矩阵 $\boldsymbol{A}$ 作一次初等行消法变换，式(3.5.3)相当于对矩阵 $\boldsymbol{A}$ 作一次初等行换法变换. 如果我们用上面等式左侧的三种矩阵右乘一个 $s\times m$ 阶矩阵，会实现对应矩阵的三种初等列变换. 为了更好地用矩阵的运算来描述矩阵的初等变换，我们引入初等矩阵的概念.

定义 3.5.3 称下面的三种矩阵

$$
\boldsymbol{E}[i(k)]=\begin{pmatrix}
1 & & & & & & \\
& \ddots & & & & & \\
& & 1 & & & & \\
& & & k & & & \\
& & & & 1 & & \\
& & & & & \ddots & \\
& & & & & & 1
\end{pmatrix}(i)\ (k\neq 0),
$$

$$
\boldsymbol{E}[i,j(k)]=\begin{pmatrix}
1 & & & & & & \\
& \ddots & & & & & \\
& & 1 & & k & & \\
& & & \ddots & & & \\
& & & & 1 & & \\
& & & & & \ddots & \\
& & & & & & 1
\end{pmatrix}
\begin{array}{c} \\ \\ (i) \\ \\ (j) \\ \\ \\ \end{array}
\quad (i\neq j),
$$

$$
\boldsymbol{E}(i,j)=\begin{pmatrix}1&&&&&&&&\\&\ddots&&&&&&&\\&&1&&&&&&\\&&&0&\cdots&\cdots&\cdots&1&&&\\&&&\vdots&1&&&\vdots&&&\\&&&\vdots&&\ddots&&\vdots&&&\\&&&\vdots&&&1&\vdots&&&\\&&&1&\cdots&\cdots&\cdots&0&&&\\&&&&&&&&1&&\\&&&&&&&&&\ddots&\\&&&&&&&&&&1\end{pmatrix}\begin{matrix}\\\\\\(i)\\\\\\\\(j)\\\\\\\\\end{matrix}\quad(i\neq j)
$$

分别为倍法矩阵、消法矩阵和换法矩阵，统称为初等矩阵.

显然每种初等矩阵都是由单位矩阵经过一次初等变换得到的，而且初等矩阵都是可逆矩阵，有

$$
\boldsymbol{E}[i(k)]^{-1}=\boldsymbol{E}[i(k^{-1})],\ k\neq 0,
$$
$$
\boldsymbol{E}[i,j(k)]^{-1}=\boldsymbol{E}[i,j(-k)],
$$
$$
\boldsymbol{E}(i,j)^{-1}=\boldsymbol{E}(i,j).
$$

即初等矩阵的逆矩阵仍为该型的初等矩阵.

定理 3.5.2 对矩阵进行一次初等行(列)变换相当于用相应的初等矩阵左乘(右乘)该矩阵.

例 3.5.2 已知 $\boldsymbol{A}\begin{pmatrix}3&4&1\\2&5&8\end{pmatrix}\boldsymbol{B}=\begin{pmatrix}5&9&9\\2&8&5\end{pmatrix}$，求初等矩阵 $\boldsymbol{A}$，$\boldsymbol{B}$ 使等式成立.

解 依题意矩阵$\begin{pmatrix}5&9&9\\2&8&5\end{pmatrix}$是由矩阵$\begin{pmatrix}3&4&1\\2&5&8\end{pmatrix}$做一次初等行变换和一次初等列变换得到的，经观察可知所做的初等行变换是第 2 行加到第 1 行，所做的初等列变换是交换第 2 列和第 3 列，而且对矩阵作初等行变换等价于在矩阵的左边乘以相应的初等矩阵，对矩阵作初等列变换等价于在矩阵的右边乘以相应的初等矩阵，因此得到初等矩阵为

$$
\boldsymbol{A}=\begin{pmatrix}1&1\\0&1\end{pmatrix},\ \boldsymbol{B}=\begin{pmatrix}1&0&0\\0&0&1\\0&1&0\end{pmatrix}.
$$

例 3.5.3　设 $\boldsymbol{A}$ 是一个 3 阶方阵，将 $\boldsymbol{A}$ 的第 1 列与第 2 列交换得矩阵 $\boldsymbol{B}$，再把矩阵 $\boldsymbol{B}$ 的第 2 列加到第 3 列得到矩阵 $\boldsymbol{C}$，求满足 $\boldsymbol{AQ}=\boldsymbol{C}$ 的矩阵 $\boldsymbol{Q}$.

解　根据题意得

$$\boldsymbol{AE}(1,2)=\boldsymbol{B},\ \boldsymbol{BE}(2,3(1))=\boldsymbol{C},$$

其中

$$\boldsymbol{E}(1,2)=\begin{pmatrix}0&1&0\\1&0&0\\0&0&1\end{pmatrix},\ \boldsymbol{E}(2,3(1))=\begin{pmatrix}1&0&0\\0&1&1\\0&0&1\end{pmatrix},$$

从而

$$\boldsymbol{AE}(1,2)\boldsymbol{E}(2,3(1))=\boldsymbol{C},$$

故

$$\boldsymbol{Q}=\boldsymbol{E}(1,2)\boldsymbol{E}(2,3(1))=\begin{pmatrix}0&1&0\\1&0&0\\0&0&1\end{pmatrix}\begin{pmatrix}1&0&0\\0&1&1\\0&0&1\end{pmatrix}=\begin{pmatrix}0&1&1\\1&0&0\\0&0&1\end{pmatrix}.$$

定理 3.5.3　设 $\boldsymbol{A}$ 为 $m\times n$ 矩阵，则存在 m 阶可逆矩阵 $\boldsymbol{P}$ 和 n 阶可逆矩阵 $\boldsymbol{Q}$ 使得

$$\boldsymbol{A}=\boldsymbol{P}\begin{pmatrix}\boldsymbol{E}_r&\boldsymbol{O}\\\boldsymbol{O}&\boldsymbol{O}\end{pmatrix}\boldsymbol{Q}.\tag{3.5.4}$$

证　由定理 3.5.1 可知 $\boldsymbol{A}$ 经过有限次初等行变换和初等列变换化为 $\boldsymbol{A}$ 的标准形，由初等变换的可逆性，$\boldsymbol{A}$ 的标准形也可经过有限次初等行变换和初等列变换化为 $\boldsymbol{A}$，即存在 m 阶初等矩阵 $\boldsymbol{P}_1,\cdots,\boldsymbol{P}_s$ 和 n 阶初等矩阵 $\boldsymbol{Q}_1,\cdots,\boldsymbol{Q}_t$ 使得

$$\boldsymbol{A}=\boldsymbol{P}_s\cdots\boldsymbol{P}_1\begin{pmatrix}\boldsymbol{E}_r&\boldsymbol{O}\\\boldsymbol{O}&\boldsymbol{O}\end{pmatrix}\boldsymbol{Q}_1\cdots\boldsymbol{Q}_t.\tag{3.5.5}$$

记 $\boldsymbol{P}=\boldsymbol{P}_s\cdots\boldsymbol{P}_1$，$\boldsymbol{Q}=\boldsymbol{Q}_1\cdots\boldsymbol{Q}_t$，则 $\boldsymbol{P}$ 为 m 阶可逆矩阵，$\boldsymbol{Q}$ 为 n 阶可逆矩阵，且式(3.5.4)成立.

特别地，若 $\boldsymbol{A}$ 为 n 阶可逆矩阵，则由式(3.5.4)可知

$$|\boldsymbol{A}|=|\boldsymbol{P}|\begin{vmatrix}\boldsymbol{E}_r&\boldsymbol{O}\\\boldsymbol{O}&\boldsymbol{O}\end{vmatrix}|\boldsymbol{Q}|\neq 0,$$

于是 $r=n$，即 n 阶可逆矩阵的标准形为 $\boldsymbol{E}_n$. 从而，由式(3.5.5)可知 $\boldsymbol{A}=\boldsymbol{P}_s\cdots\boldsymbol{P}_1\boldsymbol{Q}_1\cdots\boldsymbol{Q}_t$.

推论 3.5.1　可逆矩阵可以写成有限个初等矩阵的乘积.

推论 3.5.2 用可逆矩阵左乘(右乘)一个矩阵等价于对该矩阵作若干初等行(列)变换.

设 $\boldsymbol{A}$ 为 n 阶可逆矩阵, $\boldsymbol{B}$ 为 $n\times m$ 矩阵, 如果存在初等矩阵 $\boldsymbol{Q}_1,\cdots,\boldsymbol{Q}_t$ 使得

$$\boldsymbol{Q}_t\cdots\boldsymbol{Q}_1(\boldsymbol{A},\boldsymbol{B})=(\boldsymbol{E}_n,\boldsymbol{C}),$$

则 $\boldsymbol{Q}_t\cdots\boldsymbol{Q}_1=\boldsymbol{A}^{-1}$, $\boldsymbol{C}=\boldsymbol{A}^{-1}\boldsymbol{B}$. 由推论 3.5.1 可知 $\boldsymbol{Q}_1,\cdots,\boldsymbol{Q}_t$ 是存在的, 于是

(1) 对$(\boldsymbol{A},\boldsymbol{B})$作初等行变换, 当 $\boldsymbol{A}$ 化成单位矩阵时, 原来的 $\boldsymbol{B}$ 就化成了 $\boldsymbol{A}^{-1}\boldsymbol{B}$;

(2) 对$(\boldsymbol{A},\boldsymbol{E}_n)$作初等行变换, 当 $\boldsymbol{A}$ 化成单位矩阵时, 原来的 $\boldsymbol{E}_n$ 就化成了 $\boldsymbol{A}^{-1}$(该方法称为求逆矩阵的初等变换法).

例 3.5.4 设 $\boldsymbol{A}=\begin{pmatrix}2&2&-2\\4&-2&0\\1&0&1\end{pmatrix}$, 用初等变换法求 $\boldsymbol{A}$ 的逆矩阵.

解 对$(\boldsymbol{A},\boldsymbol{E}_3)$作初等行变换,

$$(\boldsymbol{A},\boldsymbol{E}_3)=\begin{pmatrix}2&2&-2&1&0&0\\4&-2&0&0&1&0\\1&0&1&0&0&1\end{pmatrix}\xrightarrow{r_1\leftrightarrow r_3}\begin{pmatrix}1&0&1&0&0&1\\4&-2&0&0&1&0\\2&2&-2&1&0&0\end{pmatrix}$$

$$\xrightarrow[r_3-2r_1]{r_2-4r_1}\begin{pmatrix}1&0&1&0&0&1\\0&-2&-4&0&1&-4\\0&2&-4&1&0&-2\end{pmatrix}\xrightarrow{\substack{r_3+r_2\\ r_3\times\left(-\frac{1}{8}\right)}}$$

$$\begin{pmatrix}1&0&1&0&0&1\\0&-2&-4&0&1&-4\\0&0&1&-\frac{1}{8}&-\frac{1}{8}&\frac{3}{4}\end{pmatrix}\xrightarrow[r_2\times\left(-\frac{1}{2}\right)]{\substack{r_1-r_3\\ r_2+4r_3}}$$

$$\begin{pmatrix}1&0&0&\frac{1}{8}&\frac{1}{8}&\frac{1}{4}\\0&1&0&\frac{1}{4}&-\frac{1}{4}&\frac{1}{2}\\0&0&1&-\frac{1}{8}&-\frac{1}{8}&\frac{3}{4}\end{pmatrix},$$

于是

$$\boldsymbol{A}^{-1}=\begin{pmatrix}\frac{1}{8}&\frac{1}{8}&\frac{1}{4}\\\frac{1}{4}&-\frac{1}{4}&\frac{1}{2}\\-\frac{1}{8}&-\frac{1}{8}&\frac{3}{4}\end{pmatrix}.$$

例 3.5.5 设 $A=\begin{pmatrix}1&1&-1\\1&2&0\\-1&1&5\end{pmatrix}$，$B=\begin{pmatrix}1&-2\\2&0\\3&4\end{pmatrix}$，求矩阵 X 使得 $AX=B$.

解　因为 $|A|=2\neq 0$，所以 A 可逆. 在 $AX=B$ 的两侧同时左乘 A^{-1}，可得 $X=A^{-1}B$，对 (A,B) 作一系列初等行变换直至将 A 化成 E，即

$$(A,B)=\begin{pmatrix}1&1&-1&1&-2\\1&2&0&2&0\\-1&1&5&3&4\end{pmatrix}\xrightarrow[r_3+r_1]{r_2-r_1}\begin{pmatrix}1&1&-1&1&-2\\0&1&1&1&2\\0&2&4&4&2\end{pmatrix}\xrightarrow[r_3\times\frac{1}{2}]{r_3-2r_2}$$

$$\begin{pmatrix}1&1&-1&1&-2\\0&1&1&1&2\\0&0&1&1&-1\end{pmatrix}\xrightarrow[r_1-r_2+r_3]{r_2-r_3}\begin{pmatrix}1&0&0&2&-6\\0&1&0&0&3\\0&0&1&1&-1\end{pmatrix},$$

故 $X=\begin{pmatrix}2&-6\\0&3\\1&-1\end{pmatrix}$.

例 3.5.6 已知 $A=\begin{pmatrix}1&1&-1\\0&1&1\\0&0&-1\end{pmatrix}$，且 $A^2-AB=E$，求矩阵 B.

解　由 $A^2-AB=E$ 得 $A(A-B)=E$，所以 $A-B=A^{-1}$，即 $B=A-A^{-1}$. 又利用初等变换有

$$(A,E)=\begin{pmatrix}1&1&-1&1&0&0\\0&1&1&0&1&0\\0&0&-1&0&0&1\end{pmatrix}\xrightarrow[r_2+r_3]{r_1-r_3}\begin{pmatrix}1&1&0&1&0&-1\\0&1&0&0&1&1\\0&0&-1&0&0&1\end{pmatrix}$$

$$\xrightarrow[r_3\times(-1)]{r_1-r_2}\begin{pmatrix}1&0&0&1&-1&-2\\0&1&0&0&1&1\\0&0&1&0&0&-1\end{pmatrix},$$

所以

$$A^{-1}=\begin{pmatrix}1&-1&-2\\0&1&1\\0&0&-1\end{pmatrix},$$

故

$$B=A-A^{-1}=\begin{pmatrix}1&1&-1\\0&1&1\\0&0&-1\end{pmatrix}-\begin{pmatrix}1&-1&-2\\0&1&1\\0&0&-1\end{pmatrix}=\begin{pmatrix}0&2&1\\0&0&0\\0&0&0\end{pmatrix}.$$

习题 3.5

习题 3.5 视频详解

1. 计算.

(1) $\begin{pmatrix}1&0&a\\0&1&0\\0&0&1\end{pmatrix}^4$; (2) $\begin{pmatrix}0&0&1\\0&1&0\\1&0&0\end{pmatrix}^{2023}$;

(3) $\begin{pmatrix}0&1&0\\1&0&0\\0&0&1\end{pmatrix}^{2022}$.

2. 将下列矩阵化为行阶梯形、标准形.

(1) $\begin{pmatrix}4&1&0&1&-1\\0&1&1&-1&2\\0&2&-2&-2&0\\0&-1&-1&1&1\end{pmatrix}$;

(2) $\begin{pmatrix}1&2&0&-2&-4\\3&-2&8&3&0\\2&-3&7&4&3\\3&3&1&-3&-7\end{pmatrix}$;

(3) $\begin{pmatrix}0&3&-4&3\\0&4&-7&-1\\0&2&-3&1\end{pmatrix}$;

(4) $\begin{pmatrix}7&2&6&1&1&1\\0&1&4&2&0&3\\0&2&3&4&2&5\end{pmatrix}$.

3. 用初等变换的方法求下列矩阵的逆矩阵.

(1) $\begin{pmatrix}0&0&2\\0&3&0\\4&0&0\end{pmatrix}$; (2) $\begin{pmatrix}1&0&0\\1&2&0\\1&2&3\end{pmatrix}$;

(3) $\begin{pmatrix}1&1&1\\2&0&4\\4&2&5\end{pmatrix}$; (4) $\begin{pmatrix}1&1&-1\\0&2&2\\-1&-1&0\end{pmatrix}$;

(5) $\begin{pmatrix}3&0&0&0\\0&2&5&0\\0&1&3&0\\0&0&0&7\end{pmatrix}$; (6) $\begin{pmatrix}1&-2&-3&-2\\0&2&2&1\\3&-2&0&-1\\0&1&2&1\end{pmatrix}$;

(7) $\begin{pmatrix}x&0&0&y\\0&x&y&0\\0&y&x&0\\y&0&0&x\end{pmatrix}$ $(x\neq\pm y)$;

(8) $\begin{pmatrix}3&1&0&0&0\\1&3&1&0&0\\0&1&3&1&0\\0&0&1&3&1\\0&0&0&1&3\end{pmatrix}$;

(9) $\begin{pmatrix}1&0&\cdots&0&0\\1&1&\cdots&0&0\\\vdots&\vdots&&\vdots&\vdots\\1&1&\cdots&1&0\\1&1&\cdots&1&1\end{pmatrix}_{n\times n}$ $(n\geqslant 2)$;

(10) $\begin{pmatrix}1&\cdots&0&a_1&0&\cdots&0\\\vdots&&\vdots&\vdots&\vdots&&\vdots\\0&\cdots&1&a_{i-1}&0&\cdots&0\\0&\cdots&0&a_i&0&\cdots&0\\0&\cdots&0&a_{i+1}&1&\cdots&0\\\vdots&&\vdots&\vdots&\vdots&&\vdots\\0&\cdots&0&a_n&0&\cdots&1\end{pmatrix}$ $(a_i\neq 0)$.

4. 设 $\boldsymbol{A}=\begin{pmatrix}1&2&6\\0&1&4\\0&2&3\end{pmatrix}$，$\boldsymbol{B}=\begin{pmatrix}1&1\\2&0\\4&2\end{pmatrix}$，求矩阵 $\boldsymbol{X}$ 使得 $\boldsymbol{AX}=\boldsymbol{B}$.

5. 设 $\boldsymbol{A}=\begin{pmatrix}1&1&-1\\1&2&0\\-1&1&5\end{pmatrix}$，$\boldsymbol{B}=\begin{pmatrix}1&-1\\2&0\\3&1\end{pmatrix}$，求矩阵 $\boldsymbol{X}$ 使得 $\boldsymbol{AX}=\boldsymbol{B}$.

3.6 矩阵的秩

由定理 3.5.1 可知，任意 $m\times n$ 矩阵 $\boldsymbol{A}$ 可经过有限次初等变换化成标准形

$$F=\begin{pmatrix}E_r & O\\ O & O\end{pmatrix},$$

其中 r 为行阶梯形矩阵中非零行的行数，这个数 r 由矩阵 A 唯一确定，数 r 是本节要讨论的矩阵的秩.

定义 3.6.1　在 $m\times n$ 矩阵 A 中，任取 k 行 k 列($1\leqslant k\leqslant m,1\leqslant k\leqslant n$)，位于这些行和列交叉处的元素按原来位置构成的 k 阶行列式，称为矩阵 A 的 k 阶子式.

例 3.6.1　设矩阵 $A=\begin{pmatrix}2 & 2 & 3 & 6 & 2\\ 0 & 1 & -2 & 4 & 0\\ 0 & 0 & 0 & 3 & 5\\ 0 & 1 & 2 & 0 & 1\end{pmatrix}$，在矩阵 A 中选取第 1 行和第 4 行，选取第 3 列和第 4 列，写出这个 2 阶子式并计算.

解　满足要求的 2 阶子式为

$$\begin{vmatrix}3 & 6\\ 2 & 0\end{vmatrix}=-12.$$

易知 A 共有 2 阶子式 $C_4^2C_5^2=60$ 个.

设矩阵 A 为一个 $m\times n$ 矩阵. 当 $A=O$ 时，它的任何子式都为零. 当 $A\neq O$ 时，它至少有一个元素不为零，即它至少有一个 1 阶子式不为零. 这时再考察矩阵 A 的 2 阶子式，如果 A 中有 2 阶子式不为零，则往下考察 3 阶子式，依次类推，最后必达到 A 中有 r 阶子式不为零，而再没有比 r 更高阶的不为零的子式. 这个不为零的子式的最高阶数 r，是描述矩阵的一个重要指标，在矩阵理论与应用中都有重要作用.

定义 3.6.2　$m\times n$ 矩阵 A 中不为零的最高阶子式的阶数 r，称为矩阵 A 的秩，记作 $R(A)=r$，规定零矩阵的秩为零.

微课视频：
矩阵秩的定义

显然，矩阵的秩具有下列性质：

性质 3.6.1　若矩阵 $A\neq O$，则 $R(A)\geqslant 1$.

性质 3.6.2　设 $A=A_{m\times n}$，则 $0\leqslant R(A)\leqslant \min(m,n)$.

性质 3.6.3　$R(A)=R(A^{\mathrm{T}})$.

性质 3.6.4　若 A 是 n 阶可逆矩阵，则 $R(A)=n$.

所以可逆矩阵也称为满秩矩阵，不可逆矩阵又称为降秩矩阵.

性质 3.6.5 若矩阵 $\boldsymbol{A}$ 有 s 阶子式非零，则 $R(\boldsymbol{A}) \geqslant s$.

微课视频：
秩的性质

性质 3.6.6 若矩阵 $\boldsymbol{A}$ 所有 s 阶子式等于零，则 $R(\boldsymbol{A})<s$.

例 3.6.2 求矩阵 $\boldsymbol{A}=\begin{pmatrix}2 & 4 & 6 & 0\\ 2 & -3 & 1 & -5\\ 0 & 7 & 5 & 5\end{pmatrix}$ 的秩.

解 在矩阵 $\boldsymbol{A}$ 中，有一个 2 阶子式

$$\begin{vmatrix}2 & 4\\ 2 & -3\end{vmatrix}=-6-8=-14\neq 0,$$

而 $\boldsymbol{A}$ 的所有 3 阶子式

$$\begin{vmatrix}2 & 4 & 6\\ 2 & -3 & 1\\ 0 & 7 & 5\end{vmatrix}=0,\quad \begin{vmatrix}2 & 4 & 0\\ 2 & -3 & -5\\ 0 & 7 & 5\end{vmatrix}=0,\quad \begin{vmatrix}2 & 6 & 0\\ 2 & 1 & -5\\ 0 & 5 & 5\end{vmatrix}=0,\quad \begin{vmatrix}4 & 6 & 0\\ -3 & 1 & -5\\ 7 & 5 & 5\end{vmatrix}=0,$$

故 $R(\boldsymbol{A})=2$.

例 3.6.3 求行阶梯形矩阵 $\boldsymbol{A}_{m\times n}=\begin{pmatrix}a_{11} & a_{12} & \cdots & a_{1r} & \cdots & a_{1n}\\ 0 & a_{22} & \cdots & a_{2r} & \cdots & a_{2n}\\ \vdots & \vdots & & \vdots & \vdots & \vdots\\ 0 & 0 & \cdots & a_{rr} & \cdots & a_{rn}\\ 0 & 0 & \cdots & 0 & \cdots & 0\\ \vdots & \vdots & & \vdots & & \vdots\\ 0 & 0 & \cdots & 0 & \cdots & 0\end{pmatrix}$ 的秩，其中 $a_{11}a_{22}\cdots a_{rr}\neq 0$.

解 在矩阵 $\boldsymbol{A}$ 中存在一个 r 阶子式

$$\begin{vmatrix}a_{11} & a_{12} & \cdots & a_{1r}\\ 0 & a_{22} & \cdots & a_{2r}\\ \vdots & \vdots & & \vdots\\ 0 & 0 & \cdots & a_{rr}\end{vmatrix}=a_{11}a_{22}\cdots a_{rr}\neq 0,$$

由于后 $m-r$ 行均为零行，所以 $\boldsymbol{A}$ 的所有 $r+1$ 阶子式都是零，故 $R(\boldsymbol{A})=r$.

从例 3.6.2 和例 3.6.3 可以看出，对于行数和列数较高的矩阵，按定义求矩阵的秩是很麻烦的. 而行阶梯形矩阵求秩很简单，事实上行阶梯形矩阵的秩等于其非零行的行数.

定理 3.6.1 初等变换不改变矩阵的秩.

证　设 $\boldsymbol{A}_{m\times n}$ 经过一次初等变换变为 $\boldsymbol{B}_{m\times n}$，并且 $R(\boldsymbol{A})=r_1$，$R(\boldsymbol{B})=r_2$.

只需考察经过一次初等行变换的情形.

当对 $\boldsymbol{A}$ 施以互换两行或以某一非零常数 k 乘以某一行时，矩阵 $\boldsymbol{B}$ 中任何 r_1+1 阶子式等于矩阵 $\boldsymbol{A}$ 某个 r_1+1 阶子式，或者等于矩阵 $\boldsymbol{A}$ 某个 r_1+1 阶子式的相反数，或者等于矩阵 $\boldsymbol{A}$ 的某个 r_1+1 阶子式的 k 倍，因为矩阵 $\boldsymbol{A}$ 的任何 r_1+1 阶子式都为零，所以矩阵 $\boldsymbol{B}$ 的任何 r_1+1 阶子式都为零，因此 $r_2\leqslant r_1$.

当对 $\boldsymbol{A}$ 施以第 i 行乘以常数 k 后加到第 j 行的变换时，矩阵 $\boldsymbol{B}$ 的任何一个 r_1+1 阶子式 $|\boldsymbol{B}_1|$，如果它不含 $\boldsymbol{B}$ 的第 j 行或既含 $\boldsymbol{B}$ 的第 j 行又含 $\boldsymbol{B}$ 的第 i 行，则它等于 $\boldsymbol{A}$ 的某个 r_1+1 阶子式. 如果 $|\boldsymbol{B}_1|$ 含 $\boldsymbol{B}$ 的第 j 行但不含 $\boldsymbol{B}$ 的第 i 行时，则 $|\boldsymbol{B}_1|=|\boldsymbol{A}_1|\pm k|\boldsymbol{A}_2|$，其中 $\boldsymbol{A}_1$，$\boldsymbol{A}_2$ 是 $\boldsymbol{A}$ 的某两个 r_1+1 阶子式. 由于矩阵 $\boldsymbol{A}$ 的任何 r_1+1 阶子式都为零，可得矩阵 $\boldsymbol{B}$ 的任意一个 r_1+1 阶子式都为零，因此 $r_2\leqslant r_1$.

综上可得，对 $\boldsymbol{A}$ 施以一次初等行变换后得 $\boldsymbol{B}$，有 $r_2\leqslant r_1$.

$\boldsymbol{A}$ 经过某种初等变换得 $\boldsymbol{B}$，$\boldsymbol{B}$ 经过相应的初等变换得 $\boldsymbol{A}$，因此有 $r_1\leqslant r_2$.

故得 $r_1=r_2$.

依次类推，经过有限次初等行变换后所得矩阵与原矩阵的秩相同.

设 $\boldsymbol{A}$ 经过初等列变换化为 $\boldsymbol{B}$，即 $\boldsymbol{A}^{\mathrm{T}}$ 经过初等行变换化为 $\boldsymbol{B}^{\mathrm{T}}$，所以 $R(\boldsymbol{A}^{\mathrm{T}})=R(\boldsymbol{B}^{\mathrm{T}})$，即 $R(\boldsymbol{A})=R(\boldsymbol{B})$.

总之，矩阵经过初等变换后秩不变.

由定理 3.6.1 可以得到下面的定理.

定理 3.6.2　矩阵的秩等于它的行阶梯形矩阵的秩，也等于它的标准形矩阵的秩. 若矩阵 $\boldsymbol{A}$ 的标准形矩阵为 $\begin{pmatrix}\boldsymbol{E}_r & \boldsymbol{O}\\ \boldsymbol{O} & \boldsymbol{O}\end{pmatrix}$，则 $R(\boldsymbol{A})=r$.

由定理 3.6.2 可知，在计算矩阵的秩时，可把矩阵化为行阶梯形矩阵，则其非零行的行数就是该矩阵的秩.

例 3.6.4

求矩阵 $\boldsymbol{A}=\begin{pmatrix}1&0&0&1\\2&4&0&-2\\3&6&9&3\\1&1&3&2\end{pmatrix}$ 的秩.

解 对矩阵 $\boldsymbol{A}$ 作初等行变换化为行阶梯形矩阵，

$$\boldsymbol{A}=\begin{pmatrix}1&0&0&1\\2&4&0&-2\\3&6&9&3\\1&1&3&2\end{pmatrix}\xrightarrow[r_4-r_1]{\substack{r_2-2r_1\\r_3-3r_1}}\begin{pmatrix}1&0&0&1\\0&4&0&-4\\0&6&9&0\\0&1&3&1\end{pmatrix}$$

$$\xrightarrow[r_4-r_2]{\substack{r_2\times\frac{1}{4}\\r_3-6r_2}}\begin{pmatrix}1&0&0&1\\0&1&0&-1\\0&0&9&6\\0&0&3&2\end{pmatrix}\xrightarrow{r_4-\frac{1}{3}r_3}\begin{pmatrix}1&0&0&1\\0&1&0&-1\\0&0&9&6\\0&0&0&0\end{pmatrix},$$

习题 3.6 视频详解

故 $R(\boldsymbol{A})=3$.

例 3.6.4 使用初等变换求矩阵 $\boldsymbol{A}$ 的秩的方法称为初等变换法求秩.

习题 3.6

1. 计算下列矩阵的秩.

(1) $\begin{pmatrix}1&2&3&4\\1&-2&5&6\\1&9&2&3\end{pmatrix}$;

(2) $\begin{pmatrix}5&2&0&0&-2\\0&1&1&-1&2\\0&-2&-2&-2&2\\0&1&0&1&1\end{pmatrix}$.

2. 已知矩阵 $\boldsymbol{A}=\begin{pmatrix}x&2&2&2\\2&x&2&2\\2&2&x&2\\2&2&2&x\end{pmatrix}$ 的秩为 3，求 x 的值.

3. 已知矩阵 $\boldsymbol{A}=\begin{pmatrix}1&3&5&7\\8&6&4&2\\6&0&-6&-12\end{pmatrix}$，$\boldsymbol{b}=\begin{pmatrix}3\\4\\5\end{pmatrix}$，求矩阵 $\boldsymbol{A}$ 及 $\boldsymbol{B}=(\boldsymbol{A},\boldsymbol{b})$ 的秩.

3.7 线性方程组的解

现在来考虑线性方程组

$$\begin{cases}a_{11}x_1+a_{12}x_2+\cdots+a_{1n}x_n=b_1,\\a_{21}x_1+a_{22}x_2+\cdots+a_{2n}x_n=b_2,\\\qquad\vdots\\a_{m1}x_1+a_{m2}x_2+\cdots+a_{mn}x_n=b_m.\end{cases}\tag{3.7.1}$$

记

$$\boldsymbol{A}=(a_{ij})_{m\times n}=\begin{pmatrix}a_{11}&a_{12}&\cdots&a_{1n}\\a_{21}&a_{22}&\cdots&a_{2n}\\\vdots&\vdots&&\vdots\\a_{m1}&a_{m2}&\cdots&a_{mn}\end{pmatrix},\ \boldsymbol{b}=(b_1,b_2,\cdots,b_m)^{\mathrm{T}},$$

$$\boldsymbol{x}=(x_1,x_2,\cdots,x_n)^{\mathrm{T}},$$

称 $\boldsymbol{A}$ 为方程组(3.7.1)的系数矩阵，$(\boldsymbol{A},\boldsymbol{b})$ 为方程组(3.7.1)的增广矩阵，通常记为 $\widetilde{\boldsymbol{A}}$，常数项构成的 $m\times1$ 矩阵记为 $\boldsymbol{b}$，n 个未知量构成的 $n\times1$ 矩阵记为 $\boldsymbol{x}$. 则方程组(3.7.1)可以写成矩阵乘积的形式 $\boldsymbol{Ax}=\boldsymbol{b}$. 对方程组(3.7.1)用高斯消元法化简相当于对方程组的增广矩阵 $\widetilde{\boldsymbol{A}}$ 进行初等行变换. 设 $R(\boldsymbol{A})=r$，$\widetilde{\boldsymbol{A}}$ 的行阶梯形为

微课视频：
消元法解线性方程组

$$\begin{pmatrix}
c_{11} & \cdots & * & * & \cdots & * & * & \cdots & * & d_1\\
0 & \cdots & 0 & c_{2i_2} & \cdots & * & * & \cdots & * & d_2\\
\vdots & & \vdots & \vdots & & \vdots & \vdots & & \vdots & \vdots\\
0 & \cdots & 0 & 0 & \cdots & 0 & c_{ri_r} & \cdots & * & d_r\\
0 & \cdots & 0 & 0 & \cdots & 0 & 0 & \cdots & 0 & d_{r+1}\\
0 & \cdots & 0 & 0 & \cdots & 0 & 0 & \cdots & 0 & 0\\
\vdots & & \vdots & \vdots & & \vdots & \vdots & & \vdots & \vdots\\
0 & \cdots & 0 & 0 & \cdots & 0 & 0 & \cdots & 0 & 0
\end{pmatrix},$$

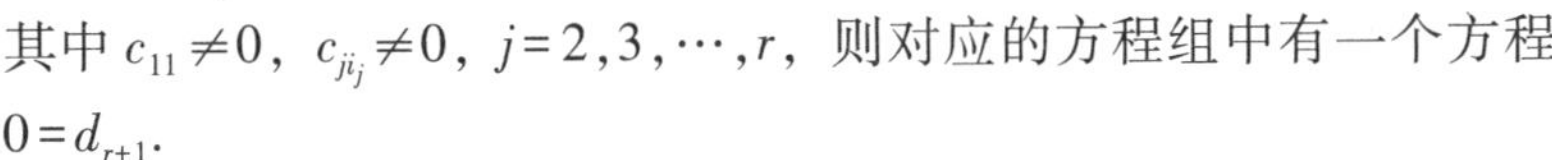

其中 $c_{11}\neq0$，$c_{ji_j}\neq0$，$j=2,3,\cdots,r$，则对应的方程组中有一个方程 $0=d_{r+1}$.

（1）如果 $d_{r+1}\neq0$，那么方程组无解，此时 $r=R(\boldsymbol{A})\neq R(\widetilde{\boldsymbol{A}})=r+1$.

（2）如果 $d_{r+1}=0$，且 $r=n$，则 $R(\boldsymbol{A})=R(\widetilde{\boldsymbol{A}})=n$. 对应的方程组为

$$\begin{cases}
c_{11}x_1+c_{12}x_2+\cdots+c_{1n}x_n=d_1,\\
\qquad c_{22}x_2+\cdots+c_{2n}x_n=d_2,\\
\qquad\qquad \ddots\\
\qquad\qquad\qquad c_{nn}x_n=d_n,
\end{cases}$$

由于 $c_{11}c_{22}\cdots c_{nn}\neq0$，方程组显然有唯一解.

（3）如果 $d_{r+1}=0$，且 $r<n$，则 $R(\boldsymbol{A})=R(\widetilde{\boldsymbol{A}})=r<n$. 不失一般性，可设其对应的方程组为

$$\begin{cases}
c_{11}x_1+c_{12}x_2+\cdots+c_{1r}x_r+c_{1,r+1}x_{r+1}+\cdots+c_{1n}x_n=d_1,\\
\qquad c_{22}x_2+\cdots+c_{2r}x_r+c_{2,r+1}x_{r+1}+\cdots+c_{2n}x_n=d_2,\\
\qquad\qquad \ddots\\
\qquad\qquad\qquad c_{rr}x_r+c_{r,r+1}x_{r+1}+\cdots+c_{rn}x_n=d_r,
\end{cases}$$

将其变形为

$$\begin{cases}
c_{11}x_1+c_{12}x_2+\cdots+c_{1r}x_r=d_1-c_{1,r+1}x_{r+1}-\cdots-c_{1n}x_n,\\
\qquad c_{22}x_2+\cdots+c_{2r}x_r=d_2-c_{2,r+1}x_{r+1}-\cdots-c_{2n}x_n,\\
\qquad\qquad \ddots\\
\qquad\qquad\qquad c_{rr}x_r=d_r-c_{r,r+1}x_{r+1}-\cdots-c_{rn}x_n,
\end{cases}$$

由于 $c_{11}c_{22}\cdots c_{rr}\neq 0$，可将方程组化为

$$\begin{cases}x_1=d_1'-c_{1,r+1}'x_{r+1}-\cdots-c_{1n}'x_n,\\x_2=d_2'-c_{2,r+1}'x_{r+1}-\cdots-c_{2n}'x_n,\\\quad\vdots\\x_r=d_r'-c_{r,r+1}'x_{r+1}-\cdots-c_{rn}'x_n,\end{cases}$$

令 $x_{r+1}=x_{r+2}=\cdots=x_n=0$，则上面的方程组中每个方程的右端都为常数，于是得到方程组的一个解

$$x_1=d_1',x_2=d_2',\cdots,x_r=d_r',x_{r+1}=x_{r+2}=\cdots=x_n=0.$$

再令 $x_{r+1}=1$，$x_{r+2}=\cdots=x_n=0$，则上面的方程组中每个方程的右端都为常数，于是又得到方程组的一个解. 只要给 $x_{r+1},x_{r+2},\cdots,x_n$ 赋一组值，就会得到方程组的一个解. 由于可以给 $x_{r+1},x_{r+2},\cdots,x_n$ 赋值的情况有无穷多种，所以方程组(3.7.1)就有无穷多个解. 由于给 $x_{r+1},x_{r+2},\cdots,x_n$ 赋值可以是任意的，所以通常称 $x_{r+1},x_{r+2},\cdots,x_n$ 为自由未知量，由于其余的未知量 $x_1,x_2,\cdots,x_r$ 的取值依赖于自由未知量 $x_{r+1},x_{r+2},\cdots,x_n$ 的取值，故称未知量 $x_1,x_2,\cdots,x_r$ 为非自由未知量.

将上面的叙述总结为下面的定理.

定理 3.7.1 设 $\boldsymbol{A}$ 是 $m\times n$ 矩阵，$\boldsymbol{b}$ 是 $m\times 1$ 矩阵，则

(1) $R(\boldsymbol{A})=R(\widetilde{\boldsymbol{A}})=n\Leftrightarrow$方程组 $\boldsymbol{Ax}=\boldsymbol{b}$ 有唯一解；

(2) $R(\boldsymbol{A})=R(\widetilde{\boldsymbol{A}})=r<n\Leftrightarrow$方程组 $\boldsymbol{Ax}=\boldsymbol{b}$ 有无穷多解；

(3) $R(\boldsymbol{A})<R(\widetilde{\boldsymbol{A}})\Leftrightarrow$方程组 $\boldsymbol{Ax}=\boldsymbol{b}$ 无解.

称 $\boldsymbol{Ax}=\boldsymbol{0}$ 为齐次线性方程组，称 $\boldsymbol{Ax}=\boldsymbol{b}(\boldsymbol{b}\neq\boldsymbol{0})$ 为非齐次线性方程组. 齐次线性方程组 $\boldsymbol{Ax}=\boldsymbol{0}$ 的增广矩阵 $\widetilde{\boldsymbol{A}}$ 的秩总是与它的系数矩阵 $\boldsymbol{A}$ 的秩相等，于是由定理 3.7.1 可得齐次线性方程组解的结论.

推论 3.7.1 设 $\boldsymbol{A}$ 是 $m\times n$ 矩阵，则

(1) $R(\boldsymbol{A})=n\Leftrightarrow$方程组 $\boldsymbol{Ax}=\boldsymbol{0}$ 有唯一解$\Leftrightarrow$方程组 $\boldsymbol{Ax}=\boldsymbol{0}$ 只有零解；

(2) $R(\boldsymbol{A})<n\Leftrightarrow$方程组 $\boldsymbol{Ax}=\boldsymbol{0}$ 有无穷多解$\Leftrightarrow$方程组 $\boldsymbol{Ax}=\boldsymbol{0}$ 有非零解.

推论 3.7.2 设 $\boldsymbol{A}$ 是 n 阶方阵，则

(1) $R(\boldsymbol{A})=n\Leftrightarrow\boldsymbol{A}$ 可逆$\Leftrightarrow|\boldsymbol{A}|\neq 0\Leftrightarrow$方程组 $\boldsymbol{Ax}=\boldsymbol{0}$ 有唯一解$\Leftrightarrow$方程组 $\boldsymbol{Ax}=\boldsymbol{0}$ 只有零解；

（2）$R(\boldsymbol{A})<n \Leftrightarrow \boldsymbol{A}$ 不可逆 $\Leftrightarrow |\boldsymbol{A}|=0 \Leftrightarrow$ 方程组 $\boldsymbol{Ax}=\boldsymbol{0}$ 有无穷多解 $\Leftrightarrow$ 方程组 $\boldsymbol{Ax}=\boldsymbol{0}$ 有非零解.

例 3.7.1

解方程组 $\begin{cases} 2x_1+3x_2+5x_3+2x_4=-3, \\ x_1+x_2+2x_3+3x_4=1, \\ 3x_1-x_2-x_3-2x_4=-4, \\ 8x_1+x_2+3x_3-2x_4=-11. \end{cases}$

解　首先将线性方程组的增广矩阵化成行阶梯形

$$\widetilde{\boldsymbol{A}}=\begin{pmatrix} 2 & 3 & 5 & 2 & -3 \\ 1 & 1 & 2 & 3 & 1 \\ 3 & -1 & -1 & -2 & -4 \\ 8 & 1 & 3 & -2 & -11 \end{pmatrix} \xrightarrow{r_1 \leftrightarrow r_2} \begin{pmatrix} 1 & 1 & 2 & 3 & 1 \\ 2 & 3 & 5 & 2 & -3 \\ 3 & -1 & -1 & -2 & -4 \\ 8 & 1 & 3 & -2 & -11 \end{pmatrix}$$

$$\xrightarrow[r_4-8r_1]{\substack{r_2-2r_1 \\ r_3-3r_1}} \begin{pmatrix} 1 & 1 & 2 & 3 & 1 \\ 0 & 1 & 1 & -4 & -5 \\ 0 & -4 & -7 & -11 & -7 \\ 0 & -7 & -13 & -26 & -19 \end{pmatrix} \xrightarrow[r_4+7r_2]{r_3+4r_2} \begin{pmatrix} 1 & 1 & 2 & 3 & 1 \\ 0 & 1 & 1 & -4 & -5 \\ 0 & 0 & -3 & -27 & -27 \\ 0 & 0 & -6 & -54 & -54 \end{pmatrix}$$

$$\xrightarrow[r_3\times\left(-\frac{1}{3}\right)]{r_4-2r_3} \begin{pmatrix} 1 & 1 & 2 & 3 & 1 \\ 0 & 1 & 1 & -4 & -5 \\ 0 & 0 & 1 & 9 & 9 \\ 0 & 0 & 0 & 0 & 0 \end{pmatrix},$$

可以看出 $R(\boldsymbol{A})=R(\widetilde{\boldsymbol{A}})=3<4$，故原方程组有无穷多个解，再继续将 $\widetilde{\boldsymbol{A}}$ 化成行最简形

$$\widetilde{\boldsymbol{A}} \rightarrow \begin{pmatrix} 1 & 1 & 2 & 3 & 1 \\ 0 & 1 & 1 & -4 & -5 \\ 0 & 0 & 1 & 9 & 9 \\ 0 & 0 & 0 & 0 & 0 \end{pmatrix} \xrightarrow{r_1-r_2} \begin{pmatrix} 1 & 0 & 1 & 7 & 6 \\ 0 & 1 & 1 & -4 & -5 \\ 0 & 0 & 1 & 9 & 9 \\ 0 & 0 & 0 & 0 & 0 \end{pmatrix}$$

$$\xrightarrow{\substack{r_1-r_3 \\ r_2-r_3}} \begin{pmatrix} 1 & 0 & 0 & -2 & -3 \\ 0 & 1 & 0 & -13 & -14 \\ 0 & 0 & 1 & 9 & 9 \\ 0 & 0 & 0 & 0 & 0 \end{pmatrix},$$

所以所求方程组与下面的方程组同解

$$\begin{cases} x_1-2x_4=-3, \\ x_2-13x_4=-14, \\ x_3+9x_4=9, \end{cases}$$

于是所求方程组的解为

$$\begin{cases} x_1=-3+2x_4, \\ x_2=-14+13x_4, \\ x_3=9-9x_4, \\ x_4=x_4. \end{cases}$$

写成列矩阵的形式

$$\begin{pmatrix} x_1 \\ x_2 \\ x_3 \\ x_4 \end{pmatrix}=\begin{pmatrix} -3 \\ -14 \\ 9 \\ 0 \end{pmatrix}+x_4\begin{pmatrix} 2 \\ 13 \\ -9 \\ 1 \end{pmatrix}.$$

令 $x_4=k$ 为任意实数，所以原方程组的通解为

$$\begin{pmatrix} x_1 \\ x_2 \\ x_3 \\ x_4 \end{pmatrix}=\begin{pmatrix} -3 \\ -14 \\ 9 \\ 0 \end{pmatrix}+k\begin{pmatrix} 2 \\ 13 \\ -9 \\ 1 \end{pmatrix}.$$

例 3.7.2 解线性方程组 $\begin{cases} x_1-x_2-2x_3+2x_4+\ x_5=0, \\ 2x_1-x_2+\ x_3-2x_4+\ x_5=0, \\ 3x_1-x_2+4x_3-3x_4+4x_5=0, \\ 2x_1-x_2+\ x_3-\ x_4+2x_5=0. \end{cases}$

微课视频：
消元法解线性方程组

解　这是一个齐次线性方程组，首先将线性方程组的系数矩阵化成行阶梯形

$$\boldsymbol{A}=\begin{pmatrix} 1 & -1 & -2 & 2 & 1 \\ 2 & -1 & 1 & -2 & 1 \\ 3 & -1 & 4 & -3 & 4 \\ 2 & -1 & 1 & -1 & 2 \end{pmatrix}\xrightarrow[r_4-2r_1]{\substack{r_2-2r_1 \\ r_3-3r_1}}\begin{pmatrix} 1 & -1 & -2 & 2 & 1 \\ 0 & 1 & 5 & -6 & -1 \\ 0 & 2 & 10 & -9 & 1 \\ 0 & 1 & 5 & -5 & 0 \end{pmatrix}$$

$$\xrightarrow[r_4-r_2]{\substack{r_1+r_2 \\ r_3-2r_2}}\begin{pmatrix} 1 & 0 & 3 & -4 & 0 \\ 0 & 1 & 5 & -6 & -1 \\ 0 & 0 & 0 & 3 & 3 \\ 0 & 0 & 0 & 1 & 1 \end{pmatrix}\xrightarrow[\substack{r_2+6r_3 \\ r_4-r_3}]{\substack{r_3\times\frac{1}{3} \\ r_1+4r_3}}\begin{pmatrix} 1 & 0 & 3 & 0 & 4 \\ 0 & 1 & 5 & 0 & 5 \\ 0 & 0 & 0 & 1 & 1 \\ 0 & 0 & 0 & 0 & 0 \end{pmatrix},$$

可以看出 $R(\boldsymbol{A})=3<5$，故原方程组有无穷多解，所以所求方程组与下面的方程组同解

$$\begin{cases} x_1+3x_3+4x_5=0, \\ x_2+5x_3+5x_5=0, \\ x_4+x_5=0, \end{cases}$$

于是所求方程组的解为

$$\begin{cases} x_1=-3x_3-4x_5, \\ x_2=-5x_3-5x_5, \\ x_3=x_3, \\ x_4=-x_5, \\ x_5=x_5 \end{cases}$$

写成列矩阵的形式为

$$\begin{pmatrix} x_1 \\ x_2 \\ x_3 \\ x_4 \\ x_5 \end{pmatrix}=x_3\begin{pmatrix} -3 \\ -5 \\ 1 \\ 0 \\ 0 \end{pmatrix}+x_5\begin{pmatrix} -4 \\ -5 \\ 0 \\ -1 \\ 1 \end{pmatrix}.$$

令 $x_3=k_1$，$x_5=k_2$ 为任意实数，所以原方程组的通解为

$$\begin{pmatrix} x_1 \\ x_2 \\ x_3 \\ x_4 \\ x_5 \end{pmatrix}=k_1\begin{pmatrix} -3 \\ -5 \\ 1 \\ 0 \\ 0 \end{pmatrix}+k_2\begin{pmatrix} -4 \\ -5 \\ 0 \\ -1 \\ 1 \end{pmatrix}.$$

例 3.7.3 设线性方程组

$$\begin{cases} ax_1+2x_2+3x_3=4, \\ \qquad 2x_2+bx_3=2, \\ 2ax_1+2x_2+3x_3=6, \end{cases}$$

试讨论 a，b 分别取何值时，方程组无解？有唯一解？有无穷多解？并在有解时求出其所有解.

解 对方程组的增广矩阵 $\widetilde{A}$ 作初等行变换化为阶梯形，有

$$\widetilde{\boldsymbol{A}}=\begin{pmatrix} a & 2 & 3 & 4 \\ 0 & 2 & b & 2 \\ 2a & 2 & 3 & 6 \end{pmatrix}\to\begin{pmatrix} a & 0 & 0 & 2 \\ 0 & 2 & b & 2 \\ 2a & 2 & 3 & 6 \end{pmatrix}$$

$$\to\begin{pmatrix} a & 0 & 0 & 2 \\ 0 & 2 & b & 2 \\ 0 & 2 & 3 & 2 \end{pmatrix}\to\begin{pmatrix} a & 0 & 0 & 2 \\ 0 & 2 & b & 2 \\ 0 & 0 & 3-b & 0 \end{pmatrix}.$$

（1）若 $a=0$，b 取任意值，则 $R(\boldsymbol{A})\neq R(\widetilde{\boldsymbol{A}})$，故方程组无解.

（2）若 $a\neq0$，$b\neq3$，则 $R(\boldsymbol{A})=R(\widetilde{\boldsymbol{A}})=3$，方程组有唯一解.

$$\begin{cases} x_1=\dfrac{2}{a}, \\ x_2=1, \\ x_3=0. \end{cases}$$

(3) 若 $a\neq 0$，$b=3$，则 $R(\boldsymbol{A})=R(\widetilde{\boldsymbol{A}})=2$，方程组有无穷多解.

$$\begin{cases}x_1=\dfrac{2}{a},\\ x_2=1-\dfrac{3}{2}k,\\ x_3=k,\end{cases}$$

其中 k 为任意实数.

习题 3.7 视频详解

习题 3.7

1. 齐次线性方程组 $\begin{cases}ax_1+x_2+x_3=0,\\ x_1+ax_2+x_3=0,\\ x_1+x_2+x_3=0\end{cases}$ 中只有零解，则 a 应满足的条件是________.

2. 方程组 $\begin{cases}x_1-2x_3=b,\\ x_2+x_3=0,\\ x_1+3x_2+x_3=1\end{cases}$ 有解的充分必要条件是________.

3. 求解下列齐次线性方程组.

(1) $\begin{cases}x_1+x_2-x_3+3x_4=0,\\ 2x_1+x_2+x_3-x_4=0,\\ 2x_1+2x_2+x_3+2x_4=0;\end{cases}$

(2) $\begin{cases}x_1+2x_2+7x_3-x_4=0,\\ 3x_1+6x_2-x_3-3x_4=0,\\ 5x_1+10x_2+x_3-5x_4=0.\end{cases}$

4. 求解下列非齐次线性方程组.

(1) $\begin{cases}x_1-2x_2+3x_3-4x_4=4,\\ -7x_2+3x_3+x_4=-3,\\ x_2-x_3+x_4=-3,\\ x_1+3x_2+x_4=1.\end{cases}$

(2) $\begin{cases}2x_1+x_2-x_3+x_4=1,\\ 3x_1-2x_2+2x_3-3x_4=2,\\ 2x_1-x_2+x_3-3x_4=4,\\ 5x_1+x_2-x_3+2x_4=-1.\end{cases}$

(3) $\begin{cases}x_1+x_2+2x_3+4x_4=3,\\ x_1+2x_2+x_3-x_4=2,\\ 2x_1+x_2+5x_3+4x_4=7.\end{cases}$

(4) $\begin{cases}x_1+x_2+2x_3+x_4+x_5=7,\\ 3x_1+2x_2+x_3+x_4-3x_5=-2,\\ x_2+3x_3+2x_4+6x_5=23,\\ 5x_1+4x_2-3x_3+3x_4-x_5=12.\end{cases}$

5. 对于线性方程组

$$\begin{cases}\lambda x_1+x_2+x_3=\lambda-3,\\ x_1+\lambda x_2+x_3=-2,\\ x_1+x_2+\lambda x_3=-2,\end{cases}$$

讨论 λ 取何值时，方程组无解，有唯一解和无穷多解. 在方程组有无穷多解时，求出其通解.

3.8　运用 MATLAB 做矩阵运算

MATLAB 数值计算功能包括矩阵的加、减、数乘、乘法、乘方、转置、求逆、求秩等.

(1) 在 MATLAB 中，矩阵的加、减与代数中的运算符号一样.

例 3.8.1 已知 $\boldsymbol{A}=\begin{pmatrix}1&4&7\\2&5&8\\3&6&9\end{pmatrix}$，$\boldsymbol{B}=\begin{pmatrix}1&0&0\\0&1&0\\0&0&1\end{pmatrix}$，求 $\boldsymbol{A}+\boldsymbol{B}$.

解

```
>> A=[1,4,7;2,5,8;3,6,9];
>> B=[1,0,0;0,1,0;0,0,1];
>> A+B

ans=

     2     4     7
     2     6     8
     3     6    10
```

(2) 在 MATLAB 中，$\boldsymbol{A}*\boldsymbol{B}$ 是矩阵 $\boldsymbol{A}$ 与 $\boldsymbol{B}$ 乘法运算，$k*\boldsymbol{A}$ 是实数 k 乘以矩阵 $\boldsymbol{A}$，方阵的乘方运算符号是“^”.

例 3.8.2 已知 $\boldsymbol{A}=\begin{pmatrix}1&2\\3&4\end{pmatrix}$，$\boldsymbol{B}=\begin{pmatrix}1&1&2\\2&1&1\end{pmatrix}$，求 $\boldsymbol{AB}$，$2\boldsymbol{A}$，$\boldsymbol{A}^3$.

解

```
>> A=[1,2;3,4];
>> B=[1,1,2;2,1,1];
>> A* B

ans=

      5     3     4
     11     7    10

>> 2* A

ans=

     2     4
     6     8

>> A^3

ans=
```

```
    37    54
    81   118
```

(3) 在MATLAB中，矩阵转置运算符号是“'”，如果方阵$\boldsymbol{A}$可逆，“inv($\boldsymbol{A}$)”是计算$\boldsymbol{A}^{-1}$.

例3.8.3 已知$\boldsymbol{A}=\begin{pmatrix}1&2\\3&4\end{pmatrix}$，$\boldsymbol{B}=\begin{pmatrix}1&1&2\\2&1&1\end{pmatrix}$，求$\boldsymbol{A}^{-1}$，$\boldsymbol{B}^{\mathrm{T}}$.

解

```
>> inv(A)

ans =

   -2.0000    1.0000
    1.5000   -0.5000
>> B'

ans =

     1    2
     1    1
     2    1
```

(4) 在MATLAB中，利用命令“rref($\boldsymbol{A}$)”可将矩阵$\boldsymbol{A}$化成行最简形.

例3.8.4 已知$\boldsymbol{A}=\begin{pmatrix}1&3&1&2&1\\3&4&2&-3&2\\-1&-5&4&1&3\\2&7&1&-6&4\end{pmatrix}$，求它的行最简形.

解

```
>> A=[1,3,1,2,1;3,4,2,-3,2;-1,-5,4,1,3;2,7,1,
-6,4];
>> rref(A)

ans =

    1.0000         0         0         0   -0.9713
         0    1.0000         0         0    0.4552
         0         0    1.0000         0    1.1434
         0         0         0    1.0000   -0.2688
```

第 3 章思维导图

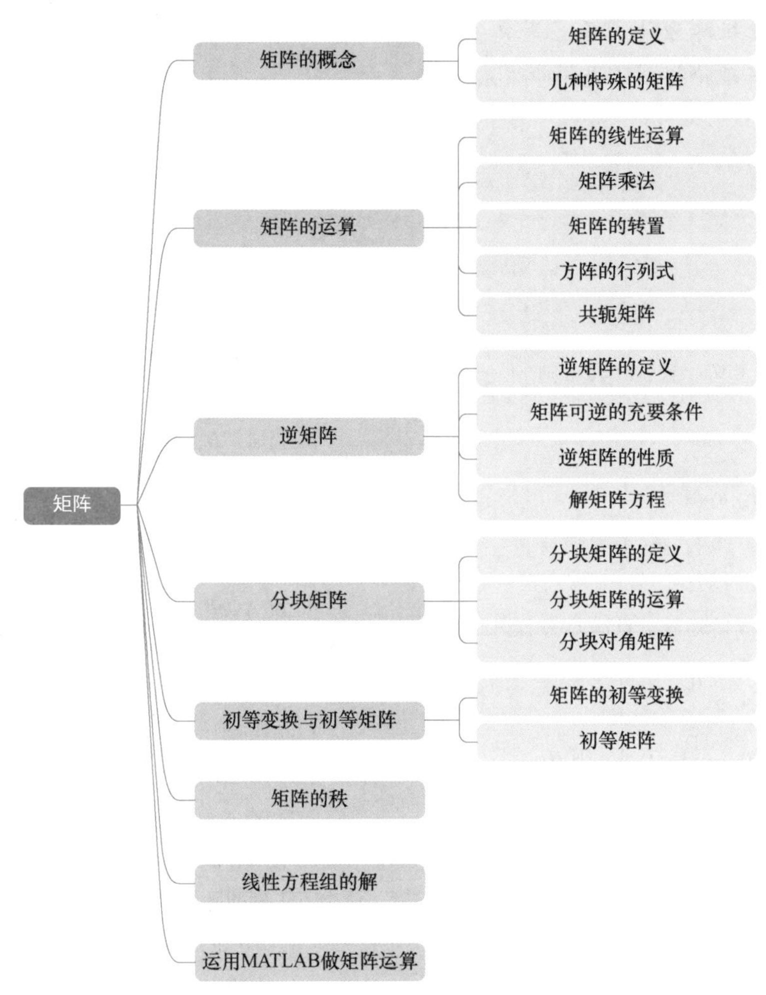

矩阵的历史介绍

19 世纪 50 年代，为了解线性方程组产生了矩阵的概念.

1850 年英国数学家西尔维斯特(SylveSter，1814—1897)在研究方程的个数与未知量的个数不相同的线性方程组时，由于无法使用行列式，所以引入了矩阵的概念.

1855 年英国数学家凯莱(Cayley，1821—1895)在研究线性变换下的不变量时引入了矩阵的简化记号，并于 1858 年在《矩阵论的研究报告》中给出了两个矩阵的相等、相加、数与矩阵的数乘运算以及相应的运算律，同时定义了零矩阵、单位矩阵等特殊矩阵的概念，更重要的是在该文中给出了矩阵乘法、矩阵可逆等概念，以及利用伴随矩阵求逆矩阵的方法，证明了有关运算律.

1878 年德国数学家弗罗贝尼乌斯(Frobenius，1849—1917)讨论了矩阵的最小多项式问题，引入了矩阵的秩、多项式矩阵的行列式因子、不变因子和初等因子等概念，给出了正交矩阵的定义及一些性质，1879 年他又引入了秩的概念.

19 世纪末，矩阵理论体系已基本完成. 到 20 世纪，矩阵理论得到了进一步发展.

精神的追寻——探月精神

总习题 3 视频详解

总习题 3

一、填空题.

1. 设 A 为 3 阶矩阵，且 $|A|=2$，则 $\left|\left(\frac{1}{2}A\right)^{-1}+2A^*\right|=$________.

2. 设 $A=\begin{pmatrix}2&0&0\\1&3&0\\0&0&2\end{pmatrix}$，则 $(A-E)^{-1}=$________.

3. 设 A，B 为 3 阶矩阵，且满足方程 $A^{-1}BA=6A+2BA$，若 $A=\begin{pmatrix}\frac{1}{4}&0&0\\0&\frac{1}{5}&0\\0&0&\frac{1}{8}\end{pmatrix}$，则 $B=$________.

4. 已知 $A=\begin{pmatrix}4&0&0\\0&\frac{5}{2}&1\\0&\frac{3}{2}&\frac{1}{2}\end{pmatrix}$，则 $(A^*)^{-1}=$________.

5. $\begin{pmatrix}1&0&0\\0&1&0\\2&0&1\end{pmatrix}\begin{pmatrix}2&0&1\\1&4&0\\-1&0&3\end{pmatrix}\begin{pmatrix}1&0&0\\0&0&1\\0&1&0\end{pmatrix}=$________.

二、选择题.

1. 下列命题中，正确的是________.

(A) 如果矩阵 $AB=E$，则 A 可逆且 $A^{-1}=B$

(B) 如果矩阵 A，B 均为 n 阶可逆，则 $A+B$ 必可逆

(C) 如果矩阵 A，B 均 n 阶不可逆，则 $A+B$ 必不可逆

(D) 如果矩阵 A，B 均 n 阶不可逆，则 AB 必不可逆

2. 设 A，B，C 均为 n 阶方阵，且 $AB=BC=CA=E$，则 $A^2+B^2+C^2=$________.

(A) $3E$　　(B) $2E$　　(C) E　　(D) O

3. 设 A，B，C 均为 n 阶方阵，且 $ABC=E$，则必有________.

(A) $ACB=E$　　(B) $CBA=E$

(C) $BAC=E$　　(D) $BCA=E$

4. 设 A，B 为 n 阶矩阵，下列运算正确的是________.

(A) $(AB)^k=A^kB^k$

(B) $\left|-A\right|=-|A|$

(C) $A^2-B^2=(A-B)(A+B)$

(D) 若 A 可逆，$k\neq0$，则 $(kA)^{-1}=k^{-1}A^{-1}$

5. 设 A，B 均为 n 阶对称矩阵，则下面四个结论中不正确的是________.

(A) AB 也是对称矩阵

(B) $A+B$ 也是对称矩阵

(C) A^m+B^m（m 为正整数）也是对称矩阵

(D) $BA^{\mathrm{T}}+AB^{\mathrm{T}}$ 也是对称矩阵

6. 设 A，B 为 n 阶方阵，满足等式 $AB=O$，则必有________.

(A) $A=O$ 或 $B=O$

(B) $BA=O$

(C) $|A|=0$ 或 $|B|=0$

(D) $|A|+|B|=0$

7. 设 A，B 为 n 阶方阵，则有________.

(A) $|A+B|=|A|+|B|$

(B) $|A-B|=|A|-|B|$

(C) $|AB|=|BA|$

(D) $AB=BA$

三、计算题.

1. 已知 $AP=PB$，其中 $B=\begin{pmatrix}-1&0&0\\0&0&0\\0&0&1\end{pmatrix}$，$P=\begin{pmatrix}2&2&3\\1&-1&0\\0&1&1\end{pmatrix}$，求 A，A^{2023}.

2. 设 $P=\begin{pmatrix}7&3&0\\2&1&0\\0&0&3\end{pmatrix}$，$\Lambda=\begin{pmatrix}1&0&0\\0&2&0\\0&0&3\end{pmatrix}$，$Q=\begin{pmatrix}1&-3&0\\-2&7&0\\0&0&\frac{1}{3}\end{pmatrix}$. 令 $A=P\Lambda Q$，求 A^{10}.

3. 设 $A=\begin{pmatrix}1&2&-2\\5&a&1\\4&1&-1\end{pmatrix}$，$B$ 为3阶非零矩阵，且 $AB=O$，求 a.

4. 设 A 为3阶方阵，$|A|=\frac{1}{16}$，求 $|2A^{-1}-(2A)^{-1}|$.

5. 设 $A=\begin{pmatrix}-1&0&0\\0&0&-1\\0&1&0\end{pmatrix}$，$B=P^{-1}AP$，其中 P 为3阶可逆矩阵，求 $B^{2024}-5A^2$.

6. 设 $A=\begin{pmatrix}1&0&7\\0&6&0\\5&0&1\end{pmatrix}$，且 $X=AX-A^2+E$，求 X.

7. 已知 $A=\begin{pmatrix}1&1&-1\\0&1&1\\0&0&-1\end{pmatrix}$，$B=\begin{pmatrix}2&0&1\\0&2&0\\0&0&2\end{pmatrix}$ 且 $AXB=AX+A^2B-A^2+B$，求 X.

8. 设矩阵 A 和 B 满足关系式 $AB=A+3B$，其中 $A=\begin{pmatrix}5&2&3\\1&2&0\\-1&2&4\end{pmatrix}$，求矩阵 B.

9. 设矩阵 A，B 满足 $A^*BA=4BA-24E$，其中 $A=\begin{pmatrix}-2&0&0\\0&3&0\\0&0&4\end{pmatrix}$，求矩阵 B.

10. 已知 n 阶矩阵 A 满足 $A^3-3A^2+4A-5E=O$，证明 $A-2E$ 可逆，并求 $(A-2E)^{-1}$.

11. 设 $A=\begin{pmatrix}7&3&8&4\\2&1&6&7\\0&0&9&2\\0&0&4&1\end{pmatrix}$，求 $(A^*)^{-1}$，$(-A^{-1})^*$.

12. 设三阶方阵 A，B 满足方程 $A^2B-2A+B=2E$，其中 $A=\begin{pmatrix}-1&0&3\\0&2&0\\3&0&-1\end{pmatrix}$，求矩阵 B.

四、证明题.

1. 设 A，B 为 n 阶矩阵，且满足 $A^2=A$，$B^2=B$，及 $(A+B)^2=A+B$，证明 $AB=O$.

2. 证明：如果 A 是实对称矩阵，且 $A^2=O$，则 $A=O$.

3. 设 A 为 n 阶非零矩阵，A^* 是 A 的伴随矩阵，若 $A^*=A^{\mathrm{T}}$，证明：A 可逆.

4. 设 n 阶矩阵 A 满足 $A^2+2A-3E=O$，证明 A，$A+2E$，$A+4E$ 均可逆，并求它们的逆，当 $A\neq E$ 时，$A+3E$ 是否可逆，说明理由.

五、(2023，高数(二))设 A，B 为 n 阶可逆矩阵，E 为 n 阶单位矩阵，M^* 为矩阵 M 的伴随矩阵，则 $\begin{pmatrix}A&E\\O&B\end{pmatrix}^*=$________.

(A) $\begin{pmatrix}|A|B^*&-B^*A^*\\O&|B|A^*\end{pmatrix}$

(B) $\begin{pmatrix}|A|B^*&-A^*B^*\\O&|B|A^*\end{pmatrix}$

(C) $\begin{pmatrix}|B|A^*&-B^*A^*\\O&|A|B^*\end{pmatrix}$

(D) $\begin{pmatrix}|B|A^*&-A^*B^*\\O&|A|B^*\end{pmatrix}$

六、(2020，高数(一))若矩阵 A 经初等列变换化成 B，则________.

(A) 存在矩阵 P，使得 $PA=B$

(B) 存在矩阵 P，使得 $BP=A$

(C) 存在矩阵 P，使得 $PB=A$

(D) 方程组 $Ax=0$ 与 $Bx=0$ 同解

七、(2022，高数(一))已知矩阵 A 与 $E-A$ 可逆，其中 E 为单位矩阵，若矩阵 B 满足

$$(E-(E-A)^{-1})B=A,$$

则 $B-A=$________.

第 4 章 向量与线性方程组

在科学技术和经济分析中，许多问题的数学模型都可归纳为线性方程组的问题，因此对线性方程组的解的研究在理论上和实际应用中都十分重要，一般线性方程组都可以用高斯消元法(加减消元法)来求解. 这种方法简单明了，可实现性强，有效地解决了一般线性方程组的求解问题. 本章详细讨论线性方程组有解条件、求解方法、解之间的关系及与之有关的一些问题.

本章主要讲解：

(1) n 维向量及其线性运算；

(2) 向量组的线性相关性；

(3) 向量组的秩及其与矩阵的秩的关系；

(4) 向量空间及线性变换、线性方程组解的结构.

4.1 n 维向量及其线性运算

4.1.1 n 维向量的定义

平面上任意一点 P 可由二元有序数组(x,y)来表示，而向量$\overrightarrow{OP}$也可由(x,y)来表示，类似地，空间中任意一个向量与三元有序数组一一对应，在很多实际问题中，所研究的对象需要用多个数构成的有序数组来描述. 本节将几何向量推广到 n 维向量，并给出 n 维向量的线性运算.

定义 4.1.1 一个 n 元有序数组叫作一个 n 维向量，称$(a_1, a_2,\cdots,a_n)$为n 维行向量，称$\begin{pmatrix} a_1 \\ a_2 \\ \vdots \\ a_n \end{pmatrix}$为 n 维列向量，其中 $a_i(i=1,2,\cdots,n)$称为向量的第 i 个分量(或坐标).

分量全为实数的向量称为实向量，分量全为复数的向量称为复向量.

本书除特别说明，一般只讨论实向量，用字母 $\boldsymbol{a}$，$\boldsymbol{b}$，$\boldsymbol{\alpha}$，$\boldsymbol{\beta}$ 等表示，如果 $\boldsymbol{a}$ 是列向量，则 $\boldsymbol{a}^{\mathrm{T}}$ 表示行向量. 本书所讨论的向量，除特别说明外，一般均指列向量. 行向量的相关定义和结论可类似给出.

4.1.2 *n* 维向量的线性运算

定义 4.1.2　(1) 分量全为 0 的向量称为零向量，记作 $\mathbf{0}$，即 $\mathbf{0}=(0,0,\cdots,0)^{\mathrm{T}}$.

(2) 对于 $\boldsymbol{\alpha}=(a_1,a_2,\cdots,a_n)^{\mathrm{T}}$，称 $(-a_1,-a_2,\cdots,-a_n)^{\mathrm{T}}$ 为 $\boldsymbol{\alpha}$ 的负向量，记作 $-\boldsymbol{\alpha}$.

(3) 对于 $\boldsymbol{\alpha}=(a_1,a_2,\cdots,a_n)^{\mathrm{T}},\boldsymbol{\beta}=(b_1,b_2,\cdots,b_n)^{\mathrm{T}}$，当且仅当 $a_i=b_i(i=1,2,\cdots,n)$ 时，称 α 与 β 相等，记作 $\boldsymbol{\alpha}=\boldsymbol{\beta}$.

(4) 对于 $\boldsymbol{\alpha}=(a_1,a_2,\cdots,a_n)^{\mathrm{T}},\boldsymbol{\beta}=(b_1,b_2,\cdots,b_n)^{\mathrm{T}}$，称 $(a_1+b_1,a_2+b_2,\cdots,a_n+b_n)^{\mathrm{T}}$ 为 α 与 β 的和，记作 $\boldsymbol{\alpha}+\boldsymbol{\beta}$.

(5) 对于 $\boldsymbol{\alpha}=(a_1,a_2,\cdots,a_n)^{\mathrm{T}},\boldsymbol{\beta}=(b_1,b_2,\cdots,b_n)^{\mathrm{T}}$，称 $(a_1-b_1,a_2-b_2,\cdots,a_n-b_n)^{\mathrm{T}}$ 为 α 与 β 的差，记作 $\boldsymbol{\alpha}-\boldsymbol{\beta}$.

(6) 对于 $\boldsymbol{\alpha}=(a_1,a_2,\cdots,a_n)^{\mathrm{T}}$，$k$ 为实数，称 $(ka_1,ka_2,\cdots,ka_n)^{\mathrm{T}}$ 为实数 k 与 $\boldsymbol{\alpha}$ 的数乘，记作 $k\boldsymbol{\alpha}$.

定理 4.1.1　对任意的 n 维向量 $\boldsymbol{\alpha}$，$\boldsymbol{\beta}$，$\boldsymbol{\gamma}$ 和常数 λ，μ，有

(1) 交换律：$\boldsymbol{\alpha}+\boldsymbol{\beta}=\boldsymbol{\beta}+\boldsymbol{\alpha}$；

(2) 结合律：$(\boldsymbol{\alpha}+\boldsymbol{\beta})+\boldsymbol{\gamma}=\boldsymbol{\alpha}+(\boldsymbol{\beta}+\boldsymbol{\gamma})$；

(3) $\boldsymbol{\alpha}+\mathbf{0}=\boldsymbol{\alpha}$；

(4) $\boldsymbol{\alpha}+(-\boldsymbol{\alpha})=\mathbf{0}$；

(5) $1\boldsymbol{\alpha}=\boldsymbol{\alpha}$；

(6) $\lambda(\mu\boldsymbol{\alpha})=(\lambda\mu)\boldsymbol{\alpha}$；

(7) $\lambda(\boldsymbol{\alpha}+\boldsymbol{\beta})=\lambda\boldsymbol{\alpha}+\lambda\boldsymbol{\beta}$；

(8) $(\lambda+\mu)\boldsymbol{\alpha}=\lambda\boldsymbol{\alpha}+\mu\boldsymbol{\alpha}$.

n 维向量的运算是把 n 维列向量和 n 维行向量分别看作 $n\times1$ 和 $1\times n$ 矩阵.

例 4.1.1　某加工厂生产 4 种产品，两天的产量(单位：t)按照产品顺序用列向量表示为 $\boldsymbol{\alpha}_1=(25,30,27,18)^{\mathrm{T}}$，$\boldsymbol{\alpha}_2=(26,32,28,19)^{\mathrm{T}}$，求两天每种产品的产量和.

解　$\boldsymbol{\alpha}_1+\boldsymbol{\alpha}_2=(25,30,27,18)^{\mathrm{T}}+(26,32,28,19)^{\mathrm{T}}=(51,62,55,37)^{\mathrm{T}}$.

习题 4.1

习题 4.1 视频详解

1. 填空题.

(1) 设 $\boldsymbol{\alpha}_1=(2,a,0)^{\mathrm{T}}$，$\boldsymbol{\alpha}_2=(-2,4,b)^{\mathrm{T}}$，且 $\boldsymbol{\alpha}_1+\boldsymbol{\alpha}_2=\mathbf{0}$，则 $a=$________，$b=$________.

(2) 设 n 维列向量 $\boldsymbol{\alpha}=\left(\frac{1}{2},0,\cdots,0,\frac{1}{2}\right)^{\mathrm{T}}$，矩阵 $\boldsymbol{A}=\boldsymbol{E}+2\boldsymbol{\alpha}\boldsymbol{\alpha}^{\mathrm{T}}$，$\boldsymbol{B}=\boldsymbol{E}-\boldsymbol{\alpha}\boldsymbol{\alpha}^{\mathrm{T}}$，则 $\boldsymbol{AB}=$________.

2. 已知 $\boldsymbol{\alpha}_1+2\boldsymbol{\alpha}_2+3\boldsymbol{\alpha}_3+4\boldsymbol{\beta}=\mathbf{0}$，其中

$$\boldsymbol{\alpha}_1=\begin{pmatrix}10\\8\\-1\\2\end{pmatrix},\ \boldsymbol{\alpha}_2=\begin{pmatrix}4\\-1\\4\\-3\end{pmatrix},\ \boldsymbol{\alpha}_3=\begin{pmatrix}-6\\2\\-5\\4\end{pmatrix},$$

求 $\boldsymbol{\beta}$.

3. 设 $\boldsymbol{a}_1=\begin{pmatrix}3\\5\\8\end{pmatrix}$，$\boldsymbol{a}_2=\begin{pmatrix}2\\-4\\-7\end{pmatrix}$，$\boldsymbol{a}_3=\begin{pmatrix}5\\1\\-4\end{pmatrix}$，求 $\boldsymbol{a}_1+\boldsymbol{a}_2$ 及 $4\boldsymbol{a}_1+3\boldsymbol{a}_2-\boldsymbol{a}_3$.

4. 设 $6(\boldsymbol{a}_1-\boldsymbol{a})-4(\boldsymbol{a}_2+\boldsymbol{a})=10(\boldsymbol{a}_3+\boldsymbol{a})$，其中

$$\boldsymbol{a}_1=\begin{pmatrix}3\\1\\5\\2\end{pmatrix},\ \boldsymbol{a}_2=\begin{pmatrix}10\\5\\1\\10\end{pmatrix},\ \boldsymbol{a}_3=\begin{pmatrix}1\\-1\\1\\4\end{pmatrix},$$

求 $\boldsymbol{a}$.

4.2 向量组及其线性组合

若干(有限或无限多)个同维数的列向量(行向量)组成的集合叫向量组(里面可以有重复的向量).

设 $\boldsymbol{A}=\begin{pmatrix}a_{11}&a_{12}&\cdots&a_{1n}\\a_{21}&a_{22}&\cdots&a_{2n}\\\vdots&\vdots&&\vdots\\a_{m1}&a_{m2}&\cdots&a_{mn}\end{pmatrix}$，将 $\boldsymbol{A}$ 按列分块写成 $\boldsymbol{A}=(\boldsymbol{\alpha}_1,\boldsymbol{\alpha}_2,\cdots,\boldsymbol{\alpha}_n)$，则称

$$\boldsymbol{\alpha}_1=\begin{pmatrix}a_{11}\\a_{21}\\\vdots\\a_{m1}\end{pmatrix},\ \boldsymbol{\alpha}_2=\begin{pmatrix}a_{12}\\a_{22}\\\vdots\\a_{m2}\end{pmatrix},\ \cdots,\ \boldsymbol{\alpha}_n=\begin{pmatrix}a_{1n}\\a_{2n}\\\vdots\\a_{mn}\end{pmatrix}$$

为矩阵 $\boldsymbol{A}$ 的列向量组；将 $\boldsymbol{A}$ 按行分块写成 $\boldsymbol{A}=\begin{pmatrix}\boldsymbol{\beta}_1^{\mathrm{T}}\\\boldsymbol{\beta}_2^{\mathrm{T}}\\\vdots\\\boldsymbol{\beta}_m^{\mathrm{T}}\end{pmatrix}$，则称

$$\boldsymbol{\beta}_1^{\mathrm{T}}=(a_{11},a_{12},\cdots,a_{1n}),\boldsymbol{\beta}_2^{\mathrm{T}}=(a_{21},a_{22},\cdots,a_{2n}),\cdots,\boldsymbol{\beta}_m^{\mathrm{T}}=(a_{m1},a_{m2},\cdots,a_{mn})$$

为矩阵 $\boldsymbol{A}$ 的行向量组.

向量组的学习和研究是十分重要的，下面我们从线性关系的

角度来展开研究.

4.2.1 向量组的线性组合

微课视频：
向量组的线性组合

定义 4.2.1　设向量 $\boldsymbol{\alpha}_1,\boldsymbol{\alpha}_2,\cdots,\boldsymbol{\alpha}_s$ 和 $\boldsymbol{\beta}$ 均为 n 维向量，若存在一组数 $k_1,k_2,\cdots,k_s$，使得

$$\boldsymbol{\beta}=k_1\boldsymbol{\alpha}_1+k_2\boldsymbol{\alpha}_2+\cdots+k_s\boldsymbol{\alpha}_s,$$

则称 $\boldsymbol{\beta}$ 是向量组 $\boldsymbol{\alpha}_1,\boldsymbol{\alpha}_2,\cdots,\boldsymbol{\alpha}_s$ 的一个线性组合，或称 $\boldsymbol{\beta}$ 可由向量组 $\boldsymbol{\alpha}_1,\boldsymbol{\alpha}_2,\cdots,\boldsymbol{\alpha}_s$ 线性表示，其中 $k_1,k_2,\cdots,k_s$ 称为 $\boldsymbol{\beta}$ 由 $\boldsymbol{\alpha}_1,\boldsymbol{\alpha}_2,\cdots,\boldsymbol{\alpha}_s$ 线性表示的系数.

例 4.2.1　设 $\boldsymbol{\alpha}_1=(2,4,8)^{\mathrm{T}}$，$\boldsymbol{\alpha}_2=(1,2,4)^{\mathrm{T}}$，则

$$\boldsymbol{0}=(0,0,0)^{\mathrm{T}}=0\boldsymbol{\alpha}_1+0\boldsymbol{\alpha}_2,$$

即零向量可由 $\boldsymbol{\alpha}_1,\boldsymbol{\alpha}_2$ 线性表示. 一般地，n 维零向量可由任意 n 维向量组线性表示.

例 4.2.2　设 n 维向量组 $\boldsymbol{e}_1=(1,0,\cdots,0)^{\mathrm{T}}$，$\boldsymbol{e}_2=(0,1,\cdots,0)^{\mathrm{T}}$，$\cdots$，$\boldsymbol{e}_n=(0,0,\cdots,1)^{\mathrm{T}}$，则任意 n 维向量 $\boldsymbol{a}=(a_1,a_2,\cdots,a_n)^{\mathrm{T}}$ 可由 $\boldsymbol{e}_1,\boldsymbol{e}_2,\cdots,\boldsymbol{e}_n$ 线性表示. 事实上，有

$$\boldsymbol{a}=a_1\boldsymbol{e}_1+a_2\boldsymbol{e}_2+\cdots+a_n\boldsymbol{e}_n,$$

称 $\boldsymbol{e}_i(i=1,2,\cdots,n)$ 为 n 维基本单位向量，称 $\boldsymbol{e}_1,\boldsymbol{e}_2,\cdots,\boldsymbol{e}_n$ 为 n 维基本单位向量组.

例 4.2.3　向量组 $\boldsymbol{\alpha}_1,\boldsymbol{\alpha}_2,\cdots,\boldsymbol{\alpha}_s$ 中任意一个向量都可由这个向量组线性表示. 事实上，对于向量组 $\boldsymbol{\alpha}_1,\boldsymbol{\alpha}_2,\cdots,\boldsymbol{\alpha}_s$ 中任意向量 $\boldsymbol{\alpha}_i(i=1,2,\cdots,s)$，都有

$$\boldsymbol{\alpha}_i=0\boldsymbol{\alpha}_1+\cdots+0\boldsymbol{\alpha}_{i-1}+1\boldsymbol{\alpha}_i+0\boldsymbol{\alpha}_{i+1}+\cdots+0\boldsymbol{\alpha}_s,$$

所以 $\boldsymbol{\alpha}_i$ 可由 $\boldsymbol{\alpha}_1,\boldsymbol{\alpha}_2,\cdots,\boldsymbol{\alpha}_s$ 线性表示.

定理 4.2.1　设向量 $\boldsymbol{\alpha}_1,\boldsymbol{\alpha}_2,\cdots,\boldsymbol{\alpha}_s$ 和 $\boldsymbol{\beta}$ 均为 n 维向量，则 $\boldsymbol{\beta}$ 可由向量组 $\boldsymbol{\alpha}_1,\boldsymbol{\alpha}_2,\cdots,\boldsymbol{\alpha}_s$ 线性表示的充要条件是

$$R(\boldsymbol{\alpha}_1,\boldsymbol{\alpha}_2,\cdots,\boldsymbol{\alpha}_s)=R(\boldsymbol{\alpha}_1,\boldsymbol{\alpha}_2,\cdots,\boldsymbol{\alpha}_s,\boldsymbol{\beta}).$$

证　$\boldsymbol{\beta}$ 可由向量组 $\boldsymbol{\alpha}_1,\boldsymbol{\alpha}_2,\cdots,\boldsymbol{\alpha}_s$ 线性表示的充要条件是存在数 $k_1,k_2,\cdots,k_s$ 使得

$$\boldsymbol{\beta}=k_1\boldsymbol{\alpha}_1+k_2\boldsymbol{\alpha}_2+\cdots+k_s\boldsymbol{\alpha}_s,$$

即

$$(\boldsymbol{\alpha}_1,\boldsymbol{\alpha}_2,\cdots,\boldsymbol{\alpha}_s)\begin{pmatrix}k_1\\k_2\\\vdots\\k_s\end{pmatrix}=\boldsymbol{\beta},$$

这也说明$(k_1,k_2,\cdots,k_s)^{\mathrm{T}}$是方程组$(\boldsymbol{\alpha}_1,\boldsymbol{\alpha}_2,\cdots,\boldsymbol{\alpha}_s)\boldsymbol{x}=\boldsymbol{\beta}$的解. 而方程组$(\boldsymbol{\alpha}_1,\boldsymbol{\alpha}_2,\cdots,\boldsymbol{\alpha}_s)\boldsymbol{x}=\boldsymbol{\beta}$有解的充要条件是

$$R(\boldsymbol{\alpha}_1,\boldsymbol{\alpha}_2,\cdots,\boldsymbol{\alpha}_s)=R(\boldsymbol{\alpha}_1,\boldsymbol{\alpha}_2,\cdots,\boldsymbol{\alpha}_s,\boldsymbol{\beta}).$$

例 4.2.4 设向量组$\boldsymbol{\alpha}_1=\begin{pmatrix}-1\\1\\-2\end{pmatrix}$，$\boldsymbol{\alpha}_2=\begin{pmatrix}1\\-2\\3\end{pmatrix}$，$\boldsymbol{\alpha}_3=\begin{pmatrix}-2\\3\\-5\end{pmatrix}$，$\boldsymbol{\beta}=\begin{pmatrix}-2\\-3\\1\end{pmatrix}$，判断向量$\boldsymbol{\beta}$能否由$\boldsymbol{\alpha}_1,\boldsymbol{\alpha}_2,\boldsymbol{\alpha}_3$线性表示，如果能，写出一个线性表示式.

解 因为

$$(\boldsymbol{\alpha}_1,\boldsymbol{\alpha}_2,\boldsymbol{\alpha}_3,\boldsymbol{\beta})=\begin{pmatrix}-1&1&-2&-2\\1&-2&3&-3\\-2&3&-5&1\end{pmatrix}\to\begin{pmatrix}1&-1&2&2\\0&1&-1&5\\0&1&-1&5\end{pmatrix}$$

$$\to\begin{pmatrix}1&0&1&7\\0&1&-1&5\\0&0&0&0\end{pmatrix},$$

于是

$$R(\boldsymbol{\alpha}_1,\boldsymbol{\alpha}_2,\boldsymbol{\alpha}_3)=R(\boldsymbol{\alpha}_1,\boldsymbol{\alpha}_2,\boldsymbol{\alpha}_3,\boldsymbol{\beta})=2<3.$$

所以向量$\boldsymbol{\beta}$可由$\boldsymbol{\alpha}_1,\boldsymbol{\alpha}_2,\boldsymbol{\alpha}_3$线性表示，且表示法不唯一，其中一个线性表示式为

$$\boldsymbol{\beta}=6\boldsymbol{\alpha}_1+6\boldsymbol{\alpha}_2+\boldsymbol{\alpha}_3.$$

4.2.2 向量组的等价

定义 4.2.2 设有两个向量组：（Ⅰ）$\boldsymbol{\alpha}_1,\boldsymbol{\alpha}_2,\cdots,\boldsymbol{\alpha}_t$；（Ⅱ）$\boldsymbol{\beta}_1,\boldsymbol{\beta}_2,\cdots,\boldsymbol{\beta}_s$. 若向量组（Ⅰ）中每个向量都可由向量组（Ⅱ）线性表示，则称向量组（Ⅰ）可由向量组（Ⅱ）线性表示. 若两个向量组可相互线性表示，则称这两个向量组等价.

向量组$\boldsymbol{\beta}_1,\boldsymbol{\beta}_2,\cdots,\boldsymbol{\beta}_s$可由向量组$\boldsymbol{\alpha}_1,\boldsymbol{\alpha}_2,\cdots,\boldsymbol{\alpha}_t$线性表示，则存在常数$k_{1j},k_{2j},\cdots,k_{tj}(j=1,2,\cdots,s)$使得

$$\boldsymbol{\beta}_j=k_{1j}\boldsymbol{\alpha}_1+k_{2j}\boldsymbol{\alpha}_2+\cdots+k_{tj}\boldsymbol{\alpha}_t,$$

即

$$(\boldsymbol{\beta}_1,\boldsymbol{\beta}_2,\cdots,\boldsymbol{\beta}_s)=(\boldsymbol{\alpha}_1,\boldsymbol{\alpha}_2,\cdots,\boldsymbol{\alpha}_t)\begin{pmatrix}k_{11} & k_{12} & \cdots & k_{1s}\\ k_{21} & k_{22} & \cdots & k_{2s}\\ \vdots & \vdots & & \vdots\\ k_{t1} & k_{t2} & \cdots & k_{ts}\end{pmatrix},$$

式中，$\boldsymbol{K}=(k_{ij})_{t\times s}$称为线性表示的系数矩阵.

记 $\boldsymbol{A}=(\boldsymbol{\alpha}_1,\boldsymbol{\alpha}_2,\cdots,\boldsymbol{\alpha}_t)$，$\boldsymbol{B}=(\boldsymbol{\beta}_1,\boldsymbol{\beta}_2,\cdots,\boldsymbol{\beta}_s)$，则有 $\boldsymbol{B}=\boldsymbol{AK}$. 进而有下面的定理.

定理 4.2.2　向量组 $\boldsymbol{\beta}_1,\boldsymbol{\beta}_2,\cdots,\boldsymbol{\beta}_s$ 可由向量组 $\boldsymbol{\alpha}_1,\boldsymbol{\alpha}_2,\cdots,\boldsymbol{\alpha}_t$ 线性表示的充要条件是矩阵方程 $\boldsymbol{AX}=\boldsymbol{B}$ 有解.

定理 4.2.3　行向量组 $\boldsymbol{\beta}_1^{\mathrm{T}},\boldsymbol{\beta}_2^{\mathrm{T}},\cdots,\boldsymbol{\beta}_s^{\mathrm{T}}$ 可由行向量组 $\boldsymbol{\alpha}_1^{\mathrm{T}},\boldsymbol{\alpha}_2^{\mathrm{T}},\cdots,\boldsymbol{\alpha}_t^{\mathrm{T}}$ 线性表示的充要条件是矩阵方程 $\boldsymbol{X}^{\mathrm{T}}\boldsymbol{A}^{\mathrm{T}}=\boldsymbol{B}^{\mathrm{T}}$ 有解.

推论 4.2.1　向量组 $\boldsymbol{A}$：$\boldsymbol{\alpha}_1,\boldsymbol{\alpha}_2,\cdots,\boldsymbol{\alpha}_t$ 与向量组 $\boldsymbol{B}$：$\boldsymbol{\beta}_1,\boldsymbol{\beta}_2,\cdots,\boldsymbol{\beta}_s$ 等价的充要条件是

$$R(\boldsymbol{A})=R(\boldsymbol{B})=R(\boldsymbol{A},\boldsymbol{B}).$$

推论 4.2.2　向量组 $\boldsymbol{B}$：$\boldsymbol{\beta}_1,\boldsymbol{\beta}_2,\cdots,\boldsymbol{\beta}_s$ 可由向量组 $\boldsymbol{A}$：$\boldsymbol{\alpha}_1,\boldsymbol{\alpha}_2,\cdots,\boldsymbol{\alpha}_t$ 线性表示，则

$$R(\boldsymbol{B})\leqslant R(\boldsymbol{A}).$$

例 4.2.5　设向量组 $\boldsymbol{A}$：$\boldsymbol{a}_1=\begin{pmatrix}2\\1\\2\\1\end{pmatrix}$，$\boldsymbol{a}_2=\begin{pmatrix}6\\-1\\2\\-3\end{pmatrix}$；向量组 $\boldsymbol{B}$：$\boldsymbol{b}_1=\begin{pmatrix}4\\0\\2\\-1\end{pmatrix}$，$\boldsymbol{b}_2=\begin{pmatrix}2\\-1\\0\\-2\end{pmatrix}$，$\boldsymbol{b}_3=\begin{pmatrix}6\\1\\4\\0\end{pmatrix}$，讨论向量组 $\boldsymbol{A}$ 和 $\boldsymbol{B}$ 是否等价.

解　记 $\boldsymbol{A}=(\boldsymbol{a}_1,\boldsymbol{a}_2)$，$\boldsymbol{B}=(\boldsymbol{b}_1,\boldsymbol{b}_2,\boldsymbol{b}_3)$，因为

$$(\boldsymbol{a}_1,\boldsymbol{a}_2,\boldsymbol{b}_1,\boldsymbol{b}_2,\boldsymbol{b}_3)=\begin{pmatrix}2 & 6 & 4 & 2 & 6\\ 1 & -1 & 0 & -1 & 1\\ 2 & 2 & 2 & 0 & 4\\ 1 & -3 & -1 & -2 & 0\end{pmatrix}\xrightarrow{r_1\leftrightarrow r_2}\begin{pmatrix}1 & -1 & 0 & -1 & 1\\ 2 & 6 & 4 & 2 & 6\\ 2 & 2 & 2 & 0 & 4\\ 1 & -3 & -1 & -2 & 0\end{pmatrix}$$

$$\xrightarrow[r_4-r_1]{\substack{r_2-2r_1\\ r_3-2r_1}}\begin{pmatrix}1&-1&0&-1&1\\0&8&4&4&4\\0&4&2&2&2\\0&-2&-1&-1&-1\end{pmatrix}\to\begin{pmatrix}1&-1&0&-1&1\\0&2&1&1&1\\0&0&0&0&0\\0&0&0&0&0\end{pmatrix},$$

所以 $R(\boldsymbol{A})=R(\boldsymbol{B})=R(\boldsymbol{A},\boldsymbol{B})=2$，故向量组 $\boldsymbol{A}$ 和 $\boldsymbol{B}$ 等价.

习题 4.2

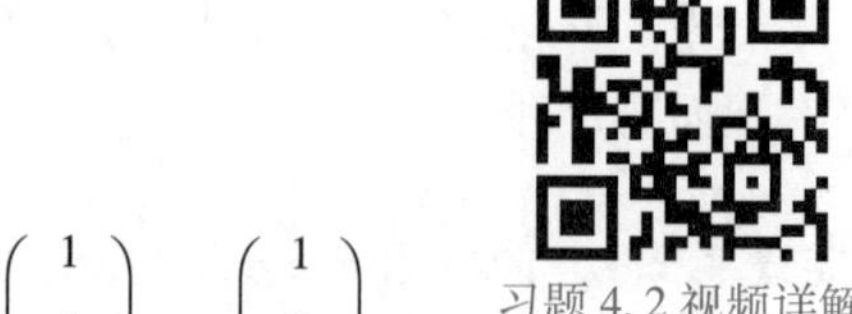
习题 4.2 视频详解

1. 填空题.

（1）当 $k=$________时，向量 $\boldsymbol{\beta}=\begin{pmatrix}2\\k\\-5\end{pmatrix}$ 能由向量 $\boldsymbol{\alpha}_1=\begin{pmatrix}2\\-3\\-2\end{pmatrix}$，$\boldsymbol{\alpha}_2=\begin{pmatrix}4\\-1\\-1\end{pmatrix}$ 线性表示.

（2）一个加工厂生产两种产品 A 和 B. 设生产价值 1 万元的产品 A 需要原料成本 0.31 万元，人工成本 0.24 万元，设备成本 0.11 万元，管理成本 0.14 万元，则产品 A 的价值 1 万元产品的成本向量为 $\boldsymbol{a}=$________. 类似地，设生产价值 1 万元的产品 B 需要原料成本 0.24 万元，人工成本 0.36 万元，设备成本 0.12 万元，管理成本 0.13 万元，则产品 B 的价值 1 万元产品的成本向量为 $\boldsymbol{b}=$________. 设该加工厂生产价值 x_1 万元的产品 A 和生产价值 x_2 万元的产品 B，则需要的总成本为________.

2. 已知

$$\boldsymbol{\alpha}_1=\begin{pmatrix}1\\0\\-2\\3\end{pmatrix},\ \boldsymbol{\alpha}_2=\begin{pmatrix}1\\2\\-3\\5\end{pmatrix},\ \boldsymbol{\alpha}_3=\begin{pmatrix}1\\-2\\a-2\\1\end{pmatrix},$$

$$\boldsymbol{\alpha}_4=\begin{pmatrix}1\\4\\-4\\a+8\end{pmatrix},\boldsymbol{\beta}=\begin{pmatrix}1\\2\\b-3\\5\end{pmatrix},$$

求：

（1）a，b 取何值时，$\boldsymbol{\beta}$ 不能表示成 $\boldsymbol{\alpha}_1,\boldsymbol{\alpha}_2,\boldsymbol{\alpha}_3,\boldsymbol{\alpha}_4$ 的线性组合；

（2）a，b 取何值时，$\boldsymbol{\beta}$ 能唯一地表示成 $\boldsymbol{\alpha}_1,\boldsymbol{\alpha}_2,\boldsymbol{\alpha}_3,\boldsymbol{\alpha}_4$ 的线性组合.

3. 设有向量组 $\boldsymbol{\alpha}_1,\boldsymbol{\alpha}_2,\boldsymbol{\alpha}_3,\boldsymbol{\beta}$，问 $\boldsymbol{\beta}$ 是否能表示成 $\boldsymbol{\alpha}_1,\boldsymbol{\alpha}_2,\boldsymbol{\alpha}_3$ 的线性组合？

（1）$\boldsymbol{\alpha}_1=\begin{pmatrix}1\\-1\\0\\3\end{pmatrix}$，$\boldsymbol{\alpha}_2=\begin{pmatrix}2\\1\\1\\-1\end{pmatrix}$，$\boldsymbol{\alpha}_3=\begin{pmatrix}0\\1\\2\\1\end{pmatrix}$，$\boldsymbol{\beta}=\begin{pmatrix}-1\\0\\3\\6\end{pmatrix}$；

（2）$\boldsymbol{\alpha}_1=\begin{pmatrix}1\\1\\1\\1\end{pmatrix}$，$\boldsymbol{\alpha}_2=\begin{pmatrix}-1\\0\\2\\1\end{pmatrix}$，$\boldsymbol{\alpha}_3=\begin{pmatrix}1\\2\\4\\3\end{pmatrix}$，$\boldsymbol{\beta}=\begin{pmatrix}2\\0\\0\\3\end{pmatrix}$.

4. 设 $\boldsymbol{\alpha}_1,\boldsymbol{\alpha}_2,\boldsymbol{\alpha}_3,\boldsymbol{\alpha}_4,\boldsymbol{\beta}$ 是 n 维向量，$\boldsymbol{\beta}$ 能由 $\boldsymbol{\alpha}_1,\boldsymbol{\alpha}_2,\boldsymbol{\alpha}_3,\boldsymbol{\alpha}_4$ 线性表示，但 $\boldsymbol{\beta}$ 不能由 $\boldsymbol{\alpha}_1,\boldsymbol{\alpha}_2,\boldsymbol{\alpha}_3$ 线性表示，证明：$\boldsymbol{\alpha}_4$ 可由 $\boldsymbol{\alpha}_1,\boldsymbol{\alpha}_2,\boldsymbol{\alpha}_3,\boldsymbol{\beta}$ 线性表示.

4.3 向量组的线性相关性

向量组的线性相关性是向量在线性运算下的重要性质，也是后面学习线性方程组理论的重要基础.

4.3.1 向量组线性相关性的定义

定义 4.3.1　给定向量组 A：$\boldsymbol{\alpha}_1,\boldsymbol{\alpha}_2,\cdots,\boldsymbol{\alpha}_s$，如果存在不全为零

微课视频：
向量组的线性相关性

的数 $k_1,k_2,\cdots,k_s$ 使得

$$k_1\boldsymbol{\alpha}_1+k_2\boldsymbol{\alpha}_2+\cdots+k_s\boldsymbol{\alpha}_s=\mathbf{0},$$

则称向量组 A：$\boldsymbol{\alpha}_1,\boldsymbol{\alpha}_2,\cdots,\boldsymbol{\alpha}_s$ 线性相关；否则，称此向量组 A：$\boldsymbol{\alpha}_1,\boldsymbol{\alpha}_2,\cdots,\boldsymbol{\alpha}_s$ 线性无关，即此向量组线性无关等同于以 x_1，$x_2,\cdots,x_s$ 为未知数的齐次线性方程组

$$x_1\boldsymbol{\alpha}_1+x_2\boldsymbol{\alpha}_2+\cdots+x_s\boldsymbol{\alpha}_s=\mathbf{0}$$

仅有零解.

例 4.3.1　判断向量组 $\boldsymbol{\alpha}_1=\begin{pmatrix}1\\2\\3\end{pmatrix}$，$\boldsymbol{\alpha}_2=\begin{pmatrix}0\\2\\5\end{pmatrix}$，$\boldsymbol{\alpha}_3=\begin{pmatrix}1\\0\\-2\end{pmatrix}$的线性相关性.

解　通过直接观察可得

$$\boldsymbol{\alpha}_1-\boldsymbol{\alpha}_2-\boldsymbol{\alpha}_3=\mathbf{0},$$

故 $\boldsymbol{\alpha}_1,\boldsymbol{\alpha}_2,\boldsymbol{\alpha}_3$ 线性相关.

例 4.3.2　证明 n 个 n 维基本单位向量

$$\boldsymbol{e}_1=(1,0,\cdots,0)^{\mathrm{T}},\ \boldsymbol{e}_2=(0,1,\cdots,0)^{\mathrm{T}},\cdots,\boldsymbol{e}_n=(0,0,\cdots,1)^{\mathrm{T}}$$

构成的向量组线性无关.

证　设有一组数 $k_1,k_2,\cdots,k_n$ 使得

$$k_1\boldsymbol{e}_1+k_2\boldsymbol{e}_2+\cdots+k_n\boldsymbol{e}_n=\mathbf{0},$$

可以推出

$$k_1=k_2=\cdots=k_n=0,$$

所以 $\boldsymbol{e}_1,\boldsymbol{e}_2,\cdots,\boldsymbol{e}_n$ 线性无关.

例 4.3.3　已知向量组 $\boldsymbol{\alpha}_1,\boldsymbol{\alpha}_2,\boldsymbol{\alpha}_3,\boldsymbol{\alpha}_4$ 线性无关，证明向量组 $\boldsymbol{\alpha}_1-\boldsymbol{\alpha}_2,\boldsymbol{\alpha}_2-\boldsymbol{\alpha}_3,\boldsymbol{\alpha}_3-\boldsymbol{\alpha}_4$ 线性无关.

证　设有常数 k_1,k_2,k_3 使得

$$k_1(\boldsymbol{\alpha}_1-\boldsymbol{\alpha}_2)+k_2(\boldsymbol{\alpha}_2-\boldsymbol{\alpha}_3)+k_3(\boldsymbol{\alpha}_3-\boldsymbol{\alpha}_4)=\mathbf{0},$$

故

$$k_1\boldsymbol{\alpha}_1+(k_2-k_1)\boldsymbol{\alpha}_2+(k_3-k_2)\boldsymbol{\alpha}_3-k_3\boldsymbol{\alpha}_4=\mathbf{0},$$

因为 $\boldsymbol{\alpha}_1,\boldsymbol{\alpha}_2,\boldsymbol{\alpha}_3,\boldsymbol{\alpha}_4$ 线性无关，所以 $k_1=k_2=k_3=0$，于是向量组 $\boldsymbol{\alpha}_1-\boldsymbol{\alpha}_2,\boldsymbol{\alpha}_2-\boldsymbol{\alpha}_3,\boldsymbol{\alpha}_3-\boldsymbol{\alpha}_4$ 线性无关.

4.3.2　向量组线性相关性的性质

性质 4.3.1　一个向量 $\boldsymbol{\alpha}$ 线性相关的充要条件是 $\boldsymbol{\alpha}=\mathbf{0}$.

证 一个向量 $\boldsymbol{\alpha}$ 线性相关的充要条件是存在非零的常数 k，使得 $k\boldsymbol{\alpha}=\mathbf{0}$. 即当且仅当 $\boldsymbol{\alpha}=\mathbf{0}$.

推论 4.3.1 一个向量 $\boldsymbol{\alpha}$ 线性无关的充要条件是 $\boldsymbol{\alpha}\neq\mathbf{0}$.

性质 4.3.2 两个向量 $\boldsymbol{\alpha}_1,\boldsymbol{\alpha}_2$ 线性相关的充要条件是 $\boldsymbol{\alpha}_1,\boldsymbol{\alpha}_2$ 的对应分量成比例.

证 充分性. 设 $\boldsymbol{\alpha}_1,\boldsymbol{\alpha}_2$ 对应分量成比例，则存在常数 k，使得 $\boldsymbol{\alpha}_1=k\boldsymbol{\alpha}_2$ 或 $\boldsymbol{\alpha}_2=k\boldsymbol{\alpha}_1$，从而有

$$\boldsymbol{\alpha}_1-k\boldsymbol{\alpha}_2=\mathbf{0} \text{ 或 } k\boldsymbol{\alpha}_1-\boldsymbol{\alpha}_2=\mathbf{0},$$

既存在不全为零的数 1，$-k$ 或 k，-1 使上式成立，故向量 $\boldsymbol{\alpha}_1,\boldsymbol{\alpha}_2$ 线性相关.

必要性. 根据定义，若两个向量 $\boldsymbol{\alpha}_1,\boldsymbol{\alpha}_2$ 线性相关，则存在不全为零的数 k_1，k_2 使得

$$k_1\boldsymbol{\alpha}_1+k_2\boldsymbol{\alpha}_2=\mathbf{0}.$$

不妨设 $k_1\neq0$，则有

$$\boldsymbol{\alpha}_1=-\frac{k_2}{k_1}\boldsymbol{\alpha}_2.$$

推论 4.3.2 两个非零向量 $\boldsymbol{\alpha}_1,\boldsymbol{\alpha}_2$ 线性无关的充要条件是 $\boldsymbol{\alpha}_1,\boldsymbol{\alpha}_2$ 的对应分量不成比例.

性质 4.3.3 $m(m\geqslant2)$ 个向量 $\boldsymbol{\alpha}_1,\boldsymbol{\alpha}_2,\cdots,\boldsymbol{\alpha}_m$ 线性相关的充要条件是至少有一个向量可由其余 $m-1$ 个向量线性表示.

证 充分性. 不妨设 $\boldsymbol{\alpha}_m$ 可由 $\boldsymbol{\alpha}_1,\boldsymbol{\alpha}_2,\cdots,\boldsymbol{\alpha}_{m-1}$ 线性表示，即存在常数 $k_1,k_2,\cdots,k_{m-1}$，使得

$$\boldsymbol{\alpha}_m=k_1\boldsymbol{\alpha}_1+k_2\boldsymbol{\alpha}_2+\cdots+k_{m-1}\boldsymbol{\alpha}_{m-1},$$

即

$$\boldsymbol{\alpha}_m-k_1\boldsymbol{\alpha}_1-k_2\boldsymbol{\alpha}_2-\cdots-k_{m-1}\boldsymbol{\alpha}_{m-1}=\mathbf{0},$$

因为 $1,-k_1,-k_2,\cdots,-k_{m-1}$ 中至少 1 不为 0，所以向量 $\boldsymbol{\alpha}_1,\boldsymbol{\alpha}_2,\cdots,\boldsymbol{\alpha}_m$ 线性相关.

必要性 因为 $m(m\geqslant2)$ 个向量 $\boldsymbol{\alpha}_1,\boldsymbol{\alpha}_2,\cdots,\boldsymbol{\alpha}_m$ 线性相关，即存在不全为零的常数 $k_1,k_2,\cdots,k_m$，使得

$$k_1\boldsymbol{\alpha}_1+k_2\boldsymbol{\alpha}_2+\cdots+k_m\boldsymbol{\alpha}_m=\mathbf{0},$$

不妨设 $k_1\neq0$，从而有

$$\boldsymbol{\alpha}_1=-\frac{k_2}{k_1}\boldsymbol{\alpha}_2-\cdots-\frac{k_m}{k_1}\boldsymbol{\alpha}_m,$$

即向量 $\boldsymbol{\alpha}_1$ 可由 $\boldsymbol{\alpha}_2,\boldsymbol{\alpha}_3,\cdots,\boldsymbol{\alpha}_m$ 线性表示.

推论 4.3.3　$m(m\geqslant 2)$ 个向量 $\boldsymbol{\alpha}_1,\boldsymbol{\alpha}_2,\cdots,\boldsymbol{\alpha}_m$ 线性无关的充要条件是这 m 个向量中任何一个向量都不能由其余 $m-1$ 个向量线性表示.

性质 4.3.4　若向量组 $\boldsymbol{\alpha}_1,\boldsymbol{\alpha}_2,\cdots,\boldsymbol{\alpha}_m$ 线性无关，而向量组 $\boldsymbol{\alpha}_1,\boldsymbol{\alpha}_2,\cdots,\boldsymbol{\alpha}_m,\boldsymbol{\beta}$ 线性相关，则 $\boldsymbol{\beta}$ 可由向量组 $\boldsymbol{\alpha}_1,\boldsymbol{\alpha}_2,\cdots,\boldsymbol{\alpha}_m$ 线性表示，且表示式是唯一的.

证　由于向量组 $\boldsymbol{\alpha}_1,\boldsymbol{\alpha}_2,\cdots,\boldsymbol{\alpha}_m,\boldsymbol{\beta}$ 线性相关，即存在不全为零的常数 $k_1,k_2,\cdots,k_m,k$，使得

$$k_1\boldsymbol{\alpha}_1+k_2\boldsymbol{\alpha}_2+\cdots+k_m\boldsymbol{\alpha}_m+k\boldsymbol{\beta}=\mathbf{0}.$$

若 $k=0$，则有不全为零的常数 $k_1,k_2,\cdots,k_m$，使得

$$k_1\boldsymbol{\alpha}_1+k_2\boldsymbol{\alpha}_2+\cdots+k_m\boldsymbol{\alpha}_m=\mathbf{0}.$$

可得向量组 $\boldsymbol{\alpha}_1,\boldsymbol{\alpha}_2,\cdots,\boldsymbol{\alpha}_m$ 线性相关，与已知向量组 $\boldsymbol{\alpha}_1,\boldsymbol{\alpha}_2,\cdots,\boldsymbol{\alpha}_m$ 线性无关矛盾，所以 $k\neq 0$，即 $\boldsymbol{\beta}$ 可由 $\boldsymbol{\alpha}_1,\boldsymbol{\alpha}_2,\cdots,\boldsymbol{\alpha}_m$ 线性表示. 为了证明表示式的唯一性，假设有两组常数 $k_1,k_2,\cdots,k_m$ 和 $l_1,l_2,\cdots,l_m$ 使得

$$\boldsymbol{\beta}=k_1\boldsymbol{\alpha}_1+k_2\boldsymbol{\alpha}_2+\cdots+k_m\boldsymbol{\alpha}_m,$$
$$\boldsymbol{\beta}=l_1\boldsymbol{\alpha}_1+l_2\boldsymbol{\alpha}_2+\cdots+l_m\boldsymbol{\alpha}_m,$$

两式相减得

$$(k_1-l_1)\boldsymbol{\alpha}_1+(k_2-l_2)\boldsymbol{\alpha}_2+\cdots+(k_m-l_m)\boldsymbol{\alpha}_m=\mathbf{0},$$

由向量 $\boldsymbol{\alpha}_1,\boldsymbol{\alpha}_2,\cdots,\boldsymbol{\alpha}_m$ 线性无关，得 $k_i=l_i(i=1,2,\cdots,m)$，因此表示式是唯一的.

性质 4.3.5　若向量组 $\boldsymbol{\alpha}_1,\boldsymbol{\alpha}_2,\cdots,\boldsymbol{\alpha}_m$ 中可以选出一部分向量构成的向量组线性相关，则整个向量组线性相关.

证　设向量组 $\boldsymbol{\alpha}_1,\boldsymbol{\alpha}_2,\cdots,\boldsymbol{\alpha}_m$ 中可以选出 $s(s\leqslant m)$ 个向量线性相关，不妨设这个线性相关部分组为 $\boldsymbol{\alpha}_1,\boldsymbol{\alpha}_2,\cdots,\boldsymbol{\alpha}_s$，则有不全为零的常数 $k_1,k_2,\cdots,k_s$，使得

$$k_1\boldsymbol{\alpha}_1+k_2\boldsymbol{\alpha}_2+\cdots+k_s\boldsymbol{\alpha}_s=\mathbf{0},$$

从而

$$k_1\boldsymbol{\alpha}_1+k_2\boldsymbol{\alpha}_2+\cdots+k_s\boldsymbol{\alpha}_s+0\boldsymbol{\alpha}_{s+1}+\cdots+0\boldsymbol{\alpha}_m=\mathbf{0},$$

因此向量组 $\boldsymbol{\alpha}_1,\boldsymbol{\alpha}_2,\cdots,\boldsymbol{\alpha}_m$ 线性相关.

推论 4.3.4 若向量组 $\boldsymbol{\alpha}_1,\boldsymbol{\alpha}_2,\cdots,\boldsymbol{\alpha}_m$ 线性无关，则这个向量组的任意一个部分向量组也线性无关.

性质 4.3.6 设向量组 A：$\boldsymbol{\alpha}_1,\boldsymbol{\alpha}_2,\cdots,\boldsymbol{\alpha}_m$ 与向量组 B：$\boldsymbol{\beta}_1,\boldsymbol{\beta}_2,\cdots,\boldsymbol{\beta}_s$，若向量组 B 能由向量组 A 线性表示，且 $s>m$，则向量组 B：$\boldsymbol{\beta}_1,\boldsymbol{\beta}_2,\cdots,\boldsymbol{\beta}_s$ 线性相关.

证 如果向量组 B 能由向量组 A 线性表示，则

$$R(\boldsymbol{\beta}_1,\boldsymbol{\beta}_2,\cdots,\boldsymbol{\beta}_s)\leqslant R(\boldsymbol{\alpha}_1,\boldsymbol{\alpha}_2,\cdots,\boldsymbol{\alpha}_m)\leqslant m,$$

又因为 $s>m$，所以

$$R(\boldsymbol{\beta}_1,\boldsymbol{\beta}_2,\cdots,\boldsymbol{\beta}_s)\leqslant m<s,$$

即方程组

$$x_1\boldsymbol{\beta}_1+x_2\boldsymbol{\beta}_2+\cdots+x_s\boldsymbol{\beta}_s=\mathbf{0}$$

有非零解，因此向量组 B：$\boldsymbol{\beta}_1,\boldsymbol{\beta}_2,\cdots,\boldsymbol{\beta}_s$ 线性相关.

例 4.3.4 含有零向量的向量组线性相关.

证 由性质 4.3.1 可知只含零向量的向量组线性相关，再由性质 4.3.5 可知含有零向量的向量组线性相关.

例 4.3.5 设向量组 $\boldsymbol{\alpha}_1,\boldsymbol{\alpha}_2,\boldsymbol{\alpha}_3$ 线性相关，向量组 $\boldsymbol{\alpha}_2,\boldsymbol{\alpha}_3,\boldsymbol{\alpha}_4$ 线性无关，证明：

（1）$\boldsymbol{\alpha}_1$ 能由 $\boldsymbol{\alpha}_2$，$\boldsymbol{\alpha}_3$ 线性表示；

（2）$\boldsymbol{\alpha}_4$ 不能由 $\boldsymbol{\alpha}_1,\boldsymbol{\alpha}_2,\boldsymbol{\alpha}_3$ 线性表示.

证 （1）因为向量组 $\boldsymbol{\alpha}_2,\boldsymbol{\alpha}_3,\boldsymbol{\alpha}_4$ 线性无关，由推论 4.3.4 可知 $\boldsymbol{\alpha}_2,\boldsymbol{\alpha}_3$ 线性无关，又因为向量组 $\boldsymbol{\alpha}_1,\boldsymbol{\alpha}_2,\boldsymbol{\alpha}_3$ 线性相关，再由性质 4.3.4 可知 $\boldsymbol{\alpha}_1$ 能由 $\boldsymbol{\alpha}_2,\boldsymbol{\alpha}_3$ 线性表示，且表示法是唯一的.

（2）反证法. 假设 $\boldsymbol{\alpha}_4$ 能由 $\boldsymbol{\alpha}_1,\boldsymbol{\alpha}_2,\boldsymbol{\alpha}_3$ 线性表示，由(1)可知 $\boldsymbol{\alpha}_1$ 能由 $\boldsymbol{\alpha}_2$，$\boldsymbol{\alpha}_3$ 线性表示，则 $\boldsymbol{\alpha}_4$ 能由 $\boldsymbol{\alpha}_2,\boldsymbol{\alpha}_3$ 线性表示，由性质 4.3.3 可得 $\boldsymbol{\alpha}_2,\boldsymbol{\alpha}_3,\boldsymbol{\alpha}_4$ 线性相关，与已知向量组 $\boldsymbol{\alpha}_2,\boldsymbol{\alpha}_3,\boldsymbol{\alpha}_4$ 线性无关矛盾，所以 $\boldsymbol{\alpha}_4$ 不能由 $\boldsymbol{\alpha}_1,\boldsymbol{\alpha}_2,\boldsymbol{\alpha}_3$ 线性表示.

4.3.3 向量组线性相关性的判定

微课视频：
线性相关性及其判定

定理 4.3.1 设有向量组 $\boldsymbol{\alpha}_1,\boldsymbol{\alpha}_2,\cdots,\boldsymbol{\alpha}_s$，则

（1）向量组 $\boldsymbol{\alpha}_1,\boldsymbol{\alpha}_2,\cdots,\boldsymbol{\alpha}_s$ 线性相关$\Leftrightarrow R(\boldsymbol{\alpha}_1,\boldsymbol{\alpha}_2,\cdots,\boldsymbol{\alpha}_s)<s$；

（2）向量组 $\boldsymbol{\alpha}_1,\boldsymbol{\alpha}_2,\cdots,\boldsymbol{\alpha}_s$ 线性无关$\Leftrightarrow R(\boldsymbol{\alpha}_1,\boldsymbol{\alpha}_2,\cdots,\boldsymbol{\alpha}_s)=s$.

证 （1）向量组 $\boldsymbol{\alpha}_1,\boldsymbol{\alpha}_2,\cdots,\boldsymbol{\alpha}_s$ 线性相关的充要条件是存在不

全为 0 的常数 $k_1,k_2,\cdots,k_s$ 使得

$$k_1\boldsymbol{\alpha}_1+k_2\boldsymbol{\alpha}_2+\cdots+k_s\boldsymbol{\alpha}_s=\mathbf{0}. \tag{4.3.1}$$

式(4.3.1)的矩阵表示形式为

$$(\boldsymbol{\alpha}_1,\boldsymbol{\alpha}_2,\cdots,\boldsymbol{\alpha}_s)\begin{pmatrix}k_1\\k_2\\\vdots\\k_s\end{pmatrix}=\mathbf{0},$$

即齐次线性方程组

$$(\boldsymbol{\alpha}_1,\boldsymbol{\alpha}_2,\cdots,\boldsymbol{\alpha}_s)\begin{pmatrix}x_1\\x_2\\\vdots\\x_s\end{pmatrix}=\mathbf{0}$$

有非零解$(k_1,k_2,\cdots,k_s)^{\mathrm{T}}$，而上面方程组有非零解的充要条件是 $R(\boldsymbol{\alpha}_1,\boldsymbol{\alpha}_2,\cdots,\boldsymbol{\alpha}_s)<s$.

（2）注意到 $R(\boldsymbol{\alpha}_1,\boldsymbol{\alpha}_2,\cdots,\boldsymbol{\alpha}_s)\leqslant s$，由(1)立得(2).

推论 4.3.5　对于 n 个 n 维向量 $\boldsymbol{\alpha}_1,\boldsymbol{\alpha}_2,\cdots,\boldsymbol{\alpha}_n$ 有

（1）向量组 $\boldsymbol{\alpha}_1,\boldsymbol{\alpha}_2,\cdots,\boldsymbol{\alpha}_n$ 线性相关$\Leftrightarrow|\boldsymbol{\alpha}_1,\boldsymbol{\alpha}_2,\cdots,\boldsymbol{\alpha}_n|=0$;

（2）向量组 $\boldsymbol{\alpha}_1,\boldsymbol{\alpha}_2,\cdots,\boldsymbol{\alpha}_n$ 线性无关$\Leftrightarrow|\boldsymbol{\alpha}_1,\boldsymbol{\alpha}_2,\cdots,\boldsymbol{\alpha}_n|\neq0$.

例 4.3.6　判断向量组

$$\boldsymbol{\alpha}_1=(1,3,1,0)^{\mathrm{T}},\ \boldsymbol{\alpha}_2=(0,1,2,-1)^{\mathrm{T}},$$
$$\boldsymbol{\alpha}_3=(1,2,-1,1)^{\mathrm{T}},\ \boldsymbol{\alpha}_4=(0,2,4,-2)^{\mathrm{T}}$$

是否线性相关.

解　对矩阵$(\boldsymbol{\alpha}_1,\boldsymbol{\alpha}_2,\boldsymbol{\alpha}_3,\boldsymbol{\alpha}_4)$施行初等行变换化为行阶梯形矩阵，

$$(\boldsymbol{\alpha}_1,\boldsymbol{\alpha}_2,\boldsymbol{\alpha}_3,\boldsymbol{\alpha}_4)=\begin{pmatrix}1&0&1&0\\3&1&2&2\\1&2&-1&4\\0&-1&1&-2\end{pmatrix}\to\begin{pmatrix}1&0&1&0\\0&1&-1&2\\0&2&-2&4\\0&-1&1&-2\end{pmatrix}$$
$$\to\begin{pmatrix}1&0&1&0\\0&1&-1&2\\0&0&0&0\\0&0&0&0\end{pmatrix},$$

于是

$$R(\boldsymbol{\alpha}_1,\boldsymbol{\alpha}_2,\boldsymbol{\alpha}_3,\boldsymbol{\alpha}_4)=R\begin{pmatrix}1&0&1&0\\0&1&-1&2\\0&0&0&0\\0&0&0&0\end{pmatrix}=2<4,$$

所以向量组 $\boldsymbol{\alpha}_1,\boldsymbol{\alpha}_2,\boldsymbol{\alpha}_3,\boldsymbol{\alpha}_4$ 线性相关.

例 4.3.7 判断向量组

$$\boldsymbol{\alpha}_1=(1,0,0,2)^{\mathrm{T}},\ \boldsymbol{\alpha}_2=(1,1,0,-1)^{\mathrm{T}},\ \boldsymbol{\alpha}_3=(1,2,-3,7)^{\mathrm{T}}$$

是否线性相关.

解 因为矩阵

$$(\boldsymbol{\alpha}_1,\boldsymbol{\alpha}_2,\boldsymbol{\alpha}_3)=\begin{pmatrix}1&1&1\\0&1&2\\0&0&-3\\2&-1&7\end{pmatrix},$$

中有 3 阶子式 $\begin{vmatrix}1&1&1\\0&1&2\\0&0&-3\end{vmatrix}=-3\neq0$，即这个矩阵的秩为 3，恰好等于向量组中所含向量的个数，所以向量组 $\boldsymbol{\alpha}_1,\boldsymbol{\alpha}_2,\boldsymbol{\alpha}_3$ 线性无关.

例 4.3.8 设 $\boldsymbol{\alpha}_1,\boldsymbol{\alpha}_2,\boldsymbol{\alpha}_3$ 线性无关，证明 $\boldsymbol{\beta}_1=\boldsymbol{\alpha}_1+\boldsymbol{\alpha}_2$，$\boldsymbol{\beta}_2=\boldsymbol{\alpha}_2+\boldsymbol{\alpha}_3$，$\boldsymbol{\beta}_3=\boldsymbol{\alpha}_3+\boldsymbol{\alpha}_1$ 也线性无关.

证 根据定义 4.3.1 和定理 4.3.1 给出两种证明方法:

方法一. 令 $k_1\boldsymbol{\beta}_1+k_2\boldsymbol{\beta}_2+k_3\boldsymbol{\beta}_3=\mathbf{0}$，即

$$k_1(\boldsymbol{\alpha}_1+\boldsymbol{\alpha}_2)+k_2(\boldsymbol{\alpha}_2+\boldsymbol{\alpha}_3)+k_3(\boldsymbol{\alpha}_3+\boldsymbol{\alpha}_1)=\mathbf{0},$$

整理得

$$(k_1+k_3)\boldsymbol{\alpha}_1+(k_1+k_2)\boldsymbol{\alpha}_2+(k_2+k_3)\boldsymbol{\alpha}_3=\mathbf{0}.$$

由于 $\boldsymbol{\alpha}_1,\boldsymbol{\alpha}_2,\boldsymbol{\alpha}_3$ 线性无关，故

$$k_1+k_3=0,\ k_1+k_2=0,\ k_2+k_3=0.$$

解得 $k_1=k_2=k_3=0$，所以 $\boldsymbol{\beta}_1,\boldsymbol{\beta}_2,\boldsymbol{\beta}_3$ 线性无关.

方法二. 由已知有

$$\boldsymbol{\beta}_1=(\boldsymbol{\alpha}_1,\boldsymbol{\alpha}_2,\boldsymbol{\alpha}_3)\begin{pmatrix}1\\1\\0\end{pmatrix},\boldsymbol{\beta}_2=(\boldsymbol{\alpha}_1,\ \boldsymbol{\alpha}_2,\ \boldsymbol{\alpha}_3)\begin{pmatrix}0\\1\\1\end{pmatrix},\boldsymbol{\beta}_3=(\boldsymbol{\alpha}_1,\boldsymbol{\alpha}_2,\boldsymbol{\alpha}_3)\begin{pmatrix}1\\0\\1\end{pmatrix},$$

即

$$(\boldsymbol{\beta}_1,\boldsymbol{\beta}_2,\boldsymbol{\beta}_3)=(\boldsymbol{\alpha}_1,\boldsymbol{\alpha}_2,\boldsymbol{\alpha}_3)\begin{pmatrix}1&0&1\\1&1&0\\0&1&1\end{pmatrix}.$$

由 $\begin{vmatrix}1&0&1\\1&1&0\\0&1&1\end{vmatrix}=2$ 可知 $\begin{pmatrix}1&0&1\\1&1&0\\0&1&1\end{pmatrix}$ 是可逆矩阵，所以 $R(\boldsymbol{\beta}_1,\boldsymbol{\beta}_2,\boldsymbol{\beta}_3)=R(\boldsymbol{\alpha}_1,\boldsymbol{\alpha}_2,\boldsymbol{\alpha}_3)$.

由于向量组 $\boldsymbol{\alpha}_1,\boldsymbol{\alpha}_2,\boldsymbol{\alpha}_3$ 线性无关，故 $R(\boldsymbol{\alpha}_1,\boldsymbol{\alpha}_2,\boldsymbol{\alpha}_3)=3$，于是 $R(\boldsymbol{\beta}_1,\boldsymbol{\beta}_2,\boldsymbol{\beta}_3)=3$，因此向量组 $\boldsymbol{\beta}_1,\boldsymbol{\beta}_2,\boldsymbol{\beta}_3$ 也线性无关.

习题 4.3

习题 4.3 视频详解

1. 填空题.

(1) 已知 $\boldsymbol{\alpha}_1=\begin{pmatrix}2\\4\\-3\end{pmatrix}$，$\boldsymbol{\alpha}_2=\begin{pmatrix}4\\t\\1\end{pmatrix}$，$\boldsymbol{\alpha}_3=\begin{pmatrix}-4\\3\\-1\end{pmatrix}$ 线性相关，则 $t=$________.

(2) 已知向量组 $\boldsymbol{\alpha}_1,\boldsymbol{\alpha}_2,\boldsymbol{\alpha}_3$ 线性无关，若 $k\boldsymbol{\alpha}_1+\boldsymbol{\alpha}_2$，$\boldsymbol{\alpha}_2+\boldsymbol{\alpha}_3$，$\boldsymbol{\alpha}_3+\boldsymbol{\alpha}_1$ 也线性无关，则 k 满足________.

(3) 设向量组 $\boldsymbol{\alpha}_1,\boldsymbol{\alpha}_2,\boldsymbol{\alpha}_3$ 线性无关，问常数 a，b，c 满足________时，$a\boldsymbol{\alpha}_1-\boldsymbol{\alpha}_2$，$b\boldsymbol{\alpha}_2-\boldsymbol{\alpha}_3$，$c\boldsymbol{\alpha}_3-\boldsymbol{\alpha}_1$ 线性相关.

2. 选择题.

(1) 对任意实数 a，b，c，线性无关的向量组是________.

(A) $\begin{pmatrix}1\\2\\a\end{pmatrix},\begin{pmatrix}3\\b\\2\end{pmatrix},\begin{pmatrix}0\\0\\0\end{pmatrix}$　(B) $\begin{pmatrix}a\\2\\3\end{pmatrix},\begin{pmatrix}1\\2\\c\end{pmatrix},\begin{pmatrix}b\\0\\c\end{pmatrix}$

(C) $\begin{pmatrix}4\\a\\3\\2\end{pmatrix},\begin{pmatrix}4\\b\\3\\0\end{pmatrix},\begin{pmatrix}4\\c\\0\\0\end{pmatrix}$　(D) $\begin{pmatrix}2\\2\\2\\a\end{pmatrix},\begin{pmatrix}3\\3\\3\\b\end{pmatrix},\begin{pmatrix}0\\0\\0\\c\end{pmatrix}$

(2) 下列各向量组线性相关的是________.

(A) $\boldsymbol{\alpha}_1=(1,4)^{\mathrm{T}}$，$\boldsymbol{\alpha}_2=(-7,5)^{\mathrm{T}}$

(B) $\boldsymbol{\alpha}_1=(1,0,2)^{\mathrm{T}}$，$\boldsymbol{\alpha}_2=(1,-4,7)^{\mathrm{T}}$，$\boldsymbol{\alpha}_3=(-1,-4,3)^{\mathrm{T}}$

(C) $\boldsymbol{\alpha}_1=(2,4,1,1,0)^{\mathrm{T}}$，$\boldsymbol{\alpha}_2=(1,-2,0,1,1)^{\mathrm{T}}$，$\boldsymbol{\alpha}_3=(1,3,1,0,1)^{\mathrm{T}}$

(D) $\boldsymbol{\alpha}_1=(1,1,0,0)^{\mathrm{T}}$，$\boldsymbol{\alpha}_2=(0,1,1,0)^{\mathrm{T}}$，$\boldsymbol{\alpha}_3=(0,0,1,1)^{\mathrm{T}}$，$\boldsymbol{\alpha}_4=(-1,0,0,1)^{\mathrm{T}}$

3. 已知向量组 $\boldsymbol{\alpha}_1=(t,2,1)^{\mathrm{T}}$，$\boldsymbol{\alpha}_2=(2,t,0)^{\mathrm{T}}$，$\boldsymbol{\alpha}_3=(1,-1,1)^{\mathrm{T}}$，试求出 t 为何值时，向量组 $\boldsymbol{\alpha}_1,\boldsymbol{\alpha}_2,\boldsymbol{\alpha}_3$ 线性相关、线性无关.

4. 证明 $n+1$ 个 n 维向量线性相关.

5. 设有向量组 Ⅰ

$$\boldsymbol{a}_1=\begin{pmatrix}a_{11}\\a_{21}\\\vdots\\a_{m1}\end{pmatrix},\cdots,\boldsymbol{a}_n=\begin{pmatrix}a_{1n}\\a_{2n}\\\vdots\\a_{mn}\end{pmatrix}$$

和向量组 Ⅱ

$$\boldsymbol{b}_1=\begin{pmatrix}a_{11}\\a_{21}\\\vdots\\a_{m1}\\a_{m+1,1}\\\vdots\\a_{m+s,1}\end{pmatrix},\cdots,\boldsymbol{b}_n=\begin{pmatrix}a_{1n}\\a_{2n}\\\vdots\\a_{mn}\\a_{m+1,n}\\\vdots\\a_{m+s,n}\end{pmatrix}.$$

证明：(1) 如果向量组 Ⅰ 线性无关，则向量组 Ⅱ 也线性无关；(2) 如果向量组 Ⅱ 线性相关，则向量组 Ⅰ 也线性相关.

4.4　向量组的秩

对于一个线性无关的向量组，其线性无关的向量个数为向量组的向量个数. 但是对于一个线性相关的向量组，设所含向量个

数为 s，其线性无关的部分组中所含向量个数小于 s，当向量组给定时，这个向量组中线性无关的部分组所含向量个数的最大值也是确定的数，称这个数为向量组的秩.

4.4.1 向量组的极大线性无关组和秩

定义 4.4.1　在向量组 $\boldsymbol{\alpha}_1,\boldsymbol{\alpha}_2,\cdots,\boldsymbol{\alpha}_t$ 中，如果可以选出 r 个向量 $\boldsymbol{\alpha}_{i_1},\boldsymbol{\alpha}_{i_2},\cdots,\boldsymbol{\alpha}_{i_r}$，满足

(1) 向量组 $\boldsymbol{\alpha}_{i_1},\boldsymbol{\alpha}_{i_2},\cdots,\boldsymbol{\alpha}_{i_r}$ 线性无关；

(2) 向量组 $\boldsymbol{\alpha}_1,\boldsymbol{\alpha}_2,\cdots,\boldsymbol{\alpha}_t$ 中任意一个向量都可由 $\boldsymbol{\alpha}_{i_1},\boldsymbol{\alpha}_{i_2},\cdots,\boldsymbol{\alpha}_{i_r}$ 线性表示；

则称向量组 $\boldsymbol{\alpha}_{i_1},\boldsymbol{\alpha}_{i_2},\cdots,\boldsymbol{\alpha}_{i_r}$ 是向量组 $\boldsymbol{\alpha}_1,\boldsymbol{\alpha}_2,\cdots,\boldsymbol{\alpha}_t$ 的一个极大线性无关组，简称极大无关组.

微课视频：
极大无关组

若向量组 $\boldsymbol{\alpha}_{i_1},\boldsymbol{\alpha}_{i_2},\cdots,\boldsymbol{\alpha}_{i_r}$ 是向量组 $\boldsymbol{\alpha}_1,\boldsymbol{\alpha}_2,\cdots,\boldsymbol{\alpha}_t$ 的一个极大线性无关组，由定义 4.4.1 可知，向量组 $\boldsymbol{\alpha}_1,\boldsymbol{\alpha}_2,\cdots,\boldsymbol{\alpha}_t$ 中的任意一个向量都可由向量组 $\boldsymbol{\alpha}_{i_1},\boldsymbol{\alpha}_{i_2},\cdots,\boldsymbol{\alpha}_{i_r}$ 线性表示，由性质 4.3.6 可知向量组 $\boldsymbol{\alpha}_1,\boldsymbol{\alpha}_2,\cdots,\boldsymbol{\alpha}_t$ 中的任意 $r+1$ 个向量(如果存在)都是线性相关的. 反之，若向量组 $\boldsymbol{\alpha}_1,\boldsymbol{\alpha}_2,\cdots,\boldsymbol{\alpha}_t$ 中的任意 $r+1$ 个向量都是线性相关的，则任意一个向量 $\boldsymbol{\alpha}_j$ 添加到极大无关组 $\boldsymbol{\alpha}_{i_1},\boldsymbol{\alpha}_{i_2},\cdots,\boldsymbol{\alpha}_{i_r}$ 中都是线性相关的，即任意一个向量 $\boldsymbol{\alpha}_j$ 都可由极大线性无关组 $\boldsymbol{\alpha}_{i_1},\boldsymbol{\alpha}_{i_2},\cdots,\boldsymbol{\alpha}_{i_r}$ 线性表示，于是可得定义 4.4.1 的等价定义.

定义 4.4.2　在向量组 $\boldsymbol{\alpha}_1,\boldsymbol{\alpha}_2,\cdots,\boldsymbol{\alpha}_t$ 中，如果可以选出 r 个向量 $\boldsymbol{\alpha}_{i_1},\boldsymbol{\alpha}_{i_2},\cdots,\boldsymbol{\alpha}_{i_r}$，满足

(1) 向量组 $\boldsymbol{\alpha}_{i_1},\boldsymbol{\alpha}_{i_2},\cdots,\boldsymbol{\alpha}_{i_r}$ 线性无关；

(2) 向量组 $\boldsymbol{\alpha}_1,\boldsymbol{\alpha}_2,\cdots,\boldsymbol{\alpha}_t$ 中任意 $r+1$ 个向量(若存在)都线性相关；

则称向量组 $\boldsymbol{\alpha}_{i_1},\boldsymbol{\alpha}_{i_2},\cdots,\boldsymbol{\alpha}_{i_r}$ 是向量组 $\boldsymbol{\alpha}_1,\boldsymbol{\alpha}_2,\cdots,\boldsymbol{\alpha}_t$ 的一个极大线性无关组，简称极大无关组.

由定义 4.4.2 可知，一个向量组的极大无关组就是这个向量组中选出来的个数最多的线性无关的向量组.

需要注意的是，若向量组是线性无关的，那么极大无关组是唯一的，就是向量组本身. 若向量组是线性相关的，则它的极大无关组可能选出多组. 例如向量组

$$\boldsymbol{\alpha}_1=(1,0)^{\mathrm{T}},\ \boldsymbol{\alpha}_2=(0,1)^{\mathrm{T}},\ \boldsymbol{\alpha}_3=(1,-2)^{\mathrm{T}}$$

的极大无关组是 $\boldsymbol{\alpha}_1,\boldsymbol{\alpha}_2$，而 $\boldsymbol{\alpha}_1,\boldsymbol{\alpha}_3$ 与 $\boldsymbol{\alpha}_2,\boldsymbol{\alpha}_3$ 也是极大无关组.

由极大无关组的定义还可以得到，向量组和它的任意一个极大无关组等价，进而它的任意两个极大无关组(如果存在)是等价的. 且极大无关组所含向量的个数是唯一的.

定义 4.4.3 向量组 $\boldsymbol{\alpha}_1,\boldsymbol{\alpha}_2,\cdots,\boldsymbol{\alpha}_t$ 的极大无关组所含向量的个数称为该向量组的秩，记为 $R(\boldsymbol{\alpha}_1,\boldsymbol{\alpha}_2,\cdots,\boldsymbol{\alpha}_t)$.

只含零向量的向量组没有极大无关组，规定它的秩为 0.

由定义 4.4.3 可知，向量组 $\boldsymbol{\alpha}_1,\boldsymbol{\alpha}_2,\cdots,\boldsymbol{\alpha}_t$ 线性无关的充要条件是 $R(\boldsymbol{\alpha}_1,\boldsymbol{\alpha}_2,\cdots,\boldsymbol{\alpha}_t)=t$，向量组 $\boldsymbol{\alpha}_1,\boldsymbol{\alpha}_2,\cdots,\boldsymbol{\alpha}_t$ 线性相关的充要条件是 $R(\boldsymbol{\alpha}_1,\boldsymbol{\alpha}_2,\cdots,\boldsymbol{\alpha}_t)<t$.

定理 4.4.1 等价的向量组有相同的秩.

证 设向量组 $\boldsymbol{\alpha}_1,\boldsymbol{\alpha}_2,\cdots,\boldsymbol{\alpha}_t$ 和 $\boldsymbol{\beta}_1,\boldsymbol{\beta}_2,\cdots,\boldsymbol{\beta}_s$ 等价，两个向量组的秩分别为 r_1，r_2. 因为 $\boldsymbol{\alpha}_1,\cdots,\boldsymbol{\alpha}_t$ 可由 $\boldsymbol{\beta}_1,\boldsymbol{\beta}_2,\cdots,\boldsymbol{\beta}_s$ 线性表示，即 $\boldsymbol{\alpha}_1,\boldsymbol{\alpha}_2,\cdots,\boldsymbol{\alpha}_t$ 的极大无关组可由 $\boldsymbol{\beta}_1,\boldsymbol{\beta}_2,\cdots,\boldsymbol{\beta}_s$ 线性表示，进而可由 $\boldsymbol{\beta}_1,\boldsymbol{\beta}_2,\cdots,\boldsymbol{\beta}_s$ 的极大无关组线性表示. 由性质 4.3.6 可知 $r_1\leqslant r_2$，同理可得 $r_2\leqslant r_1$. 所以两个向量组的秩相同.

微课视频：
向量组等价

4.4.2 向量组的秩和矩阵的秩的关系

设 $\boldsymbol{A}$ 是 $m\times n$ 矩阵，把 $\boldsymbol{A}$ 按列分块可以分成 n 个 m 维列向量，称为 $\boldsymbol{A}$ 的列向量组，它的秩称为 $\boldsymbol{A}$ 的列秩；把 $\boldsymbol{A}$ 按行分块可以分成 m 个 n 维行向量，称为 $\boldsymbol{A}$ 的行向量组，它的秩称为 $\boldsymbol{A}$ 的行秩.

定理 4.4.2 设 $\boldsymbol{A}$ 是 $m\times n$ 矩阵，则矩阵 $\boldsymbol{A}$ 的秩、$\boldsymbol{A}$ 的列秩和 $\boldsymbol{A}$ 的行秩都相同.

证 设矩阵 $\boldsymbol{A}=(\boldsymbol{a}_1,\boldsymbol{a}_2,\cdots,\boldsymbol{a}_n)$ 的秩为 r，则根据定义 3.6.2 可知矩阵 $\boldsymbol{A}$ 存在 r 阶子式 $D_r\neq 0$. 将 D_r 位于 A 中的列向量 $\boldsymbol{a}_{i_1},\boldsymbol{a}_{i_2},\cdots,\boldsymbol{a}_{i_r}$ 选出来构成矩阵 $\boldsymbol{A}_1=(\boldsymbol{a}_{i_1},\boldsymbol{a}_{i_2},\cdots,\boldsymbol{a}_{i_r})$，则 $R(\boldsymbol{A}_1)=r$，故 $\boldsymbol{a}_{i_1},\boldsymbol{a}_{i_2},\cdots,\boldsymbol{a}_{i_r}$ 线性无关.

再从矩阵 $\boldsymbol{A}$ 的列向量组中任意选出 $r+1$ 个列向量(如果存在)构成矩阵 $\boldsymbol{A}_2$，显然

$$R(\boldsymbol{A}_2)\leqslant R(\boldsymbol{A})=r<r+1,$$

故矩阵 $\boldsymbol{A}$ 的列向量组中任意选出 $r+1$ 个列向量线性相关. 于是向量组 $\boldsymbol{a}_{i_1},\boldsymbol{a}_{i_2},\cdots,\boldsymbol{a}_{i_r}$ 是向量组 $\boldsymbol{a}_1,\boldsymbol{a}_2,\cdots,\boldsymbol{a}_n$ 的一个极大无关组，即 $\boldsymbol{A}$ 的列向量组 $\boldsymbol{a}_1,\boldsymbol{a}_2,\cdots,\boldsymbol{a}_n$ 的秩为 r.

由于 $R(\boldsymbol{A})=R(\boldsymbol{A}^{\mathrm{T}})$，而矩阵 $\boldsymbol{A}$ 的行向量组的秩就是 $\boldsymbol{A}^{\mathrm{T}}$ 的列向量组的秩，故 $\boldsymbol{A}$ 的行向量组的秩也等于矩阵 $\boldsymbol{A}$ 的秩.

由定理的证明过程可得，若 D_r 是矩阵 $\boldsymbol{A}$ 最高阶非零子式，则 D_r 在 $\boldsymbol{A}$ 中所占的 r 列就是 $\boldsymbol{A}$ 的列向量组的一个极大无关组，D_r 在 $\boldsymbol{A}$ 中所占的 r 行就是 $\boldsymbol{A}$ 的行向量组的一个极大无关组.

定理 4.4.3 初等行(列)变换不改变矩阵列(行)之间的线性关系.

证 设矩阵 $\boldsymbol{A}=(\boldsymbol{a}_1,\boldsymbol{a}_2,\cdots,\boldsymbol{a}_n)$，其中 $\boldsymbol{a}_1,\boldsymbol{a}_2,\cdots,\boldsymbol{a}_n$ 是 $\boldsymbol{A}$ 的列向量组. 又设

$$k_1\boldsymbol{a}_1+k_2\boldsymbol{a}_2+\cdots+k_n\boldsymbol{a}_n=\sum_{i=1}^{n}k_i\boldsymbol{a}_i=\boldsymbol{0},$$

对 $\boldsymbol{A}$ 进行一系列的行变换，相当于对 $\boldsymbol{A}$ 左乘一系列初等矩阵 $\boldsymbol{P}_1,\boldsymbol{P}_2,\cdots,\boldsymbol{P}_s$，记 $\boldsymbol{T}=\boldsymbol{P}_s\boldsymbol{P}_{s-1}\cdots\boldsymbol{P}_1$，则变换后 $\boldsymbol{A}$ 的列 $\boldsymbol{a}_1,\boldsymbol{a}_2,\cdots,\boldsymbol{a}_n$ 变成了 $\boldsymbol{T}\boldsymbol{a}_1,\boldsymbol{T}\boldsymbol{a}_2,\cdots,\boldsymbol{T}\boldsymbol{a}_n$，从而

$$\sum_{i=1}^{n}k_i(\boldsymbol{T}\boldsymbol{a}_i)=\boldsymbol{T}\sum_{i=1}^{n}k_i\boldsymbol{a}_i=\boldsymbol{T}\boldsymbol{0}=\boldsymbol{0},$$

这说明 $\boldsymbol{T}\boldsymbol{a}_1,\boldsymbol{T}\boldsymbol{a}_2,\cdots,\boldsymbol{T}\boldsymbol{a}_n$ 仍然具有原来的线性关系. 定理中关于列的结论得到证明. 同理可证定理中关于行的结论.

例 4.4.1 求向量组 $\boldsymbol{a}_1=\begin{pmatrix}1\\0\\1\\1\end{pmatrix}$，$\boldsymbol{a}_2=\begin{pmatrix}1\\2\\3\\4\end{pmatrix}$，$\boldsymbol{a}_3=\begin{pmatrix}2\\0\\1\\2\end{pmatrix}$，$\boldsymbol{a}_4=\begin{pmatrix}-1\\1\\1\\2\end{pmatrix}$，$\boldsymbol{a}_5=\begin{pmatrix}2\\3\\4\\5\end{pmatrix}$的秩和一个极大无关组，并将其余向量表示成这个极大无关组的线性组合.

解 利用初等行变换将下面矩阵化为行阶梯形，

$$(\boldsymbol{a}_1,\boldsymbol{a}_2,\boldsymbol{a}_3,\boldsymbol{a}_4,\boldsymbol{a}_5)=\begin{pmatrix}1&1&2&-1&2\\0&2&0&1&3\\1&3&1&1&4\\1&4&2&2&5\end{pmatrix}\to\begin{pmatrix}1&1&2&-1&2\\0&2&0&1&3\\0&2&-1&2&2\\0&3&0&3&3\end{pmatrix}$$

$$\to\begin{pmatrix}1&1&2&-1&2\\0&1&0&1&1\\0&2&-1&2&2\\0&2&0&1&3\end{pmatrix}\to\begin{pmatrix}1&1&2&-1&2\\0&1&0&1&1\\0&0&-1&0&0\\0&0&0&-1&1\end{pmatrix}=\boldsymbol{B},$$

由此可得 $\boldsymbol{a}_1,\boldsymbol{a}_2,\boldsymbol{a}_3,\boldsymbol{a}_4$ 是一个极大无关组. 再对 $\boldsymbol{B}$ 进行初等变换，化成行最简形

$$\boldsymbol{B}=\begin{pmatrix}1&1&2&-1&2\\0&1&0&1&1\\0&0&-1&0&0\\0&0&0&-1&1\end{pmatrix}\to\begin{pmatrix}1&0&0&0&-1\\0&1&0&0&2\\0&0&1&0&0\\0&0&0&1&-1\end{pmatrix},$$

由定理 4.4.3 可得 $\boldsymbol{a}_5=-\boldsymbol{a}_1+2\boldsymbol{a}_2+0\boldsymbol{a}_3-\boldsymbol{a}_4=-\boldsymbol{a}_1+2\boldsymbol{a}_2-\boldsymbol{a}_4$.

例 4.4.2　设 $\boldsymbol{A}$, $\boldsymbol{B}$ 为 $m\times n$ 矩阵，则 $R(\boldsymbol{A}+\boldsymbol{B})\leqslant R(\boldsymbol{A})+R(\boldsymbol{B})$.

证　设 $\boldsymbol{A}=(\boldsymbol{a}_1,\boldsymbol{a}_2,\cdots,\boldsymbol{a}_n)$，$\boldsymbol{B}=(\boldsymbol{b}_1,\boldsymbol{b}_2,\cdots,\boldsymbol{b}_n)$，则

$$\boldsymbol{A}+\boldsymbol{B}=(\boldsymbol{a}_1+\boldsymbol{b}_1,\boldsymbol{a}_2+\boldsymbol{b}_2,\cdots,\boldsymbol{a}_n+\boldsymbol{b}_n).$$

设 $R(\boldsymbol{A})=r_1$，$R(\boldsymbol{B})=r_2$，由定理 4.4.2 可知 $\boldsymbol{A}$，$\boldsymbol{B}$ 的列向量组的秩分别为 r_1，r_2，不妨设 $\boldsymbol{A}$，$\boldsymbol{B}$ 的列向量组的极大无关组分别为 $\boldsymbol{a}_1,\boldsymbol{a}_2,\cdots,\boldsymbol{a}_{r_1}$ 和 $\boldsymbol{b}_1,\boldsymbol{b}_2,\cdots,\boldsymbol{b}_{r_2}$. 由极大无关组的定义可知，$\boldsymbol{A}$ 的列向量组 $\boldsymbol{a}_1,\boldsymbol{a}_2,\cdots,\boldsymbol{a}_n$ 可由 $\boldsymbol{a}_1,\boldsymbol{a}_2,\cdots,\boldsymbol{a}_{r_1}$ 线性表示，$\boldsymbol{B}$ 的列向量组 $\boldsymbol{b}_1,\boldsymbol{b}_2,\cdots,\boldsymbol{b}_n$ 可由 $\boldsymbol{b}_1,\boldsymbol{b}_2,\cdots,\boldsymbol{b}_{r_2}$ 线性表示，从而矩阵 $\boldsymbol{A}+\boldsymbol{B}$ 的列向量组 $\boldsymbol{a}_1+\boldsymbol{b}_1,\boldsymbol{a}_2+\boldsymbol{b}_2,\cdots,\boldsymbol{a}_n+\boldsymbol{b}_n$ 可由 $\boldsymbol{a}_1,\boldsymbol{a}_2,\cdots,\boldsymbol{a}_{r_1},\boldsymbol{b}_1,\boldsymbol{b}_2,\cdots,\boldsymbol{b}_{r_2}$ 线性表示，所以

$$R(\boldsymbol{A}+\boldsymbol{B})\leqslant R(\boldsymbol{a}_1,\boldsymbol{a}_2,\cdots,\boldsymbol{a}_{r_1},\boldsymbol{b}_1,\boldsymbol{b}_2,\cdots,\boldsymbol{b}_{r_2})\leqslant r_1+r_2=R(\boldsymbol{A})+R(\boldsymbol{B}).$$

习题 4.4

习题 4.4 视频详解

1. 填空题.

(1) 已知向量组 $\boldsymbol{a}_1=(2,2,1,1)^{\mathrm{T}}$，$\boldsymbol{a}_2=(4,0,t,0)^{\mathrm{T}}$，$\boldsymbol{a}_3=(0,-4,-5,-2)^{\mathrm{T}}$ 的秩为 2，则 $t=$ ________.

(2) 已知向量组 $\boldsymbol{a}_1=(1,1,1,k)^{\mathrm{T}}$，$\boldsymbol{a}_2=(1,1,k,1)^{\mathrm{T}}$，$\boldsymbol{a}_3=(1,2,1,1)^{\mathrm{T}}$ 的秩为 3，则 k ________.

(3) 已知向量组 $\boldsymbol{a}_1=\begin{pmatrix}2\\4\\-3\end{pmatrix}$，$\boldsymbol{a}_2=\begin{pmatrix}6\\0\\1\end{pmatrix}$，$\boldsymbol{a}_3=\begin{pmatrix}18\\12\\-7\end{pmatrix}$ 与向量组 $\boldsymbol{b}_1=\begin{pmatrix}0\\2\\-1\end{pmatrix}$，$\boldsymbol{b}_2=\begin{pmatrix}3\\4\\1\end{pmatrix}$，$\boldsymbol{b}_3=\begin{pmatrix}k\\2\\0\end{pmatrix}$ 具有相同的秩，则 k ________.

2. 求下列向量组的秩及一个极大线性无关组.

(1) $\boldsymbol{a}_1=(1,2,1,3)^{\mathrm{T}}$，$\boldsymbol{a}_2=(4,-1,-5,-6)^{\mathrm{T}}$，$\boldsymbol{a}_3=(-1,-3,-4,-7)^{\mathrm{T}}$，$\boldsymbol{a}_4=(2,1,2,3)^{\mathrm{T}}$；

(2) $\boldsymbol{a}_1=(2,1,5,3)^{\mathrm{T}}$，$\boldsymbol{a}_2=(2,1,-2,2)^{\mathrm{T}}$，$\boldsymbol{a}_3=(4,2,3,5)^{\mathrm{T}}$，$\boldsymbol{a}_4=(1,2,3,-5)^{\mathrm{T}}$，$\boldsymbol{a}_5=(-1,1,-2,-8)^{\mathrm{T}}$；

(3) $\boldsymbol{a}_1=(2,1,3,-1)^{\mathrm{T}}$，$\boldsymbol{a}_2=(3,-1,2,0)^{\mathrm{T}}$，$\boldsymbol{a}_3=(1,-2,-1,1)^{\mathrm{T}}$，$\boldsymbol{a}_4=(5,0,5,-1)^{\mathrm{T}}$；

(4) $\boldsymbol{a}_1=(1,2,3,2,3,3)^{\mathrm{T}}$，$\boldsymbol{a}_2=(0,-1,-1,-1,-1,-2)^{\mathrm{T}}$，$\boldsymbol{a}_3=(1,1,2,1,2,1)^{\mathrm{T}}$，$\boldsymbol{a}_4=(-1,0,-1,-2,-3,-3)^{\mathrm{T}}$.

3. 求向量组

$$\boldsymbol{a}_1=(1,1,4)^{\mathrm{T}},\ \boldsymbol{a}_2=(1,0,4)^{\mathrm{T}},$$
$$\boldsymbol{a}_3=(1,2,4)^{\mathrm{T}},\ \boldsymbol{a}_4=(1,3,4)^{\mathrm{T}}$$

的秩和一个极大无关组，并把其余向量表示成这个极大无关组的线性组合.

4. 证明题.

(1) 若向量组 A：$\boldsymbol{a}_1,\boldsymbol{a}_2,\cdots,\boldsymbol{a}_n$ 的秩为 r，证明向量组 A 的任意 r 个线性无关的向量均为 A 的极大无关组.

(2) 设 $\boldsymbol{A}$ 为 $m\times n$ 矩阵，$\boldsymbol{B}$ 为 $n\times s$ 矩阵，证明 $R(\boldsymbol{AB})\leqslant\min\{R(\boldsymbol{A}),R(\boldsymbol{B})\}$.

4.5 向量空间

4.5.1 向量空间的定义

本节介绍向量空间的概念. 在本章 4.1 节中定义了 n 维向量, 并且研究了 n 维向量的加法和数乘两种运算. 向量空间就是向量的加法和数乘运算下满足某种约束条件的向量全体构成的集合.

定义 4.5.1 设 V 是由 n 维向量构成的非空集合, 如果对集合 V 中向量的加法和数乘两种运算满足以下条件:

(1) 对任意的 $\boldsymbol{a}$, $\boldsymbol{b} \in V$, 有 $\boldsymbol{a}+\boldsymbol{b} \in V$;

(2) 对任意的 $\boldsymbol{a} \in V$, $\lambda \in \mathbf{R}$, 有 $\lambda\boldsymbol{a} \in V$;

则称 V 为向量空间.

在定义 4.5.1 中, 条件(1)表示该集合中的向量对于加法运算是封闭的, 条件(2)表示该集合中的向量对于数乘运算是封闭的. 因此向量空间也可以这样表述, 对向量的加法和数乘运算都封闭的非空向量的集合.

例 4.5.1

设 n 维向量的全体构成的集合记为 $\mathbf{R}^n=\left\{\boldsymbol{a}=\begin{pmatrix}a_1\\a_2\\\vdots\\a_n\end{pmatrix}\middle| a_1, a_2,\cdots,a_n \in \mathbf{R}\right\}$, 证明 $\mathbf{R}^n$ 是一个向量空间.

证　因为两个 n 维向量的和仍为 n 维向量, 即 $\mathbf{R}^n$ 对其中的向量的加法运算是封闭的. 又因为一个常数与一个 n 维向量的乘积仍为 n 维向量, 即 $\mathbf{R}^n$ 对其中的向量的数乘运算是封闭的. 所以 $\mathbf{R}^n$ 是一个向量空间.

例 4.5.2

验证 n 维向量的集合 $V_1=\left\{\begin{pmatrix}x\\0\\\vdots\\0\end{pmatrix}\middle| x \in \mathbf{R}\right\}$ 是一个向量空间.

证　显然 V_1 是非空集合, 在 V_1 中任意选取两个 n 维向量 $\boldsymbol{a}=\begin{pmatrix}x_1\\0\\\vdots\\0\end{pmatrix}$, $\boldsymbol{b}=\begin{pmatrix}x_2\\0\\\vdots\\0\end{pmatrix}$, 其中 x_1, x_2 都是实数. 设 k 是任意常数, 则有

x_1+x_2，kx_1 都是实数，于是

$$\boldsymbol{a}+\boldsymbol{b}=\begin{pmatrix}x_1+x_2\\0\\\vdots\\0\end{pmatrix}\in V_1,\quad k\boldsymbol{a}=\begin{pmatrix}kx_1\\0\\\vdots\\0\end{pmatrix}\in V_1,$$

所以 V_1 是一个向量空间.

容易验证，只含零向量的集合构成向量空间，称为零空间.

例 4.5.3　验证向量集合 $V_2=\left\{\begin{pmatrix}x\\y\\z\end{pmatrix}\middle| x+y+z=1\right\}$ 不是一个向量空间.

证　在 V_2 中任意选取两个向量 $\boldsymbol{a}=\begin{pmatrix}x_1\\y_1\\z_1\end{pmatrix}$，$\boldsymbol{b}=\begin{pmatrix}x_2\\y_2\\z_2\end{pmatrix}$，其中

$$x_1+y_1+z_1=1,\quad x_2+y_2+z_2=1,$$

于是

$$\boldsymbol{a}+\boldsymbol{b}=\begin{pmatrix}x_1+x_2\\y_1+y_2\\z_1+z_2\end{pmatrix},$$

因为

$$(x_1+x_2)+(y_1+y_2)+(z_1+z_2)=(x_1+y_1+z_1)+(x_2+y_2+z_2)=1+1=2,$$

所以 $\boldsymbol{a}+\boldsymbol{b}\notin V_2$，从而 V_2 不构成一个向量空间.

定义 4.5.2　设 V 为一个向量空间. 如果 V 中的向量组 $\boldsymbol{a}_1,\boldsymbol{a}_2,\cdots,\boldsymbol{a}_r$ 满足:

(1) 向量组 $\boldsymbol{a}_1,\boldsymbol{a}_2,\cdots,\boldsymbol{a}_r$ 线性无关;

(2) V 中任意向量都可由向量组 $\boldsymbol{a}_1,\boldsymbol{a}_2,\cdots,\boldsymbol{a}_r$ 线性表示;

则向量组 $\boldsymbol{a}_1,\boldsymbol{a}_2,\cdots,\boldsymbol{a}_r$ 称为 V 的一组基，r 称为 V 的维数，记为 $\dim V$，并称 V 为一个 r 维向量空间.

微课视频：
向量空间的基和维数

如果把向量空间 V 看作向量组，那么 V 的基就是它的一个极大线性无关组，V 的维数就是它的秩. 当 V 由 n 维向量组成时，它的维数不会超过 n.

例 4.5.4　证明向量组 $\boldsymbol{e}_1=\begin{pmatrix}1\\0\\\vdots\\0\end{pmatrix}$，$\boldsymbol{e}_2=\begin{pmatrix}0\\1\\\vdots\\0\end{pmatrix}$，$\cdots$，$\boldsymbol{e}_n=\begin{pmatrix}0\\0\\\vdots\\1\end{pmatrix}$ 是向

量空间 $\mathbf{R}^n$ 的一组基.

证 由 $|\boldsymbol{e}_1,\boldsymbol{e}_2,\cdots,\boldsymbol{e}_n|=1$ 可知 $\boldsymbol{e}_1,\boldsymbol{e}_2,\cdots,\boldsymbol{e}_n$ 是线性无关的，又因为对于向量空间 $\mathbf{R}^n$ 的任意一个向量 $\boldsymbol{a}=\begin{pmatrix}a_1\\a_2\\\vdots\\a_n\end{pmatrix}$ 都有

$$\boldsymbol{a}=\begin{pmatrix}a_1\\a_2\\\vdots\\a_n\end{pmatrix}=a_1\boldsymbol{e}_1+a_2\boldsymbol{e}_2+\cdots+a_n\boldsymbol{e}_n,$$

由此可知 $\boldsymbol{e}_1,\boldsymbol{e}_2,\cdots,\boldsymbol{e}_n$ 是向量空间 $\mathbf{R}^n$ 的一组基.

由例 4.5.4 及定义 4.5.2 可知，$\mathbf{R}^n$ 是一个 n 维向量空间. 当 $n=2$ 时，称 $\mathbf{R}^2$ 为二维向量空间，当 $n=3$ 时，称 $\mathbf{R}^3$ 为三维向量空间. $\mathbf{R}^2$，$\mathbf{R}^3$ 是几何学、物理学等学科中常用的向量空间. 如果一个向量空间 V 中只有零向量，则该向量空间 V 没有基，约定它的维数是 0.

例 4.5.5 证明向量集合 $V=\left\{\begin{pmatrix}x\\y\\0\end{pmatrix}\middle| x,y\in\mathbf{R}\right\}$ 构成一个向量空间，其维数为 2.

证 在 V 中任意选取两个向量 $\boldsymbol{a}=\begin{pmatrix}x_1\\y_1\\0\end{pmatrix}$，$\boldsymbol{b}=\begin{pmatrix}x_2\\y_2\\0\end{pmatrix}$，且 k 为任意常数，有

$$\boldsymbol{a}+\boldsymbol{b}=\begin{pmatrix}x_1+x_2\\y_1+y_2\\0\end{pmatrix}\in V,\quad k\boldsymbol{a}=\begin{pmatrix}kx_1\\ky_1\\0\end{pmatrix}\in V,$$

所以 V 构成一个向量空间. 显然向量 $\boldsymbol{e}_1=\begin{pmatrix}1\\0\\0\end{pmatrix}$，$\boldsymbol{e}_2=\begin{pmatrix}0\\1\\0\end{pmatrix}$ 是向量空间 V 的一组基，因为 $\boldsymbol{e}_1,\boldsymbol{e}_2$ 线性无关，并且有

$$\boldsymbol{a}=x_1\boldsymbol{e}_1+y_1\boldsymbol{e}_2.$$

故该向量空间 V 的维数为 2.

定义 4.5.3 设 V 和 V_1 都是向量空间，若 $V_1\subset V$，则称 V_1 是 V 的子空间.

例 4.5.6　设 $\boldsymbol{a}_1,\boldsymbol{a}_2,\cdots,\boldsymbol{a}_t$ 为一个 n 维向量组，证明它们的线性组合

$$V=\{k_1\boldsymbol{a}_1+k_2\boldsymbol{a}_2+\cdots+k_t\boldsymbol{a}_t \mid k_1,k_2,\cdots,k_t\in\mathbf{R}\}$$

构成一个向量空间.

例 4.5.6 中的向量空间 V 称为由 $\boldsymbol{a}_1,\boldsymbol{a}_2,\cdots,\boldsymbol{a}_t$ 所生成的向量空间，记为

$$L(\boldsymbol{a}_1,\boldsymbol{a}_2,\cdots,\boldsymbol{a}_t).$$

证　在 V 中任意选取两个向量 $\boldsymbol{\alpha}=k_1\boldsymbol{a}_1+k_2\boldsymbol{a}_2+\cdots+k_t\boldsymbol{a}_t$，$\boldsymbol{\beta}=l_1\boldsymbol{a}_1+l_2\boldsymbol{a}_2+\cdots+l_t\boldsymbol{a}_t$，其中 $k_1,k_2,\cdots,k_t;l_1,l_2,\cdots,l_t$ 都是任意实数，则

$$\boldsymbol{\alpha}+\boldsymbol{\beta}=(k_1+l_1)\boldsymbol{a}_1+(k_2+l_2)\boldsymbol{a}_2+\cdots+(k_t+l_t)\boldsymbol{a}_t\in V,$$

$$k\boldsymbol{\alpha}=kk_1\boldsymbol{a}_1+kk_2\boldsymbol{a}_2+\cdots+kk_t\boldsymbol{a}_t\in V,\quad k\in\mathbf{R}.$$

所以 V 是一个向量空间.

对于由向量组 $\boldsymbol{a}_1,\boldsymbol{a}_2,\cdots,\boldsymbol{a}_t$ 生成的向量空间 V，$\boldsymbol{a}_1,\boldsymbol{a}_2,\cdots,\boldsymbol{a}_t$ 的极大无关组就是 V 的一组基，$\boldsymbol{a}_1,\boldsymbol{a}_2,\cdots,\boldsymbol{a}_t$ 的秩就是 V 的维数.

例如，对于所有 n 维向量所组成的向量空间 $\mathbf{R}^n$，$\mathbf{R}^n$ 和 $\{\mathbf{0}\}$ 都是 $\mathbf{R}^n$ 的子空间，通常将这两个子空间称为 $\mathbf{R}^n$ 的平凡子空间. 例 4.5.2 中提到的向量空间 V_1 是 $\mathbf{R}^n$ 的一个 1 维子空间. 例 4.5.5 中提到的向量空间 V 是 $\mathbf{R}^3$ 的一个 2 维子空间.

4.5.2　过渡矩阵与坐标变换

定义 4.5.4　设 $\boldsymbol{a}_1,\boldsymbol{a}_2,\cdots,\boldsymbol{a}_m$ 是 m 维向量空间 V 的一组基，则对 V 中任意向量 $\boldsymbol{b}$，存在唯一一组实数 $x_1,x_2,\cdots,x_m$，使

$$\boldsymbol{b}=x_1\boldsymbol{a}_1+x_2\boldsymbol{a}_2+\cdots+x_m\boldsymbol{a}_m,$$

称有序实数组 $(x_1,x_2,\cdots,x_m)^{\mathrm{T}}$ 为向量 $\boldsymbol{b}$ 在基 $\boldsymbol{a}_1,\boldsymbol{a}_2,\cdots,\boldsymbol{a}_m$ 下的坐标.

在例 4.5.2 中，当 $x_1\neq 0$ 时，向量 $\boldsymbol{a}$ 就可以当作向量空间 $V_1=\left\{\begin{pmatrix}x\\0\\\vdots\\0\end{pmatrix}\middle| x\in\mathbf{R}\right\}$ 的一组基，V_1 中的任意一个向量 $\boldsymbol{b}$ 在 $\boldsymbol{a}$ 下的坐标为 $\dfrac{x_2}{x_1}$. 如果选 $\boldsymbol{e}_1=\begin{pmatrix}1\\0\\\vdots\\0\end{pmatrix}$ 作为 V_1 的一组基，则 V_1 中的任意一个向量 $\boldsymbol{b}$ 在 $\boldsymbol{e}_1$ 下的坐标为 x_2.

由定义 4.5.4 可知，向量空间 $\mathbf{R}^n$ 中任意向量 $\boldsymbol{a}=(a_1,a_2,\cdots,a_n)^{\mathrm{T}}$ 在基

$$\boldsymbol{e}_1=(1,0,\cdots,0)^{\mathrm{T}},\ \boldsymbol{e}_2=(0,1,\cdots,0)^{\mathrm{T}},\ \cdots,\ \boldsymbol{e}_n=(0,0,\cdots,1)^{\mathrm{T}}$$

下的坐标就是$(a_1,a_2,\cdots,a_n)^{\mathrm{T}}$.

由向量空间的基的定义可知，一个向量空间 V 的任意两组基是等价的. 若 $\boldsymbol{a}_1,\boldsymbol{a}_2,\cdots,\boldsymbol{a}_m$ 和 $\boldsymbol{b}_1,\boldsymbol{b}_2,\cdots,\boldsymbol{b}_m$ 都是 m 维向量空间 V 的基，则存在矩阵 $\boldsymbol{C}$，使得

$$(\boldsymbol{b}_1,\boldsymbol{b}_2,\cdots,\boldsymbol{b}_m)=(\boldsymbol{a}_1,\boldsymbol{a}_2,\cdots,\boldsymbol{a}_m)\boldsymbol{C}. \tag{4.5.1}$$

称式(4.5.1)为基变换公式，称矩阵 $\boldsymbol{C}$ 为从基 $\boldsymbol{a}_1,\boldsymbol{a}_2,\cdots,\boldsymbol{a}_m$ 到基 $\boldsymbol{b}_1,\boldsymbol{b}_2,\cdots,\boldsymbol{b}_m$ 的过渡矩阵. 显然，过渡矩阵 $\boldsymbol{C}$ 的第 j 列向量，恰好是 $\boldsymbol{b}_j$ 在基 $\boldsymbol{a}_1,\boldsymbol{a}_2,\cdots,\boldsymbol{a}_m$ 下的坐标$(j=1,2,\cdots,m)$，由于向量组 $\boldsymbol{b}_1,\boldsymbol{b}_2,\cdots,\boldsymbol{b}_m$ 线性无关，所以由基 $\boldsymbol{a}_1,\boldsymbol{a}_2,\cdots,\boldsymbol{a}_m$ 到基 $\boldsymbol{b}_1,\boldsymbol{b}_2,\cdots,\boldsymbol{b}_m$ 的过渡矩阵 $\boldsymbol{C}$ 是可逆的，并且过渡矩阵由这两组基唯一确定.

定理 4.5.1 设 V_m 中的元素 $\boldsymbol{a}$ 在基 $\boldsymbol{a}_1,\boldsymbol{a}_2,\cdots,\boldsymbol{a}_m$ 下的坐标为 $(x_1,x_2,\cdots,x_m)^{\mathrm{T}}$，在基 $\boldsymbol{b}_1,\boldsymbol{b}_2,\cdots,\boldsymbol{b}_m$ 下的坐标为 $(y_1,y_2,\cdots,y_m)^{\mathrm{T}}$，由基 $\boldsymbol{a}_1,\boldsymbol{a}_2,\cdots,\boldsymbol{a}_m$ 到基 $\boldsymbol{b}_1,\boldsymbol{b}_2,\cdots,\boldsymbol{b}_m$ 的过渡矩阵为 $\boldsymbol{C}$，则有坐标变换公式

$$\begin{pmatrix}x_1\\x_2\\\vdots\\x_m\end{pmatrix}=\boldsymbol{C}\begin{pmatrix}y_1\\y_2\\\vdots\\y_m\end{pmatrix} \quad 或 \quad \begin{pmatrix}y_1\\y_2\\\vdots\\y_m\end{pmatrix}=\boldsymbol{C}^{-1}\begin{pmatrix}x_1\\x_2\\\vdots\\x_m\end{pmatrix}. \tag{4.5.2}$$

证 因

$$(\boldsymbol{a}_1,\boldsymbol{a}_2,\cdots,\boldsymbol{a}_m)\begin{pmatrix}x_1\\x_2\\\vdots\\x_m\end{pmatrix}=\boldsymbol{a}=(\boldsymbol{b}_1,\boldsymbol{b}_2,\cdots,\boldsymbol{b}_m)\begin{pmatrix}y_1\\y_2\\\vdots\\y_m\end{pmatrix}$$

$$=(\boldsymbol{a}_1,\boldsymbol{a}_2,\cdots,\boldsymbol{a}_m)\boldsymbol{C}\begin{pmatrix}y_1\\y_2\\\vdots\\y_m\end{pmatrix},$$

由于向量 $\boldsymbol{a}$ 在一组基 $\boldsymbol{a}_1,\boldsymbol{a}_2,\cdots,\boldsymbol{a}_m$ 下的坐标是唯一确定的，故有关系式(4.5.2).

这个定理的逆命题也是成立的. 即若任意一个向量在两组基下的坐标满足式(4.5.2)，则这两组基满足基变换公式(4.5.1).

例 4.5.7　设两个向量组 $\boldsymbol{a}_1=(1,1,0)^{\mathrm{T}}$，$\boldsymbol{a}_2=(0,1,1)^{\mathrm{T}}$，$\boldsymbol{a}_3=(0,0,1)^{\mathrm{T}}$ 和 $\boldsymbol{b}_1=(1,-1,-1)^{\mathrm{T}}$，$\boldsymbol{b}_2=(1,1,-1)^{\mathrm{T}}$，$\boldsymbol{b}_3=(-1,1,0)^{\mathrm{T}}$ 都是向量空间 $\mathbf{R}^3$ 的基，求由基 $\boldsymbol{a}_1,\boldsymbol{a}_2,\boldsymbol{a}_3$ 到基 $\boldsymbol{b}_1,\boldsymbol{b}_2,\boldsymbol{b}_3$ 的过渡矩阵.

解　设由基 $\boldsymbol{a}_1,\boldsymbol{a}_2,\boldsymbol{a}_3$ 到基 $\boldsymbol{b}_1,\boldsymbol{b}_2,\boldsymbol{b}_3$ 的过渡矩阵为 $\boldsymbol{C}$，则

$$(\boldsymbol{b}_1,\boldsymbol{b}_2,\boldsymbol{b}_3)=(\boldsymbol{a}_1,\boldsymbol{a}_2,\boldsymbol{a}_3)\boldsymbol{C},$$

即

$$\begin{pmatrix}1&1&-1\\-1&1&1\\-1&-1&0\end{pmatrix}=\begin{pmatrix}1&0&0\\1&1&0\\0&1&1\end{pmatrix}\boldsymbol{C}$$

由于 $|\boldsymbol{a}_1,\boldsymbol{a}_2,\boldsymbol{a}_3|=1$ 可知向量组 $\boldsymbol{a}_1,\boldsymbol{a}_2,\boldsymbol{a}_3$ 线性无关，故矩阵 $(\boldsymbol{a}_1,\boldsymbol{a}_2,\boldsymbol{a}_3)=\begin{pmatrix}1&0&0\\1&1&0\\0&1&1\end{pmatrix}$ 可逆. 于是

$$\boldsymbol{C}=\begin{pmatrix}1&0&0\\1&1&0\\0&1&1\end{pmatrix}^{-1}\begin{pmatrix}1&1&-1\\-1&1&1\\-1&-1&0\end{pmatrix}=\begin{pmatrix}1&1&-1\\-2&0&2\\1&-1&-2\end{pmatrix}.$$

例 4.5.8　设两个向量组 $\boldsymbol{a}_1=(1,0,-1)^{\mathrm{T}}$，$\boldsymbol{a}_2=(2,1,1)^{\mathrm{T}}$，$\boldsymbol{a}_3=(1,1,1)^{\mathrm{T}}$ 和 $\boldsymbol{b}_1=(0,1,1)^{\mathrm{T}}$，$\boldsymbol{b}_2=(-1,1,0)^{\mathrm{T}}$，$\boldsymbol{b}_3=(1,2,1)^{\mathrm{T}}$ 都是向量空间 $\mathbf{R}^3$ 的基，求：

(1) 由基 $\boldsymbol{a}_1,\boldsymbol{a}_2,\boldsymbol{a}_3$ 到基 $\boldsymbol{b}_1,\boldsymbol{b}_2,\boldsymbol{b}_3$ 的过渡矩阵；

(2) 向量 $\boldsymbol{c}=(9,6,5)^{\mathrm{T}}$ 在两组基下的坐标.

解　(1) 设由基 $\boldsymbol{a}_1,\boldsymbol{a}_2,\boldsymbol{a}_3$ 到基 $\boldsymbol{b}_1,\boldsymbol{b}_2,\boldsymbol{b}_3$ 的过渡矩阵为 $\boldsymbol{C}$，则

$$(\boldsymbol{b}_1,\boldsymbol{b}_2,\boldsymbol{b}_3)=(\boldsymbol{a}_1,\boldsymbol{a}_2,\boldsymbol{a}_3)\boldsymbol{C},$$

即

$$\begin{pmatrix}0&-1&1\\1&1&2\\1&0&1\end{pmatrix}=\begin{pmatrix}1&2&1\\0&1&1\\-1&1&1\end{pmatrix}\boldsymbol{C}$$

由于 $|\boldsymbol{a}_1,\boldsymbol{a}_2,\boldsymbol{a}_3|=-1$ 可知向量组 $\boldsymbol{a}_1,\boldsymbol{a}_2,\boldsymbol{a}_3$ 线性无关，故矩阵 $(\boldsymbol{a}_1,\boldsymbol{a}_2,\boldsymbol{a}_3)=\begin{pmatrix}1&2&1\\0&1&1\\-1&1&1\end{pmatrix}$ 可逆. 于是

$$\boldsymbol{C}=\begin{pmatrix}1&2&1\\0&1&1\\-1&1&1\end{pmatrix}^{-1}\begin{pmatrix}0&-1&1\\1&1&2\\1&0&1\end{pmatrix}=\begin{pmatrix}0&1&1\\-1&-3&-2\\2&4&4\end{pmatrix}.$$

(2) 设向量 $\boldsymbol{c}=(9,6,5)^{\mathrm{T}}$ 在基 $\boldsymbol{b}_1,\boldsymbol{b}_2,\boldsymbol{b}_3$ 下的坐标是 $(y_1,y_2,y_3)^{\mathrm{T}}$，即

$$c=y_1\boldsymbol{b}_1+y_2\boldsymbol{b}_2+y_3\boldsymbol{b}_3,$$

于是

$$\begin{cases}-y_2+y_3=9,\\ y_1+y_2+2y_3=6,\\ y_1+y_3=5,\end{cases}\Rightarrow\begin{cases}y_1=0\\ y_2=-4,\\ y_3=5.\end{cases}$$

设向量 $\boldsymbol{c}=(9,6,5)^{\mathrm{T}}$ 在基 $\boldsymbol{a}_1,\boldsymbol{a}_2,\boldsymbol{a}_3$ 下的坐标是 $(x_1,x_2,x_3)^{\mathrm{T}}$，由坐标变换公式(4.5.2)，有

$$(x_1,x_2,x_3)^{\mathrm{T}}=\begin{pmatrix}0&1&1\\-1&-3&-2\\2&4&4\end{pmatrix}\begin{pmatrix}0\\-4\\5\end{pmatrix}=\begin{pmatrix}1\\2\\4\end{pmatrix}.$$

综上可得向量 $\boldsymbol{c}=(9,6,5)^{\mathrm{T}}$ 在两组基 $\boldsymbol{a}_1,\boldsymbol{a}_2,\boldsymbol{a}_3$ 和 $\boldsymbol{b}_1,\boldsymbol{b}_2,\boldsymbol{b}_3$ 下的坐标分别是 $(1,2,4)^{\mathrm{T}}$ 和 $(0,-4,5)^{\mathrm{T}}$.

习题 4.5

习题 4.5 视频详解

1. 下列集合是否构成 $\mathbf{R}^3$ 的子空间？若能构成，求出它的维数和基.

(1) $\left\{\begin{pmatrix}x_1\\0\\x_3\end{pmatrix}\middle| x_1+x_3=0\right\}$；

(2) $\left\{\begin{pmatrix}x_1\\x_2\\x_3\end{pmatrix}\middle| x_1+x_2+x_3=0\right\}$；

(3) $\left\{\begin{pmatrix}x_1\\x_2\\0\end{pmatrix}\middle| x_1+x_2=1\right\}$；

(4) $\left\{\begin{pmatrix}1&1&1\\0&1&1\\0&0&1\end{pmatrix}\begin{pmatrix}x_1\\x_2\\x_3\end{pmatrix}\middle| x_1,x_2,x_3\in\mathbf{R}\right\}$；

(5) $\left\{\begin{pmatrix}1&1&1\\1&1&1\\0&0&1\end{pmatrix}\begin{pmatrix}x_1\\x_2\\x_3\end{pmatrix}\middle| x_1,x_2,x_3\in\mathbf{R}\right\}$.

2. 求由向量 $\boldsymbol{a}_1=(1,4,-1,0)^{\mathrm{T}}$，$\boldsymbol{a}_2=(1,2,-1,-6)^{\mathrm{T}}$，$\boldsymbol{a}_3=(3,8,-3,-12)^{\mathrm{T}}$，$\boldsymbol{a}_4=(1,2,-2,-3)^{\mathrm{T}}$，$\boldsymbol{a}_5=(4,10,-6,-12)^{\mathrm{T}}$ 所生成的向量空间的一组基及其维数.

3. 证明向量组 $\boldsymbol{a}_1=(1,0,-1)^{\mathrm{T}}$，$\boldsymbol{a}_2=(-2,1,3)^{\mathrm{T}}$，$\boldsymbol{a}_3=(2,5,-1)^{\mathrm{T}}$ 为 $\mathbf{R}^3$ 的一组基，并求 $\boldsymbol{b}=(1,3,1)^{\mathrm{T}}$ 在这组基下的坐标.

4. 证明题.

(1) 证明由 $\boldsymbol{a}_1=(1,1,1)^{\mathrm{T}}$，$\boldsymbol{a}_2=(2,0,2)^{\mathrm{T}}$，$\boldsymbol{a}_3=(0,3,3)^{\mathrm{T}}$ 生成的向量空间为 $\mathbf{R}^3$.

(2) 设 $\boldsymbol{a}_1=(1,2,0,0)^{\mathrm{T}}$，$\boldsymbol{a}_2=(1,0,-1,3)^{\mathrm{T}}$；$\boldsymbol{b}_1=(2,-2,-3,9)^{\mathrm{T}}$，$\boldsymbol{b}_2=(0,2,1,-3)^{\mathrm{T}}$，证明

$$L(\boldsymbol{a}_1,\boldsymbol{a}_2)=L(\boldsymbol{b}_1,\boldsymbol{b}_2).$$

4.6 线性方程组解的结构

在 3.7 节利用高斯消元法求出了线性方程组的一般解，本节利用 n 维向量空间的一些定义和定理等讨论线性方程组解的结构. 在方程组仅有唯一解或无解的情况下，结果已经在 3.7 节讨论清晰. 在方程组有无穷多个解的情况下，需要进一步研究求解方法

和解之间的关系等问题，其中重点问题是解的结构.

4.6.1 齐次线性方程组解的结构

设有 n 元齐次线性方程组

$$\begin{cases} a_{11}x_1+a_{12}x_2+\cdots+a_{1n}x_n=0, \\ a_{21}x_1+a_{22}x_2+\cdots+a_{2n}x_n=0, \\ \quad\vdots \\ a_{m1}x_1+a_{m2}x_2+\cdots+a_{mn}x_n=0. \end{cases} \tag{4.6.1}$$

记
$$\boldsymbol{A}=\begin{pmatrix} a_{11} & a_{12} & \cdots & a_{1n} \\ a_{21} & a_{22} & \cdots & a_{2n} \\ \vdots & \vdots & & \vdots \\ a_{m1} & a_{m2} & \cdots & a_{mn} \end{pmatrix} \quad \boldsymbol{x}=\begin{pmatrix} x_1 \\ x_2 \\ \vdots \\ x_n \end{pmatrix},$$

式(4.6.1)矩阵方程形式为

$$\boldsymbol{Ax}=\boldsymbol{0}. \tag{4.6.2}$$

称方程(4.6.2)的解 $\boldsymbol{x}=\begin{pmatrix} x_1 \\ x_2 \\ \vdots \\ x_n \end{pmatrix}$为齐次线性方程组(4.6.1)的解向量.

显然，零向量 $(0,0,\cdots,0)^{\mathrm{T}}$ 为齐次线性方程组 $\boldsymbol{Ax}=\boldsymbol{0}$ 的解，称为零解. 若非零列向量 $(a_1,a_2,\cdots,a_n)^{\mathrm{T}}$ 为 $\boldsymbol{Ax}=\boldsymbol{0}$ 的解，则称为非零解. 本节重点讨论齐次线性方程组 $\boldsymbol{Ax}=\boldsymbol{0}$ 是否有非零解.

性质 4.6.1　若 $\boldsymbol{\xi}_1$，$\boldsymbol{\xi}_2$ 是齐次线性方程组 $\boldsymbol{Ax}=\boldsymbol{0}$ 的解，则 $\boldsymbol{\xi}_1+\boldsymbol{\xi}_2$ 也是该线性方程组的解.

微课视频：齐次线性方程组解的性质

证　因为 $\boldsymbol{\xi}_1$，$\boldsymbol{\xi}_2$ 是齐次线性方程组 $\boldsymbol{Ax}=\boldsymbol{0}$ 的解，所以 $\boldsymbol{A\xi}_1=\boldsymbol{0}$，$\boldsymbol{A\xi}_2=\boldsymbol{0}$. 则

$$\boldsymbol{A}(\boldsymbol{\xi}_1+\boldsymbol{\xi}_2)=\boldsymbol{A\xi}_1+\boldsymbol{A\xi}_2=\boldsymbol{0}.$$

从而 $\boldsymbol{\xi}_1+\boldsymbol{\xi}_2$ 是该方程组的解.

性质 4.6.2　若 $\boldsymbol{\xi}$ 是齐次线性方程组 $\boldsymbol{Ax}=\boldsymbol{0}$ 的解，c 为常数，则 $c\boldsymbol{\xi}$ 也是该线性方程组的解.

证　因为 $\boldsymbol{\xi}$ 是齐次线性方程组 $\boldsymbol{Ax}=\boldsymbol{0}$ 的解，所以 $\boldsymbol{A\xi}=\boldsymbol{0}$，因此

$$\boldsymbol{A}(c\boldsymbol{\xi})=c(\boldsymbol{A\xi})=\boldsymbol{0}.$$

从而 $c\boldsymbol{\xi}$ 是该方程组的解.

由性质 4.6.1 和性质 4.6.2 易知，齐次线性方程组 $\boldsymbol{A}\boldsymbol{x}=\boldsymbol{0}$ 的全体解组成的集合对于向量加法及数乘运算封闭，进而得到下面的定义.

定义 4.6.1 齐次线性方程组 $\boldsymbol{A}\boldsymbol{x}=\boldsymbol{0}$ 的全体解向量组成的集合 S 是一个向量空间，称 S 为齐次线性方程组 $\boldsymbol{A}\boldsymbol{x}=\boldsymbol{0}$ 的解空间.

定理 4.6.1 若 n 元齐次线性方程组 $\boldsymbol{A}\boldsymbol{x}=\boldsymbol{0}$ 的系数矩阵 $\boldsymbol{A}$ 的秩 $R(\boldsymbol{A})=r<n$，则其解空间 S 是 $n-r$ 维. 该方程组存在 $n-r$ 个解向量 $\boldsymbol{\xi}_1,\boldsymbol{\xi}_2,\cdots,\boldsymbol{\xi}_{n-r}$ 构成解空间 S 的一组基，称为该方程组的基础解系. 该方程组的通解可用基础解系线性表示，即

$$\boldsymbol{x}=c_1\boldsymbol{\xi}_1+c_2\boldsymbol{\xi}_2+\cdots+c_{n-r}\boldsymbol{\xi}_{n-r},$$

其中 $c_1,c_2,\cdots,c_{n-r}$ 为任意常数.

证 因为 $R(\boldsymbol{A})=r<n$，对 $\boldsymbol{A}$ 作初等行变换，可化简为如下形式

$$\boldsymbol{A}\xrightarrow{r}\begin{pmatrix}1&0&\cdots&0&b_{11}&b_{12}&\cdots&b_{1,n-r}\\0&1&\cdots&0&b_{21}&b_{22}&\cdots&b_{2,n-r}\\\vdots&\vdots&&\vdots&\vdots&\vdots&&\vdots\\0&0&\cdots&1&b_{r1}&b_{r2}&\cdots&b_{r,n-r}\\0&0&\cdots&0&0&0&\cdots&0\\\vdots&\vdots&&\vdots&\vdots&\vdots&&\vdots\\0&0&\cdots&0&0&0&\cdots&0\end{pmatrix},$$

则齐次线性方程组 $\boldsymbol{A}\boldsymbol{x}=\boldsymbol{0}$ 与下面的方程组同解

$$\begin{cases}x_1=-b_{11}x_{r+1}-b_{12}x_{r+2}-\cdots-b_{1,n-r}x_n,\\x_2=-b_{21}x_{r+1}-b_{22}x_{r+2}-\cdots-b_{2,n-r}x_n,\\\quad\vdots\\x_r=-b_{r1}x_{r+1}-b_{r2}x_{r+2}-\cdots-b_{r,n-r}x_n,\end{cases}\tag{4.6.3}$$

其中 $x_{r+1},x_{r+2},\cdots,x_n$ 是自由未知量.

分别取

$$\begin{pmatrix}x_{r+1}\\x_{r+2}\\\vdots\\x_n\end{pmatrix}=\begin{pmatrix}1\\0\\\vdots\\0\end{pmatrix},\begin{pmatrix}0\\1\\\vdots\\0\end{pmatrix},\cdots,\begin{pmatrix}0\\0\\\vdots\\1\end{pmatrix},$$

代入式(4.6.3)，得到齐次线性方程组 $\boldsymbol{A}\boldsymbol{x}=\boldsymbol{0}$ 的 $n-r$ 个解，分别为

$$\boldsymbol{\xi}_1=\begin{pmatrix}-b_{11}\\ \vdots\\ -b_{r1}\\ 1\\ 0\\ \vdots\\ 0\end{pmatrix},\ \boldsymbol{\xi}_2=\begin{pmatrix}-b_{12}\\ \vdots\\ -b_{r2}\\ 0\\ 1\\ \vdots\\ 0\end{pmatrix},\cdots,\ \boldsymbol{\xi}_{n-r}=\begin{pmatrix}-b_{1,n-r}\\ \vdots\\ -b_{r,n-r}\\ 0\\ 0\\ \vdots\\ 1\end{pmatrix}.$$

因为 $n-r$ 个 $n-r$ 维向量$\begin{pmatrix}1\\ 0\\ \vdots\\ 0\end{pmatrix},\begin{pmatrix}0\\ 1\\ \vdots\\ 0\end{pmatrix},\cdots,\begin{pmatrix}0\\ 0\\ \vdots\\ 1\end{pmatrix}$线性无关，所以 $n-r$ 个 n 维向量 $\boldsymbol{\xi}_1,\boldsymbol{\xi}_2,\cdots,\boldsymbol{\xi}_{n-r}$也线性无关. 设齐次线性方程组 $\boldsymbol{Ax}=\boldsymbol{0}$ 的任意解 $\boldsymbol{x}=\begin{pmatrix}x_1\\ x_2\\ \vdots\\ x_n\end{pmatrix}$，则由式(4.6.3)得

微课视频：
解的结构的应用

$$\begin{aligned}\boldsymbol{x}&=x_{r+1}\begin{pmatrix}-b_{11}\\ \vdots\\ -b_{r1}\\ 1\\ 0\\ \vdots\\ 0\end{pmatrix}+x_{r+2}\begin{pmatrix}-b_{12}\\ \vdots\\ -b_{r2}\\ 0\\ 1\\ \vdots\\ 0\end{pmatrix}+\cdots+x_n\begin{pmatrix}-b_{1,n-r}\\ \vdots\\ -b_{r,n-r}\\ 0\\ 0\\ \vdots\\ 1\end{pmatrix}\\ &=x_{r+1}\boldsymbol{\xi}_1+x_{r+2}\boldsymbol{\xi}_2+\cdots+x_n\boldsymbol{\xi}_{n-r}.\end{aligned}$$

因此 $\boldsymbol{\xi}_1,\boldsymbol{\xi}_2,\cdots,\boldsymbol{\xi}_{n-r}$是解空间的一组基.

令 $c_1=x_{r+1}$，$c_2=x_{r+2}$，$\cdots$，$c_{n-r}=x_n$，则

$$\boldsymbol{x}=c_1\boldsymbol{\xi}_1+c_2\boldsymbol{\xi}_2+\cdots+c_{n-r}\boldsymbol{\xi}_{n-r}.$$

称 $\boldsymbol{x}=c_1\boldsymbol{\xi}_1+c_2\boldsymbol{\xi}_2+\cdots+c_{n-r}\boldsymbol{\xi}_{n-r}$ 为齐次线性方程组 $\boldsymbol{Ax}=\boldsymbol{0}$ 的通解，称 $\boldsymbol{\xi}_1,\boldsymbol{\xi}_2,\cdots,\boldsymbol{\xi}_{n-r}$为该方程组的基础解系.

例 4.6.1　求齐次线性方程组

$$\begin{cases}x_1-2x_2-x_3+2x_4-3x_5=0,\\ 3x_1-6x_2-8x_3+x_4-4x_5=0,\\ 2x_1-4x_2-7x_3-x_4-x_5=0,\\ 3x_1-6x_2-7x_3\qquad-3x_5=0\end{cases}$$

的一个基础解系及通解.

解　将方程组的系数矩阵 $\boldsymbol{A}$ 化为行最简形

$$A=\begin{pmatrix}1&-2&-1&2&-3\\3&-6&-8&1&-4\\2&-4&-7&-1&-1\\3&-6&-7&0&-3\end{pmatrix}\xrightarrow[r_4-3r_1]{\substack{r_2-3r_1\\r_3-2r_1}}\begin{pmatrix}1&-2&-1&2&-3\\0&0&-5&-5&5\\0&0&-5&-5&5\\0&0&-4&-6&6\end{pmatrix}\rightarrow$$

$$\begin{pmatrix}1&-2&-1&2&-3\\0&0&1&\frac{3}{2}&-\frac{3}{2}\\0&0&1&1&-1\\0&0&0&0&0\end{pmatrix}\rightarrow\begin{pmatrix}1&-2&0&3&-4\\0&0&1&\frac{3}{2}&-\frac{3}{2}\\0&0&0&-\frac{1}{2}&\frac{1}{2}\\0&0&0&0&0\end{pmatrix}\rightarrow$$

$$\begin{pmatrix}1&-2&0&0&-1\\0&0&1&0&0\\0&0&0&1&-1\\0&0&0&0&0\end{pmatrix},$$

于是 $R(\boldsymbol{A})=3$，$n=5$，所以基础解系中含 $n-R(\boldsymbol{A})=2$ 个线性无关的解向量. 由 $\boldsymbol{A}$ 的行最简形矩阵可知原方程组同解于方程组

$$\begin{cases}x_1-2x_2-x_5=0,\\x_3=0,\\x_4-x_5=0,\end{cases}$$

从而同解于方程组

$$\begin{cases}x_1=2x_2+x_5,\\x_2=x_2,\\x_3=0,\\x_4=x_5,\\x_5=x_5,\end{cases}\tag{4.6.4}$$

其中 x_2，x_5 为任意实数. 式(4.6.4)的向量形式为

$$\begin{pmatrix}x_1\\x_2\\x_3\\x_4\\x_5\end{pmatrix}=x_2\begin{pmatrix}2\\1\\0\\0\\0\end{pmatrix}+x_5\begin{pmatrix}1\\0\\0\\1\\1\end{pmatrix},$$

所以基础解系为 $\boldsymbol{\xi}_1=(2,1,0,0,0)^{\mathrm{T}}$，$\boldsymbol{\xi}_2=(1,0,0,1,1)^{\mathrm{T}}$，原方程组的通解是

$$\boldsymbol{x}=\begin{pmatrix}x_1\\x_2\\x_3\\x_4\\x_5\end{pmatrix}=c_1\begin{pmatrix}2\\1\\0\\0\\0\end{pmatrix}+c_2\begin{pmatrix}1\\0\\0\\1\\1\end{pmatrix},$$

其中 c_1，c_2 为任意实数.

例 4.6.2　如果 $\boldsymbol{A}_{m\times n}\boldsymbol{B}_{n\times l}=\boldsymbol{O}$，证明 $R(\boldsymbol{A})+R(\boldsymbol{B})\leqslant n$.

证　设 $\boldsymbol{A}$ 的秩为 r，将矩阵 $\boldsymbol{B}$ 按列分块为 $\boldsymbol{B}=(\boldsymbol{b}_1,\boldsymbol{b}_2,\cdots,\boldsymbol{b}_l)$，由 $\boldsymbol{A}_{m\times n}\boldsymbol{B}_{n\times l}=\boldsymbol{O}$ 得

$$\boldsymbol{A}(\boldsymbol{b}_1,\boldsymbol{b}_2,\cdots,\boldsymbol{b}_l)=(\boldsymbol{A}\boldsymbol{b}_1,\boldsymbol{A}\boldsymbol{b}_2,\cdots,\boldsymbol{A}\boldsymbol{b}_l)=(\boldsymbol{0},\boldsymbol{0},\cdots,\boldsymbol{0}),$$

从而
$$\boldsymbol{A}\boldsymbol{b}_j=\boldsymbol{0}(j=1,2,\cdots,l),$$

即矩阵 $\boldsymbol{B}$ 的列向量 $\boldsymbol{b}_1,\boldsymbol{b}_2,\cdots,\boldsymbol{b}_l$ 都是 n 元齐次线性方程组 $\boldsymbol{A}\boldsymbol{x}=\boldsymbol{0}$ 的解，记 $\boldsymbol{A}\boldsymbol{x}=\boldsymbol{0}$ 的解空间为 S，于是 $\boldsymbol{b}_1,\boldsymbol{b}_2,\cdots,\boldsymbol{b}_l\in S$，且解空间 S 是 $n-r$ 维的. 于是

$$R(\boldsymbol{B})=R(\boldsymbol{b}_1,\boldsymbol{b}_2,\cdots,\boldsymbol{b}_l)\leqslant n-r,$$

即 $R(\boldsymbol{A})+R(\boldsymbol{B})\leqslant n$.

例 4.6.3　已知 $\boldsymbol{\alpha}_1=\begin{pmatrix}-1\\1\\1\\-1\end{pmatrix}$，$\boldsymbol{\alpha}_2=\begin{pmatrix}1\\5\\1\\m\end{pmatrix}$，$\boldsymbol{\alpha}_3=\begin{pmatrix}-3\\0\\2\\-3\end{pmatrix}$ 与 $\boldsymbol{\beta}_1=\begin{pmatrix}-1\\4\\2\\-m\end{pmatrix}$，$\boldsymbol{\beta}_2=\begin{pmatrix}-1\\7\\3\\-1\end{pmatrix}$，$\boldsymbol{\beta}_3=\begin{pmatrix}5\\7\\n\\5\end{pmatrix}$ 都是齐次线性方程组 $\boldsymbol{A}\boldsymbol{x}=\boldsymbol{0}$ 的基础解系，求 m，n 的值.

解　因为 $\boldsymbol{\alpha}_1,\boldsymbol{\alpha}_2,\boldsymbol{\alpha}_3$ 与 $\boldsymbol{\beta}_1,\boldsymbol{\beta}_2,\boldsymbol{\beta}_3$ 是同一个方程组 $\boldsymbol{A}\boldsymbol{x}=\boldsymbol{0}$ 的基础解系，所以 $\boldsymbol{\alpha}_1,\boldsymbol{\alpha}_2,\boldsymbol{\alpha}_3$ 与 $\boldsymbol{\beta}_1,\boldsymbol{\beta}_2,\boldsymbol{\beta}_3$ 都线性无关，且它们是等价向量组，可以相互线性表示.

$$(\boldsymbol{\alpha}_1,\boldsymbol{\alpha}_2,\boldsymbol{\alpha}_3,\boldsymbol{\beta}_1,\boldsymbol{\beta}_2,\boldsymbol{\beta}_3)=\begin{pmatrix}-1&1&-3&-1&-1&5\\1&5&0&4&7&7\\1&1&2&2&3&n\\-1&m&-3&-m&-1&5\end{pmatrix}$$

$$\xrightarrow[\substack{r_3-r_1\\r_4+r_1}]{\substack{r_1\times(-1)\\r_2-r_1}}\begin{pmatrix}1&-1&3&1&1&-5\\0&6&-3&3&6&12\\0&2&-1&1&2&n+5\\0&m-1&0&-m+1&0&0\end{pmatrix}$$

$$\xrightarrow[r_4-\frac{1}{3}r_2]{r_3\leftrightarrow r_4}\begin{pmatrix}1&-1&3&1&1&-5\\0&6&-3&3&6&12\\0&m-1&0&1-m&0&0\\0&0&0&0&0&n+1\end{pmatrix}.$$

综上可得

$$R(\boldsymbol{\alpha}_1,\boldsymbol{\alpha}_2,\boldsymbol{\alpha}_3)=R(\boldsymbol{\beta}_1,\boldsymbol{\beta}_2,\boldsymbol{\beta}_3)=3$$

于是 $m\neq1$，$n=-1$.

4.6.2 非齐次线性方程组解的结构

设有 n 元非齐次线性方程组

$$\begin{cases}a_{11}x_1+a_{12}x_2+\cdots+a_{1n}x_n=b_1,\\a_{21}x_1+a_{22}x_2+\cdots+a_{2n}x_n=b_2,\\\qquad\vdots\\a_{m1}x_1+a_{m2}x_2+\cdots+a_{mn}x_n=b_m,\end{cases}\tag{4.6.5}$$

记 $\boldsymbol{A}=(a_{ij})_{m\times n}$，$\boldsymbol{x}=(x_1,x_2,\cdots,x_n)^{\mathrm{T}}$，$\boldsymbol{b}=(b_1,b_2,\cdots,b_m)^{\mathrm{T}}\neq\boldsymbol{0}$，式(4.6.5)矩阵方程形式为

$$\boldsymbol{Ax}=\boldsymbol{b},\tag{4.6.6}$$

称 $\boldsymbol{Ax}=\boldsymbol{0}$ 为 $\boldsymbol{Ax}=\boldsymbol{b}$ 对应的齐次线性方程组(或导出组).

性质 4.6.3 若 $\boldsymbol{\eta}_1$，$\boldsymbol{\eta}_2$ 是 n 元非齐次线性方程组 $\boldsymbol{Ax}=\boldsymbol{b}$ 的解，则 $\boldsymbol{\eta}_1-\boldsymbol{\eta}_2$ 是对应的齐次线性方程组 $\boldsymbol{Ax}=\boldsymbol{0}$ 的解.

证 因为 $\boldsymbol{A\eta}_1=\boldsymbol{b}$，$\boldsymbol{A\eta}_2=\boldsymbol{b}$，所以

$$\boldsymbol{A}(\boldsymbol{\eta}_1-\boldsymbol{\eta}_2)=\boldsymbol{A\eta}_1-\boldsymbol{A\eta}_2=\boldsymbol{0},$$

于是 $\boldsymbol{\eta}_1-\boldsymbol{\eta}_2$ 是齐次线性方程组 $\boldsymbol{Ax}=\boldsymbol{0}$ 的解.

性质 4.6.4 若 $\boldsymbol{\eta}$ 是 n 元非齐次线性方程组 $\boldsymbol{Ax}=\boldsymbol{b}$ 的解，$\boldsymbol{\xi}$ 是对应的齐次线性方程组 $\boldsymbol{Ax}=\boldsymbol{0}$ 的解，则 $\boldsymbol{\xi}+\boldsymbol{\eta}$ 是方程组 $\boldsymbol{Ax}=\boldsymbol{b}$ 的解.

证 因为 $\boldsymbol{A\xi}=\boldsymbol{0}$，$\boldsymbol{A\eta}=\boldsymbol{b}$，所以

$$\boldsymbol{A}(\boldsymbol{\xi}+\boldsymbol{\eta})=\boldsymbol{A\xi}+\boldsymbol{A\eta}=\boldsymbol{b},$$

从而 $\boldsymbol{\xi}+\boldsymbol{\eta}$ 是非齐次线性方程组 $\boldsymbol{Ax}=\boldsymbol{b}$ 的解.

微课视频：基础解系与通解

定理 4.6.2 若 $\boldsymbol{\eta}_0$ 是非齐次线性方程组 $\boldsymbol{Ax}=\boldsymbol{b}$ 的解，$\boldsymbol{\xi}_1,\boldsymbol{\xi}_2,\cdots,\boldsymbol{\xi}_{n-r}$ 是它的导出组 $\boldsymbol{Ax}=\boldsymbol{0}$ 的基础解系，则非齐次线性方程组 $\boldsymbol{Ax}=\boldsymbol{b}$ 的通解为

$$\boldsymbol{x}=\boldsymbol{\eta}_0+c_1\boldsymbol{\xi}_1+c_2\boldsymbol{\xi}_2+\cdots+c_{n-r}\boldsymbol{\xi}_{n-r},$$

其中 $c_1,c_2,\cdots,c_{n-r}$ 为任意常数.

证　因为 $\boldsymbol{\xi}_1,\boldsymbol{\xi}_2,\cdots,\boldsymbol{\xi}_{n-r}$ 是齐次线性方程组 $\boldsymbol{Ax}=\boldsymbol{0}$ 的基础解系，由性质 4.6.1 和性质 4.6.2 可知 $c_1\boldsymbol{\xi}_1+c_2\boldsymbol{\xi}_2+\cdots+c_{n-r}\boldsymbol{\xi}_{n-r}$ 是方程组 $\boldsymbol{Ax}=\boldsymbol{0}$ 的解. 又因为 $\boldsymbol{\eta}_0$ 是非齐次线性方程组 $\boldsymbol{Ax}=\boldsymbol{b}$ 的解，由性质 4.6.4 可知 $\boldsymbol{x}=\boldsymbol{\eta}_0+c_1\boldsymbol{\xi}_1+c_2\boldsymbol{\xi}_2+\cdots+c_{n-r}\boldsymbol{\xi}_{n-r}$ 是方程组 $\boldsymbol{Ax}=\boldsymbol{b}$ 的解. 反之，设 $\boldsymbol{x}$ 是非齐次线性方程组 $\boldsymbol{Ax}=\boldsymbol{b}$ 的任意解，所以由性质 4.6.3 知 $\boldsymbol{x}-\boldsymbol{\eta}_0$ 是方程组 $\boldsymbol{Ax}=\boldsymbol{0}$ 的一个解，又因为 $\boldsymbol{\xi}_1,\boldsymbol{\xi}_2,\cdots,\boldsymbol{\xi}_{n-r}$ 是方程组 $\boldsymbol{Ax}=\boldsymbol{0}$ 的基础解系，所以存在 $c_1,c_2,\cdots c_{n-r}$，使

$$\boldsymbol{x}-\boldsymbol{\eta}_0=c_1\boldsymbol{\xi}_1+c_2\boldsymbol{\xi}_2+\cdots+c_{n-r}\boldsymbol{\xi}_{n-r},$$

即

$$\boldsymbol{x}=c_1\boldsymbol{\xi}_1+c_2\boldsymbol{\xi}_2+\cdots+c_{n-r}\boldsymbol{\xi}_{n-r}+\boldsymbol{\eta}_0.$$

例 4.6.4　求下列方程组的通解

$$\begin{cases} x_1+2x_2+3x_3+4x_4=2, \\ 2x_1+x_2+4x_3+5x_4=3, \\ 3x_1+3x_2+7x_3+9x_4=5. \end{cases}$$

解　对方程组的增广矩阵 $\widetilde{\boldsymbol{A}}$ 作初等行变换得

$$\widetilde{\boldsymbol{A}}=\begin{pmatrix} 1 & 2 & 3 & 4 & 2 \\ 2 & 1 & 4 & 5 & 3 \\ 3 & 3 & 7 & 9 & 5 \end{pmatrix} \xrightarrow[r_3-3r_1]{r_2-2r_1} \begin{pmatrix} 1 & 2 & 3 & 4 & 2 \\ 0 & -3 & -2 & -3 & -1 \\ 0 & -3 & -2 & -3 & -1 \end{pmatrix}$$

$$\xrightarrow[r_2\times\left(-\frac{1}{3}\right)]{r_3-r_2} \begin{pmatrix} 1 & 2 & 3 & 4 & 2 \\ 0 & 1 & \frac{2}{3} & 1 & \frac{1}{3} \\ 0 & 0 & 0 & 0 & 0 \end{pmatrix} \xrightarrow{r_1-2r_2} \begin{pmatrix} 1 & 0 & \frac{5}{3} & 2 & \frac{4}{3} \\ 0 & 1 & \frac{2}{3} & 1 & \frac{1}{3} \\ 0 & 0 & 0 & 0 & 0 \end{pmatrix},$$

原方程组与

$$\begin{cases} x_1=\dfrac{4}{3}-\dfrac{5}{3}x_3-2x_4, \\ x_2=\dfrac{1}{3}-\dfrac{2}{3}x_3-x_4 \end{cases}$$

同解，取自由未知量 $x_3=x_4=0$，得特解为 $\boldsymbol{\eta}_0=\left(\frac{4}{3},\frac{1}{3},0,0\right)^{\mathrm{T}}$，对应原方程组的齐次方程组为

$$\begin{cases} x_1=-\dfrac{5}{3}x_3-2x_4, \\ x_2=-\dfrac{2}{3}x_3-x_4, \end{cases}$$

取自由未知量 x_3，x_4 分别为

$$\begin{pmatrix} x_3 \\ x_4 \end{pmatrix}=\begin{pmatrix} 1 \\ 0 \end{pmatrix},\ \begin{pmatrix} x_3 \\ x_4 \end{pmatrix}=\begin{pmatrix} 0 \\ 1 \end{pmatrix}$$

得其基础解系为 $\boldsymbol{\eta}_1=\begin{pmatrix}-\frac{5}{3}\\-\frac{2}{3}\\1\\0\end{pmatrix}$，$\boldsymbol{\eta}_2=\begin{pmatrix}-2\\-1\\0\\1\end{pmatrix}$，故原方程组的通解为

$$\boldsymbol{x}=\boldsymbol{\eta}_0+c_1\boldsymbol{\eta}_1+c_2\boldsymbol{\eta}_2=\begin{pmatrix}\frac{4}{3}\\\frac{1}{3}\\0\\0\end{pmatrix}+c_1\begin{pmatrix}-\frac{5}{3}\\-\frac{2}{3}\\1\\0\end{pmatrix}+c_2\begin{pmatrix}-2\\-1\\0\\1\end{pmatrix},$$

其中 c_1，c_2 为任意常数.

或者直接由

$$\begin{cases}x_1=\frac{4}{3}-\frac{5}{3}x_3-2x_4,\\x_2=\frac{1}{3}-\frac{2}{3}x_3-x_4,\\x_3=x_3,\\x_4=x_4\end{cases}$$

得

$$\boldsymbol{x}=\begin{pmatrix}x_1\\x_2\\x_3\\x_4\end{pmatrix}=\begin{pmatrix}\frac{4}{3}\\\frac{1}{3}\\0\\0\end{pmatrix}+x_3\begin{pmatrix}-\frac{5}{3}\\-\frac{2}{3}\\1\\0\end{pmatrix}+x_4\begin{pmatrix}-2\\-1\\0\\1\end{pmatrix},$$

令 $x_3=c_1$，$x_4=c_2$ 为任意常数，则原方程组的通解为

$$\begin{pmatrix}x_1\\x_2\\x_3\\x_4\end{pmatrix}=\begin{pmatrix}\frac{4}{3}\\\frac{1}{3}\\0\\0\end{pmatrix}+c_1\begin{pmatrix}-\frac{5}{3}\\-\frac{2}{3}\\1\\0\end{pmatrix}+c_2\begin{pmatrix}-2\\-1\\0\\1\end{pmatrix},$$

其中 c_1，c_2 为任意常数.

例 4.6.5 设有四元线性方程组 $\boldsymbol{A}\boldsymbol{x}=\boldsymbol{b}$，系数矩阵 $\boldsymbol{A}$ 的秩为 3，又已知 $\boldsymbol{\eta}_1,\boldsymbol{\eta}_2,\boldsymbol{\eta}_3$ 为 $\boldsymbol{A}\boldsymbol{x}=\boldsymbol{b}$ 的三个解，且

$$\boldsymbol{\eta}_1=\begin{pmatrix}4\\-1\\-1\\4\end{pmatrix},\ \boldsymbol{\eta}_2+\boldsymbol{\eta}_3=\begin{pmatrix}2\\1\\1\\2\end{pmatrix},$$

求 $\boldsymbol{Ax}=\boldsymbol{b}$ 的通解.

解　已知 $\boldsymbol{Ax}=\boldsymbol{b}$ 的特解 $\boldsymbol{\eta}_1$，又 $R(\boldsymbol{A})=3$，对应导出组 $\boldsymbol{Ax}=\boldsymbol{0}$ 的基础解系包含 $4-R(\boldsymbol{A})=1$ 个解向量，所以任意一个 $\boldsymbol{Ax}=\boldsymbol{0}$ 的非零解都可作为其基础解系.

因为 $\boldsymbol{\eta}_2$，$\boldsymbol{\eta}_3$ 是 $\boldsymbol{Ax}=\boldsymbol{b}$ 的解，所以

$$\boldsymbol{A}\left[\frac{1}{2}(\boldsymbol{\eta}_2+\boldsymbol{\eta}_3)\right]=\frac{1}{2}(\boldsymbol{A\eta}_2+\boldsymbol{A\eta}_3)=\boldsymbol{b},$$

即 $\frac{1}{2}(\boldsymbol{\eta}_2+\boldsymbol{\eta}_3)$ 是 $\boldsymbol{Ax}=\boldsymbol{b}$ 的解，故 $\boldsymbol{\eta}_1-\frac{1}{2}(\boldsymbol{\eta}_2+\boldsymbol{\eta}_3)$ 为 $\boldsymbol{Ax}=\boldsymbol{0}$ 的解，又 $R(\boldsymbol{A})=3$，且

$$\xi=\boldsymbol{\eta}_1-\frac{1}{2}(\boldsymbol{\eta}_2+\boldsymbol{\eta}_3)=\begin{pmatrix}4\\-1\\-1\\4\end{pmatrix}-\frac{1}{2}\begin{pmatrix}2\\1\\1\\2\end{pmatrix}=\begin{pmatrix}3\\-\frac{3}{2}\\-\frac{3}{2}\\3\end{pmatrix}\neq\boldsymbol{0},$$

所以 $\boldsymbol{\xi}$ 是 $\boldsymbol{Ax}=\boldsymbol{0}$ 的基础解系，故 $\boldsymbol{Ax}=\boldsymbol{b}$ 的通解为

$$\boldsymbol{x}=\boldsymbol{\eta}_1+k\boldsymbol{\xi}=\begin{pmatrix}4\\-1\\-1\\4\end{pmatrix}+k\begin{pmatrix}3\\-\frac{3}{2}\\-\frac{3}{2}\\3\end{pmatrix},$$

其中 k 为任意实数.

例 4.6.5 利用解的理论求通解.

例 4.6.6　已知 $\boldsymbol{\eta}_1=(6,-1,-4)^{\mathrm{T}}$，$\boldsymbol{\eta}_2=(3,0,-2)^{\mathrm{T}}$ 是线性方程组

$$\begin{cases}2x_1+3x_3=1,\\5x_1+x_2+7x_3=1,\\ax_1+bx_2+cx_3=d\end{cases}$$

的两个解，求此方程组的通解.

解　设 $\boldsymbol{A}=\begin{pmatrix}2&0&3\\5&1&7\\a&b&c\end{pmatrix}$，$\boldsymbol{b}=\begin{pmatrix}1\\1\\d\end{pmatrix}$，则方程组为 $\boldsymbol{Ax}=\boldsymbol{b}$，且有两个解

$$\boldsymbol{\eta}_1=(6,-1,-4)^{\mathrm{T}},\ \boldsymbol{\eta}_2=(3,0,-2)^{\mathrm{T}},$$

因为 $\boldsymbol{\eta}_1\neq\boldsymbol{\eta}_2$，所以方程组 $\boldsymbol{A}\boldsymbol{x}=\boldsymbol{b}$ 有解且解不唯一，于是该方程组有无穷多解，因此

$$R(\boldsymbol{A})=R(\boldsymbol{A},\boldsymbol{b})<3,$$

又 $\boldsymbol{A}$ 有 2 阶子式 $\begin{vmatrix}2&0\\5&1\end{vmatrix}=2\neq0$，所以 $R(\boldsymbol{A})\geqslant2$，从而 $R(\boldsymbol{A})=2$. 因此对应的齐次线性方程组 $\boldsymbol{A}\boldsymbol{x}=\boldsymbol{0}$ 的基础解系含有 1 个解向量，可以取为

$$\boldsymbol{\xi}=\boldsymbol{\eta}_2-\boldsymbol{\eta}_1=(3,0,-2)^{\mathrm{T}}-(6,-1,-4)^{\mathrm{T}}=(-3,1,2)^{\mathrm{T}},$$

故方程组的通解为

$$\boldsymbol{x}=\boldsymbol{\eta}_1+c\boldsymbol{\xi}=(6,-1,-4)^{\mathrm{T}}+c(-3,1,2)^{\mathrm{T}},$$

其中 c 为任意实数.

例 4.6.7　已知 4 阶方阵 $\boldsymbol{A}=(\boldsymbol{\alpha}_1,\boldsymbol{\alpha}_2,\boldsymbol{\alpha}_3,\boldsymbol{\alpha}_4)$，$\boldsymbol{\alpha}_1,\boldsymbol{\alpha}_2,\boldsymbol{\alpha}_3,\boldsymbol{\alpha}_4$ 都为 4 维列向量，其中 $\boldsymbol{\alpha}_2,\boldsymbol{\alpha}_3,\boldsymbol{\alpha}_4$ 线性无关，$\boldsymbol{\alpha}_1=4\boldsymbol{\alpha}_2-3\boldsymbol{\alpha}_3$. 如果 $\boldsymbol{b}=\boldsymbol{\alpha}_1+2\boldsymbol{\alpha}_2+3\boldsymbol{\alpha}_3+4\boldsymbol{\alpha}_4$，求线性方程组 $\boldsymbol{A}\boldsymbol{x}=\boldsymbol{b}$ 的通解.

解　由已知 $\boldsymbol{b}=\boldsymbol{\alpha}_1+2\boldsymbol{\alpha}_2+3\boldsymbol{\alpha}_3+4\boldsymbol{\alpha}_4$，可得 $\begin{pmatrix}1\\2\\3\\4\end{pmatrix}$ 是 $\boldsymbol{A}\boldsymbol{x}=\boldsymbol{b}$ 的一个特解. 又 $\boldsymbol{\alpha}_2,\boldsymbol{\alpha}_3,\boldsymbol{\alpha}_4$ 线性无关，于是 $R(\boldsymbol{A})\geqslant3$. 又由已知 $\boldsymbol{\alpha}_1=4\boldsymbol{\alpha}_2-3\boldsymbol{\alpha}_3$，即 $\boldsymbol{\alpha}_1-4\boldsymbol{\alpha}_2+3\boldsymbol{\alpha}_3+0\boldsymbol{\alpha}_4=\boldsymbol{0}$，于是向量组 $\boldsymbol{\alpha}_1,\boldsymbol{\alpha}_2,\boldsymbol{\alpha}_3,\boldsymbol{\alpha}_4$ 线性相关，于是 $R(\boldsymbol{A})\leqslant3$，综上有 $R(\boldsymbol{A})=3$. 导出组 $\boldsymbol{A}\boldsymbol{x}=\boldsymbol{0}$ 的基础解系有 $4-3=1$ 个解向量，由 $\boldsymbol{\alpha}_1-4\boldsymbol{\alpha}_2+3\boldsymbol{\alpha}_3+0\boldsymbol{\alpha}_4=\boldsymbol{0}$ 可知 $\begin{pmatrix}1\\-4\\3\\0\end{pmatrix}$ 是导出组 $\boldsymbol{A}\boldsymbol{x}=\boldsymbol{0}$ 的基础解系，故方程组 $\boldsymbol{A}\boldsymbol{x}=\boldsymbol{b}$ 的通解为

$$\boldsymbol{x}=\begin{pmatrix}1\\2\\3\\4\end{pmatrix}+c\begin{pmatrix}1\\-4\\3\\0\end{pmatrix},$$

其中 c 是任意常数.

习题 4.6 视频详解

习题 4.6

1. 填空题.

(1) 已知 4 元方程组 $\boldsymbol{A}\boldsymbol{x}=\boldsymbol{b}$ 的 3 个解是 $\boldsymbol{\eta}_1,\boldsymbol{\eta}_2,\boldsymbol{\eta}_3$，且 $R(\boldsymbol{A})=3$，$\boldsymbol{\eta}_1=(1,-2,3,0)^{\mathrm{T}}$，$\boldsymbol{\eta}_2+\boldsymbol{\eta}_3=(3,-2,9,1)^{\mathrm{T}}$，则方程组的通解是________.

(2) 设 $\boldsymbol{\eta}_1$，$\boldsymbol{\eta}_2$ 及 $\lambda_1\boldsymbol{\eta}_1+\lambda_2\boldsymbol{\eta}_2$ 都是非齐次线性方程组 $\boldsymbol{A}\boldsymbol{x}=\boldsymbol{b}$ 的解向量，则 $\lambda_1+\lambda_2=$________.

2. 求下列齐次线性方程组的一个基础解系和通解.

(1) $\begin{cases} 2x_1-x_2+x_3+x_4=0, \\ x_1+2x_2-x_3+3x_4=0, \\ x_1+7x_2-5x_3+8x_4=0; \end{cases}$

(2) $\begin{cases} x_1-x_2-x_3+x_4=0, \\ x_1-2x_2+x_3-3x_4=0, \\ 2x_1-x_2-3x_3+6x_4=0; \end{cases}$

(3) $\begin{cases} x_1-x_2+x_3+x_4+x_5=0, \\ 4x_1+x_2+7x_3+2x_4-2x_5=0, \\ 6x_1-x_2+9x_3+4x_4=0; \end{cases}$

(4) $\begin{cases} 2x_1-x_2-x_3+x_4-x_5=0, \\ x_1+2x_2-x_3+2x_4-3x_5=0, \\ 5x_1-2x_2-x_3+2x_4-2x_5=0. \end{cases}$

3. 求下列非齐次线性方程组的通解.

(1) $\begin{cases} x_1+3x_2+2x_3=1, \\ x_1+5x_2+x_3=-3, \\ 3x_1+5x_2+8x_3=2; \end{cases}$

(2) $\begin{cases} 2x_1-x_2+x_3-x_4=1, \\ x_1-x_2-3x_4=2, \\ 4x_1-3x_2+2x_3-7x_4=5; \end{cases}$

(3) $\begin{cases} x_1-x_2+x_3-x_4=1, \\ x_1-2x_2-x_3+x_4=0, \\ x_1-x_2-2x_3+2x_4=-\dfrac{1}{2}; \end{cases}$

(4) $\begin{cases} 2x_1+x_2-x_3+x_4=1, \\ 3x_1-2x_2+x_3-3x_4=4, \\ 7x_1+7x_2-6x_3+8x_4=1. \end{cases}$

4. a，b 为何值时，线性方程组

$$\begin{cases} x_1-4x_2+x_3=-1, \\ 4x_1-6x_2+2x_3+x_4=-1, \\ 7x_1+ax_2+3x_3+2x_4=-1 \\ x_1+6x_2-x_3+x_4=b \end{cases}$$

有解或无解，在有解的情况下，求出其解.

5. 三元非齐次线性方程组的系数矩阵的秩为 1，已知 $\boldsymbol{\eta}_1,\boldsymbol{\eta}_2,\boldsymbol{\eta}_3$ 是它的三个解向量，且

$$\boldsymbol{\eta}_1+\boldsymbol{\eta}_2=\begin{pmatrix}2\\4\\6\end{pmatrix},\ \boldsymbol{\eta}_2+\boldsymbol{\eta}_3=\begin{pmatrix}0\\-2\\2\end{pmatrix},\ \boldsymbol{\eta}_1+\boldsymbol{\eta}_3=\begin{pmatrix}2\\0\\-2\end{pmatrix},$$

求该非齐次线性方程组的通解.

4.7 运用 MATLAB 解方程组

在自然科学、经济分析和工程技术中，许多问题的数学模型可归结为线性方程组的求解问题. 下面介绍利用 MATLAB 求解齐次线性方程组.

计算齐次线性方程组“$\boldsymbol{Ax}=\boldsymbol{0}$”基础解系的命令是“null($\boldsymbol{A}$)”.

例 4.7.1 求齐次线性方程组$\begin{cases} x_1+x_2+x_3+x_4+x_5=0, \\ 3x_1+2x_2+x_3+x_4-3x_5=0, \\ x_2+2x_3+2x_4+6x_5=0, \\ 5x_1+4x_2+3x_3+3x_4-x_5=0 \end{cases}$的通解.

解

```
>> A=[1,1,1,1,1;3,2,1,1,-3;0,1,2,2,6;5,4,3,
3,-1];
>> B=null(A,'r')
```

```
B =

    1     1     5
   -2    -2    -6
    1     0     0
    0     1     0
    0     0     1
```

所以该方程组的通解为

$$\boldsymbol{x}=c_1\begin{pmatrix}1\\-2\\1\\0\\0\end{pmatrix}+c_2\begin{pmatrix}1\\-2\\0\\1\\0\end{pmatrix}+c_3\begin{pmatrix}5\\-6\\0\\0\\1\end{pmatrix},$$

其中 c_1，c_2，c_3 为任意常数.

第 4 章思维导图

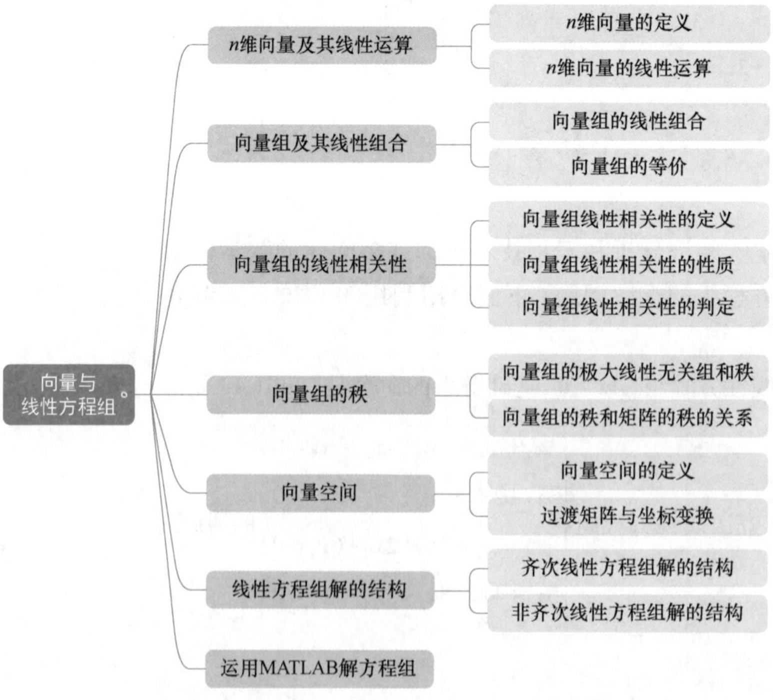

线性方程组历史介绍

线性方程组的研究起源于古代中国，在中国数学经典著作《九章算术》中就有线性方程组的介绍和研究，有关解方程组的理论已经很完整.

约在公元263年刘徽撰写了《九章算术注》一书，他创立了方程组的“互乘相消法”，为《九章算术》中解方程组增加了新内容.

公元1247年秦九韶完成了《数书九章》一书，成为当时中国数学的最高峰. 在该书中，秦九韶将《九章算术》中解方程组的“直除法”改进为“互乘法”，使线性方程组理论又增加了新内容.

约1678年德国数学家莱布尼茨(Leibniz，1646—1716)首次开始在西方研究线性方程组.

1729年麦克劳林(Maclaurin，1698—1746)首次以行列式为工具解含有2、3、4个未知量的线性方程组.

1750年克拉默(Gramer，1704—1752)在代表作《线性代数分析导言》中，创立了克拉默法则，用它解含有5个未知量5个方程的线性方程组.

1764年法国数学家贝祖(Bezout，1730—1783)研究了含有n个未知数n个方程的齐次线性方程组的求解问题，证明了这样的方程组有非零解的条件是系数行列式等于零. 后来，贝祖和拉普拉斯(Laplace，1749—1827)等以行列式为工具，给出了齐次线性方程组有非零解的条件.

1867年道奇森(Dodgson，1832—1898)的著作《行列式初等理论》证明了含有n个未知数m个方程的一般线性方程组有解的充要条件是系数矩阵和增广矩阵有同阶的非零子式，即系数矩阵和增广矩阵的秩相同.

两弹一星功勋科学家——最长的一天

总习题4视频详解

总 习 题 4

一、填空题.

1. 已知向量组$\boldsymbol{a}_1,\boldsymbol{a}_2,\boldsymbol{a}_3$线性无关，则向量组$\boldsymbol{a}_1-\boldsymbol{a}_2,\boldsymbol{a}_2-\boldsymbol{a}_3,\boldsymbol{a}_1-\boldsymbol{a}_3$的秩为________.

2. 设$\boldsymbol{\alpha}=(2,5,-3,9)^{\mathrm{T}},\boldsymbol{\beta}=(3,7,2,4)^{\mathrm{T}}$，令$\boldsymbol{A}=\boldsymbol{\alpha}\boldsymbol{\beta}^{\mathrm{T}}$，则$R(\boldsymbol{A})=$________.

3. 如果矩阵$\boldsymbol{A}=\begin{pmatrix}2&4&6\\0&1&1\\4&2&t\\-2&3&1\end{pmatrix}$，$\boldsymbol{B}$是3阶非零方阵，且$\boldsymbol{AB}=\boldsymbol{O}$，则$t=$________.

4. 设$\boldsymbol{A}$是n阶方阵，且$\boldsymbol{A}$中每行元素之和都是0，若$R(\boldsymbol{A})=n-1$，则齐次方程组$\boldsymbol{Ax}=\boldsymbol{0}$的通解是________.

5. 已知4元方程组$\boldsymbol{Ax}=\boldsymbol{b}$的3个解是$\eta_1,\eta_2,\eta_3$，且$R(\boldsymbol{A})=3$，$\eta_1=(1,2,3,4)^{\mathrm{T}}$，$\eta_2+\eta_3=(4,5,8,9)^{\mathrm{T}}$，则方程组的通解是________.

二、选择题.

1. 下列不是向量组$\boldsymbol{\alpha}_1,\boldsymbol{\alpha}_2,\cdots,\boldsymbol{\alpha}_s$线性无关的必要非充分条件的是________.

(A) $\boldsymbol{\alpha}_1,\boldsymbol{\alpha}_2,\cdots,\boldsymbol{\alpha}_s$都不是零向量

(B) $\boldsymbol{\alpha}_1,\boldsymbol{\alpha}_2,\cdots,\boldsymbol{\alpha}_s$中至少有一个向量可由其余向量线性表示

(C) $\boldsymbol{\alpha}_1,\boldsymbol{\alpha}_2,\cdots,\boldsymbol{\alpha}_s$中任意两个向量都不成比例

(D) $\boldsymbol{\alpha}_1,\boldsymbol{\alpha}_2,\cdots,\boldsymbol{\alpha}_s$中任一部分组线性无关，且

部分组不是向量组 $\boldsymbol{\alpha}_1,\boldsymbol{\alpha}_2,\cdots,\boldsymbol{\alpha}_s$

2. 设 $\boldsymbol{A}$ 为 $m\times n$ 矩阵，齐次线性方程组 $\boldsymbol{Ax}=\boldsymbol{0}$ 仅有零解的充分必要条件是 $\boldsymbol{A}$ 的________.

（A）列向量组线性无关

（B）列向量组线性相关

（C）行向量组线性无关

（D）行向量组线性相关

3. 设向量组 $\boldsymbol{a}$，$\boldsymbol{b}$，$\boldsymbol{c}$ 线性无关，向量组 $\boldsymbol{a}$，$\boldsymbol{b}$，$\boldsymbol{d}$ 线性相关，则________.

（A）$\boldsymbol{a}$ 必可由 $\boldsymbol{b}$，$\boldsymbol{c}$，$\boldsymbol{d}$ 线性表示

（B）$\boldsymbol{b}$ 必不可由 $\boldsymbol{a}$，$\boldsymbol{c}$，$\boldsymbol{d}$ 线性表示

（C）$\boldsymbol{d}$ 必可由 $\boldsymbol{a}$，$\boldsymbol{b}$，$\boldsymbol{c}$ 线性表示

（D）$\boldsymbol{d}$ 必不可由 $\boldsymbol{a}$，$\boldsymbol{b}$，$\boldsymbol{c}$ 线性表示

4. 设有向量组 $\boldsymbol{\alpha}_1=(2,1,4,2)^{\mathrm{T}}$，$\boldsymbol{\alpha}_2=(0,-3,2,1)^{\mathrm{T}}$，$\boldsymbol{\alpha}_3=(6,0,14,7)^{\mathrm{T}}$，$\boldsymbol{\alpha}_4=(2,2,4,0)^{\mathrm{T}}$，$\boldsymbol{\alpha}_5=(4,-1,10,5)^{\mathrm{T}}$，则该向量组的极大线性无关组是________.

（A）$\boldsymbol{\alpha}_1,\boldsymbol{\alpha}_2,\boldsymbol{\alpha}_3$　　（B）$\boldsymbol{\alpha}_1,\boldsymbol{\alpha}_2,\boldsymbol{\alpha}_4$

（C）$\boldsymbol{\alpha}_1,\boldsymbol{\alpha}_2,\boldsymbol{\alpha}_5$　　（D）$\boldsymbol{\alpha}_1,\boldsymbol{\alpha}_2,\boldsymbol{\alpha}_4,\boldsymbol{\alpha}_5$

5. 齐次线性方程组 $\begin{cases}3x_1+ax_2+3x_3=0,\\x_1+x_2+2x_3=0,\\9x_1+ax_2=0\end{cases}$ 只有零解，则 a 应满足的条件是________.

（A）$a=\dfrac{9}{5}$　　（B）$a=\dfrac{8}{5}$

（C）$a\neq\dfrac{9}{5}$　　（D）$a\neq\dfrac{8}{5}$

三、计算题.

1. 求解下列方程组.

（1）$\begin{cases}x_1-2x_2+3x_3+x_4=-1,\\2x_1-5x_2+8x_3+x_4=1,\\4x_1-7x_2+14x_3-3x_4=5,\\2x_1+x_2+4x_3-x_4=7;\end{cases}$

（2）$\begin{cases}x_1-3x_2+3x_3-4x_4=1,\\5x_1-3x_2+3x_3-6x_4=6,\\7x_1+2x_2-2x_3+3x_4=0,\\8x_1+4x_2-4x_3+4x_4=3;\end{cases}$

（3）$\begin{cases}x_1-x_2-4x_3-14x_4=-5,\\x_1+2x_2+5x_3+13x_4=7,\\2x_1+3x_2+7x_3+17x_4=10;\end{cases}$

（4）$\begin{cases}x_1+x_2-2x_3+x_4+x_5=7,\\2x_1+x_2+5x_3+3x_4+7x_5=24,\\2x_1+3x_2+x_3+x_4-3x_5=-2,\\3x_1+4x_2-5x_3-2x_4-2x_5=11.\end{cases}$

2. 当 λ 取何值时，线性方程组 $\begin{cases}2x_1+\lambda x_2-x_3=1,\\\lambda x_1-x_2+x_3=2,\\4x_1+5x_2-5x_3=-1\end{cases}$ 无解、有唯一解或有无穷多解？当有无穷多解时，求通解.

3. 设线性方程组

$$\begin{cases}3x_1+x_2+x_3=3,\\2x_1+3x_2+3x_3=-1,\\4x_1-x_2+ax_3=b.\end{cases}$$

问 a，b 为何值时，方程组有唯一解，有无穷多解，无解；有无穷多解时，求出一般解.

4. 线性方程组

$$\begin{cases}x_1+5x_3+10x_4=a+c,\\x_1+x_2+2x_3+4x_4=a+b,\\x_1+2x_2-x_3-2x_4=a+2b-c,\\x_1-x_2+8x_3+16x_4=2a+6c-d\end{cases}$$

有解的充分必要条件是 a，b，c，d 满足怎样的关系式？

5. 已知 $\mathbf{R}^3$ 的两个基为

$$\boldsymbol{a}_1=\begin{pmatrix}1\\1\\1\end{pmatrix},\ \boldsymbol{a}_2=\begin{pmatrix}1\\0\\-1\end{pmatrix},\ \boldsymbol{a}_3=\begin{pmatrix}1\\0\\1\end{pmatrix}\text{及}$$

$$\boldsymbol{b}_1=\begin{pmatrix}3\\2\\3\end{pmatrix},\ \boldsymbol{b}_2=\begin{pmatrix}2\\3\\4\end{pmatrix},\ \boldsymbol{b}_3=\begin{pmatrix}3\\4\\3\end{pmatrix}.$$

（1）求由基 $\boldsymbol{a}_1,\boldsymbol{a}_2,\boldsymbol{a}_3$ 到基 $\boldsymbol{b}_1,\boldsymbol{b}_2,\boldsymbol{b}_3$ 的过渡矩阵；

（2）设向量 $\boldsymbol{x}$ 在基 $\boldsymbol{a}_1,\boldsymbol{a}_2,\boldsymbol{a}_3$ 下的坐标为 $(1,1,3)^{\mathrm{T}}$，求它在基 $\boldsymbol{b}_1,\boldsymbol{b}_2,\boldsymbol{b}_3$ 下的坐标.

四、证明题.

1. 设向量组 $\boldsymbol{\alpha}_1,\boldsymbol{\alpha}_2,\boldsymbol{\alpha}_3$ 线性无关，$\boldsymbol{\beta}_1=2\boldsymbol{\alpha}_1-2\boldsymbol{\alpha}_2+6\boldsymbol{\alpha}_3$，$\boldsymbol{\beta}_2=2\boldsymbol{\alpha}_1+3\boldsymbol{\alpha}_3$，$\boldsymbol{\beta}_3=4\boldsymbol{\alpha}_1+\boldsymbol{\alpha}_2+2\boldsymbol{\alpha}_3$，证明：向量组 $\boldsymbol{\beta}_1,\boldsymbol{\beta}_2,\boldsymbol{\beta}_3$ 线性无关.

2. 已知向量组 $\boldsymbol{\alpha}_1,\boldsymbol{\alpha}_2,\boldsymbol{\alpha}_3,\boldsymbol{\alpha}_4$ 线性无关，证明向量组 $\boldsymbol{\alpha}_1-\boldsymbol{\alpha}_2,\boldsymbol{\alpha}_1-\boldsymbol{\alpha}_3,\boldsymbol{\alpha}_1-\boldsymbol{\alpha}_4$ 线性无关.

3. 如果向量组 $\boldsymbol{\alpha}_1,\boldsymbol{\alpha}_2,\cdots,\boldsymbol{\alpha}_s$ 线性无关，证明向量组 $\boldsymbol{\alpha}_1,\boldsymbol{\alpha}_1+\boldsymbol{\alpha}_2,\cdots,\boldsymbol{\alpha}_1+\boldsymbol{\alpha}_2+\cdots+\boldsymbol{\alpha}_s$ 线性无关.

4. 设 $\boldsymbol{A}$ 是 n 阶方阵，$\boldsymbol{x}_1,\boldsymbol{x}_2,\boldsymbol{x}_3$ 是 n 维列向量，且 $\boldsymbol{x}_1\neq\boldsymbol{0}$，$\boldsymbol{Ax}_1=\boldsymbol{x}_1$，$\boldsymbol{Ax}_2=\boldsymbol{x}_1+\boldsymbol{x}_2$，$\boldsymbol{Ax}_3=\boldsymbol{x}_2+\boldsymbol{x}_3$，证明 $\boldsymbol{x}_1,\boldsymbol{x}_2,\boldsymbol{x}_3$ 线性无关.

5. 设矩阵 $\boldsymbol{A}=\boldsymbol{aa}^{\mathrm{T}}+\boldsymbol{bb}^{\mathrm{T}}$，这里 $\boldsymbol{a}$，$\boldsymbol{b}$ 为 n 维列向量. 证明：

（1）$R(\boldsymbol{A})\leqslant 2$；

（2）当 $\boldsymbol{a}$，$\boldsymbol{b}$ 线性相关时，$R(\boldsymbol{A})\leqslant 1$.

6. 设 $\boldsymbol{\alpha}_1,\boldsymbol{\alpha}_2,\cdots,\boldsymbol{\alpha}_n$ 为一组 n 维向量. 证明 $\boldsymbol{\alpha}_1,\boldsymbol{\alpha}_2,\cdots,\boldsymbol{\alpha}_n$ 线性无关的充要条件是任一 n 维向量都可经它们线性表示.

7. 非齐次线性方程组 $\boldsymbol{Ax}=\boldsymbol{b}$ 的系数矩阵的秩 $R(\boldsymbol{A})=r$，$\boldsymbol{\eta}_0,\boldsymbol{\eta}_1,\cdots,\boldsymbol{\eta}_{n-r}$ 是它的 $n-r+1$ 个线性无关的解向量，证明

$$\boldsymbol{\eta}_1-\boldsymbol{\eta}_0,\boldsymbol{\eta}_2-\boldsymbol{\eta}_0,\cdots,\boldsymbol{\eta}_{n-r}-\boldsymbol{\eta}_0$$

是对应的齐次线性方程组 $\boldsymbol{Ax}=\boldsymbol{0}$ 的基础解系.

8. 已知 $\boldsymbol{A}$ 是 3×4 矩阵，$\boldsymbol{B}$ 是 4×4 矩阵，如果 $\boldsymbol{AB}=\boldsymbol{O}$，且 $R(\boldsymbol{B})=4$，证明 $\boldsymbol{A}=\boldsymbol{O}$.

9. 设向量组 B：$\boldsymbol{b}_1,\boldsymbol{b}_2,\cdots,\boldsymbol{b}_r$ 能由向量组 A：$\boldsymbol{a}_1,\boldsymbol{a}_2,\cdots,\boldsymbol{a}_s$ 线性表示为

$$(\boldsymbol{b}_1,\boldsymbol{b}_2,\cdots,\boldsymbol{b}_r)=(\boldsymbol{a}_1,\boldsymbol{a}_2,\cdots,\boldsymbol{a}_s)\boldsymbol{K}.$$

其中 $\boldsymbol{K}$ 为 $s\times r$ 矩阵，且向量组 $\boldsymbol{A}$ 线性无关. 证明向量组 $\boldsymbol{B}$ 线性无关的充要条件是矩阵 $\boldsymbol{K}$ 的秩 $R(\boldsymbol{K})=r$.

10. 设 $\boldsymbol{A}$ 是 n 阶方阵，且 $R(\boldsymbol{A})+R(\boldsymbol{A}-\boldsymbol{E})=n$，$\boldsymbol{A}\neq\boldsymbol{E}$，证明 $\boldsymbol{Ax}=\boldsymbol{0}$ 有非零解.

11. 若向量组 $(3,0,3)^{\mathrm{T}}$，$(2,2,0)^{\mathrm{T}}$，$(0,1,4)^{\mathrm{T}}$ 可由向量组 $\boldsymbol{\alpha}_1,\boldsymbol{\alpha}_2,\boldsymbol{\alpha}_3$ 线性表示，也可由向量组 $\boldsymbol{\beta}_1,\boldsymbol{\beta}_2,\boldsymbol{\beta}_3,\boldsymbol{\beta}_4$ 线性表示，则向量组 $\boldsymbol{\alpha}_1,\boldsymbol{\alpha}_2,\boldsymbol{\alpha}_3$ 与向量组 $\boldsymbol{\beta}_1,\boldsymbol{\beta}_2,\boldsymbol{\beta}_3,\boldsymbol{\beta}_4$ 等价.

12. 设 $\boldsymbol{A}$ 为 $m\times p$ 矩阵，$\boldsymbol{B}$ 为 $p\times n$ 矩阵，证明方程组 $\boldsymbol{ABx}=\boldsymbol{0}$ 与 $\boldsymbol{Bx}=\boldsymbol{0}$ 同解的充分必要条件是 $r(\boldsymbol{AB})=r(\boldsymbol{B})$.

13. 设 $\boldsymbol{A}$ 为 n 阶方阵($n\geqslant2$)，$\boldsymbol{A}^*$ 为 $\boldsymbol{A}$ 的伴随矩阵，证明

$$R(\boldsymbol{A}^*)=\begin{cases}n, & \text{当 } R(\boldsymbol{A})=n,\\ 1, & \text{当 } R(\boldsymbol{A})=n-1,\\ 0, & \text{当 } R(\boldsymbol{A})\leqslant n-2.\end{cases}$$

14. 设 η_0 是非齐次线性方程组 $\boldsymbol{Ax}=\boldsymbol{b}$ 的一个解，$\boldsymbol{\xi}_1,\boldsymbol{\xi}_2,\cdots,\boldsymbol{\xi}_{n-r}$ 是对应的齐次线性方程组 $\boldsymbol{Ax}=\boldsymbol{0}$ 的一个基础解系. 证明：

（1）$\eta_0,\boldsymbol{\xi}_1,\boldsymbol{\xi}_2,\cdots,\boldsymbol{\xi}_{n-r}$ 线性无关；

（2）$\eta_0,\eta_0+\boldsymbol{\xi}_1,\eta_0+\boldsymbol{\xi}_2,\cdots,\eta_0+\boldsymbol{\xi}_{n-r}$ 线性无关.

五、(2023，高数(一)) 已知向量 $\boldsymbol{\alpha}_1=\begin{pmatrix}1\\2\\3\end{pmatrix}$，$\boldsymbol{\alpha}_2=\begin{pmatrix}2\\1\\1\end{pmatrix}$，$\boldsymbol{\beta}_1=\begin{pmatrix}2\\5\\9\end{pmatrix}$，$\boldsymbol{\beta}_2=\begin{pmatrix}1\\0\\1\end{pmatrix}$，若 $\boldsymbol{\gamma}$ 既可由 $\boldsymbol{\alpha}_1$，$\boldsymbol{\alpha}_2$ 线性表示，也可由 $\boldsymbol{\beta}_1,\boldsymbol{\beta}_2$ 线性表示，则 $\boldsymbol{\gamma}=$________.

(A) $k\begin{pmatrix}3\\3\\4\end{pmatrix}$，$k\in\mathbf{R}$　　(B) $k\begin{pmatrix}3\\5\\10\end{pmatrix}$，$k\in\mathbf{R}$

(C) $k\begin{pmatrix}-1\\1\\2\end{pmatrix}$，$k\in\mathbf{R}$　　(D) $k\begin{pmatrix}1\\5\\8\end{pmatrix}$，$k\in\mathbf{R}$

六、(2023，高数(二)) $\begin{cases}ax_1+x_3=1,\\ x_1+ax_2+x_3=0,\\ x_1+2x_2+ax_3=0,\\ ax_1+bx_2=2\end{cases}$ 有解，其中 a，b 为常数，若 $\begin{vmatrix}a&0&1\\1&a&1\\1&2&a\end{vmatrix}=4$，$\begin{vmatrix}1&a&1\\1&2&a\\a&b&0\end{vmatrix}=$________.

七、(平板的稳态温度分布问题) 在热传导问题的研究中，一个重要的问题是确定一块平板的稳定温度分布. 只要测定一块矩形平板四周的温度就可以确定平板上各点的温度.

图 4. z. 1 所示的平板代表一条金属梁的截面：

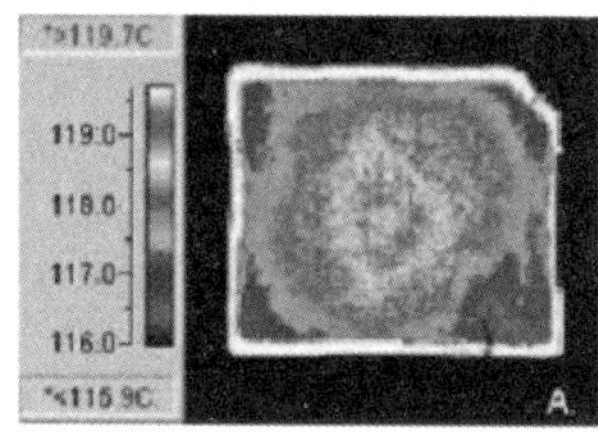

图　4. z. 1

已知四周 8 个节点处(如图 4. z. 2)的温度(单位℃)，求中间 4 个点处的温度 T_1，T_2，T_3，T_4.

图　4. z. 2

假设忽略垂直于该截面方向上的热传导，并且每个节点的温度等于与它相邻的四个节点温度的平均值.

第 5 章 矩阵的特征值与特征向量

本章是用行列式、向量和线性方程组作为工具来研究矩阵的特征值和特征向量，矩阵的特征值和特征向量在经济管理、物理、化学及工程技术中都有广泛的应用.

本章主要讲解：

(1) n 维向量的内积、模长、夹角；

(2) 标准正交基、正交矩阵；

(3) 矩阵的特征值、特征向量的定义与性质；

(4) 矩阵的对角化及实对称矩阵的正交相似对角化.

5.1 向量的内积、长度及正交性

在空间解析几何中，给出了 3 维向量的内积、长度和夹角的概念，现在将它们推广到 n 维向量.

5.1.1 向量的内积

定义 5.1.1 设 $\boldsymbol{\alpha}=(a_1,a_2,\cdots,a_n)^{\mathrm{T}}$，$\boldsymbol{\beta}=(b_1,b_2,\cdots,b_n)^{\mathrm{T}}$ 是实向量空间 $\mathbf{R}^n$ 中的两个向量，令

$$(\boldsymbol{\alpha},\boldsymbol{\beta})=a_1b_1+a_2b_2+\cdots+a_nb_n,$$

称$(\boldsymbol{\alpha},\boldsymbol{\beta})$为向量 $\boldsymbol{\alpha}$ 与 $\boldsymbol{\beta}$ 的内积.

利用矩阵乘法，显然$(\boldsymbol{\alpha},\boldsymbol{\beta})=\boldsymbol{\alpha}^{\mathrm{T}}\boldsymbol{\beta}=\boldsymbol{\beta}^{\mathrm{T}}\boldsymbol{\alpha}$.

定义了内积运算的向量空间 $\mathbf{R}^n$ 称为 n 维欧几里得空间，简称欧氏空间.

微课视频：
向量的内积、长度、夹角

利用内积的定义，容易证明如下性质：

(1) 对称性：$(\boldsymbol{\alpha},\boldsymbol{\beta})=(\boldsymbol{\beta},\boldsymbol{\alpha})$；

(2) 齐次性：$(k\boldsymbol{\alpha},\boldsymbol{\beta})=k(\boldsymbol{\alpha},\boldsymbol{\beta})$；

(3) 可加性：$(\boldsymbol{\alpha}+\boldsymbol{\beta},\boldsymbol{\gamma})=(\boldsymbol{\alpha},\boldsymbol{\gamma})+(\boldsymbol{\beta},\boldsymbol{\gamma})$；

(4) 非负性：$(\boldsymbol{\alpha},\boldsymbol{\alpha})\geqslant 0$，且$(\boldsymbol{\alpha},\boldsymbol{\alpha})=0$ 当且仅当 $\boldsymbol{\alpha}=\mathbf{0}$.

其中 $\boldsymbol{\alpha}$，$\boldsymbol{\beta}$，$\boldsymbol{\gamma}$ 为 n 维向量，k 为实数.

由上述性质(1)、(2)、(3)不难看出，内积还满足以下关系：

$$(\boldsymbol{\alpha},k\boldsymbol{\beta})=k(\boldsymbol{\alpha},\boldsymbol{\beta}),\ k\in\mathbf{R}.$$

$$(\boldsymbol{\alpha},\boldsymbol{\beta}+\boldsymbol{\gamma})=(\boldsymbol{\alpha},\boldsymbol{\beta})+(\boldsymbol{\alpha},\boldsymbol{\gamma}).$$

向量的内积还满足如下的柯西-施瓦茨不等式：

$$(\boldsymbol{\alpha},\boldsymbol{\beta})^2\leqslant(\boldsymbol{\alpha},\boldsymbol{\alpha})(\boldsymbol{\beta},\boldsymbol{\beta}),$$

当且仅当向量 $\boldsymbol{\alpha}$ 与 $\boldsymbol{\beta}$ 线性相关时等号成立.

证　若 $\boldsymbol{\alpha},\boldsymbol{\beta}$ 线性相关，如果 $\boldsymbol{\alpha},\boldsymbol{\beta}$ 中有一个为零向量，则等号成立.

如果 $\boldsymbol{\alpha},\boldsymbol{\beta}$ 均不为零向量，不妨设 $\boldsymbol{\beta}=l\boldsymbol{\alpha}$，$l\neq0$，则

$$(\boldsymbol{\alpha},\boldsymbol{\beta})^2=(\boldsymbol{\alpha},l\boldsymbol{\alpha})^2=l^2(\boldsymbol{\alpha},\boldsymbol{\alpha})^2,$$

$$(\boldsymbol{\alpha},\boldsymbol{\alpha})(\boldsymbol{\beta},\boldsymbol{\beta})=(\boldsymbol{\alpha},\boldsymbol{\alpha})(l\boldsymbol{\alpha},l\boldsymbol{\alpha})=l^2(\boldsymbol{\alpha},\boldsymbol{\alpha})^2,$$

所以

$$(\boldsymbol{\alpha},\boldsymbol{\beta})^2=(\boldsymbol{\alpha},\boldsymbol{\alpha})(\boldsymbol{\beta},\boldsymbol{\beta}).$$

这就证明了当 $\boldsymbol{\alpha},\boldsymbol{\beta}$ 线性相关时，等号成立.

若 $\boldsymbol{\alpha},\boldsymbol{\beta}$ 线性无关，则对任意实数 k，都有 $k\boldsymbol{\alpha}+\boldsymbol{\beta}\neq\mathbf{0}$. 于是

$$(k\boldsymbol{\alpha}+\boldsymbol{\beta},k\boldsymbol{\alpha}+\boldsymbol{\beta})=(\boldsymbol{\alpha},\boldsymbol{\alpha})k^2+2(\boldsymbol{\alpha},\boldsymbol{\beta})k+(\boldsymbol{\beta},\boldsymbol{\beta})>0.\qquad(5.1.1)$$

式(5.1.1)左端 k 的二次函数函数值恒正，且$(\boldsymbol{\alpha},\boldsymbol{\alpha})>0$，所以它的判别式一定小于零. 即

$$(\boldsymbol{\alpha},\boldsymbol{\beta})^2-(\boldsymbol{\alpha},\boldsymbol{\alpha})(\boldsymbol{\beta},\boldsymbol{\beta})<0,$$

即得

$$(\boldsymbol{\alpha},\boldsymbol{\beta})^2<(\boldsymbol{\alpha},\boldsymbol{\alpha})(\boldsymbol{\beta},\boldsymbol{\beta}).$$

下面证明等号成立能推出 $\boldsymbol{\alpha},\boldsymbol{\beta}$ 线性相关. 如若不然，据上述证明可知等号不成立，矛盾. 柯西-施瓦茨不等式得证.

根据柯西-施瓦茨不等式知，对任意两个非零向量 $\boldsymbol{\alpha},\boldsymbol{\beta}$，总有

$$\frac{(\boldsymbol{\alpha},\boldsymbol{\beta})^2}{(\boldsymbol{\alpha},\boldsymbol{\alpha})(\boldsymbol{\beta},\boldsymbol{\beta})}\leqslant1.$$

下面利用内积来定义向量的长度和夹角.

定义 5.1.2　设 n 维向量 $\boldsymbol{\alpha}=(a_1,a_2,\cdots,a_n)^{\mathrm{T}}$，令

$$\|\boldsymbol{\alpha}\|=\sqrt{(\boldsymbol{\alpha},\boldsymbol{\alpha})}=\sqrt{a_1^2+a_2^2+\cdots+a_n^2},$$

称 $\|\boldsymbol{\alpha}\|$ 为 n 维向量 $\boldsymbol{\alpha}$ 的长度(或范数).

根据定义 5.1.2 知，$\|\boldsymbol{\alpha}\|^2=(\boldsymbol{\alpha},\boldsymbol{\alpha})$. 当 $\|\boldsymbol{\alpha}\|=1$ 时，称向量 $\boldsymbol{\alpha}$ 为单位向量. 特别地，零向量的长度为 0.

容易验证向量的长度具有下列性质：

(1) 非负性：$\|\boldsymbol{\alpha}\|\geqslant0$，并且 $\|\boldsymbol{\alpha}\|=0$ 当且仅当 $\boldsymbol{\alpha}=\mathbf{0}$.

(2) 齐次性：$\|k\boldsymbol{\alpha}\|=|k|\,\|\boldsymbol{\alpha}\|$.

(3) 三角不等式：$\|\boldsymbol{\alpha}+\boldsymbol{\beta}\|\leqslant\|\boldsymbol{\alpha}\|+\|\boldsymbol{\beta}\|$.

其中 $\boldsymbol{\alpha},\boldsymbol{\beta}\in\mathbf{R}^n$，$k\in\mathbf{R}$.

证(1)、(2)由向量长度的定义可证，下面证(3).

$$\|\boldsymbol{\alpha}+\boldsymbol{\beta}\|^2=(\boldsymbol{\alpha}+\boldsymbol{\beta},\boldsymbol{\alpha}+\boldsymbol{\beta})=(\boldsymbol{\alpha},\boldsymbol{\alpha})+(\boldsymbol{\beta},\boldsymbol{\beta})+2(\boldsymbol{\alpha},\boldsymbol{\beta}).$$

由柯西-施瓦茨不等式知 $(\boldsymbol{\alpha},\boldsymbol{\beta})^2\leqslant(\boldsymbol{\alpha},\boldsymbol{\alpha})(\boldsymbol{\beta},\boldsymbol{\beta})=\|\boldsymbol{\alpha}\|^2\|\boldsymbol{\beta}\|^2$，即 $|(\boldsymbol{\alpha},\boldsymbol{\beta})|\leqslant\|\boldsymbol{\alpha}\|\|\boldsymbol{\beta}\|$，故

$$\|\boldsymbol{\alpha}+\boldsymbol{\beta}\|^2\leqslant\|\boldsymbol{\alpha}\|^2+\|\boldsymbol{\beta}\|^2+2\|\boldsymbol{\alpha}\|\|\boldsymbol{\beta}\|=(\|\boldsymbol{\alpha}\|+\|\boldsymbol{\beta}\|)^2,$$

所以
$$\|\boldsymbol{\alpha}+\boldsymbol{\beta}\|\leqslant\|\boldsymbol{\alpha}\|+\|\boldsymbol{\beta}\|.$$

若向量 $\boldsymbol{\alpha}\neq\mathbf{0}$，则 $\frac{1}{\|\boldsymbol{\alpha}\|}\boldsymbol{\alpha}$ 是一个与 $\boldsymbol{\alpha}$ 同向的单位向量. 通常称这个求同向单位向量的过程为把向量 $\boldsymbol{\alpha}$ 单位化(或标准化).

当 $\|\boldsymbol{\alpha}\|\neq0$，且 $\|\boldsymbol{\beta}\|\neq0$ 时，由柯西-施瓦茨不等式得

$$-1\leqslant\frac{(\boldsymbol{\alpha},\boldsymbol{\beta})}{\|\boldsymbol{\alpha}\|\|\boldsymbol{\beta}\|}\leqslant1.$$

因此我们有如下的定义：

定义 5.1.3 设 $\boldsymbol{\alpha},\boldsymbol{\beta}$ 为欧氏空间 $\mathbf{R}^n$ 中两个非零向量，称

$$\arccos\frac{(\boldsymbol{\alpha},\boldsymbol{\beta})}{\|\boldsymbol{\alpha}\|\|\boldsymbol{\beta}\|}$$

为向量 $\boldsymbol{\alpha}$ 与 $\boldsymbol{\beta}$ 之间的夹角，记作 $\langle\boldsymbol{\alpha},\boldsymbol{\beta}\rangle$.

这个定义与三维空间 $\mathbf{R}^3$ 中向量夹角的定义是完全一致的.

若 $\cos\langle\boldsymbol{\alpha},\boldsymbol{\beta}\rangle=0$(包括 $\boldsymbol{\alpha}=\mathbf{0}$ 或 $\boldsymbol{\beta}=\mathbf{0}$)，即 $(\boldsymbol{\alpha},\boldsymbol{\beta})=0$，也就是 $\langle\boldsymbol{\alpha},\boldsymbol{\beta}\rangle=\frac{\pi}{2}$，这时称 $\boldsymbol{\alpha}$ 与 $\boldsymbol{\beta}$ 正交(或垂直).

显然零向量与任何向量都正交.

5.1.2 向量的正交性

微课视频：向量的正交

定义 5.1.4 若欧氏空间 $\mathbf{R}^n$ 中的非零向量组 $\boldsymbol{\alpha}_1,\boldsymbol{\alpha}_2,\cdots,\boldsymbol{\alpha}_r$ 的任意两个向量都是正交的，即 $(\boldsymbol{\alpha}_i,\boldsymbol{\alpha}_j)=0(i,j=1,2,\cdots,r$ 且 $i\neq j)$，则称该向量组为 $\mathbf{R}^n$ 的一个正交向量组.

定理 5.1.1 设 $\boldsymbol{\alpha}_1,\boldsymbol{\alpha}_2,\cdots,\boldsymbol{\alpha}_r$ 是欧氏空间 $\mathbf{R}^n$ 的一个正交向量组，则 $\boldsymbol{\alpha}_1,\boldsymbol{\alpha}_2,\cdots,\boldsymbol{\alpha}_r$ 一定线性无关.

证 设有常数 $k_1,k_2,\cdots,k_r\in\mathbf{R}$ 使得

$$k_1\boldsymbol{\alpha}_1+k_2\boldsymbol{\alpha}_2+\cdots+k_r\boldsymbol{\alpha}_r=\mathbf{0}. \tag{5.1.2}$$

则对任意 $i=1,2,\cdots,r$，用 $\boldsymbol{\alpha}_i$ 与式(5.1.2)两端作内积得

$$(\boldsymbol{\alpha}_i,k_1\boldsymbol{\alpha}_1+k_2\boldsymbol{\alpha}_2+\cdots+k_r\boldsymbol{\alpha}_r)=(\boldsymbol{\alpha}_i,\boldsymbol{0})=0.$$

由向量组 $\boldsymbol{\alpha}_1,\boldsymbol{\alpha}_2,\cdots,\boldsymbol{\alpha}_r$ 中的任意两个向量都是正交的，可得

$$k_i(\boldsymbol{\alpha}_i,\boldsymbol{\alpha}_i)=0.$$

因为 $\boldsymbol{\alpha}_i\neq\boldsymbol{0}$，故 $(\boldsymbol{\alpha}_i,\boldsymbol{\alpha}_i)>0$，从而 $k_i=0\quad(i=1,2,\cdots,r)$. 所以证明了 $\boldsymbol{\alpha}_1,\boldsymbol{\alpha}_2,\cdots,\boldsymbol{\alpha}_r$ 线性无关.

定义 5.1.5　设 $\boldsymbol{\alpha}_1,\boldsymbol{\alpha}_2,\cdots,\boldsymbol{\alpha}_r$ 是 n 维欧氏空间 $\mathbf{R}^n$ 的正交向量组，且 $\|\boldsymbol{\alpha}_i\|=1(i=1,2,\cdots,r)$，则称 $\boldsymbol{\alpha}_1,\boldsymbol{\alpha}_2,\cdots,\boldsymbol{\alpha}_r$ 是欧氏空间 $\mathbf{R}^n$ 的标准正交向量组. 若 $r=n$，则称 $\boldsymbol{\alpha}_1,\boldsymbol{\alpha}_2,\cdots,\boldsymbol{\alpha}_n$ 为 $\mathbf{R}^n$ 的标准正交基(或规范正交基).

根据定义 5.1.5 有，$\boldsymbol{\alpha}_1,\boldsymbol{\alpha}_2,\cdots,\boldsymbol{\alpha}_n$ 是欧氏空间 $\mathbf{R}^n$ 的一组标准正交基的充要条件是

微课视频：
标准正交基

$$(\boldsymbol{\alpha}_i,\boldsymbol{\alpha}_j)=\begin{cases}1, & i=j,\\ 0, & i\neq j,\end{cases}\quad i,j=1,2,\cdots,n.$$

例如 $\mathbf{R}^3$ 中，向量组 $\boldsymbol{e}_1=(1,0,0)^{\mathrm{T}}$，$\boldsymbol{e}_2=(0,1,0)^{\mathrm{T}}$，$\boldsymbol{e}_3=(0,0,1)^{\mathrm{T}}$ 就是它的一组标准正交基.

设 $\boldsymbol{\alpha}_1,\boldsymbol{\alpha}_2,\cdots,\boldsymbol{\alpha}_n$ 是欧氏空间 $\mathbf{R}^n$ 的一组标准正交基，$\boldsymbol{\alpha}$ 是 $\mathbf{R}^n$ 中的任意向量，则

$$\boldsymbol{\alpha}=x_1\boldsymbol{\alpha}_1+x_2\boldsymbol{\alpha}_2+\cdots+x_n\boldsymbol{\alpha}_n. \tag{5.1.3}$$

用 $\boldsymbol{\alpha}_i(i=1,2,\cdots,n)$ 与式(5.1.3)两端作内积，得

$$x_i=(\boldsymbol{\alpha},\boldsymbol{\alpha}_i),$$

所以
$$\boldsymbol{\alpha}=(\boldsymbol{\alpha},\boldsymbol{\alpha}_1)\boldsymbol{\alpha}_1+(\boldsymbol{\alpha},\boldsymbol{\alpha}_2)\boldsymbol{\alpha}_2+\cdots+(\boldsymbol{\alpha},\boldsymbol{\alpha}_n)\boldsymbol{\alpha}_n.$$

由此可见，欧氏空间 $\mathbf{R}^n$ 中的任意向量在标准正交基下的坐标可以用内积来求.

例 5.1.1　设 $\mathbf{R}^3$ 中的向量组

$$\boldsymbol{\alpha}_1=\frac{1}{\sqrt{3}}\begin{pmatrix}-1\\1\\1\end{pmatrix},\ \boldsymbol{\alpha}_2=\frac{1}{\sqrt{2}}\begin{pmatrix}1\\0\\1\end{pmatrix},\ \boldsymbol{\alpha}_3=\frac{1}{\sqrt{6}}\begin{pmatrix}1\\2\\-1\end{pmatrix},$$

(1) 证明：$\boldsymbol{\alpha}_1,\boldsymbol{\alpha}_2,\boldsymbol{\alpha}_3$ 是欧氏空间 $\mathbf{R}^3$ 的一组标准正交基；

(2) 求向量 $\boldsymbol{\beta}=(1,1,1)^{\mathrm{T}}$ 在此基下的坐标.

解　(1) 只需验证

$$(\boldsymbol{\alpha}_i,\boldsymbol{\alpha}_j)=\begin{cases}1, & i=j,\\ 0, & i\neq j,\end{cases}\quad i,j=1,2,3.$$

(2) 设 $\boldsymbol{\beta}=x_1\boldsymbol{\alpha}_1+x_2\boldsymbol{\alpha}_2+x_3\boldsymbol{\alpha}_3$，得

$$x_1=(\boldsymbol{\beta},\boldsymbol{\alpha}_1)=\frac{1}{\sqrt{3}},\ x_2=(\boldsymbol{\beta},\boldsymbol{\alpha}_2)=\sqrt{2},\ x_3=(\boldsymbol{\beta},\boldsymbol{\alpha}_3)=\frac{\sqrt{6}}{3},$$

则向量$\boldsymbol{\beta}=(1,1,1)^{\mathrm{T}}$在此基下的坐标为$\left(\frac{1}{\sqrt{3}},\sqrt{2},\frac{\sqrt{6}}{3}\right)^{\mathrm{T}}$.

下面给出由欧氏空间的一组基构造它的一组标准正交基的方法.

设$\boldsymbol{\alpha}_1,\boldsymbol{\alpha}_2,\cdots,\boldsymbol{\alpha}_n$为$n$维欧氏空间$\mathbf{R}^n$中的一组基，但它未必是标准正交基. 下面我们利用施密特正交化法将一组基化为正交基.

取

$$\boldsymbol{\beta}_1=\boldsymbol{\alpha}_1,$$
$$\boldsymbol{\beta}_2=\boldsymbol{\alpha}_2+k_{12}\boldsymbol{\beta}_1.$$

下面求系数k_{12}. 由于$\boldsymbol{\beta}_1$，$\boldsymbol{\alpha}_2$线性无关，所以$\boldsymbol{\beta}_2\neq\mathbf{0}$. 为了使$\boldsymbol{\beta}_1$，$\boldsymbol{\beta}_2$正交，应满足

$$\begin{aligned}(\boldsymbol{\beta}_2,\boldsymbol{\beta}_1)&=(\boldsymbol{\alpha}_2+k_{12}\boldsymbol{\beta}_1,\boldsymbol{\beta}_1)\\&=(\boldsymbol{\alpha}_2,\boldsymbol{\beta}_1)+k_{12}(\boldsymbol{\beta}_1,\boldsymbol{\beta}_1)=0,\end{aligned}$$

整理得

$$k_{12}=-\frac{(\boldsymbol{\alpha}_2,\boldsymbol{\beta}_1)}{(\boldsymbol{\beta}_1,\boldsymbol{\beta}_1)}.$$

即

$$\boldsymbol{\beta}_2=\boldsymbol{\alpha}_2-\frac{(\boldsymbol{\alpha}_2,\boldsymbol{\beta}_1)}{(\boldsymbol{\beta}_1,\boldsymbol{\beta}_1)}\boldsymbol{\beta}_1,$$

再取

$$\boldsymbol{\beta}_3=\boldsymbol{\alpha}_3+k_{13}\boldsymbol{\beta}_1+k_{23}\boldsymbol{\beta}_2,$$

求系数k_{13}，k_{23}，为使$(\boldsymbol{\beta}_3,\boldsymbol{\beta}_1)=(\boldsymbol{\beta}_3,\boldsymbol{\beta}_2)=0$，又得

$$k_{13}=-\frac{(\boldsymbol{\alpha}_3,\boldsymbol{\beta}_1)}{(\boldsymbol{\beta}_1,\boldsymbol{\beta}_1)},\ k_{23}=-\frac{(\boldsymbol{\alpha}_3,\boldsymbol{\beta}_2)}{(\boldsymbol{\beta}_2,\boldsymbol{\beta}_2)}.$$

即

$$\boldsymbol{\beta}_3=\boldsymbol{\alpha}_3-\frac{(\boldsymbol{\alpha}_3,\boldsymbol{\beta}_1)}{(\boldsymbol{\beta}_1,\boldsymbol{\beta}_1)}\boldsymbol{\beta}_1-\frac{(\boldsymbol{\alpha}_3,\boldsymbol{\beta}_2)}{(\boldsymbol{\beta}_2,\boldsymbol{\beta}_2)}\boldsymbol{\beta}_2.$$

继续以上步骤，假定已经求出两两正交的非零向量$\boldsymbol{\beta}_1,\boldsymbol{\beta}_2,\cdots,\boldsymbol{\beta}_{j-1}$，再取

$$\boldsymbol{\beta}_j=\boldsymbol{\alpha}_j+k_{j-1,j}\boldsymbol{\beta}_{j-1}+\cdots+k_{2j}\boldsymbol{\beta}_2+k_{1j}\boldsymbol{\beta}_1.$$

为使$\boldsymbol{\beta}_j$与$\boldsymbol{\beta}_i(i=1,2,\cdots,j-1)$正交，即

$$(\boldsymbol{\beta}_j,\boldsymbol{\beta}_i)=(\boldsymbol{\alpha}_j,\boldsymbol{\beta}_i)+k_{ij}(\boldsymbol{\beta}_i,\boldsymbol{\beta}_i)=0.$$

整理得

$$k_{ij}=-\frac{(\boldsymbol{\alpha}_j,\boldsymbol{\beta}_i)}{(\boldsymbol{\beta}_i,\boldsymbol{\beta}_i)},\ i=1,2,\cdots,j-1.$$

故

$$\boldsymbol{\beta}_j=\boldsymbol{\alpha}_j-\frac{(\boldsymbol{\alpha}_j,\boldsymbol{\beta}_1)}{(\boldsymbol{\beta}_1,\boldsymbol{\beta}_1)}\boldsymbol{\beta}_1-\frac{(\boldsymbol{\alpha}_j,\boldsymbol{\beta}_2)}{(\boldsymbol{\beta}_2,\boldsymbol{\beta}_2)}\boldsymbol{\beta}_2-\cdots-\frac{(\boldsymbol{\alpha}_j,\boldsymbol{\beta}_{j-1})}{(\boldsymbol{\beta}_{j-1},\boldsymbol{\beta}_{j-1})}\boldsymbol{\beta}_{j-1}. \quad (5.1.4)$$

因此，令 $\boldsymbol{\beta}_1=\boldsymbol{\alpha}_1$，并在式(5.1.4)中取 $j=2,3,\cdots,n$，就得到 $\mathbf{R}^n$ 的一组正交基 $\boldsymbol{\beta}_1,\boldsymbol{\beta}_2,\cdots,\boldsymbol{\beta}_n$. 再将它们单位化，令 $\boldsymbol{\eta}_j=\frac{1}{\|\boldsymbol{\beta}_j\|}\boldsymbol{\beta}_j$，$j=1,2,\cdots,n$，得到 $\mathbf{R}^n$ 的一组标准正交基 $\boldsymbol{\eta}_1,\boldsymbol{\eta}_2,\cdots,\boldsymbol{\eta}_n$. 可以看出，欧氏空间的标准正交基一定存在，但不唯一.

例 5.1.2　利用施密特正交化方法，将向量组

$$\boldsymbol{\alpha}_1=(1,2,-1)^{\mathrm{T}},\ \boldsymbol{\alpha}_2=(-1,3,1)^{\mathrm{T}},\ \boldsymbol{\alpha}_3=(4,-1,0)^{\mathrm{T}}$$

化为标准正交向量组.

解　取

$$\begin{aligned}
\boldsymbol{\beta}_1&=\boldsymbol{\alpha}_1=(1,2,-1)^{\mathrm{T}},\\
\boldsymbol{\beta}_2&=\boldsymbol{\alpha}_2-\frac{(\boldsymbol{\alpha}_2,\boldsymbol{\beta}_1)}{(\boldsymbol{\beta}_1,\boldsymbol{\beta}_1)}\boldsymbol{\beta}_1\\
&=(-1,3,1)^{\mathrm{T}}-\frac{4}{6}(1,2,-1)^{\mathrm{T}}\\
&=\left(-\frac{5}{3},\frac{5}{3},\frac{5}{3}\right)^{\mathrm{T}},
\end{aligned}$$

$$\begin{aligned}
\boldsymbol{\beta}_3&=\boldsymbol{\alpha}_3-\frac{(\boldsymbol{\alpha}_3,\boldsymbol{\beta}_1)}{(\boldsymbol{\beta}_1,\boldsymbol{\beta}_1)}\boldsymbol{\beta}_1-\frac{(\boldsymbol{\alpha}_3,\boldsymbol{\beta}_2)}{(\boldsymbol{\beta}_2,\boldsymbol{\beta}_2)}\boldsymbol{\beta}_2\\
&=(4,-1,0)^{\mathrm{T}}-\frac{2}{6}(1,2,-1)^{\mathrm{T}}-\frac{-\frac{25}{3}}{\frac{75}{9}}\left(-\frac{5}{3},\frac{5}{3},\frac{5}{3}\right)^{\mathrm{T}}\\
&=(2,0,2)^{\mathrm{T}}.
\end{aligned}$$

再将 $\boldsymbol{\beta}_1,\boldsymbol{\beta}_2,\boldsymbol{\beta}_3$ 单位化，得

$$\boldsymbol{\eta}_1=\frac{\boldsymbol{\beta}_1}{\|\boldsymbol{\beta}_1\|}=\frac{1}{\sqrt{6}}(1,2,-1)^{\mathrm{T}},$$

$$\boldsymbol{\eta}_2=\frac{\boldsymbol{\beta}_2}{\|\boldsymbol{\beta}_2\|}=\frac{1}{\sqrt{3}}(-1,1,1)^{\mathrm{T}},$$

$$\boldsymbol{\eta}_3=\frac{\boldsymbol{\beta}_3}{\|\boldsymbol{\beta}_3\|}=\frac{1}{\sqrt{2}}(1,0,1)^{\mathrm{T}}.$$

所以 $\boldsymbol{\eta}_1,\boldsymbol{\eta}_2,\boldsymbol{\eta}_3$ 为所求.

5.1.3　正交矩阵

定义 5.1.6　如果 n 阶方阵 $\boldsymbol{A}$ 满足 $\boldsymbol{A}^{\mathrm{T}}\boldsymbol{A}=\boldsymbol{E}$，则称 $\boldsymbol{A}$ 为正交矩阵.

定理 5.1.2 n 阶矩阵 $\boldsymbol{A}$ 为正交矩阵当且仅当 $\boldsymbol{A}$ 的列向量组为 $\mathbf{R}^n$ 的一组标准正交基.

微课视频：
正交矩阵

证 设

$$\boldsymbol{A}=\begin{pmatrix} a_{11} & a_{12} & \cdots & a_{1n} \\ a_{21} & a_{22} & \cdots & a_{2n} \\ \vdots & \vdots & & \vdots \\ a_{n1} & a_{n2} & \cdots & a_{nn} \end{pmatrix},$$

将矩阵 $\boldsymbol{A}$ 按列分块为$(\boldsymbol{\alpha}_1,\boldsymbol{\alpha}_2,\cdots,\boldsymbol{\alpha}_n)$，于是

$$\boldsymbol{A}^{\mathrm{T}}\boldsymbol{A}=\begin{pmatrix} \boldsymbol{\alpha}_1^{\mathrm{T}} \\ \boldsymbol{\alpha}_2^{\mathrm{T}} \\ \vdots \\ \boldsymbol{\alpha}_n^{\mathrm{T}} \end{pmatrix}(\boldsymbol{\alpha}_1,\boldsymbol{\alpha}_2,\cdots,\boldsymbol{\alpha}_n)=\begin{pmatrix} \boldsymbol{\alpha}_1^{\mathrm{T}}\boldsymbol{\alpha}_1 & \boldsymbol{\alpha}_1^{\mathrm{T}}\boldsymbol{\alpha}_2 & \cdots & \boldsymbol{\alpha}_1^{\mathrm{T}}\boldsymbol{\alpha}_n \\ \boldsymbol{\alpha}_2^{\mathrm{T}}\boldsymbol{\alpha}_1 & \boldsymbol{\alpha}_2^{\mathrm{T}}\boldsymbol{\alpha}_2 & \cdots & \boldsymbol{\alpha}_2^{\mathrm{T}}\boldsymbol{\alpha}_n \\ \vdots & \vdots & & \vdots \\ \boldsymbol{\alpha}_n^{\mathrm{T}}\boldsymbol{\alpha}_1 & \boldsymbol{\alpha}_n^{\mathrm{T}}\boldsymbol{\alpha}_2 & \cdots & \boldsymbol{\alpha}_n^{\mathrm{T}}\boldsymbol{\alpha}_n \end{pmatrix}.$$

因此 $\boldsymbol{A}^{\mathrm{T}}\boldsymbol{A}=\boldsymbol{E}$ 成立的充要条件为

$$\boldsymbol{\alpha}_i^{\mathrm{T}}\boldsymbol{\alpha}_j=\begin{cases} 1, & \text{当 } i=j, \\ 0, & \text{当 } i\neq j, \end{cases} \quad (i,j=1,2,\cdots,n).$$

而 $\boldsymbol{\alpha}_i^{\mathrm{T}}\boldsymbol{\alpha}_j=(\boldsymbol{\alpha}_i,\boldsymbol{\alpha}_j)$，即 $\boldsymbol{A}$ 的列向量组 $\boldsymbol{\alpha}_1,\boldsymbol{\alpha}_2,\cdots,\boldsymbol{\alpha}_n$ 为 $\mathbf{R}^n$ 的一组标准正交基.

例如下面矩阵均为正交矩阵：

$$\begin{pmatrix} \cos\theta & \sin\theta \\ -\sin\theta & \cos\theta \end{pmatrix},\ \boldsymbol{E}_n,\ \begin{pmatrix} -\frac{1}{\sqrt{3}} & \frac{1}{\sqrt{2}} & \frac{1}{\sqrt{6}} \\ \frac{1}{\sqrt{3}} & 0 & \frac{2}{\sqrt{6}} \\ \frac{1}{\sqrt{3}} & \frac{1}{\sqrt{2}} & -\frac{1}{\sqrt{6}} \end{pmatrix}.$$

正交矩阵有下列性质：

(1) 设 $\boldsymbol{A}$ 为正交矩阵，则 $|\boldsymbol{A}|=1$ 或-1；

(2) 设 $\boldsymbol{A}$ 为正交矩阵，则 $\boldsymbol{A}^{-1}=\boldsymbol{A}^{\mathrm{T}}$；

(3) 设 $\boldsymbol{A}$ 为正交矩阵，则 $\boldsymbol{A}^{\mathrm{T}}$(即 $\boldsymbol{A}^{-1}$)也是正交矩阵；

(4) 设 $\boldsymbol{A}$，$\boldsymbol{B}$ 均为 n 阶正交矩阵，则 $\boldsymbol{AB}$ 也是 n 阶正交矩阵.

证 (1)，(2)的证明显然.

(3) 由于$(\boldsymbol{A}^{\mathrm{T}})^{\mathrm{T}}\boldsymbol{A}^{\mathrm{T}}=\boldsymbol{AA}^{\mathrm{T}}=\boldsymbol{AA}^{-1}=\boldsymbol{E}$，所以 $\boldsymbol{A}^{\mathrm{T}}$(即 $\boldsymbol{A}^{-1}$)也是正交矩阵，从而正交矩阵 $\boldsymbol{A}$ 的行向量组也是 $\mathbf{R}^n$ 的一组标准正交基.

(4) 由$(\boldsymbol{AB})^{\mathrm{T}}(\boldsymbol{AB})=\boldsymbol{B}^{\mathrm{T}}(\boldsymbol{A}^{\mathrm{T}}\boldsymbol{A})\boldsymbol{B}=\boldsymbol{B}^{\mathrm{T}}\boldsymbol{B}=\boldsymbol{E}$，即得 $\boldsymbol{AB}$ 也是正交矩阵.

定义 5.1.7　设 $\boldsymbol{A}$ 为 n 阶正交矩阵，$\boldsymbol{x}\in\mathbf{R}^n$，则线性变换 $\boldsymbol{y}=\boldsymbol{A}\boldsymbol{x}$ 称为正交变换.

正交变换具有非常优良的性质，它在研究二次型的标准形时起着重要作用.

设 $\boldsymbol{y}=\boldsymbol{A}\boldsymbol{x}$ 为正交变换，则有 $\|\boldsymbol{x}\|=\|\boldsymbol{y}\|$，即正交变换保持向量的长度不变.

事实上，$\|\boldsymbol{y}\|=\sqrt{(\boldsymbol{y},\boldsymbol{y})}=\sqrt{\boldsymbol{y}^{\mathrm{T}}\boldsymbol{y}}=\sqrt{\boldsymbol{x}^{\mathrm{T}}\boldsymbol{A}^{\mathrm{T}}\boldsymbol{A}\boldsymbol{x}}=\sqrt{\boldsymbol{x}^{\mathrm{T}}\boldsymbol{x}}=\|\boldsymbol{x}\|$.

习题 5.1 视频详解

习题 5.1

1. 由内积的性质，证明关系式

$$(\boldsymbol{\alpha},k_1\boldsymbol{\beta}_1+k_2\boldsymbol{\beta}_2)=k_1(\boldsymbol{\alpha},\boldsymbol{\beta}_1)+k_2(\boldsymbol{\alpha},\boldsymbol{\beta}_2)$$

成立.

2. 设欧氏空间 $\mathbf{R}^3$ 中向量 $\boldsymbol{\alpha}=(2,1,2)^{\mathrm{T}}$，$\boldsymbol{\beta}=(1,2,-2)^{\mathrm{T}}$，求 $(\boldsymbol{\alpha},\boldsymbol{\beta})$，$\|\boldsymbol{\alpha}\|$，$\|\boldsymbol{\beta}\|$，$\langle\boldsymbol{\alpha},\boldsymbol{\beta}\rangle$.

3. 试将欧氏空间 $\mathbf{R}^3$ 中向量 $\boldsymbol{\alpha}=(1,1,1)^{\mathrm{T}}$ 单位化.

4. 设欧氏空间 $\mathbf{R}^3$ 中向量 $\boldsymbol{\alpha}_1=\left(\frac{2}{3},\frac{2}{3},\frac{1}{3}\right)^{\mathrm{T}}$，$\boldsymbol{\alpha}_2=\left(-\frac{2}{3},\frac{1}{3},\frac{2}{3}\right)^{\mathrm{T}}$，$\boldsymbol{\alpha}_3=\left(\frac{1}{3},-\frac{2}{3},\frac{2}{3}\right)^{\mathrm{T}}$，

(1) 证明 $\boldsymbol{\alpha}_1,\boldsymbol{\alpha}_2,\boldsymbol{\alpha}_3$ 是 $\mathbf{R}^3$ 的一组标准正交基；

(2) 求向量 $\boldsymbol{\beta}=(1,1,1)^{\mathrm{T}}$ 在这组基下的坐标.

5. 已知 $\mathbf{R}^3$ 中的一组基 $\boldsymbol{\alpha}_1=(1,1,1)^{\mathrm{T}}$，$\boldsymbol{\alpha}_2=(0,1,1)^{\mathrm{T}}$，$\boldsymbol{\alpha}_3=(1,0,1)^{\mathrm{T}}$，利用施密特正交化方法，由 $\boldsymbol{\alpha}_1,\boldsymbol{\alpha}_2,\boldsymbol{\alpha}_3$ 构造 $\mathbf{R}^3$ 的一组标准正交基.

6. 设 n 阶方阵 $\boldsymbol{A}$ 是正交矩阵，证明矩阵 $\boldsymbol{A}$ 的伴随矩阵为正交矩阵.

7. 已知 $\boldsymbol{A}=a\begin{pmatrix}b&8&4\\8&b&4\\4&4&c\end{pmatrix}$ 为正交矩阵，求 a，b，c.

8. 下列矩阵是否为正交矩阵？

(1) $\begin{pmatrix}\frac{1}{\sqrt{3}}&\frac{1}{\sqrt{3}}&\frac{1}{\sqrt{3}}\\0&\frac{1}{\sqrt{2}}&\frac{1}{\sqrt{2}}\\-\frac{2}{\sqrt{6}}&\frac{1}{\sqrt{6}}&\frac{1}{\sqrt{6}}\end{pmatrix}$；

(2) $\begin{pmatrix}\frac{1}{2}&-\frac{1}{3}&\frac{1}{2}\\\frac{1}{3}&\frac{1}{2}&0\\\frac{1}{2}&0&-\frac{1}{2}\end{pmatrix}$；

(3) $\begin{pmatrix}\frac{\sqrt{2}}{2}&0&-\frac{\sqrt{2}}{2}\\\frac{\sqrt{2}}{6}&-\frac{2\sqrt{2}}{3}&\frac{\sqrt{2}}{6}\\\frac{2}{3}&\frac{1}{3}&\frac{2}{3}\end{pmatrix}$；

(4) $\begin{pmatrix}0&0&0&-1\\-1&0&0&0\\0&-1&0&0\\0&0&1&0\end{pmatrix}$.

5.2　矩阵的特征值与特征向量

工程技术中的振动问题和稳定性问题都可归结为求一个矩阵的特征值和特征向量的问题. 而数学中的方阵对角化、求方阵的幂及线性微分方程组的求解问题也可归结为矩阵的特征值与特征

向量问题. 本节介绍矩阵的特征值与特征向量.

微课视频：特征值与特征向量概念

定义 5.2.1 设 $\boldsymbol{A}$ 为复数域 $\mathbf{C}$ 上的 n 阶方阵，如果存在 $\lambda \in \mathbf{C}$ 和 n 维的非零向量 $\boldsymbol{x}$，使得

$$\boldsymbol{A}\boldsymbol{x}=\lambda\boldsymbol{x},$$

则称 λ 是矩阵 $\boldsymbol{A}$ 的**特征值**，$\boldsymbol{x}$ 是 $\boldsymbol{A}$ 的属于(或对应于)特征值 λ 的**特征向量**.

注 特征向量 $\boldsymbol{x}\neq\mathbf{0}$.

例 5.2.1 设 $\boldsymbol{A}=\begin{pmatrix}1&2\\2&4\end{pmatrix}$，$\boldsymbol{\alpha}_1=\begin{pmatrix}2\\-1\end{pmatrix}$，$\boldsymbol{\alpha}_2=\begin{pmatrix}1\\2\end{pmatrix}$，$\boldsymbol{\alpha}_3=\begin{pmatrix}2\\1\end{pmatrix}$.

有

$$\boldsymbol{A}\boldsymbol{\alpha}_1=\begin{pmatrix}1&2\\2&4\end{pmatrix}\begin{pmatrix}2\\-1\end{pmatrix}=\begin{pmatrix}0\\0\end{pmatrix}=0\boldsymbol{\alpha}_1,$$

$$\boldsymbol{A}\boldsymbol{\alpha}_2=\begin{pmatrix}1&2\\2&4\end{pmatrix}\begin{pmatrix}1\\2\end{pmatrix}=\begin{pmatrix}5\\10\end{pmatrix}=5\boldsymbol{\alpha}_2,$$

$$\boldsymbol{A}\boldsymbol{\alpha}_3=\begin{pmatrix}1&2\\2&4\end{pmatrix}\begin{pmatrix}2\\1\end{pmatrix}=\begin{pmatrix}4\\8\end{pmatrix}\neq\lambda\boldsymbol{\alpha}_3.$$

由定义 5.2.1 可知，0 和 5 是 $\boldsymbol{A}$ 的两个特征值，$\boldsymbol{\alpha}_1$ 和 $\boldsymbol{\alpha}_2$ 是 $\boldsymbol{A}$ 的分别对应于特征值 0 和 5 的线性无关特征向量，而 $\boldsymbol{\alpha}_3$ 不是 $\boldsymbol{A}$ 的特征向量.

从此例我们可以看出 $\boldsymbol{A}\boldsymbol{\alpha}_1$ 相当于把 $\boldsymbol{\alpha}_1$ 进行了“伸缩”，而特征值 0 恰好是“伸缩”的倍数；$\boldsymbol{A}\boldsymbol{\alpha}_2$ 相当于把 $\boldsymbol{\alpha}_2$“伸长”5 倍.

如果给定方阵 $\boldsymbol{A}=(a_{ij})_{n\times n}$，怎样求 $\boldsymbol{A}$ 的特征值和特征向量呢?

由 $\boldsymbol{A}\boldsymbol{x}=\lambda\boldsymbol{x}$ 得

$$(\lambda\boldsymbol{E}-\boldsymbol{A})\boldsymbol{x}=\mathbf{0},$$

可见，方阵 $\boldsymbol{A}$ 的特征向量 $\boldsymbol{x}$ 可看成齐次线性方程组 $(\lambda\boldsymbol{E}-\boldsymbol{A})\boldsymbol{x}=\mathbf{0}$ 的非零解，方阵 $\boldsymbol{A}$ 的特征值就是使齐次线性方程组 $(\lambda\boldsymbol{E}-\boldsymbol{A})\boldsymbol{x}=\mathbf{0}$ 有非零解的 λ 值，而齐次线性方程组 $(\lambda\boldsymbol{E}-\boldsymbol{A})\boldsymbol{x}=\mathbf{0}$ 有非零解的充要条件为

$$|\lambda\boldsymbol{E}-\boldsymbol{A}|=0.$$

即

$$|\lambda\boldsymbol{E}-\boldsymbol{A}|=\begin{vmatrix}\lambda-a_{11}&-a_{12}&\cdots&-a_{1n}\\-a_{21}&\lambda-a_{22}&\cdots&-a_{2n}\\\vdots&\vdots&&\vdots\\-a_{n1}&-a_{n2}&\cdots&\lambda-a_{nn}\end{vmatrix}=0. \quad (5.2.1)$$

式(5.2.1)左端 $|\lambda\boldsymbol{E}-\boldsymbol{A}|$ 是关于 λ 的 n 次多项式，称为方阵 $\boldsymbol{A}$ 的特征多项式，记为 $f(\lambda)$. 方程 $f(\lambda)=0$ 称为方阵 $\boldsymbol{A}$ 的特征方程，其根就是方阵 $\boldsymbol{A}$ 的特征值，有时特征值又称为特征根.

由代数基本定理，特征方程在复数域 **C** 上一定有 n 个根(重根按重数计算)，因此 n 阶复方阵 $\boldsymbol{A}$ 有 n 个特征值. 下面给出关于特征向量的一个定理.

定理 5.2.1　若 $\boldsymbol{x}_1$ 和 $\boldsymbol{x}_2$ 都是矩阵 $\boldsymbol{A}$ 的对应特征值 λ_0 的线性无关特征向量，则 $k_1\boldsymbol{x}_1+k_2\boldsymbol{x}_2$ 也是 $\boldsymbol{A}$ 的对应特征值 λ_0 的特征向量(其中 k_1，k_2 是不同时为零的任意常数).

证　由 $\boldsymbol{x}_1$ 和 $\boldsymbol{x}_2$ 都是 $\boldsymbol{A}$ 的对应特征值 λ_0 的特征向量，得 $\boldsymbol{x}_1$ 和 $\boldsymbol{x}_2$ 都是齐次线性方程组

$$(\lambda_0\boldsymbol{E}-\boldsymbol{A})\boldsymbol{x}=\boldsymbol{0} \tag{5.2.2}$$

的非零解，根据齐次线性方程组解的性质，$k_1\boldsymbol{x}_1+k_2\boldsymbol{x}_2$ 也是线性方程组(5.2.2)的解. 又因 k_1，k_2 不同时为零，从而有 $k_1\boldsymbol{x}_1+k_2\boldsymbol{x}_2\neq\boldsymbol{0}$，故 $k_1\boldsymbol{x}_1+k_2\boldsymbol{x}_2$ 也是 $\boldsymbol{A}$ 的对应特征值 λ_0 的特征向量.

由此可以看出，在$(\lambda_0\boldsymbol{E}-\boldsymbol{A})\boldsymbol{x}=\boldsymbol{0}$ 的解空间中，除了零向量以外的全部解向量就是 $\boldsymbol{A}$ 的对应特征值 λ_0 的全体特征向量. 因此$(\lambda_0\boldsymbol{E}-\boldsymbol{A})\boldsymbol{x}=\boldsymbol{0}$ 的解空间也称为矩阵 $\boldsymbol{A}$ 关于特征值 λ_0 的特征子空间，记为 V_{λ_0}，且 $\dim V_{\lambda_0}=n-R(\lambda_0\boldsymbol{E}-\boldsymbol{A})$.

根据以上介绍，求矩阵 $\boldsymbol{A}$ 的全部特征值和特征向量的方法可以归结为如下步骤：

(1) 写出 $\boldsymbol{A}$ 的特征方程 $f(\lambda)=|\lambda\boldsymbol{E}-\boldsymbol{A}|=0$，并求在复数域 **C** 中全部根 $\lambda_1,\lambda_2,\cdots,\lambda_s$，它们就是 $\boldsymbol{A}$ 的全部特征值.

(2) 将求出的特征值 λ_i 逐个代入对应的齐次线性方程组

$$(\lambda_i\boldsymbol{E}-\boldsymbol{A})\boldsymbol{x}=\boldsymbol{0}(i=1,2,\cdots,s).$$

求出一组基础解系为 $\boldsymbol{\eta}_{i1},\boldsymbol{\eta}_{i2},\cdots,\boldsymbol{\eta}_{ir_i}$，于是对应 λ_i 的全部特征向量可表示为

$$\boldsymbol{\eta}_i=t_1\boldsymbol{\eta}_{i1}+t_2\boldsymbol{\eta}_{i2}+\cdots+t_{r_i}\boldsymbol{\eta}_{ir_i},$$

其中 $t_1,t_2,\cdots,t_{r_i}$ 为不同时为零的一组任意常数.

(3) $\boldsymbol{\eta}_1,\boldsymbol{\eta}_2,\cdots,\boldsymbol{\eta}_s$ 就是 $\boldsymbol{A}$ 的全部特征向量.

例 5.2.2　求矩阵 $\boldsymbol{A}=\begin{pmatrix}1 & -1\\ 1 & 1\end{pmatrix}$ 的特征值和全部特征向量.

解　$\boldsymbol{A}$ 的特征多项式为

$$f(\lambda)=|\lambda\boldsymbol{E}-\boldsymbol{A}|=\begin{vmatrix}\lambda-1 & 1\\ -1 & \lambda-1\end{vmatrix}=(\lambda-1-i)(\lambda-1+i),$$

所以 $f(\lambda)=0$ 的根为 $\lambda_1=1+i$，$\lambda_2=1-i$，即 $\boldsymbol{A}$ 的特征值为 $\lambda_1=1+i$，$\lambda_2=1-i$.

当 $\lambda_1=1+i$ 时，求解线性方程组$(\lambda_1\boldsymbol{E}-\boldsymbol{A})\boldsymbol{x}=\boldsymbol{0}$.

即
$$\begin{pmatrix} i & 1 \\ -1 & i \end{pmatrix}\begin{pmatrix} x_1 \\ x_2 \end{pmatrix}=\mathbf{0}.$$

基础解系为
$$\boldsymbol{\eta}_1=(i,1)^{\mathrm{T}}.$$

故 $\lambda_1=1+i$ 对应的全部特征向量为 $k_1\boldsymbol{\eta}_1$，其中 $k_1\neq 0$.

当 $\lambda_2=1-i$ 时，求解线性方程组 $(\lambda_2\boldsymbol{E}-\boldsymbol{A})\boldsymbol{x}=\mathbf{0}$.

即
$$\begin{pmatrix} -i & 1 \\ -1 & -i \end{pmatrix}\begin{pmatrix} x_1 \\ x_2 \end{pmatrix}=\mathbf{0}.$$

基础解系为
$$\boldsymbol{\eta}_2=(-i,1)^{\mathrm{T}}.$$

故 $\lambda_2=1-i$ 对应的全部特征向量为 $k_2\boldsymbol{\eta}_2$，其中 $k_2\neq 0$.

由例 5.2.2 可以看出实矩阵的特征值不一定是实数.

微课视频：
特征值与特征向量求法

例 5.2.3 求矩阵 $\boldsymbol{A}=\begin{pmatrix} 1 & 1 & 1 \\ 1 & 1 & 1 \\ 1 & 1 & 1 \end{pmatrix}$ 的特征值和对应的全部特征向量.

解　$\boldsymbol{A}$ 的特征多项式
$$f(\lambda)=|\lambda\boldsymbol{E}-\boldsymbol{A}|=\begin{vmatrix} \lambda-1 & -1 & -1 \\ -1 & \lambda-1 & -1 \\ -1 & -1 & \lambda-1 \end{vmatrix}=\lambda^2(\lambda-3),$$

所以特征方程 $f(\lambda)=0$ 的根为 $\lambda_1=3$，$\lambda_2=\lambda_3=0$（二重根）. 即 $\lambda_1=3$，$\lambda_2=\lambda_3=0$ 为 $\boldsymbol{A}$ 的特征值.

下面求每个特征值对应的特征向量.

当 $\lambda_1=3$ 时，求解方程组 $(3\boldsymbol{E}-\boldsymbol{A})\boldsymbol{x}=\mathbf{0}$.
$$3\boldsymbol{E}-\boldsymbol{A}=\begin{pmatrix} 2 & -1 & -1 \\ -1 & 2 & -1 \\ -1 & -1 & 2 \end{pmatrix}\to\begin{pmatrix} 1 & 0 & -1 \\ 0 & 1 & -1 \\ 0 & 0 & 0 \end{pmatrix},$$

所以 $(3\boldsymbol{E}-\boldsymbol{A})\boldsymbol{x}=\mathbf{0}$ 就可以写成
$$\begin{cases} x_1=x_3, \\ x_2=x_3. \end{cases}$$

令 $x_3=1$，得基础解系
$$\boldsymbol{\eta}_1=(1,1,1)^{\mathrm{T}}.$$

$\boldsymbol{\eta}_1$ 是 $\lambda_1=3$ 对应的线性无关特征向量. 所以 $\lambda_1=3$ 对应的全部特征向量为 $k_1\boldsymbol{\eta}_1$，其中 $k_1\neq 0$.

当 $\lambda_2=\lambda_3=0$ 时，求解方程组 $(0\boldsymbol{E}-\boldsymbol{A})\boldsymbol{x}=\mathbf{0}$.
$$\boldsymbol{A}=\begin{pmatrix} 1 & 1 & 1 \\ 1 & 1 & 1 \\ 1 & 1 & 1 \end{pmatrix}\to\begin{pmatrix} 1 & 1 & 1 \\ 0 & 0 & 0 \\ 0 & 0 & 0 \end{pmatrix},$$

所以$(0\boldsymbol{E}-\boldsymbol{A})\boldsymbol{x}=\boldsymbol{0}$可以写成

$$x_1+x_2+x_3=0.$$

取$x_2=1$，$x_3=0$，得

$$\boldsymbol{\eta}_2=(-1,1,0)^{\mathrm{T}},$$

取$x_2=0$，$x_3=1$，得

$$\boldsymbol{\eta}_3=(-1,0,1)^{\mathrm{T}}.$$

$\boldsymbol{\eta}_2$，$\boldsymbol{\eta}_3$为对应于特征值$\lambda_2=\lambda_3=0$的线性无关的特征向量. 所以$\lambda_2=\lambda_3=0$对应的全部特征向量为$k_2\boldsymbol{\eta}_2+k_3\boldsymbol{\eta}_3$，其中$k_2$，$k_3$为不同时为零的任意常数.

由多项式的根与系数的关系，可得

定理 5.2.2　设方阵$\boldsymbol{A}=(a_{ij})_{n\times n}$的$n$个特征值为$\lambda_1,\lambda_2,\cdots,\lambda_n$（可能有重根），则

(1) $\prod\limits_{i=1}^{n}\lambda_i=|\boldsymbol{A}|$;

(2) $\sum\limits_{i=1}^{n}\lambda_i=\sum\limits_{i=1}^{n}a_{ii}$,

其中$\sum\limits_{i=1}^{n}a_{ii}$是$\boldsymbol{A}$的主对角元之和，称为矩阵$\boldsymbol{A}$的迹，记为$\mathrm{tr}(\boldsymbol{A})$.

证　设$\boldsymbol{A}$的特征多项式为

$$f(\lambda)=|\lambda\boldsymbol{E}-\boldsymbol{A}|=\begin{vmatrix}\lambda-a_{11} & -a_{12} & \cdots & -a_{1n}\\ -a_{21} & \lambda-a_{22} & \cdots & -a_{2n}\\ \vdots & \vdots & & \vdots\\ -a_{n1} & -a_{n2} & \cdots & \lambda-a_{nn}\end{vmatrix}$$

$$=\lambda^n+c_1\lambda^{n-1}+\cdots+c_{n-1}\lambda+c_n. \tag{5.2.3}$$

设$f(\lambda)$有n个根$\lambda_1,\lambda_2,\cdots,\lambda_n$，即

$$f(\lambda)=(\lambda-\lambda_1)(\lambda-\lambda_2)\cdots(\lambda-\lambda_n). \tag{5.2.4}$$

在式(5.2.3)与式(5.2.4)中令$\lambda=0$，得

$$c_n=|-\boldsymbol{A}|=(-\lambda_1)(-\lambda_2)\cdots(-\lambda_n).$$

从而得

$$\prod_{i=1}^{n}\lambda_i=|\boldsymbol{A}|.$$

下面比较式(5.2.3)与式(5.2.4)中λ^{n-1}的系数.

因为式(5.2.3)中λ^{n-1}只能存在于$(\lambda-a_{11})(\lambda-a_{22})\cdots(\lambda-a_{nn})$中，所以有

$$c_1=-a_{11}-a_{22}-\cdots-a_{nn}=-\lambda_1-\lambda_2-\cdots-\lambda_n,$$

从而可得

$$\sum_{i=1}^{n}\lambda_i=\sum_{i=1}^{n}a_{ii}.$$

由定理 5.2.2 可知，当 $\boldsymbol{A}$ 可逆时，$|\boldsymbol{A}|=\prod_{i=1}^{n}\lambda_i\neq 0\Leftrightarrow\lambda_i\neq 0$ $(i=1,2,\cdots,n)$，故又得到矩阵可逆的一个充要条件是矩阵的特征值均不为零.

由迹的定义可得迹的性质：

(1) $\mathrm{tr}(\boldsymbol{A}+\boldsymbol{B})=\mathrm{tr}(\boldsymbol{A})+\mathrm{tr}(\boldsymbol{B})$；

(2) $\mathrm{tr}(k\boldsymbol{A})=k\mathrm{tr}(\boldsymbol{A})$；

(3) $\mathrm{tr}(\boldsymbol{AB})=\mathrm{tr}(\boldsymbol{BA})$；

其中 $\boldsymbol{A}$，$\boldsymbol{B}$ 均为 n 阶方阵，k 为常数.

微课视频：特征值与特征向量性质

定理 5.2.3 设 $\boldsymbol{x}$ 是方阵 $\boldsymbol{A}$ 的对应特征值 λ 的特征向量，则

(1) 对于任意的常数 k，$k\lambda$ 是 $k\boldsymbol{A}$ 的特征值；

(2) 对于正整数 m，λ^m 是 $\boldsymbol{A}^m$ 的特征值；

(3) 当 $\boldsymbol{A}$ 可逆时，λ^{-1}是 $\boldsymbol{A}^{-1}$的特征值，

且 $\boldsymbol{x}$ 仍是矩阵 $k\boldsymbol{A}$，$\boldsymbol{A}^m$，$\boldsymbol{A}^{-1}$的分别对应于特征值 $k\lambda$，λ^m，λ^{-1}的特征向量.

证 (1) 的证明留给读者.

(2) 由已知条件 $\boldsymbol{Ax}=\lambda\boldsymbol{x}$，可得

$$\boldsymbol{A}(\boldsymbol{Ax})=\boldsymbol{A}(\lambda\boldsymbol{x})=\lambda(\boldsymbol{Ax})=\lambda(\lambda\boldsymbol{x}),$$

即

$$\boldsymbol{A}^2\boldsymbol{x}=\lambda^2\boldsymbol{x}.$$

以此类推，重复 $m-2$ 次可得

$$\boldsymbol{A}^m\boldsymbol{x}=\lambda^m\boldsymbol{x}.$$

所以 λ^m 是 $\boldsymbol{A}^m$ 的特征值，且 $\boldsymbol{x}$ 是矩阵 $\boldsymbol{A}^m$ 的对应于特征值 λ^m 的特征向量.

(3) 当 $\boldsymbol{A}$ 可逆时，$\lambda\neq 0$，由 $\boldsymbol{Ax}=\lambda\boldsymbol{x}$ 可得

$$\boldsymbol{A}^{-1}(\boldsymbol{Ax})=\boldsymbol{A}^{-1}(\lambda\boldsymbol{x})=\lambda\boldsymbol{A}^{-1}\boldsymbol{x},$$

因此

$$\boldsymbol{A}^{-1}\boldsymbol{x}=\lambda^{-1}\boldsymbol{x}.$$

故 λ^{-1}是 $\boldsymbol{A}^{-1}$的特征值，且 $\boldsymbol{x}$ 也是矩阵 $\boldsymbol{A}^{-1}$的对应于特征值 λ^{-1}的特征向量.

根据定理 5.2.3(1)、(2)可得下面的推论：

推论 5.2.1　设 $\boldsymbol{x}$ 是方阵 $\boldsymbol{A}$ 的特征值 λ 对应的特征向量，$\varphi(\lambda)=a_m\lambda^m+\cdots+a_1\lambda+a_0$ 是多项式，则 $\varphi(\lambda)$ 是方阵

$$\varphi(\boldsymbol{A})=a_m\boldsymbol{A}^m+\cdots+a_1\boldsymbol{A}+a_0\boldsymbol{E}$$

的特征值，对应的特征向量仍为 $\boldsymbol{x}$.

例如，若 $\lambda=2$ 是矩阵 $\boldsymbol{A}$ 的一个特征值，对应的特征向量为 $\boldsymbol{x}$，多项式 $\varphi(\lambda)=\lambda^2-3\lambda+2$. 则 $\varphi(2)=0$ 是矩阵 $\varphi(\boldsymbol{A})=\boldsymbol{A}^2-3\boldsymbol{A}+2\boldsymbol{E}$ 的一个特征值，这个特征值对应的特征向量仍为 $\boldsymbol{x}$.

习题 5.2 视频详解

习题 5.2

1. 求下列矩阵的特征值及所对应的全部特征向量.

(1) $\begin{pmatrix}1&2\\0&3\end{pmatrix}$；　(2) $\begin{pmatrix}3&4\\5&2\end{pmatrix}$；

(3) $\begin{pmatrix}1&2&1\\0&1&1\\0&0&2\end{pmatrix}$；　(4) $\begin{pmatrix}1&2&3\\2&1&3\\3&3&6\end{pmatrix}$.

2. 已知 $\boldsymbol{A}$ 为 3 阶方阵，且 $|2\boldsymbol{E}-\boldsymbol{A}|=|\boldsymbol{A}-\boldsymbol{E}|=|\boldsymbol{A}+\boldsymbol{E}|=0$，则 $\boldsymbol{A}$ 的 3 个特征值为________.

3. 设 3 阶方阵 $\boldsymbol{A}$ 的特征值为 1，-1，2，求 (1) $|\boldsymbol{A}^2+2\boldsymbol{A}-\boldsymbol{E}|$；(2) $|\boldsymbol{A}^*+3\boldsymbol{A}-2\boldsymbol{E}|$.

4. 设 $\boldsymbol{A}$ 是 n 阶方阵且 $\boldsymbol{A}^2=\boldsymbol{A}$，证明 $\boldsymbol{A}$ 的特征值只能是 0 或 1.

5. 设 $\lambda_1=1$ 是矩阵

$$\boldsymbol{A}=\begin{pmatrix}-1&1&0\\a&3&0\\1&0&2\end{pmatrix}$$

的一个特征值，求常数 a 及矩阵 $\boldsymbol{A}$ 的另两个特征值.

6. 已知 $\boldsymbol{\xi}=\begin{pmatrix}1\\1\\-1\end{pmatrix}$ 是矩阵

$$\boldsymbol{A}=\begin{pmatrix}2&-1&2\\5&a&3\\-1&b&-2\end{pmatrix}$$

的一个特征向量，求常数 a，b 及特征向量 $\boldsymbol{\xi}$ 所对应的特征值.

7. 证明矩阵 $\boldsymbol{A}$ 与 $\boldsymbol{A}^{\mathrm{T}}$ 有相同的特征值.

5.3 相似矩阵

因为对角矩阵计算比较简单，我们可以利用矩阵的特征值和特征向量来判断一个矩阵能否“化成”对角矩阵，为此我们考虑矩阵的相似.

5.3.1 矩阵相似的定义及性质

定义 5.3.1　设 $\boldsymbol{A}$，$\boldsymbol{B}$ 均为 n 阶方阵，若存在可逆矩阵 $\boldsymbol{P}$，使

$$\boldsymbol{P}^{-1}\boldsymbol{A}\boldsymbol{P}=\boldsymbol{B},$$

则称 $\boldsymbol{A}$ 与 $\boldsymbol{B}$ 相似. 特别地，若 $\boldsymbol{A}$ 与对角矩阵相似，那么称 $\boldsymbol{A}$ 可相似对角化，简称 $\boldsymbol{A}$ 可对角化.

矩阵的相似关系是一种等价关系，满足：

(1) 反身性：任意矩阵 $\boldsymbol{A}$ 与自身相似.

(2) 对称性：若 $\boldsymbol{A}$ 与 $\boldsymbol{B}$ 相似，则 $\boldsymbol{B}$ 与 $\boldsymbol{A}$ 相似.

(3) 传递性：若 $\boldsymbol{A}$ 与 $\boldsymbol{B}$ 相似，且 $\boldsymbol{B}$ 与 $\boldsymbol{C}$ 相似，则 $\boldsymbol{A}$ 与 $\boldsymbol{C}$ 相似.

由矩阵相似的定义可知，两个矩阵相似，则这两个矩阵一定等价，反之未必成立.

两个矩阵相似有下面一些性质：

微课视频：相似矩阵概念和性质

定理 5.3.1 若 n 阶矩阵 $\boldsymbol{A}$ 与 $\boldsymbol{B}$ 相似，则它们有相同的特征多项式，从而有相同的特征值.

证 若 $\boldsymbol{A}$ 与 $\boldsymbol{B}$ 相似，则存在可逆矩阵 $\boldsymbol{P}$，使得 $\boldsymbol{P}^{-1}\boldsymbol{AP}=\boldsymbol{B}$. 于是

$$|\lambda\boldsymbol{E}-\boldsymbol{B}|=|\lambda\boldsymbol{E}-\boldsymbol{P}^{-1}\boldsymbol{AP}|=|\boldsymbol{P}^{-1}(\lambda\boldsymbol{E}-\boldsymbol{A})\boldsymbol{P}|=|\lambda\boldsymbol{E}-\boldsymbol{A}|.$$

所以矩阵 $\boldsymbol{A}$ 与 $\boldsymbol{B}$ 有相同的特征多项式，从而有相同的特征值.

推论 5.3.1 若 n 阶方阵 $\boldsymbol{A}$ 与对角阵

$$\boldsymbol{\Lambda}=\begin{pmatrix}\lambda_1 & & & \\ & \lambda_2 & & \\ & & \ddots & \\ & & & \lambda_n\end{pmatrix}$$

相似，则 $\boldsymbol{\Lambda}$ 的主对角元 $\lambda_1,\lambda_2,\cdots,\lambda_n$ 是 $\boldsymbol{A}$ 的 n 个特征值.

由定理 5.3.1 和定理 5.2.2 得以下性质：

性质 5.3.1 若矩阵 $\boldsymbol{A}$ 与 $\boldsymbol{B}$ 相似，则 $\mathrm{tr}(\boldsymbol{A})=\mathrm{tr}(\boldsymbol{B})$ 且 $|\boldsymbol{A}|=|\boldsymbol{B}|$.

性质 5.3.2 若矩阵 $\boldsymbol{A}$ 与 $\boldsymbol{B}$ 相似，则 $\boldsymbol{A}$ 与 $\boldsymbol{B}$ 同时可逆或同时不可逆，并且当 $\boldsymbol{A}$ 与 $\boldsymbol{B}$ 同时可逆时，$\boldsymbol{A}^{-1}$ 与 $\boldsymbol{B}^{-1}$ 也相似.

证 因为矩阵 $\boldsymbol{A}$ 与 $\boldsymbol{B}$ 相似，由性质 5.3.1 知 $\boldsymbol{A}$ 与 $\boldsymbol{B}$ 同时可逆或同时不可逆，且存在可逆矩阵 $\boldsymbol{P}$，使

$$\boldsymbol{P}^{-1}\boldsymbol{AP}=\boldsymbol{B}. \tag{5.3.1}$$

式(5.3.1)两边求逆矩阵，则有 $\boldsymbol{P}^{-1}\boldsymbol{A}^{-1}\boldsymbol{P}=\boldsymbol{B}^{-1}$，故 $\boldsymbol{A}^{-1}$ 与 $\boldsymbol{B}^{-1}$ 也相似.

性质 5.3.3 若矩阵 $\boldsymbol{A}$ 与 $\boldsymbol{B}$ 相似，则

(1) 对任意常数 k，$k\boldsymbol{A}$ 与 $k\boldsymbol{B}$ 相似；

(2) $\boldsymbol{A}^{\mathrm{T}}$ 与 $\boldsymbol{B}^{\mathrm{T}}$ 相似;

(3) 对任意正整数 m，$\boldsymbol{A}^m$ 与 $\boldsymbol{B}^m$ 相似.

证　(1)、(2)证明略.

(3) 因为矩阵 $\boldsymbol{A}$ 与 $\boldsymbol{B}$ 相似，则存在可逆矩阵 $\boldsymbol{P}$，使

$$\boldsymbol{P}^{-1}\boldsymbol{A}\boldsymbol{P}=\boldsymbol{B}.$$

所以，对任意正整数 m，$\boldsymbol{B}^m=\boldsymbol{P}^{-1}\boldsymbol{A}\boldsymbol{P}\boldsymbol{P}^{-1}\boldsymbol{A}\boldsymbol{P}\cdots\boldsymbol{P}^{-1}\boldsymbol{A}\boldsymbol{P}=\boldsymbol{P}^{-1}\boldsymbol{A}^m\boldsymbol{P}$，即 $\boldsymbol{A}^m$ 与 $\boldsymbol{B}^m$ 相似.

例 5.3.1　设 n 阶方阵 $\boldsymbol{A}$ 相似于对角矩阵

$$\boldsymbol{\Lambda}=\begin{pmatrix}\lambda_1 & & & \\ & \lambda_2 & & \\ & & \ddots & \\ & & & \lambda_n\end{pmatrix},$$

求 $\boldsymbol{A}^k$，其中 k 为正整数.

解　因为 $\boldsymbol{A}$ 相似于 $\boldsymbol{\Lambda}$，故存在可逆矩阵 $\boldsymbol{P}$，使 $\boldsymbol{P}^{-1}\boldsymbol{A}\boldsymbol{P}=\boldsymbol{\Lambda}$，故 $\boldsymbol{A}=\boldsymbol{P}\boldsymbol{\Lambda}\boldsymbol{P}^{-1}$. 所以

$$\boldsymbol{A}^k=\boldsymbol{P}\boldsymbol{\Lambda}\boldsymbol{P}^{-1}\boldsymbol{P}\boldsymbol{\Lambda}\boldsymbol{P}^{-1}\cdots\boldsymbol{P}\boldsymbol{\Lambda}\boldsymbol{P}^{-1}=\boldsymbol{P}\boldsymbol{\Lambda}^k\boldsymbol{P}^{-1}=\boldsymbol{P}\begin{pmatrix}\lambda_1^k & & & \\ & \lambda_2^k & & \\ & & \ddots & \\ & & & \lambda_n^k\end{pmatrix}\boldsymbol{P}^{-1}.$$

只需求出 $\boldsymbol{P}^{-1}$，再计算出 $\boldsymbol{P}\boldsymbol{\Lambda}^k\boldsymbol{P}^{-1}$就可以了.

那么对于任意一个 n 阶方阵 $\boldsymbol{A}$ 在什么条件下可以与对角矩阵相似呢? 若相似，可逆矩阵 $\boldsymbol{P}$ 及对角矩阵 $\boldsymbol{\Lambda}$ 又该怎样求呢? 下面就讨论这些问题.

5.3.2　矩阵的相似对角化

定理 5.3.2　n 阶方阵 $\boldsymbol{A}$ 可相似对角化的充分必要条件是 $\boldsymbol{A}$ 有 n 个线性无关的特征向量. 若 $\boldsymbol{A}$ 的 n 个线性无关的特征向量为 $\boldsymbol{\eta}_1,\boldsymbol{\eta}_2,\cdots,\boldsymbol{\eta}_n$，可记 $\boldsymbol{P}=(\boldsymbol{\eta}_1,\boldsymbol{\eta}_2,\cdots,\boldsymbol{\eta}_n)$，则 $\boldsymbol{P}$ 可逆且

$$\boldsymbol{P}^{-1}\boldsymbol{A}\boldsymbol{P}=\mathbf{diag}(\lambda_1,\lambda_2,\cdots,\lambda_n),$$

其中 $\lambda_1,\lambda_2,\cdots,\lambda_n$ 是 $\boldsymbol{A}$ 的特征值，$\boldsymbol{\eta}_i$ 是 $\boldsymbol{A}$ 的对应于特征值 $\lambda_i(i=1,2,\cdots,n)$的特征向量.

微课视频：
矩阵的相似对角化

证 必要性. 设

$$P^{-1}AP=\mathrm{diag}(\lambda_1,\lambda_2,\cdots,\lambda_n)=\Lambda,$$

即

$$AP=P\Lambda.$$

将 P 按列分块，得

$$P=(\eta_1,\eta_2,\cdots,\eta_n).$$

则

$$A(\eta_1,\eta_2,\cdots,\eta_n)=(\eta_1,\eta_2,\cdots,\eta_n)\begin{pmatrix}\lambda_1 & & & \\ & \lambda_2 & & \\ & & \ddots & \\ & & & \lambda_n\end{pmatrix},$$

即

$$(A\eta_1,A\eta_2,\cdots,A\eta_n)=(\lambda_1\eta_1,\lambda_2\eta_2,\cdots,\lambda_n\eta_n).$$

于是有

$$A\eta_i=\lambda_i\eta_i \quad (i=1,2,\cdots,n).$$

这就说明 η_i 是 A 对应于特征值 λ_i 的特征向量. 又由于 P 可逆，所以 $\eta_1,\eta_2,\cdots,\eta_n$ 是线性无关的，即 A 有 n 个线性无关的特征向量.

充分性. 设 A 的 n 个线性无关的特征向量为 $\eta_1,\eta_2,\cdots,\eta_n$，它们对应的特征值分别为 $\lambda_1,\lambda_2,\cdots,\lambda_n$，即 $A\eta_i=\lambda_i\eta_i \quad (i=1,2,\cdots,n)$.

取 $P=(\eta_1,\eta_2,\cdots,\eta_n)$，则 P 可逆.

$$\begin{aligned}AP&=A(\eta_1,\eta_2,\cdots,\eta_n)\\&=(A\eta_1,A\eta_2,\cdots,A\eta_n)\\&=(\lambda_1\eta_1,\lambda_2\eta_2,\cdots,\lambda_n\eta_n)\\&=(\eta_1,\eta_2,\cdots,\eta_n)\begin{pmatrix}\lambda_1 & & & \\ & \lambda_2 & & \\ & & \ddots & \\ & & & \lambda_n\end{pmatrix}\\&=P\begin{pmatrix}\lambda_1 & & & \\ & \lambda_2 & & \\ & & \ddots & \\ & & & \lambda_n\end{pmatrix},\end{aligned}$$

所以 $P^{-1}AP=\mathrm{diag}(\lambda_1,\lambda_2,\cdots,\lambda_n)=\Lambda$，即 A 可相似对角化.

注 P 的列向量 $\eta_1,\eta_2,\cdots,\eta_n$ 的排列顺序要与 $\lambda_1,\lambda_2,\cdots,\lambda_n$ 的排列顺序一致，即 P 的第 i 列应是对角矩阵 Λ 对角线上第 i 个元素对应的特征向量.

定理 5.3.3　设 $\lambda_1,\lambda_2,\cdots,\lambda_m$ 是 n 阶方阵 $\boldsymbol{A}$ 的互不相同的特征值，$\boldsymbol{\eta}_1,\boldsymbol{\eta}_2,\cdots,\boldsymbol{\eta}_m$ 是依次与之对应的特征向量，则 $\boldsymbol{\eta}_1,\boldsymbol{\eta}_2,\cdots,\boldsymbol{\eta}_m$ 线性无关.

证　设有常数 $x_1,x_2,\cdots,x_m$ 使得

$$x_1\boldsymbol{\eta}_1+x_2\boldsymbol{\eta}_2+\cdots+x_m\boldsymbol{\eta}_m=\boldsymbol{0},$$

则 $\boldsymbol{A}(x_1\boldsymbol{\eta}_1+x_2\boldsymbol{\eta}_2+\cdots+x_m\boldsymbol{\eta}_m)=\boldsymbol{0}$，即

$$\lambda_1x_1\boldsymbol{\eta}_1+\lambda_2x_2\boldsymbol{\eta}_2+\cdots+\lambda_mx_m\boldsymbol{\eta}_m=\boldsymbol{0}. \tag{5.3.2}$$

再用 $\boldsymbol{A}$ 左乘式(5.3.2)两端得 $\boldsymbol{A}(\lambda_1x_1\boldsymbol{\eta}_1+\lambda_2x_2\boldsymbol{\eta}_2+\cdots+\lambda_mx_m\boldsymbol{\eta}_m)=\boldsymbol{0}$，即

$$\lambda_1^2x_1\boldsymbol{\eta}_1+\lambda_2^2x_2\boldsymbol{\eta}_2+\cdots+\lambda_m^2x_m\boldsymbol{\eta}_m=\boldsymbol{0}.$$

依次类推，有

$$\lambda_1^{m-1}x_1\boldsymbol{\eta}_1+\lambda_2^{m-1}x_2\boldsymbol{\eta}_2+\cdots+\lambda_m^{m-1}x_m\boldsymbol{\eta}_m=\boldsymbol{0},$$

即

$$\lambda_1^kx_1\boldsymbol{\eta}_1+\lambda_2^kx_2\boldsymbol{\eta}_2+\cdots+\lambda_m^kx_m\boldsymbol{\eta}_m=\boldsymbol{0}.$$

式中，$k=0,1,2,\cdots,m-1$，将上面各式合并写成矩阵形式，得

$$(x_1\boldsymbol{\eta}_1,x_2\boldsymbol{\eta}_2,\cdots,x_m\boldsymbol{\eta}_m)\begin{pmatrix}1 & \lambda_1 & \cdots & \lambda_1^{m-1}\\ 1 & \lambda_2 & \cdots & \lambda_2^{m-1}\\ \vdots & \vdots & & \vdots\\ 1 & \lambda_m & \cdots & \lambda_m^{m-1}\end{pmatrix}=(\boldsymbol{0},\boldsymbol{0},\cdots,\boldsymbol{0}). \tag{5.3.3}$$

式(5.3.3)左端第二个矩阵的行列式为范德蒙德行列式，当 λ_i 互不相同时该行列式不等于0，从而该矩阵可逆. 于是有

$$(x_1\boldsymbol{\eta}_1,x_2\boldsymbol{\eta}_2,\cdots,x_m\boldsymbol{\eta}_m)=(\boldsymbol{0},\boldsymbol{0},\cdots,\boldsymbol{0}),$$

即 $x_j\boldsymbol{\eta}_j=\boldsymbol{0}\quad(j=1,2,\cdots,m)$. 但是特征向量 $\boldsymbol{\eta}_j\neq\boldsymbol{0}$，故 $x_j=0\ (j=1,2,\cdots,m)$. 所以向量组 $\boldsymbol{\eta}_1,\boldsymbol{\eta}_2,\cdots,\boldsymbol{\eta}_m$ 线性无关.

由定理 5.3.2 和定理 5.3.3 有：

推论 5.3.2　若 n 阶方阵 $\boldsymbol{A}$ 有 n 个互不相同的特征值，那么 $\boldsymbol{A}$ 有 n 个线性无关的特征向量，进而 $\boldsymbol{A}$ 可相似对角化.

注　推论 5.3.2 只是判别 n 阶方阵 $\boldsymbol{A}$ 与对角矩阵相似的一个充分条件，当 n 阶方阵 $\boldsymbol{A}$ 的特征方程有重根时，$\boldsymbol{A}$ 能否与对角矩阵相似，还要看 $\boldsymbol{A}$ 是否有 n 个线性无关的特征向量.

定理 5.3.4　如果 $\lambda_1,\lambda_2,\cdots,\lambda_m$ 是 n 阶方阵 $\boldsymbol{A}$ 的不同特征值，而 $\boldsymbol{\eta}_{i1},\boldsymbol{\eta}_{i2},\cdots,\boldsymbol{\eta}_{ir_i}$ 是属于特征值 $\lambda_i(i=1,2,\cdots,m)$ 的线性无关的特征向量，那么

$$\boldsymbol{\eta}_{11},\boldsymbol{\eta}_{12},\cdots,\boldsymbol{\eta}_{1r_1},\boldsymbol{\eta}_{21},\boldsymbol{\eta}_{22},\cdots,\boldsymbol{\eta}_{2r_2},\cdots,\boldsymbol{\eta}_{m1},\boldsymbol{\eta}_{m2},\cdots,\boldsymbol{\eta}_{mr_m}$$

线性无关.

证 设

$$k_{11}\boldsymbol{\eta}_{11}+k_{12}\boldsymbol{\eta}_{12}+\cdots+k_{1r_1}\boldsymbol{\eta}_{1r_1}+k_{21}\boldsymbol{\eta}_{21}+k_{22}\boldsymbol{\eta}_{22}+\cdots+k_{2r_2}\boldsymbol{\eta}_{2r_2}+\cdots+k_{m1}\boldsymbol{\eta}_{m1}+k_{m2}\boldsymbol{\eta}_{m2}+\cdots+k_{mr_m}\boldsymbol{\eta}_{mr_m}=\boldsymbol{0}. \tag{5.3.4}$$

令

$$\boldsymbol{\xi}_i=k_{i1}\boldsymbol{\eta}_{i1}+k_{i2}\boldsymbol{\eta}_{i2}+\cdots+k_{ir_i}\boldsymbol{\eta}_{ir_i}(i=1,2,\cdots,m).$$

则式(5.3.4)为 $\boldsymbol{\xi}_1+\boldsymbol{\xi}_2+\cdots+\boldsymbol{\xi}_m=\boldsymbol{0}$，而且 $\boldsymbol{\xi}_i$ 或者为 $\boldsymbol{0}$，或者为对应于 $\lambda_i(i=1,2,\cdots,m)$ 的特征向量.

由于 $\boldsymbol{\xi}_1,\boldsymbol{\xi}_2,\cdots,\boldsymbol{\xi}_m$ 线性相关，由定理 5.3.3 知 $\boldsymbol{\xi}_i=\boldsymbol{0}(i=1,2,\cdots,m)$. 又 $\boldsymbol{\eta}_{i1},\boldsymbol{\eta}_{i2},\cdots,\boldsymbol{\eta}_{ir_i}(i=1,2,\cdots,m)$ 线性无关，故 $k_{ij}=0(i=1,2,\cdots,m;j=1,2,\cdots,r_i)$，结论得证.

例 5.3.2 判断下列矩阵能否与对角矩阵相似？若相似，求对角矩阵 $\boldsymbol{\Lambda}$ 及可逆矩阵 $\boldsymbol{P}$，使得 $\boldsymbol{P}^{-1}\boldsymbol{A}\boldsymbol{P}=\boldsymbol{\Lambda}$.

(1) $\boldsymbol{A}=\begin{pmatrix}-1&4&-2\\-3&4&0\\-3&1&3\end{pmatrix}$； (2) $\boldsymbol{A}=\begin{pmatrix}1&-1&1\\1&3&-1\\1&1&1\end{pmatrix}$；

(3) $\boldsymbol{A}=\begin{pmatrix}2&-1&1\\0&3&-1\\2&1&3\end{pmatrix}$.

解 (1)
$$|\lambda\boldsymbol{E}-\boldsymbol{A}|=\begin{vmatrix}\lambda+1&-4&2\\3&\lambda-4&0\\3&-1&\lambda-3\end{vmatrix}=(\lambda-1)(\lambda-2)(\lambda-3)=0,$$

所以 $\boldsymbol{A}$ 的特征值为 $\lambda_1=1$，$\lambda_2=2$，$\lambda_3=3$.

当 $\lambda_1=1$ 时，解方程组 $(\boldsymbol{E}-\boldsymbol{A})\boldsymbol{x}=\boldsymbol{0}$，得基础解系 $\boldsymbol{\eta}_1=(1,1,1)^{\mathrm{T}}$；

当 $\lambda_2=2$ 时，解方程组 $(2\boldsymbol{E}-\boldsymbol{A})\boldsymbol{x}=\boldsymbol{0}$，得基础解系 $\boldsymbol{\eta}_2=(2,3,3)^{\mathrm{T}}$；

当 $\lambda_3=3$ 时，解方程组 $(3\boldsymbol{E}-\boldsymbol{A})\boldsymbol{x}=\boldsymbol{0}$，得基础解系 $\boldsymbol{\eta}_3=(1,3,4)^{\mathrm{T}}$.

因为 $\boldsymbol{A}$ 有 3 个线性无关的特征向量，故 $\boldsymbol{A}$ 能与对角矩阵相似. 取

$$\boldsymbol{P}=(\boldsymbol{\eta}_1,\boldsymbol{\eta}_2,\boldsymbol{\eta}_3)=\begin{pmatrix}1&2&1\\1&3&3\\1&3&4\end{pmatrix}\text{及}\boldsymbol{\Lambda}=\begin{pmatrix}1&&\\&2&\\&&3\end{pmatrix},$$

可使 $\boldsymbol{P}^{-1}\boldsymbol{A}\boldsymbol{P}=\boldsymbol{\Lambda}$.

(2) $|\lambda \boldsymbol{E}-\boldsymbol{A}|=\begin{vmatrix} \lambda-1 & 1 & -1 \\ -1 & \lambda-3 & 1 \\ -1 & -1 & \lambda-1 \end{vmatrix}=(\lambda-1)(\lambda-2)^2=0$,

所以 $\boldsymbol{A}$ 的特征值为 $\lambda_1=1$，$\lambda_2=\lambda_3=2$.

当 $\lambda_1=1$ 时，解方程组 $(\boldsymbol{E}-\boldsymbol{A})\boldsymbol{x}=\boldsymbol{0}$，得基础解系 $\boldsymbol{\eta}_1=(1,-1,-1)^{\mathrm{T}}$；

当 $\lambda_2=\lambda_3=2$ 时，解方程组 $(2\boldsymbol{E}-\boldsymbol{A})\boldsymbol{x}=\boldsymbol{0}$，得基础解系 $\boldsymbol{\eta}_2=(-1,1,0)^{\mathrm{T}}$，$\boldsymbol{\eta}_3=(1,0,1)^{\mathrm{T}}$.

因为 $\boldsymbol{A}$ 有 3 个线性无关的特征向量，故 $\boldsymbol{A}$ 能与对角矩阵相似.

取

$$\boldsymbol{P}=(\boldsymbol{\eta}_1,\boldsymbol{\eta}_2,\boldsymbol{\eta}_3)=\begin{pmatrix} 1 & -1 & 1 \\ -1 & 1 & 0 \\ -1 & 0 & 1 \end{pmatrix} \text{及 } \boldsymbol{\Lambda}=\begin{pmatrix} 1 & & \\ & 2 & \\ & & 2 \end{pmatrix},$$

可使 $\boldsymbol{P}^{-1}\boldsymbol{A}\boldsymbol{P}=\boldsymbol{\Lambda}$.

(3) $|\lambda \boldsymbol{E}-\boldsymbol{A}|=\begin{vmatrix} \lambda-2 & 1 & -1 \\ 0 & \lambda-3 & 1 \\ -2 & -1 & \lambda-3 \end{vmatrix}=(\lambda-4)(\lambda-2)^2=0$,

所以 $\boldsymbol{A}$ 的特征值为 $\lambda_1=4$，$\lambda_2=\lambda_3=2$.

当 $\lambda_1=4$ 时，解方程组 $(4\boldsymbol{E}-\boldsymbol{A})\boldsymbol{x}=\boldsymbol{0}$，得基础解系 $\boldsymbol{\eta}_1=(1,-1,1)^{\mathrm{T}}$；

当 $\lambda_2=\lambda_3=2$ 时，解方程组 $(2\boldsymbol{E}-\boldsymbol{A})\boldsymbol{x}=\boldsymbol{0}$，得基础解系 $\boldsymbol{\eta}_2=(-1,1,1)^{\mathrm{T}}$.

因为 $\boldsymbol{A}$ 有 2 个线性无关的特征向量，故 $\boldsymbol{A}$ 不能与对角矩阵相似.

习题 5.3

习题 5.3 视频详解

1. 判断下列矩阵能否与对角矩阵相似？若不能，说明理由；若能，求可逆矩阵 $\boldsymbol{P}$ 及对角阵 $\boldsymbol{\Lambda}$，使得 $\boldsymbol{P}^{-1}\boldsymbol{A}\boldsymbol{P}=\boldsymbol{\Lambda}$.

(1) $\begin{pmatrix} 3 & 0 & 1 \\ 0 & 3 & 0 \\ 0 & 0 & 3 \end{pmatrix}$；　(2) $\begin{pmatrix} 1 & 0 & 0 \\ 0 & 3 & -2 \\ 0 & -2 & 3 \end{pmatrix}$；

(3) $\begin{pmatrix} 4 & 6 & 0 \\ -3 & -5 & 0 \\ -3 & -6 & -2 \end{pmatrix}$；　(4) $\begin{pmatrix} 1 & 2 & 2 \\ 2 & 1 & -2 \\ -2 & -2 & 1 \end{pmatrix}$.

2. 设 $\boldsymbol{A}=\begin{pmatrix} 4 & 6 & 0 \\ -3 & -5 & 0 \\ -3 & -6 & 1 \end{pmatrix}$，求 $\boldsymbol{A}^{20}$.

3. 设矩阵 $\boldsymbol{A}=\begin{pmatrix} -2 & 0 & 0 \\ 2 & a & 2 \\ 3 & 1 & 1 \end{pmatrix}$ 和 $\boldsymbol{B}=\begin{pmatrix} -1 & & \\ & 2 & \\ & & b \end{pmatrix}$ 相似，

(1) 求 a 和 b 的值；

(2) 求可逆矩阵 $\boldsymbol{P}$，使 $\boldsymbol{P}^{-1}\boldsymbol{A}\boldsymbol{P}=\boldsymbol{B}$.

4. 已知 $\boldsymbol{A}$ 与 $\boldsymbol{B}$ 相似，且 $\boldsymbol{A}^n=\boldsymbol{A}$（$n$ 是正整数，$n\geqslant 2$），证明 $\boldsymbol{B}^n=\boldsymbol{B}$.

5. 设 $\boldsymbol{A}$ 是 n 阶非零矩阵，且 $\boldsymbol{A}^m=\boldsymbol{O}$（$m$ 是正整数），证明 $\boldsymbol{A}$ 不能与对角矩阵相似.

6. 设 $\boldsymbol{A}$，$\boldsymbol{B}$ 都是 n 阶方阵，且 $\boldsymbol{A}$ 可逆，证明 $\boldsymbol{AB}$ 与 $\boldsymbol{BA}$ 相似.

7. 定理 5.3.1 的逆命题成立么？若成立，请证明；若不成立，请给出反例.

5.4 实对称矩阵的对角化

在 5.3 节讨论了方阵的对角化问题，从中我们知道对于一个 n 阶方阵 $\boldsymbol{A}$ 不一定能相似对角化，这一节我们将讨论实对称矩阵的对角化问题.

5.4.1 实对称矩阵的特征值和特征向量的性质

微课视频：实对称矩阵对角化相关原理

虽然一般的实矩阵的特征多项式是实系数多项式，但其特征值可能是复数，相应的特征向量亦是复向量. 然而对于实对称矩阵来说，它的特征值全为实数，并且不同的特征值对应的特征向量是正交的. 下面我们给出证明.

定理 5.4.1 实对称矩阵的特征值都是实数.

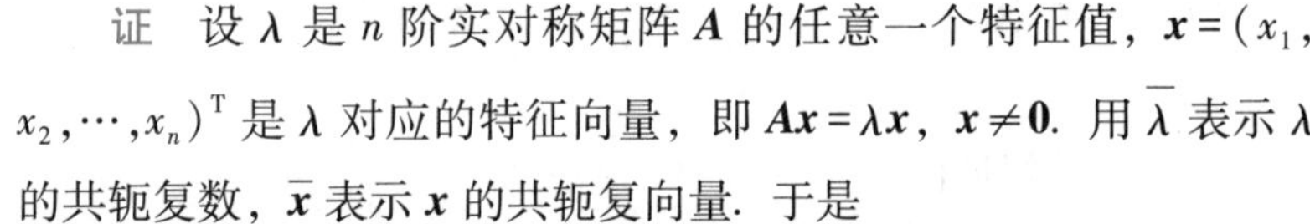

证 设 λ 是 n 阶实对称矩阵 $\boldsymbol{A}$ 的任意一个特征值，$\boldsymbol{x}=(x_1, x_2,\cdots,x_n)^{\mathrm{T}}$ 是 λ 对应的特征向量，即 $\boldsymbol{Ax}=\lambda\boldsymbol{x}$，$\boldsymbol{x}\neq\boldsymbol{0}$. 用 $\overline{\lambda}$ 表示 λ 的共轭复数，$\overline{\boldsymbol{x}}$ 表示 $\boldsymbol{x}$ 的共轭复向量. 于是

$$\boldsymbol{A}\overline{\boldsymbol{x}}=\overline{\boldsymbol{A}}\,\overline{\boldsymbol{x}}=\overline{\boldsymbol{Ax}}=\overline{\lambda\boldsymbol{x}}=\overline{\lambda}\,\overline{\boldsymbol{x}},$$

从而有

$$\overline{\boldsymbol{x}}^{\mathrm{T}}\boldsymbol{Ax}=\overline{\boldsymbol{x}}^{\mathrm{T}}(\boldsymbol{Ax})=\overline{\boldsymbol{x}}^{\mathrm{T}}(\lambda\boldsymbol{x})=\lambda(\overline{\boldsymbol{x}}^{\mathrm{T}}\boldsymbol{x}) \tag{5.4.1}$$

及

$$\overline{\boldsymbol{x}}^{\mathrm{T}}\boldsymbol{Ax}=(\boldsymbol{A}\overline{\boldsymbol{x}})^{\mathrm{T}}\boldsymbol{x}=(\overline{\lambda}\overline{\boldsymbol{x}})^{\mathrm{T}}\boldsymbol{x}=\overline{\lambda}(\overline{\boldsymbol{x}}^{\mathrm{T}}\boldsymbol{x}). \tag{5.4.2}$$

式(5.4.1)与式(5.4.2)相减得 $(\lambda-\overline{\lambda})(\overline{\boldsymbol{x}}^{\mathrm{T}}\boldsymbol{x})=0$.

由于向量 $\boldsymbol{x}\neq\boldsymbol{0}$，所以

$$\overline{\boldsymbol{x}}^{\mathrm{T}}\boldsymbol{x}=\sum_{i=1}^{n}\overline{x_i}x_i=\sum_{i=1}^{n}|x_i|^2\neq 0.$$

故 $\lambda-\overline{\lambda}=0$，即 $\lambda=\overline{\lambda}$，说明 λ 是实数.

定理 5.4.2 设 $\boldsymbol{x}_1$，$\boldsymbol{x}_2$ 分别是实对称矩阵 $\boldsymbol{A}$ 的对应不同特征值 λ_1，λ_2 的特征向量，则 $\boldsymbol{x}_1$ 与 $\boldsymbol{x}_2$ 正交.

证 由已知 $\boldsymbol{A}^{\mathrm{T}}=\boldsymbol{A}$，$\boldsymbol{Ax}_1=\lambda_1\boldsymbol{x}_1$，$\boldsymbol{Ax}_2=\lambda_2\boldsymbol{x}_2$，$\lambda_1\neq\lambda_2$.

一方面
$$\boldsymbol{x}_2^{\mathrm{T}}(\boldsymbol{Ax}_1)=\boldsymbol{x}_2^{\mathrm{T}}(\lambda_1\boldsymbol{x}_1)=\lambda_1\boldsymbol{x}_2^{\mathrm{T}}\boldsymbol{x}_1; \tag{5.4.3}$$

另一方面
$$\boldsymbol{x}_2^{\mathrm{T}}\boldsymbol{Ax}_1=(\boldsymbol{Ax}_2)^{\mathrm{T}}\boldsymbol{x}_1=(\lambda_2\boldsymbol{x}_2)^{\mathrm{T}}\boldsymbol{x}_1=\lambda_2\boldsymbol{x}_2^{\mathrm{T}}\boldsymbol{x}_1. \tag{5.4.4}$$

式(5.4.3)与式(5.4.4)相减得 $(\lambda_1-\lambda_2)\boldsymbol{x}_2^{\mathrm{T}}\boldsymbol{x}_1=0$，

由于 $\lambda_1\neq\lambda_2$，所以 $\boldsymbol{x}_2^{\mathrm{T}}\boldsymbol{x}_1=0$，即 $\boldsymbol{x}_1$ 与 $\boldsymbol{x}_2$ 正交.

定理 5.4.2 给出了实对称矩阵属于不同特征值的特征向量是正交的这个结论.

5.4.2 实对称矩阵的相似对角化

定理 5.4.3　对于任意一个 n 阶实对称矩阵 $\boldsymbol{A}$，存在 n 阶正交矩阵 $\boldsymbol{T}$，使得

$$\boldsymbol{T}^{-1}\boldsymbol{A}\boldsymbol{T}=\boldsymbol{T}^{\mathrm{T}}\boldsymbol{A}\boldsymbol{T}=\mathbf{diag}(\lambda_1,\lambda_2,\cdots,\lambda_n),$$

式中，$\lambda_1,\lambda_2,\cdots,\lambda_n$ 是 $\boldsymbol{A}$ 的全部特征值. 此时称 $\boldsymbol{A}$ 可正交相似对角化.

*证　对阶数 n 用数学归纳法.

当 $n=1$ 时，即 $\boldsymbol{A}=(a)$，取正交矩阵 $\boldsymbol{E}_1=(1)$，则 $\boldsymbol{E}_1^{-1}\boldsymbol{A}\boldsymbol{E}_1=(a)$. 结论显然成立.

假设定理对任一个 $n-1$ 阶实对称矩阵 $\boldsymbol{B}$ 成立，即存在 $n-1$ 阶正交矩阵 $\boldsymbol{Q}$，使得 $\boldsymbol{Q}^{-1}\boldsymbol{B}\boldsymbol{Q}=\boldsymbol{\Lambda}_1$. 下面证明对任何一个 n 阶实对称矩阵 $\boldsymbol{A}$ 也成立.

设 $\boldsymbol{A}\boldsymbol{x}_1=\lambda_1\boldsymbol{x}_1$，其中 $\boldsymbol{x}_1$ 是长度为 1 的特征向量. 现将 $\boldsymbol{x}_1$ 扩充为 $\mathbf{R}^n$ 的一组标准正交基

$$\boldsymbol{x}_1,\boldsymbol{x}_2,\cdots,\boldsymbol{x}_n,$$

式中，$\boldsymbol{x}_2,\cdots,\boldsymbol{x}_n$ 不一定是 $\boldsymbol{A}$ 的特征向量. 于是就有

$$\begin{aligned}\boldsymbol{A}(\boldsymbol{x}_1,\boldsymbol{x}_2,\cdots,\boldsymbol{x}_n)&=(\boldsymbol{A}\boldsymbol{x}_1,\boldsymbol{A}\boldsymbol{x}_2,\cdots,\boldsymbol{A}\boldsymbol{x}_n)\\&=(\boldsymbol{x}_1,\boldsymbol{x}_2,\cdots,\boldsymbol{x}_n)\begin{pmatrix}\lambda_1 & b_{12} & \cdots & b_{1n}\\ 0 & b_{22} & \cdots & b_{2n}\\ \vdots & \vdots & & \vdots\\ 0 & b_{n2} & \cdots & b_{nn}\end{pmatrix}.\end{aligned}\tag{5.4.5}$$

记

$$\boldsymbol{P}=(\boldsymbol{x}_1,\boldsymbol{x}_2,\cdots,\boldsymbol{x}_n),$$

$$\boldsymbol{b}=(b_{12},b_{13},\cdots,b_{1n})^{\mathrm{T}},$$

$$\boldsymbol{B}=\begin{pmatrix}b_{22} & \cdots & b_{2n}\\ \vdots & & \vdots\\ b_{n2} & \cdots & b_{nn}\end{pmatrix},$$

则 $\boldsymbol{P}$ 为正交矩阵且(5.4.5)式可表为

$$\boldsymbol{P}^{-1}\boldsymbol{A}\boldsymbol{P}=\begin{pmatrix}\lambda_1 & \boldsymbol{b}^{\mathrm{T}}\\ \boldsymbol{0} & \boldsymbol{B}\end{pmatrix}.\tag{5.4.6}$$

由于 $\boldsymbol{P}^{-1}=\boldsymbol{P}^{\mathrm{T}}$，$(\boldsymbol{P}^{-1}\boldsymbol{A}\boldsymbol{P})^{\mathrm{T}}=\boldsymbol{P}^{\mathrm{T}}\boldsymbol{A}^{\mathrm{T}}(\boldsymbol{P}^{-1})^{\mathrm{T}}=\boldsymbol{P}^{-1}\boldsymbol{A}\boldsymbol{P}$，所以

$$\begin{pmatrix} \lambda_1 & \mathbf{0}^{\mathrm{T}} \\ \boldsymbol{b} & \boldsymbol{B}^{\mathrm{T}} \end{pmatrix} = \begin{pmatrix} \lambda_1 & \boldsymbol{b}^{\mathrm{T}} \\ \mathbf{0} & \boldsymbol{B} \end{pmatrix}.$$

于是知 $\boldsymbol{b}=\mathbf{0}$，$\boldsymbol{B}^{\mathrm{T}}=\boldsymbol{B}$. 从而式(5.4.6)化为

$$\boldsymbol{P}^{-1}\boldsymbol{A}\boldsymbol{P} = \begin{pmatrix} \lambda_1 & \mathbf{0}^{\mathrm{T}} \\ \mathbf{0} & \boldsymbol{B} \end{pmatrix},$$

式中，$\boldsymbol{B}$ 为 $n-1$ 阶实对称矩阵.

根据假设，即存在 $n-1$ 阶正交矩阵 $\boldsymbol{Q}$，使得 $\boldsymbol{Q}^{-1}\boldsymbol{B}\boldsymbol{Q}=\boldsymbol{\Lambda}_1=$ $\begin{pmatrix} \lambda_2 & & & \\ & \lambda_3 & & \\ & & \ddots & \\ & & & \lambda_n \end{pmatrix}$，其中 $\lambda_2,\lambda_3,\cdots,\lambda_n$ 是 $\boldsymbol{B}$ 的全部特征值.

构造一个正交矩阵

$$\boldsymbol{S} = \begin{pmatrix} 1 & \mathbf{0}^{\mathrm{T}} \\ \mathbf{0} & \boldsymbol{Q} \end{pmatrix},$$

于是

$$\begin{aligned} \boldsymbol{S}^{-1}(\boldsymbol{P}^{-1}\boldsymbol{A}\boldsymbol{P})\boldsymbol{S} &= \begin{pmatrix} 1 & \mathbf{0}^{\mathrm{T}} \\ \mathbf{0} & \boldsymbol{Q}^{-1} \end{pmatrix} \begin{pmatrix} \lambda_1 & \mathbf{0}^{\mathrm{T}} \\ \mathbf{0} & \boldsymbol{B} \end{pmatrix} \begin{pmatrix} 1 & \mathbf{0}^{\mathrm{T}} \\ \mathbf{0} & \boldsymbol{Q} \end{pmatrix} \\ &= \begin{pmatrix} \lambda_1 & \mathbf{0}^{\mathrm{T}} \\ \mathbf{0} & \boldsymbol{Q}^{-1}\boldsymbol{B}\boldsymbol{Q} \end{pmatrix} \\ &= \begin{pmatrix} \lambda_1 & \mathbf{0}^{\mathrm{T}} \\ \mathbf{0} & \boldsymbol{\Lambda}_1 \end{pmatrix} \\ &= \mathbf{diag}\,(\lambda_1,\lambda_2,\cdots,\lambda_n). \end{aligned}$$

取 $\boldsymbol{T}=\boldsymbol{P}\boldsymbol{S}$，则 $\boldsymbol{T}$ 亦为正交矩阵且 $\boldsymbol{T}^{-1}=\boldsymbol{S}^{-1}\boldsymbol{P}^{-1}$，于是

$$\boldsymbol{T}^{-1}\boldsymbol{A}\boldsymbol{T}=\mathbf{diag}(\lambda_1,\lambda_2,\cdots,\lambda_n),$$

$\lambda_1,\lambda_2,\cdots,\lambda_n$ 是 $\boldsymbol{A}$ 的全部特征值.

推论 5.4.1　设 $\boldsymbol{A}$ 为 n 阶实对称矩阵，λ 是 $\boldsymbol{A}$ 的 r 重特征值，则矩阵 $\lambda\boldsymbol{E}-\boldsymbol{A}$ 的秩 $R(\lambda\boldsymbol{E}-\boldsymbol{A})=n-r$，从而对应特征值 λ 恰有 r 个线性无关的特征向量.

*证　由定理 5.4.3 知，实对称矩阵 $\boldsymbol{A}$ 与对角矩阵 $\boldsymbol{\Lambda}=\mathbf{diag}(\lambda_1,\lambda_2,\cdots,\lambda_n)$ 相似，从而 $\lambda\boldsymbol{E}-\boldsymbol{A}$ 与 $\lambda\boldsymbol{E}-\boldsymbol{\Lambda}$ 相似. 当 λ 是 $\boldsymbol{A}$ 的 r 重特征值时，$\lambda_1,\lambda_2,\cdots,\lambda_n$ 中有 r 个 λ，有 $n-r$ 个不是 λ，从而 $\lambda\boldsymbol{E}-\boldsymbol{\Lambda}$ 主对角线元恰有 r 个 0. 于是 $R(\lambda\boldsymbol{E}-\boldsymbol{\Lambda})=n-r$，而 $R(\lambda\boldsymbol{E}-\boldsymbol{A})=R(\lambda\boldsymbol{E}-\boldsymbol{\Lambda})$，所以 $R(\lambda\boldsymbol{E}-\boldsymbol{A})=n-r$. 从而对应特征值 λ 恰有 r 个线性无关的特

征向量.

由定理 5.4.3 知，n 阶实对称矩阵 $\boldsymbol{A}$，都存在 n 阶正交矩阵 $\boldsymbol{T}$，使得 $\boldsymbol{T}^{-1}\boldsymbol{AT}=\mathbf{diag}(\lambda_1,\lambda_2,\cdots,\lambda_n)$. 下面提供求正交矩阵 $\boldsymbol{T}$ 的步骤：

（1）求实对称矩阵 $\boldsymbol{A}$ 的全部互异的特征值 $\lambda_1,\lambda_2,\cdots,\lambda_m$，据定理 5.4.1 知，$\lambda_1,\lambda_2,\cdots,\lambda_m\in\mathbf{R}$.

（2）对每个 $\lambda_i(i=1,2,\cdots,m)$，解齐次线性方程组 $(\lambda_i\boldsymbol{E}-\boldsymbol{A})\boldsymbol{x}=\boldsymbol{0}$，求得一个基础解系 $\boldsymbol{\eta}_{i1},\boldsymbol{\eta}_{i2},\cdots,\boldsymbol{\eta}_{ir_i}$. 根据定理 5.4.3 知 $r_1+r_2+\cdots+r_m=n$. 于是

$$\boldsymbol{\eta}_{11},\boldsymbol{\eta}_{12},\cdots,\boldsymbol{\eta}_{1r_1},\cdots,\boldsymbol{\eta}_{m1},\boldsymbol{\eta}_{m2},\cdots,\boldsymbol{\eta}_{mr_m}$$

为 $\mathbf{R}^n$ 的一组基.

（3）当 $\boldsymbol{A}$ 有 n 个互异的特征值时，即 $\lambda_1,\lambda_2,\cdots,\lambda_n$ 互不相同，则根据定理 5.4.2 可知 $\boldsymbol{\eta}_1,\boldsymbol{\eta}_2,\cdots,\boldsymbol{\eta}_n$ 为正交向量组. 将它们单位化，即得 $\mathbf{R}^n$ 的一组标准正交基 $\boldsymbol{\gamma}_1,\boldsymbol{\gamma}_2,\cdots,\boldsymbol{\gamma}_n$. 从而 $\boldsymbol{T}=(\boldsymbol{\gamma}_1,\boldsymbol{\gamma}_2,\cdots,\boldsymbol{\gamma}_n)$ 为正交矩阵，且 $\boldsymbol{T}^{-1}\boldsymbol{AT}=\mathbf{diag}(\lambda_1,\lambda_2,\cdots,\lambda_n)$.

当 $\boldsymbol{A}$ 的特征值有重根 λ_i 时，将 λ_i 对应的线性无关的特征向量用施密特正交化方法化成单位正交向量组 $\boldsymbol{\eta}_{i1},\boldsymbol{\eta}_{i2},\cdots,\boldsymbol{\eta}_{ir_i}$，根据定理 5.4.2 可知 $\boldsymbol{\eta}_{11},\boldsymbol{\eta}_{12},\cdots,\boldsymbol{\eta}_{1r_1},\cdots,\boldsymbol{\eta}_{m1},\boldsymbol{\eta}_{m2},\cdots,\boldsymbol{\eta}_{mr_m}$ 就为 $\mathbf{R}^n$ 的一组标准正交基. 于是 $\boldsymbol{T}=(\boldsymbol{\eta}_{11},\cdots,\boldsymbol{\eta}_{1r_1},\cdots,\boldsymbol{\eta}_{m1},\cdots,\boldsymbol{\eta}_{mr_m})$ 为正交矩阵，且

$$\boldsymbol{T}^{-1}\boldsymbol{AT}=\mathbf{diag}(\overbrace{\lambda_1,\cdots,\lambda_1}^{r_1\text{个}},\cdots,\overbrace{\lambda_m,\cdots,\lambda_m}^{r_m\text{个}}).$$

下面我们举例说明.

例 5.4.1　设实对称矩阵

$$\boldsymbol{A}=\begin{pmatrix}0&-1&1\\-1&0&1\\1&1&0\end{pmatrix},$$

求一个正交矩阵 $\boldsymbol{T}$，使 $\boldsymbol{T}^{-1}\boldsymbol{AT}$ 为对角阵.

微课视频：实对称矩阵对角化相关例题

解　$\boldsymbol{A}$ 的特征多项式为

$$f(\lambda)=|\lambda\boldsymbol{E}-\boldsymbol{A}|=\begin{vmatrix}\lambda&1&-1\\1&\lambda&-1\\-1&-1&\lambda\end{vmatrix}=(\lambda-1)^2(\lambda+2),$$

于是 $\boldsymbol{A}$ 的特征值为 $\lambda_1=-2$，$\lambda_2=\lambda_3=1$.

对于 $\lambda_1=-2$，解方程组 $(-2\boldsymbol{E}-\boldsymbol{A})\boldsymbol{x}=\boldsymbol{0}$，得基础解系为 $\boldsymbol{x}_1=(1,1,-1)^{\mathrm{T}}$.

对于 $\lambda_2=\lambda_3=1$，解方程组 $(\boldsymbol{E}-\boldsymbol{A})\boldsymbol{x}=\boldsymbol{0}$，得基础解系为 $\boldsymbol{x}_2=(-1,1,0)^{\mathrm{T}}$，$\boldsymbol{x}_3=(1,0,1)^{\mathrm{T}}$.

利用施密特正交化方法将 $\boldsymbol{x}_2$，$\boldsymbol{x}_3$ 正交化，令 $\boldsymbol{\xi}_2=\boldsymbol{x}_2$，$\boldsymbol{\xi}_3=\boldsymbol{x}_3-\dfrac{(\boldsymbol{x}_3,\boldsymbol{\xi}_2)}{(\boldsymbol{\xi}_2,\boldsymbol{\xi}_2)}\boldsymbol{\xi}_2$，经计算 $\boldsymbol{\xi}_3=\left(\dfrac{1}{2},\dfrac{1}{2},1\right)^{\mathrm{T}}$. 再对 $\boldsymbol{x}_1,\boldsymbol{\xi}_2,\boldsymbol{\xi}_3$ 单位化，得

$$\boldsymbol{\eta}_1=\frac{\boldsymbol{x}_1}{\|\boldsymbol{x}_1\|}=\left(\frac{1}{\sqrt{3}},\frac{1}{\sqrt{3}},-\frac{1}{\sqrt{3}}\right)^{\mathrm{T}},$$

$$\boldsymbol{\eta}_2=\frac{\boldsymbol{\xi}_2}{\|\boldsymbol{\xi}_2\|}=\left(-\frac{1}{\sqrt{2}},\frac{1}{\sqrt{2}},0\right)^{\mathrm{T}},$$

$$\boldsymbol{\eta}_3=\frac{\boldsymbol{\xi}_3}{\|\boldsymbol{\xi}_3\|}=\left(\frac{1}{\sqrt{6}},\frac{1}{\sqrt{6}},\frac{2}{\sqrt{6}}\right)^{\mathrm{T}}.$$

令

$$\boldsymbol{T}=(\boldsymbol{\eta}_1,\boldsymbol{\eta}_2,\boldsymbol{\eta}_3)=\begin{pmatrix}\frac{1}{\sqrt{3}} & -\frac{1}{\sqrt{2}} & \frac{1}{\sqrt{6}}\\ \frac{1}{\sqrt{3}} & \frac{1}{\sqrt{2}} & \frac{1}{\sqrt{6}}\\ -\frac{1}{\sqrt{3}} & 0 & \frac{2}{\sqrt{6}}\end{pmatrix},$$

则 $\boldsymbol{T}$ 为正交矩阵，且

$$\boldsymbol{T}^{-1}\boldsymbol{A}\boldsymbol{T}=\begin{pmatrix}-2 & & \\ & 1 & \\ & & 1\end{pmatrix}.$$

例 5.4.2 设 3 阶实对称矩阵 $\boldsymbol{A}$ 的特征值为 $\lambda_1=-7$，$\lambda_2=\lambda_3=2$，$\boldsymbol{A}$ 的属于特征值 λ_1 的特征向量为 $\boldsymbol{\alpha}_1=(1,2,-2)^{\mathrm{T}}$.

（1）求特征值 $\lambda_2=\lambda_3=2$ 所对应的特征向量；

（2）求出矩阵 $\boldsymbol{A}$.

解 （1）设特征值 $\lambda_2=\lambda_3=2$ 对应的特征向量为 $\boldsymbol{x}=(x_1,x_2,x_3)^{\mathrm{T}}$. 根据定理 5.4.2 知 $\boldsymbol{\alpha}_1$ 和 $\boldsymbol{x}$ 正交，即 $(\boldsymbol{\alpha}_1,\boldsymbol{x})=0$，得方程组

$$x_1+2x_2-2x_3=0.$$

解得基础解系为 $\boldsymbol{\alpha}_2=(-2,1,0)^{\mathrm{T}}$，$\boldsymbol{\alpha}_3=(2,0,1)^{\mathrm{T}}$. 所以矩阵 $\boldsymbol{A}$ 的属于特征值 $\lambda_2=\lambda_3=2$ 的全部特征向量为 $k_2\boldsymbol{\alpha}_2+k_3\boldsymbol{\alpha}_3$（$k_2$，$k_3$ 不同时为零）.

（2）先将 $\boldsymbol{\alpha}_2$，$\boldsymbol{\alpha}_3$ 正交化，令 $\boldsymbol{\beta}_2=\boldsymbol{\alpha}_2=(-2,1,0)^{\mathrm{T}}$，

$$\boldsymbol{\beta}_3=\boldsymbol{\alpha}_3-\frac{(\boldsymbol{\alpha}_3,\boldsymbol{\beta}_2)}{(\boldsymbol{\beta}_2,\boldsymbol{\beta}_2)}\boldsymbol{\beta}_2=\left(\frac{2}{5},\frac{4}{5},1\right)^{\mathrm{T}}.$$

再将 $\boldsymbol{\alpha}_1,\boldsymbol{\beta}_2,\boldsymbol{\beta}_3$ 单位化，

$$\boldsymbol{\eta}_1=\frac{\boldsymbol{\alpha}_1}{\|\boldsymbol{\alpha}_1\|}=\left(\frac{1}{3},\frac{2}{3},-\frac{2}{3}\right)^{\mathrm{T}},$$

$$\boldsymbol{\eta}_2=\frac{\boldsymbol{\beta}_2}{\|\boldsymbol{\beta}_2\|}=\left(-\frac{2}{\sqrt{5}},\frac{1}{\sqrt{5}},0\right)^{\mathrm{T}},$$

$$\boldsymbol{\eta}_3=\frac{\boldsymbol{\beta}_3}{\|\boldsymbol{\beta}_3\|}=\left(\frac{2}{3\sqrt{5}},\frac{4}{3\sqrt{5}},\frac{5}{3\sqrt{5}}\right)^{\mathrm{T}}.$$

令 $\boldsymbol{T}=(\boldsymbol{\eta}_1,\boldsymbol{\eta}_2,\boldsymbol{\eta}_3)$，则 $\boldsymbol{T}$ 为正交矩阵，且 $\boldsymbol{T}^{-1}\boldsymbol{AT}=\begin{pmatrix}-7&&\\&2&\\&&2\end{pmatrix}$.

于是

$$\boldsymbol{A}=\boldsymbol{T}\begin{pmatrix}-7&&\\&2&\\&&2\end{pmatrix}\boldsymbol{T}^{-1}=\boldsymbol{T}\begin{pmatrix}-7&&\\&2&\\&&2\end{pmatrix}\boldsymbol{T}^{\mathrm{T}}=\begin{pmatrix}1&-2&2\\-2&-2&4\\2&4&-2\end{pmatrix}.$$

由本节可知实对称矩阵不仅可以对角化，而且能找到更特殊的矩阵(正交矩阵)将实对称矩阵相似对角化.

习题 5.4 视频详解

习题 5.4

1. 选择题.

(1) 设 $\boldsymbol{A}$ 是 n 阶实对称矩阵，则下列说法正确的是(　　).

(A) $|\boldsymbol{A}|\neq 0$

(B) $\boldsymbol{A}$ 有 n 个不同的特征值

(C) $R(\boldsymbol{A})=n$

(D) $\boldsymbol{A}$ 有 n 个线性无关的特征向量

(2) 设 $\boldsymbol{A}$ 是 n 阶实对称矩阵，则下列说法不正确的是(　　).

(A) $\boldsymbol{A}$ 有 n 个线性无关的特征向量

(B) $\boldsymbol{A}$ 的 n 个特征向量必是单位正交向量组

(C) $\boldsymbol{A}$ 的特征值必是实数

(D) $\boldsymbol{A}$ 的属于不同特征值的特征向量必正交

2. 求正交矩阵，将下列矩阵正交相似对角化.

(1) $\boldsymbol{A}=\begin{pmatrix}1&1&1\\1&1&1\\1&1&1\end{pmatrix}$；(2) $\boldsymbol{A}=\begin{pmatrix}2&2&-2\\2&5&-4\\-2&-4&5\end{pmatrix}$.

3. 设三阶实对称矩阵 $\boldsymbol{A}$ 的特征值为 1，2，3，矩阵 $\boldsymbol{A}$ 的属于特征值 1，2 的特征向量分别为

$$\boldsymbol{\alpha}_1=(-1,-1,1)^{\mathrm{T}} \text{ 和 } \boldsymbol{\alpha}_2=(1,-2,-1)^{\mathrm{T}}.$$

(1) 求 $\boldsymbol{A}$ 的属于特征值 3 的特征向量；

(2) 求矩阵 $\boldsymbol{A}$.

4. 设 $\boldsymbol{A}$ 是 n 阶实对称矩阵，且满足 $\boldsymbol{A}^k=\boldsymbol{O}$，$k$ 为正整数，证明 $\boldsymbol{A}=\boldsymbol{O}$.

5. 设 $\boldsymbol{A}$ 是 n 阶实对称矩阵，且满足 $\boldsymbol{A}^2=\boldsymbol{A}$，$R(\boldsymbol{A})=r$，证明存在正交矩阵 $\boldsymbol{T}$，使

$$\boldsymbol{T}^{-1}\boldsymbol{AT}=\begin{pmatrix}\boldsymbol{E}_r&\boldsymbol{0}\\\boldsymbol{0}^{\mathrm{T}}&0\end{pmatrix}.$$

5.5 运用 MATLAB 求矩阵的特征值和特征向量

在科学研究和工程计算中，特征值与特征向量都有十分广泛的应用. 在 MATLAB 中有函数命令“eig($\boldsymbol{A}$)”用来求解矩阵特征值与特征向量.

例 5.5.1 求矩阵 $\boldsymbol{A}=\begin{pmatrix}1 & -1 & 1\\ 1 & 3 & -1\\ 1 & 1 & 1\end{pmatrix}$ 的特征值与特征向量.

解

```
>>  A=[1,-1,1;1,3,-1;1,1,1];

>> A1=sym(A)

A1=
[ 1,  -1,   1]
[ 1,   3,  -1]
[ 1,   1,   1]

>> [V,D]=eig(A1)

V=

[ -1,  -1,  1]
[  1,   1,  0]
[  1,   0,  1]


D=

[ 1, 0, 0]
[ 0, 2, 0]
[ 0, 0, 2]
```

所以特征值为 $\lambda_1=1$，$\lambda_2=\lambda_3=2$，对应于 $\lambda_1=1$ 的特征向量为 $\boldsymbol{\xi}_1=c_1\begin{pmatrix}-1\\ 1\\ 1\end{pmatrix}$，对应于 $\lambda_2=\lambda_3=2$ 的特征向量为 $c_2\boldsymbol{\xi}_2+c_3\boldsymbol{\xi}_3=c_2\begin{pmatrix}-1\\ 1\\ 0\end{pmatrix}+c_3\begin{pmatrix}1\\ 0\\ 1\end{pmatrix}$.

第 5 章思维导图

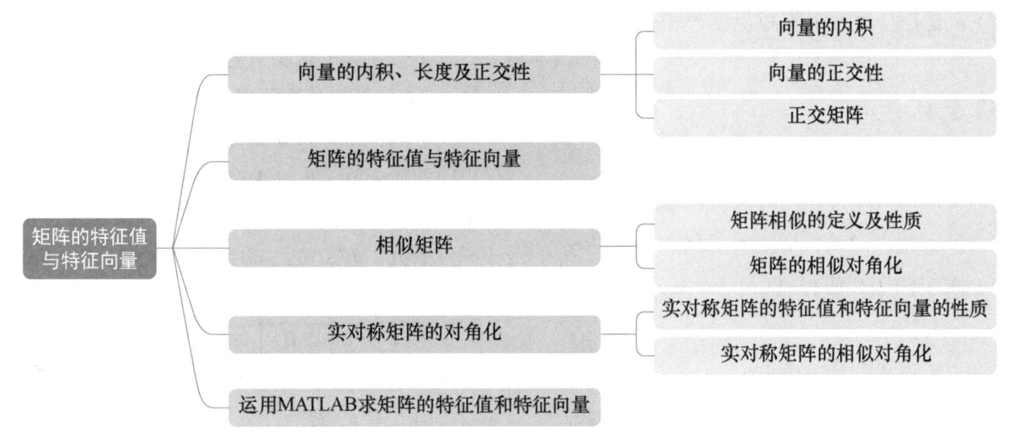

柯西不等式简介

柯西不等式是由数学家柯西(Cauchy，1789—1857)在研究数学分析中的“流数”问题时得到的．该不等式又称为 Cauchy-Buniakowsky-Schwarz 不等式(柯西-布尼亚科夫斯基-施瓦茨不等式)．因为是后两位数学家彼此独立地在积分学中将它进行推广才得到这一完善的不等式．柯西不等式在解决不等式证明的有关问题中有着十分广泛的应用．

精神的追寻
——大庆精神

总习题 5 视频详解 1

总 习 题 5

一、在 $\mathbf{R}^4$ 中求一个与 $\boldsymbol{\alpha}=(1,1,-1,1)^{\mathrm{T}}$，$\boldsymbol{\beta}=(1,-1,-1,1)^{\mathrm{T}}$，$\boldsymbol{\gamma}=(2,1,1,3)^{\mathrm{T}}$ 正交的单位向量.

二、设 $\boldsymbol{\alpha}_1=(1,1,1)^{\mathrm{T}}$，在 $\mathbf{R}^3$ 中求 $\boldsymbol{\alpha}_2,\boldsymbol{\alpha}_3$ 使 $\boldsymbol{\alpha}_1,\boldsymbol{\alpha}_2,\boldsymbol{\alpha}_3$ 为正交向量组.

三、已知矩阵

$$\boldsymbol{A}=\begin{pmatrix} a & \frac{2}{7} & -\frac{3}{7} \\ b & c & d \\ -\frac{3}{7} & e & \frac{2}{7} \end{pmatrix}$$

为正交矩阵，求 a，b，c，d，e 的值.

四、设 3 维向量 $\boldsymbol{\alpha},\boldsymbol{\beta}$ 满足 $\boldsymbol{\alpha}^{\mathrm{T}}\boldsymbol{\beta}=2$，其中 $\boldsymbol{\alpha}^{\mathrm{T}}$ 是 $\boldsymbol{\alpha}$ 的转置，则矩阵 $\boldsymbol{\beta}\boldsymbol{\alpha}^{\mathrm{T}}$ 的非零特征值为________.

五、已设 3 阶方阵 $\boldsymbol{A}$ 的特征值为 1，2，−2，$\boldsymbol{B}=\varphi(\boldsymbol{A})=2\boldsymbol{A}^*+3\boldsymbol{A}-2\boldsymbol{E}$，

(1) 求矩阵 $\boldsymbol{B}$ 的特征值.

(2) 求 $|\boldsymbol{B}|$.

六、设 4 阶方阵 $\boldsymbol{A}$ 满足条件 $|3\boldsymbol{E}+\boldsymbol{A}|=0$，$\boldsymbol{A}\boldsymbol{A}^{\mathrm{T}}=2\boldsymbol{E}$，$|\boldsymbol{A}|<0$，其中 $\boldsymbol{E}$ 是 4 阶单位矩阵. 求方阵 $\boldsymbol{A}$ 的伴随矩阵 $\boldsymbol{A}^*$ 的一个特征值.

七、求正交矩阵，将矩阵 $\begin{pmatrix} 2 & -1 & -1 \\ -1 & 2 & -1 \\ -1 & -1 & 2 \end{pmatrix}$ 正交相似对角化.

八、设 $\boldsymbol{A}=\begin{pmatrix}3&1\\5&-1\end{pmatrix}$，

（1）求 $\boldsymbol{A}$ 的全部特征值、特征向量；

（2）$\boldsymbol{A}$ 是否与对角矩阵相似，若相似，将 $\boldsymbol{A}$ 对角化；

（3）求 $\boldsymbol{A}^k$.

九、设 $\boldsymbol{A}$ 为三阶矩阵，$\boldsymbol{\alpha}_1,\boldsymbol{\alpha}_2,\boldsymbol{\alpha}_3$ 是线性无关的三维列向量，且满足

$$\boldsymbol{A\alpha}_1=\boldsymbol{\alpha}_1+\boldsymbol{\alpha}_2+\boldsymbol{\alpha}_3,\ \boldsymbol{A\alpha}_2=2\boldsymbol{\alpha}_2+\boldsymbol{\alpha}_3,\ \boldsymbol{A\alpha}_3=2\boldsymbol{\alpha}_2+3\boldsymbol{\alpha}_3.$$

（1）求矩阵 $\boldsymbol{B}$，使得 $\boldsymbol{A}(\boldsymbol{\alpha}_1,\boldsymbol{\alpha}_2,\boldsymbol{\alpha}_3)=(\boldsymbol{\alpha}_1,\boldsymbol{\alpha}_2,\boldsymbol{\alpha}_3)\boldsymbol{B}$；

（2）求矩阵 $\boldsymbol{A}$ 的特征值；

（3）求可逆矩阵 $\boldsymbol{P}$，使得 $\boldsymbol{P}^{-1}\boldsymbol{AP}$ 为对角矩阵.

十、设 $\boldsymbol{A}$ 是三阶实对称矩阵，$R(\boldsymbol{A})=2$，且

$$\boldsymbol{A}\begin{pmatrix}1&1\\0&0\\-1&1\end{pmatrix}=\begin{pmatrix}-1&1\\0&0\\1&1\end{pmatrix}.$$

（1）求矩阵 $\boldsymbol{A}$ 的特征值与特征向量；

（2）求 $\boldsymbol{A}$.

总习题 5 视频详解 2

十一、已知矩阵 $\boldsymbol{A}=\begin{pmatrix}2&1&0\\1&2&0\\0&0&1\end{pmatrix}$ 与 $\boldsymbol{B}=\begin{pmatrix}x&y&z\\0&1&0\\-1&-2&4\end{pmatrix}$ 相似，

（1）求 x，y，z 的值；

（2）求可逆矩阵 $\boldsymbol{P}$，使 $\boldsymbol{P}^{-1}\boldsymbol{AP}=\boldsymbol{B}$.

十二、设 $\boldsymbol{A}$ 是奇数阶正交矩阵且 $|\boldsymbol{A}|=1$，证明 $\lambda=1$ 是 $\boldsymbol{A}$ 的特征值.

十三、设 $\boldsymbol{A}$ 是 n 阶实对称矩阵，且满足 $\boldsymbol{A}^2-4\boldsymbol{A}+3\boldsymbol{E}=\boldsymbol{O}$，证明：$\boldsymbol{A}-2\boldsymbol{E}$ 为正交矩阵.

十四、设 $\boldsymbol{\alpha}_1,\boldsymbol{\alpha}_2,\cdots,\boldsymbol{\alpha}_{n-1}$ 是 n 维欧氏空间的线性无关向量组，又 $\boldsymbol{\beta}_1,\boldsymbol{\beta}_2$ 均和 $\boldsymbol{\alpha}_1,\boldsymbol{\alpha}_2,\cdots,\boldsymbol{\alpha}_{n-1}$ 正交，则 $\boldsymbol{\beta}_1,\boldsymbol{\beta}_2$ 线性相关.

十五、若 n 阶方阵 $\boldsymbol{A}$ 满足 $\boldsymbol{A}^2=\boldsymbol{E}$，则 $\boldsymbol{A}$ 的特征值只可能是±1.

十六、设 $\boldsymbol{A}$ 是实对称矩阵，且特征值 $\lambda_i>0$ $(i=1,2,\cdots,n)$，则存在实对称矩阵 $\boldsymbol{B}$，使 $\boldsymbol{A}=\boldsymbol{B}^2$.

十七、设 $\boldsymbol{A}$ 是实对称矩阵，试证：对任意正奇数 k，必有实对称矩阵 $\boldsymbol{B}$，使 $\boldsymbol{A}=\boldsymbol{B}^k$.

十八、设 $\boldsymbol{A}$ 和 $\boldsymbol{B}$ 都是 n 阶方阵，$\boldsymbol{A}$ 有 n 个互不相同的特征值，$\boldsymbol{B}$ 与 $\boldsymbol{A}$ 有相同的特征值. 试证存在 n 阶可逆矩阵 $\boldsymbol{P}$ 及 n 阶方阵 $\boldsymbol{Q}$，使得 $\boldsymbol{A}=\boldsymbol{PQ}$，$\boldsymbol{B}=\boldsymbol{QP}$.

十九、（2019，高数（一））已知矩阵 $\boldsymbol{A}=\begin{pmatrix}-2&-2&1\\2&x&-2\\0&0&-2\end{pmatrix}$ 与 $\boldsymbol{B}=\begin{pmatrix}2&1&0\\0&-1&0\\0&0&y\end{pmatrix}$ 相似.

（1）求 x，y.

（2）求可逆矩阵 $\boldsymbol{P}$，使得 $\boldsymbol{P}^{-1}\boldsymbol{AP}=\boldsymbol{B}$.

二十、(2018，高数(一))下列矩阵中，与矩阵 $\begin{pmatrix}1&1&0\\0&1&1\\0&0&1\end{pmatrix}$ 相似的为(　　).

(A) $\begin{pmatrix}1&1&-1\\0&1&1\\0&0&1\end{pmatrix}$　　(B) $\begin{pmatrix}1&0&-1\\0&1&1\\0&0&1\end{pmatrix}$

(C) $\begin{pmatrix}1&1&-1\\0&1&0\\0&0&1\end{pmatrix}$　　(D) $\begin{pmatrix}1&0&-1\\0&1&0\\0&0&1\end{pmatrix}$

二十一、**离散动力系统**(捕食者-食饵系统).

用 $\boldsymbol{x}_k=\begin{pmatrix}O_k\\R_k\end{pmatrix}$ 表示在时间 k(单位：月)猫头鹰和老鼠的数量，O_k 是在研究区域猫头鹰的数量，R_k 是老鼠的数量(单位：10^3 只). 设它们满足下面的方程

$$\begin{cases}O_{k+1}=0.4O_k+0.3R_k,\\R_{k+1}=-pO_k+1.2R_k,\end{cases}$$

式中，p 是被指定的正参数. 第 1 个方程中的 $0.4O_k$ 表示如果没有老鼠为食物，每月仅能有不到一半的猫头鹰存活下来；而第 2 个方程中的 $1.2R_k$ 表明如果没有猫头鹰捕食老鼠，那么老鼠的数量每月能增长 20%. 假如有足够多的老鼠，$0.3R_k$ 表示猫头鹰增长的数量，而负项 $-pO_k$ 表示由于猫头鹰的捕食所引起的老鼠的死亡数量(事实上，一只猫头鹰每月平均吃掉 $1000p$ 只老鼠). 当 $p=0.325$ 时，预测该系统的发展趋势.

第 6 章 二 次 型

在平面解析几何中，为了便于研究二次曲线

$$ax^2+bxy+cy^2=1 \tag{6.0.1}$$

的几何性质，可以选择适当的坐标变换

$$\begin{cases}x=x_1\cos\theta-y_1\sin\theta,\\ y=x_1\sin\theta+y_1\cos\theta.\end{cases}$$

将二次方程化为只含平方项的标准方程

$$dx_1^2+fy_1^2=1.$$

由 d,f 的符号很快能判断出二次曲线表示的图形. 式(6.0.1)的左边是一个二次齐次多项式，从代数学的观点看，化标准形就是通过一个可逆线性变换将一个二次齐次多项式化为只有平方项的多项式. 这样的问题在许多理论问题或实际应用问题中经常遇到. 现在我们将这类问题一般化，讨论 n 个变量的二次齐次多项式的化简问题.

本章除了讨论上述问题之外，还将介绍有重要应用的有定二次型(主要是正定二次型)的性质及判定定理等.

本章主要讲解:

(1) 二次型的定义及其矩阵表示;

(2) 将二次型化为标准形;

(3) 实二次型的惯性定理、规范形及正定性.

6.1 二次型的定义及其矩阵表示

定义 6.1.1 含有 n 个变量 $x_1,x_2,\cdots,x_n$ 的二次齐次多项式

$$\begin{aligned}f(x_1,x_2,\cdots,x_n)=a_{11}x_1^2+2a_{12}x_1x_2+\cdots+2a_{1n}x_1x_n+\\ a_{22}x_2^2+\cdots+2a_{2n}x_2x_n+\cdots+a_{nn}x_n^2\end{aligned}$$

称为 n 元二次型，简称二次型.

如果二次型 f 的系数 $a_{ij}\in\mathbf{R}(i,j=1,2,\cdots,n)$，则称二次型 f 为

实二次型；如果 $a_{ij}\in\mathbf{C}(i,j=1,2,\cdots,n)$，则称二次型 f 为复二次型.

本章主要讨论实二次型.

微课视频：二次型定义

如果令 $a_{ji}=a_{ij}(i,j=1,2,\cdots,n)$，则二次型 f 可变形为

$$\begin{aligned}f(x_1,x_2,\cdots,x_n)&=a_{11}x_1^2+a_{12}x_1x_2+\cdots+a_{1n}x_1x_n+\\&\quad a_{21}x_2x_1+a_{22}x_2^2+\cdots+a_{2n}x_2x_n+\cdots+\\&\quad a_{n1}x_nx_1+a_{n2}x_nx_2+\cdots+a_{nn}x_n^2\\&=\sum_{i=1}^{n}x_i(a_{i1}x_1+a_{i2}x_2+\cdots+a_{in}x_n)\\&=(x_1,x_2,\cdots,x_n)\begin{pmatrix}a_{11}&a_{12}&\cdots&a_{1n}\\a_{21}&a_{22}&\cdots&a_{2n}\\\vdots&\vdots&&\vdots\\a_{n1}&a_{n2}&\cdots&a_{nn}\end{pmatrix}\begin{pmatrix}x_1\\x_2\\\vdots\\x_n\end{pmatrix}.\end{aligned}$$

记

$$\boldsymbol{A}=\begin{pmatrix}a_{11}&a_{12}&\cdots&a_{1n}\\a_{21}&a_{22}&\cdots&a_{2n}\\\vdots&\vdots&&\vdots\\a_{n1}&a_{n2}&\cdots&a_{nn}\end{pmatrix},\quad \boldsymbol{x}=\begin{pmatrix}x_1\\x_2\\\vdots\\x_n\end{pmatrix},$$

则二次型可写成 $f=\boldsymbol{x}^{\mathrm{T}}\boldsymbol{A}\boldsymbol{x}$，其中 $\boldsymbol{A}$ 为对称矩阵.

实对称矩阵 $\boldsymbol{A}$ 称为二次型 $f=\boldsymbol{x}^{\mathrm{T}}\boldsymbol{A}\boldsymbol{x}$ 的矩阵；显然，二次型与二次型矩阵是一一对应的. 因此，对称矩阵 $\boldsymbol{A}$ 的秩称为二次型的秩.

例如，二次型

$$\begin{aligned}f(x_1,x_2,x_3)&=2x_1^2+3x_2^2+x_3^2-2x_1x_2+2x_1x_3-4x_2x_3\\&=(x_1,x_2,x_3)\begin{pmatrix}2&-1&1\\-1&3&-2\\1&-2&1\end{pmatrix}\begin{pmatrix}x_1\\x_2\\x_3\end{pmatrix},\end{aligned}$$

此二次型的系数矩阵为

$$\boldsymbol{A}=\begin{pmatrix}2&-1&1\\-1&3&-2\\1&-2&1\end{pmatrix}.$$

由于 $\det(\boldsymbol{A})=-2\neq0$，故 $\boldsymbol{A}$ 的秩为 3，所以此二次型的秩也为 3.

例如，已知对称矩阵 $\boldsymbol{A}=\begin{pmatrix}3&1&-1\\1&2&-4\\-1&-4&1\end{pmatrix}$，对应的二次型为

$$f(x_1,x_2,x_3)=3x_1^2+2x_2^2+x_3^2+2x_1x_2-2x_1x_3-8x_2x_3.$$

例如，

$$f(x_1,x_2,x_3)=(x_1,x_2,x_3)\begin{pmatrix}1 & 2 & 3\\0 & 2 & -1\\1 & 3 & 3\end{pmatrix}\begin{pmatrix}x_1\\x_2\\x_3\end{pmatrix}=\boldsymbol{x}^{\mathrm{T}}\boldsymbol{B}\boldsymbol{x},$$

则 $f(x_1,x_2,x_3)=\boldsymbol{x}^{\mathrm{T}}\boldsymbol{B}\boldsymbol{x}$ 也是二次型，但 $\boldsymbol{B}=\begin{pmatrix}1 & 2 & 3\\0 & 2 & -1\\1 & 3 & 3\end{pmatrix}$ 不是该二次型的矩阵，而

$$\frac{\boldsymbol{B}+\boldsymbol{B}^{\mathrm{T}}}{2}=\begin{pmatrix}1 & 1 & 2\\1 & 2 & 1\\2 & 1 & 3\end{pmatrix}$$

是二次型 $f(x_1,x_2,x_3)=\boldsymbol{x}^{\mathrm{T}}\boldsymbol{B}\boldsymbol{x}$ 的矩阵.

对于 n 元二次型 $f=\boldsymbol{x}^{\mathrm{T}}\boldsymbol{A}\boldsymbol{x}$，变换

$$\begin{cases}x_1=c_{11}y_1+c_{12}y_2+\cdots+c_{1n}y_n,\\x_2=c_{21}y_1+c_{22}y_2+\cdots+c_{2n}y_n,\\\quad\vdots\\x_n=c_{n1}y_1+c_{n2}y_2+\cdots+c_{nn}y_n\end{cases}$$

称为从 $x_1,x_2,\cdots,x_n$ 到 $y_1,y_2,\cdots,y_n$ 的线性变换.

记矩阵 $\boldsymbol{C}=(c_{ij})_{n\times n}$，向量 $\boldsymbol{x}=(x_1,x_2,\cdots,x_n)^{\mathrm{T}}$ 及 $\boldsymbol{y}=(y_1,y_2,\cdots,y_n)^{\mathrm{T}}$，则上面线性变换可记作

$$\boldsymbol{x}=\boldsymbol{C}\boldsymbol{y}.$$

若矩阵 $\boldsymbol{C}$ 是可逆的，则称 $\boldsymbol{x}=\boldsymbol{C}\boldsymbol{y}$ 是可逆线性变换(或非退化的线性变换).

将可逆线性变换 $\boldsymbol{x}=\boldsymbol{C}\boldsymbol{y}$ 代入二次型 $f=\boldsymbol{x}^{\mathrm{T}}\boldsymbol{A}\boldsymbol{x}$ 中，有

$$f=\boldsymbol{x}^{\mathrm{T}}\boldsymbol{A}\boldsymbol{x}=(\boldsymbol{C}\boldsymbol{y})^{\mathrm{T}}\boldsymbol{A}(\boldsymbol{C}\boldsymbol{y})=\boldsymbol{y}^{\mathrm{T}}(\boldsymbol{C}^{\mathrm{T}}\boldsymbol{A}\boldsymbol{C})\boldsymbol{y}=\boldsymbol{y}^{\mathrm{T}}\boldsymbol{B}\boldsymbol{y},$$

式中，$\boldsymbol{B}=\boldsymbol{C}^{\mathrm{T}}\boldsymbol{A}\boldsymbol{C}$.

定义 6.1.2 设 $\boldsymbol{A}$ 与 $\boldsymbol{B}$ 为两个 n 阶方阵，如果存在可逆矩阵 $\boldsymbol{C}$，使

$$\boldsymbol{B}=\boldsymbol{C}^{\mathrm{T}}\boldsymbol{A}\boldsymbol{C},$$

则称矩阵 $\boldsymbol{A}$ 与 $\boldsymbol{B}$ 是合同的.

微课视频：
矩阵合同

矩阵的合同关系是一种等价关系，具有性质：

(1) 反身性：$\boldsymbol{A}$ 与自身合同.

(2) 对称性：若 $\boldsymbol{A}$ 与 $\boldsymbol{B}$ 合同，则 $\boldsymbol{B}$ 与 $\boldsymbol{A}$ 合同.

(3) 传递性：若 $\boldsymbol{A}$ 与 $\boldsymbol{B}$ 合同，$\boldsymbol{B}$ 与 $\boldsymbol{C}$ 合同，则 $\boldsymbol{A}$ 与 $\boldsymbol{C}$ 合同.

证明留给读者.

注　设 $\boldsymbol{A}$ 和 $\boldsymbol{B}$ 是 n 阶矩阵，存在 n 阶可逆矩阵 $\boldsymbol{P}$，$\boldsymbol{Q}$，若

(1) $\boldsymbol{PAQ}=\boldsymbol{B}$，则 $\boldsymbol{A}$ 与 $\boldsymbol{B}$ 等价；

(2) $\boldsymbol{P}^{-1}\boldsymbol{AP}=\boldsymbol{B}$，则 $\boldsymbol{A}$ 与 $\boldsymbol{B}$ 相似；

(3) $\boldsymbol{P}^{\mathrm{T}}\boldsymbol{AP}=\boldsymbol{B}$，则 $\boldsymbol{A}$ 与 $\boldsymbol{B}$ 合同.

两个 n 阶矩阵的等价、相似、合同三者之间的关系如图 6.1.1 所示.

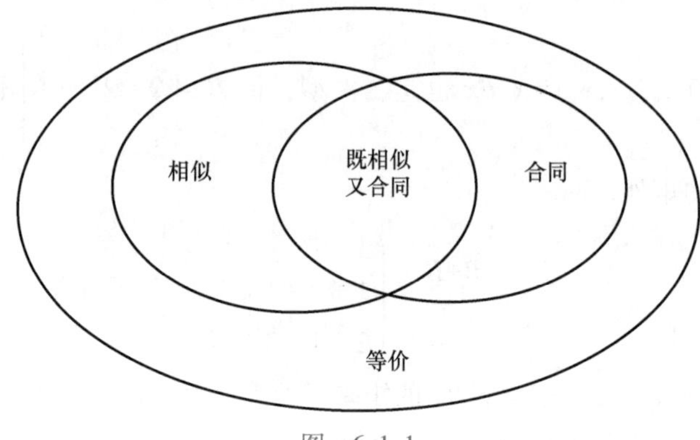

图 6.1.1

对于二次型，我们讨论的主要问题是寻找可逆变换 $\boldsymbol{x}=\boldsymbol{Cy}$ 使二次型只含有平方项，即

$$
\begin{aligned}
f&=\boldsymbol{x}^{\mathrm{T}}\boldsymbol{Ax}=(\boldsymbol{Cy})^{\mathrm{T}}\boldsymbol{A}(\boldsymbol{Cy})=\boldsymbol{y}^{\mathrm{T}}(\boldsymbol{C}^{\mathrm{T}}\boldsymbol{AC})\boldsymbol{y}=k_1y_1^2+k_2y_2^2+\cdots+k_ny_n^2\\
&=(y_1,y_2,\cdots,y_n)\begin{pmatrix}k_1&&&\\&k_2&&\\&&\ddots&\\&&&k_n\end{pmatrix}\begin{pmatrix}y_1\\y_2\\\vdots\\y_n\end{pmatrix},
\end{aligned}
$$

而这个过程称为将二次型化为标准形的过程，其中 $k_1y_1^2+k_2y_2^2+\cdots+k_ny_n^2$ 称为二次型 f 的标准形. 可见标准形的系数矩阵为对角矩阵.

从矩阵的角度，将二次型化为标准形的过程，就是寻找可逆矩阵 $\boldsymbol{C}$，将实对称矩阵 $\boldsymbol{A}$ 合同于对角矩阵的过程.

定理 6.1.1　设矩阵 $\boldsymbol{A}$ 与 $\boldsymbol{B}$ 是合同的，$\boldsymbol{A}$ 是对称矩阵，则 $\boldsymbol{B}$ 是对称矩阵，且 $R(\boldsymbol{B})=R(\boldsymbol{A})$.

证　$\boldsymbol{A}$ 是对称矩阵，有 $\boldsymbol{A}^{\mathrm{T}}=\boldsymbol{A}$. 又 $\boldsymbol{A}$ 与 $\boldsymbol{B}$ 是合同的，存在可逆矩阵 $\boldsymbol{C}$，使 $\boldsymbol{B}=\boldsymbol{C}^{\mathrm{T}}\boldsymbol{AC}$. 于是

$$\boldsymbol{B}^{\mathrm{T}}=(\boldsymbol{C}^{\mathrm{T}}\boldsymbol{AC})^{\mathrm{T}}=\boldsymbol{C}^{\mathrm{T}}\boldsymbol{A}^{\mathrm{T}}\boldsymbol{C}=\boldsymbol{C}^{\mathrm{T}}\boldsymbol{AC}=\boldsymbol{B},$$

故 $\boldsymbol{B}$ 是对称矩阵. 因 $\boldsymbol{C}$ 是可逆矩阵，且 $\boldsymbol{B}=\boldsymbol{C}^{\mathrm{T}}\boldsymbol{AC}$，得矩阵 $\boldsymbol{A}$ 和 $\boldsymbol{B}$ 等价，于是 $R(\boldsymbol{B})=R(\boldsymbol{A})$.

由定理 6.1.1 知，矩阵的合同不改变矩阵的秩，故用可逆变换将二次型化为标准形时二次型的秩不变.

下面几节将探讨用可逆变换化二次型为标准形的方法.

我们可能无法从最初的形态判断出二次型曲面的形状. 例如，圆柱形笔筒外表是一个圆柱曲面，当我们从平行于母线的方向看过去时它是一个矩形，从垂直于准线的平面看过去它就是一个圆形. 但是我们可以通过配方法或者正交变换法找到一种线性变换，使它化为标准形，判断出是何种曲面.

习题 6.1 视频详解

习题 6.1

1. 下列多项式是否为二次型.

(1) $f(x,y)=2x^2+xy+y$;

(2) $f(x,y)=x^2+3xy+y^2$;

(3) $f(x,y)=x^2+xy+x+y$;

(4) $f(x,y,z)=x^2+y^2+2z^2+2xy+xz+yz$;

(5) $f(x,y,z)=2x^2+y^2+z^2+2xy+3z$;

(6) $f(x,y,z)=x^2+2y^2+z^2-3x+2y-z+1$.

2. 设二次型的系数矩阵为

(1) $\boldsymbol{A}=\begin{pmatrix}1&2\\2&3\end{pmatrix}$;　(2) $\boldsymbol{A}=\begin{pmatrix}1&-1&0\\-1&2&3\\0&3&4\end{pmatrix}$;

(3) $\boldsymbol{A}=\begin{pmatrix}1&&&&\\&2&&&\\&&3&&\\&&&\ddots&\\&&&&n\end{pmatrix}$.

请写出二次型的表达式.

3. 写出下列二次型的系数矩阵，并求二次型的秩.

(1) $f(x,y)=x^2+2xy+2y^2$;

(2) $f(x_1,x_2,x_3)=x_1^2+2x_1x_2+3x_2^2+2x_3^2+x_1x_3-2x_2x_3$;

(3) $f(x_1,x_2,x_3)=2x_1^2+x_2^2+2x_1x_2+x_1x_3$.

6.2 用正交变换化实二次型为标准形

由 6.1 节知用可逆变换将二次型化为标准形等价于将二次型矩阵合同于对角矩阵. 而实二次型矩阵是实对称矩阵，由 5.4 节可知，一个实对称矩阵可以正交相似对角化. 即对于一个 n 阶实对称矩阵 $\boldsymbol{A}$，存在 n 阶正交矩阵 $\boldsymbol{T}$，使得

$$\boldsymbol{T}^{-1}\boldsymbol{A}\boldsymbol{T}=\boldsymbol{\Lambda}=\begin{pmatrix}\lambda_1&&&\\&\lambda_2&&\\&&\ddots&\\&&&\lambda_n\end{pmatrix},$$

式中，$\lambda_1,\lambda_2,\cdots,\lambda_n$ 是 $\boldsymbol{A}$ 的全部特征值.

而 $\boldsymbol{T}^{-1}=\boldsymbol{T}^{\mathrm{T}}$，故有 $\boldsymbol{T}^{\mathrm{T}}\boldsymbol{A}\boldsymbol{T}=\begin{pmatrix}\lambda_1&&&\\&\lambda_2&&\\&&\ddots&\\&&&\lambda_n\end{pmatrix}$，即 $\boldsymbol{A}$ 与对角矩阵合同. 因此得到下面定理.

微课视频：
二次型的标准形

定理 6.2.1 任何一个 n 元实二次型 $f=\boldsymbol{x}^{\mathrm{T}}\boldsymbol{A}\boldsymbol{x}$ 可以通过正交变换 $\boldsymbol{x}=\boldsymbol{T}\boldsymbol{y}$（$\boldsymbol{T}$ 为 n 阶正交矩阵）化为标准形

$$f=\lambda_1y_1^2+\lambda_2y_2^2+\cdots+\lambda_ny_n^2.$$

式中，$\lambda_1,\lambda_2,\cdots,\lambda_n$ 是二次型矩阵 $\boldsymbol{A}$ 的特征值，$\boldsymbol{T}$ 的列向量组是与 $\boldsymbol{A}$ 的特征值 $\lambda_1,\lambda_2,\cdots,\lambda_n$ 相对应的标准正交特征向量组.

例 6.2.1 用正交变换化二次型

$$f(x_1,x_2,x_3)=x_1^2-4x_1x_2+4x_1x_3-2x_2^2+8x_2x_3-2x_3^2$$

为标准形，并求出所用的正交变换.

解　二次型的矩阵为

$$\boldsymbol{A}=\begin{pmatrix}1&-2&2\\-2&-2&4\\2&4&-2\end{pmatrix},$$

$$|\lambda\boldsymbol{E}-\boldsymbol{A}|=\begin{vmatrix}\lambda-1&2&-2\\2&\lambda+2&-4\\-2&-4&\lambda+2\end{vmatrix}=(\lambda-2)^2(\lambda+7)=0,$$

所以 $\boldsymbol{A}$ 的特征值为 $\lambda_1=\lambda_2=2$，$\lambda_3=-7$.

特征值 $\lambda_1=\lambda_2=2$ 对应的线性无关特征向量为 $\boldsymbol{\alpha}_1=(-2,1,0)^{\mathrm{T}}$，$\boldsymbol{\alpha}_2=(2,0,1)^{\mathrm{T}}$.

将 $\boldsymbol{\alpha}_1$，$\boldsymbol{\alpha}_2$ 正交化. 令

$$\boldsymbol{\beta}_1=\boldsymbol{\alpha}_1=(-2,1,0)^{\mathrm{T}},$$

$$\boldsymbol{\beta}_2=\boldsymbol{\alpha}_2-\frac{(\boldsymbol{\alpha}_2,\boldsymbol{\beta}_1)}{(\boldsymbol{\beta}_1,\boldsymbol{\beta}_1)}\boldsymbol{\beta}_1=\left(\frac{2}{5},\frac{4}{5},1\right)^{\mathrm{T}}.$$

再将 $\boldsymbol{\beta}_1,\boldsymbol{\beta}_2$ 单位化得

$$\boldsymbol{\eta}_1=\frac{\boldsymbol{\beta}_1}{\|\boldsymbol{\beta}_1\|}=\frac{1}{\sqrt{5}}(-2,1,0)^{\mathrm{T}},$$

$$\boldsymbol{\eta}_2=\frac{\boldsymbol{\beta}_2}{\|\boldsymbol{\beta}_2\|}=\left(\frac{2}{3\sqrt{5}},\frac{4}{3\sqrt{5}},\frac{5}{3\sqrt{5}}\right)^{\mathrm{T}}.$$

特征值 $\lambda_3=-7$ 对应的线性无关特征向量为 $\boldsymbol{\alpha}_3=(1,2,-2)^{\mathrm{T}}$，将 $\boldsymbol{\alpha}_3$ 单位化得

$$\boldsymbol{\eta}_3=\frac{\boldsymbol{\alpha}_3}{\|\boldsymbol{\alpha}_3\|}=\frac{1}{3}(1,2,-2)^{\mathrm{T}}.$$

故所求正交矩阵为

$$T=(\boldsymbol{\eta}_1,\boldsymbol{\eta}_2,\boldsymbol{\eta}_3)=\begin{pmatrix}-\frac{2}{\sqrt{5}} & \frac{2}{3\sqrt{5}} & \frac{1}{3}\\ \frac{1}{\sqrt{5}} & \frac{4}{3\sqrt{5}} & \frac{2}{3}\\ 0 & \frac{5}{3\sqrt{5}} & -\frac{2}{3}\end{pmatrix},$$

且正交变换 $\boldsymbol{x}=\boldsymbol{T}\boldsymbol{y}$ 将二次型化为标准形

$$f=2y_1^2+2y_2^2-7y_3^2.$$

例 6.2.2　已知二次型

$$f(x_1,x_2,x_3)=2x_1^2+3x_2^2+3x_3^2+2ax_2x_3 \quad (a>0)$$

通过正交变换

$$\begin{pmatrix}x_1\\x_2\\x_3\end{pmatrix}=\boldsymbol{T}\begin{pmatrix}y_1\\y_2\\y_3\end{pmatrix}$$

微课视频：
主轴定理

化为标准形 $f=y_1^2+2y_2^2+5y_3^2$，求参数 a 及所用的正交变换矩阵 $\boldsymbol{T}$.

解　按题设二次型的矩阵为

$$\boldsymbol{A}=\begin{pmatrix}2&0&0\\0&3&a\\0&a&3\end{pmatrix}.$$

因为二次型经正交变换 $\boldsymbol{x}=\boldsymbol{T}\boldsymbol{y}$ 化为标准形 $f=y_1^2+2y_2^2+5y_3^2$，于是二次型矩阵 $\boldsymbol{A}$ 的特征值为 $\lambda_1=1$，$\lambda_2=2$，$\lambda_3=5$. 进而 $|\boldsymbol{A}|=\lambda_1\lambda_2\lambda_3=10$，所以 $a=2$.

特征值 $\lambda_1=1$ 对应的单位特征向量为

$$\boldsymbol{\eta}_1=\frac{1}{\sqrt{2}}(0,1,-1)^{\mathrm{T}};$$

特征值 $\lambda_2=2$ 对应的单位特征向量为

$$\boldsymbol{\eta}_2=(1,0,0)^{\mathrm{T}};$$

特征值 $\lambda_3=5$ 对应的单位特征向量为

$$\boldsymbol{\eta}_3=\frac{1}{\sqrt{2}}(0,1,1)^{\mathrm{T}}.$$

因而所求的正交矩阵为

$$\boldsymbol{T}=\begin{pmatrix}0&1&0\\ \frac{1}{\sqrt{2}}&0&\frac{1}{\sqrt{2}}\\ -\frac{1}{\sqrt{2}}&0&\frac{1}{\sqrt{2}}\end{pmatrix}.$$

因为正交变换具有保长的特点，所以用正交变换 $\boldsymbol{x}=\boldsymbol{T}\boldsymbol{y}$ 把二次曲面 $f=\boldsymbol{x}^{\mathrm{T}}\boldsymbol{A}\boldsymbol{x}=1$ 化为标准形时，会保持图形不变，因而它常应用于对平面(空间)有心的二次曲线(曲面)方程的化简和作图问题中.

习题 6.2

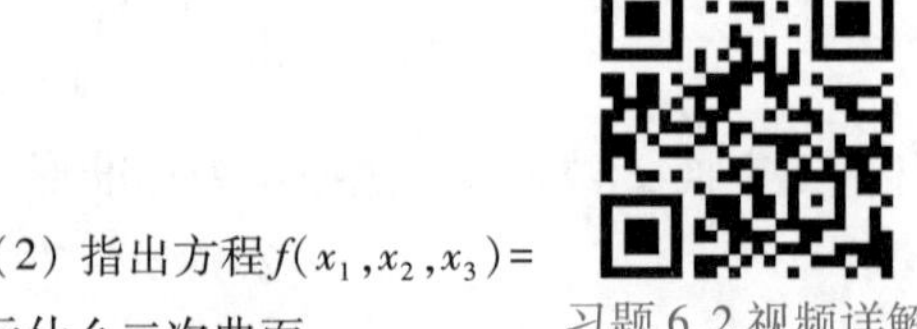
习题 6.2 视频详解

1. 用正交变换化二次型

$$f(x_1,x_2,x_3)=x_1^2+4x_1x_2+4x_1x_3+x_2^2+4x_2x_3+x_3^2$$

为标准形，并求出所用的正交变换.

2. 已知二次型 $f(x_1,x_2,x_3)=5x_1^2+5x_2^2+ax_3^2-2x_1x_2+6x_1x_3-6x_2x_3$ 的秩为 2，

(1) 求参数 a 及此二次型矩阵的特征值；

(2) 指出方程 $f(x_1,x_2,x_3)=1$ 表示什么二次曲面.

3. 已知二次型 $f(x_1,x_2,x_3)=a(x_1^2+x_2^2+x_3^2)+2x_1x_2+2x_1x_3+2x_2x_3$ 经正交变换 $\boldsymbol{x}=\boldsymbol{T}\boldsymbol{y}$ 化为 $f=3y_1^2$，求参数 a.

6.3 用配方法化二次型为标准形

用正交变换化实二次型为标准形虽然能保持几何图形形状不变，但它需要计算二次型矩阵的特征值和特征向量，计算烦琐. 若不限于用正交变换法化二次型为标准形，还可采用其他方法. 本节介绍配方法化二次型为标准形.

定理 6.3.1 任何一个二次型都可通过可逆线性变换化为标准形.

证明略.

定理 6.3.2 任何一个对称矩阵都可合同于对角矩阵.

也就是说，对于任意一个对称矩阵 $\boldsymbol{A}$，总可以找到可逆矩阵 $\boldsymbol{C}$，使 $\boldsymbol{C}^{\mathrm{T}}\boldsymbol{A}\boldsymbol{C}$ 为对角矩阵.

下面通过例题来说明配方法的具体步骤.

例 6.3.1 利用配方法化二次型

$$f(x_1,x_2,x_3)=x_1^2+2x_2^2+x_3^2+2x_1x_2+2x_1x_3+4x_2x_3$$

为标准形，并求所用的可逆变换 $\boldsymbol{x}=\boldsymbol{C}\boldsymbol{y}$.

解 先按 x_1^2 及含 x_1 的混合项配成完全平方，即

$$\begin{aligned}f(x_1,x_2,x_3)&=x_1^2+2x_2^2+x_3^2+2x_1x_2+2x_1x_3+4x_2x_3\\&=(x_1+x_2+x_3)^2+x_2^2+2x_2x_3.\end{aligned}$$

再按 x_2^2 及含 x_2 的混合项配成完全平方，于是

$$f(x_1,x_2,x_3)=(x_1+x_2+x_3)^2+(x_2+x_3)^2-x_3^2.$$

令

$$\begin{cases}y_1=x_1+x_2+x_3,\\ y_2=x_2+x_3,\\ y_3=x_3.\end{cases} \tag{6.3.1}$$

于是可得标准形为

$$f(x_1,x_2,x_3)=y_1^2+y_2^2-y_3^2.$$

从式(6.3.1)解得

$$\begin{cases}x_1=y_1-y_2,\\ x_2=y_2-y_3,\\ x_3=y_3.\end{cases}$$

即所用的可逆变换为 $\boldsymbol{x}=\boldsymbol{C}\boldsymbol{y}$，其中

$$\boldsymbol{C}=\begin{pmatrix}1&-1&0\\0&1&-1\\0&0&1\end{pmatrix}.$$

需要说明的是，在利用配方法化二次型为标准形时，不一定完全按照 x 的下标的顺序来配完全平方，也可以根据配方的难易程度来选择次序. 当然，这样获得的标准形就会不唯一. 但是不管先按哪个变量配方，都必须把该变量“用尽”. 本题含有 3 个平方项和 3 个混合项，这样的题不论先按哪个变量配方都含有该变量的 2 个混合项，所以会用到公式

$$(a+b+c)^2=a^2+b^2+c^2+2ab+2ac+2bc.$$

如果配方的变量只含平方项和该变量的一个混合项，则用公式 $(a+b)^2=a^2+b^2+2ab$.

微课视频：配方法化二次型为标准形

例 6.3.2　用配方法化二次型

$$f(x_1,x_2,x_3)=x_1x_2-4x_1x_3+6x_2x_3$$

为标准形，并求所用的可逆变换.

解　由于二次型中没有平方项，无法配方，所以先做一个可逆线性变换，使其出现平方项.

令

$$\begin{cases}x_1=y_1+y_2,\\ x_2=y_1-y_2,\\ x_3=y_3.\end{cases}$$

代入二次型中，得

$$\begin{aligned}f(x_1,x_2,x_3)&=(y_1+y_2)(y_1-y_2)-4(y_1+y_2)y_3+6(y_1-y_2)y_3\\&=y_1^2-y_2^2+2y_1y_3-10y_2y_3.\end{aligned}$$

再对含有 y_1 的项配方，然后对含有 y_2 的项配方，于是

$$f(x_1,x_2,x_3)=(y_1+y_3)^2-y_2^2-10y_2y_3-y_3^2$$
$$=(y_1+y_3)^2-(y_2+5y_3)^2+24y_3^2.$$

再令

$$\begin{cases}z_1=y_1+y_3,\\z_2=y_2+5y_3,\\z_3=y_3.\end{cases}$$

解得

$$\begin{cases}y_1=z_1-z_3,\\y_2=z_2-5z_3,\\y_3=z_3.\end{cases}$$

而这两次线性变换的结果相当于进行一个总的线性变换

$$\begin{pmatrix}x_1\\x_2\\x_3\end{pmatrix}=\begin{pmatrix}1&1&0\\1&-1&0\\0&0&1\end{pmatrix}\begin{pmatrix}1&0&-1\\0&1&-5\\0&0&1\end{pmatrix}\begin{pmatrix}z_1\\z_2\\z_3\end{pmatrix}=\begin{pmatrix}1&1&-6\\1&-1&4\\0&0&1\end{pmatrix}\begin{pmatrix}z_1\\z_2\\z_3\end{pmatrix}.$$

令

$$\boldsymbol{x}=\begin{pmatrix}x_1\\x_2\\x_3\end{pmatrix},\quad \boldsymbol{C}=\begin{pmatrix}1&1&-6\\1&-1&4\\0&0&1\end{pmatrix},\quad \boldsymbol{z}=\begin{pmatrix}z_1\\z_2\\z_3\end{pmatrix},$$

则 $\boldsymbol{x}=\boldsymbol{C}\boldsymbol{z}$ 即为所求的线性变换.

该二次型的标准形为

$$f(x_1,x_2,x_3)=z_1^2-z_2^2+24z_3^2.$$

习题 6.3

习题 6.3 视频详解

用配方法化下列二次型为标准形，并求所用的可逆变换.

(1) $f(x_1,x_2,x_3)=x_1^2+5x_2^2+5x_3^2+2x_1x_2-4x_1x_3$;

(2) $f(x_1,x_2,x_3)=2x_1x_2+4x_1x_3$;

(3) $f(x_1,x_2,x_3)=x_1x_2+x_1x_3+2x_2x_3$.

6.4 利用初等变换化二次型为标准形

我们知道，任何一个实对称矩阵都合同于对角矩阵. 即对 n 阶实对称矩阵 $\boldsymbol{A}$，存在可逆矩阵 $\boldsymbol{C}$ 及对角矩阵 $\boldsymbol{\Lambda}$，使得

$$\boldsymbol{C}^{\mathrm{T}}\boldsymbol{A}\boldsymbol{C}=\boldsymbol{\Lambda}.$$

又由于任何一个可逆矩阵都可以写成一些初等方阵的乘积，即存在初等矩阵 $\boldsymbol{P}_1,\boldsymbol{P}_2,\cdots,\boldsymbol{P}_t$，使

$$\boldsymbol{C}=\boldsymbol{P}_1\boldsymbol{P}_2\cdots\boldsymbol{P}_t=\boldsymbol{E}\boldsymbol{P}_1\boldsymbol{P}_2\cdots\boldsymbol{P}_t.$$

故有

$$\boldsymbol{\Lambda}=(\boldsymbol{P}_1\boldsymbol{P}_2\cdots\boldsymbol{P}_t)^{\mathrm{T}}\boldsymbol{A}(\boldsymbol{P}_1\boldsymbol{P}_2\cdots\boldsymbol{P}_t)=\boldsymbol{P}_t^{\mathrm{T}}\cdots\boldsymbol{P}_2^{\mathrm{T}}\boldsymbol{P}_1^{\mathrm{T}}\boldsymbol{A}\boldsymbol{P}_1\boldsymbol{P}_2\cdots\boldsymbol{P}_t.$$

进而

$$\begin{pmatrix}\boldsymbol{A}\\ \hdashline \boldsymbol{E}\end{pmatrix}\xrightarrow{\text{初等变换}}\begin{pmatrix}\boldsymbol{P}_t^{\mathrm{T}}\cdots\boldsymbol{P}_2^{\mathrm{T}}\boldsymbol{P}_1^{\mathrm{T}}\boldsymbol{A}\boldsymbol{P}_1\boldsymbol{P}_2\cdots\boldsymbol{P}_t\\ \hdashline \boldsymbol{E}\boldsymbol{P}_1\boldsymbol{P}_2\cdots\boldsymbol{P}_t\end{pmatrix}=\begin{pmatrix}\boldsymbol{\Lambda}\\ \hdashline \boldsymbol{C}\end{pmatrix}.\tag{6.4.1}$$

式(6.4.1)意味着将分块矩阵$\begin{pmatrix}\boldsymbol{A}\\ \hdashline \boldsymbol{E}\end{pmatrix}$作初等列变换，同时对 $\boldsymbol{A}$ 作同类的初等行变换，当把矩阵 $\boldsymbol{A}$ 化成对角矩阵 $\boldsymbol{\Lambda}$ 时，单位矩阵 $\boldsymbol{E}$ 就化成了可逆矩阵 $\boldsymbol{C}$. 这样就得到了把 $\boldsymbol{A}$ 合同于对角矩阵的可逆矩阵 $\boldsymbol{C}$ 及对角矩阵 $\boldsymbol{\Lambda}$，进而得到了将二次型化为标准形的另外一种方法：初等变换法.

例 6.4.1　用初等变换法将实二次型

$$f(x_1,x_2,x_3)=x_1^2+2x_2^2+4x_3^2+2x_1x_2+4x_2x_3$$

化为标准形，并求出所用的可逆变换 $\boldsymbol{x}=\boldsymbol{C}\boldsymbol{y}$.

解　设二次型的矩阵为 $\boldsymbol{A}$，则

$$\boldsymbol{A}=\begin{pmatrix}1&1&0\\1&2&2\\0&2&4\end{pmatrix}.$$

于是

$$\begin{pmatrix}\boldsymbol{A}\\ \hdashline \boldsymbol{E}\end{pmatrix}=\begin{pmatrix}1&1&0\\1&2&2\\0&2&4\\ \hdashline 1&0&0\\0&1&0\\0&0&1\end{pmatrix}\xrightarrow[r_2-r_1]{c_2-c_1}\begin{pmatrix}1&0&0\\0&1&2\\0&2&4\\ \hdashline 1&-1&0\\0&1&0\\0&0&1\end{pmatrix}\xrightarrow[r_3-2r_2]{c_3-2c_2}\begin{pmatrix}1&0&0\\0&1&0\\0&0&0\\ \hdashline 1&-1&2\\0&1&-2\\0&0&1\end{pmatrix}=\begin{pmatrix}\boldsymbol{\Lambda}\\ \hdashline \boldsymbol{C}\end{pmatrix}.$$

得到

$$\boldsymbol{\Lambda}=\begin{pmatrix}1&&\\&1&\\&&0\end{pmatrix},\quad \boldsymbol{C}=\begin{pmatrix}1&-1&2\\0&1&-2\\0&0&1\end{pmatrix},$$

所求线性变换为 $\boldsymbol{x}=\boldsymbol{C}\boldsymbol{y}$，该二次型的标准形为 $f=y_1^2+y_2^2$.

例 6.4.2　用初等变换法将二次型

$$f(x_1,x_2,x_3)=x_1x_2-4x_1x_3+6x_2x_3$$

化为标准形，并求出所用的可逆变换 $\boldsymbol{x}=\boldsymbol{C}\boldsymbol{y}$.

解　设二次型的矩阵为 $\boldsymbol{A}$，则

$$\boldsymbol{A}=\begin{pmatrix}0&\dfrac{1}{2}&-2\\ \dfrac{1}{2}&0&3\\ -2&3&0\end{pmatrix}.$$

于是

$$\begin{pmatrix}\boldsymbol{A}\\ \hdashline \boldsymbol{E}\end{pmatrix}=\begin{pmatrix}0 & \frac{1}{2} & -2\\ \frac{1}{2} & 0 & 3\\ -2 & 3 & 0\\ \hdashline 1 & 0 & 0\\ 0 & 1 & 0\\ 0 & 0 & 1\end{pmatrix}\xrightarrow[r_1+r_2]{c_1+c_2}\begin{pmatrix}1 & \frac{1}{2} & 1\\ \frac{1}{2} & 0 & 3\\ 1 & 3 & 0\\ \hdashline 1 & 0 & 0\\ 1 & 1 & 0\\ 0 & 0 & 1\end{pmatrix}\xrightarrow[r_2-\frac{1}{2}r_1]{c_2-\frac{1}{2}c_1}\begin{pmatrix}1 & 0 & 1\\ 0 & -\frac{1}{4} & \frac{5}{2}\\ 1 & \frac{5}{2} & 0\\ \hdashline 1 & -\frac{1}{2} & 0\\ 1 & \frac{1}{2} & 0\\ 0 & 0 & 1\end{pmatrix}$$

$$\xrightarrow[r_3-r_1]{c_3-c_1}\begin{pmatrix}1 & 0 & 0\\ 0 & -\frac{1}{4} & \frac{5}{2}\\ 0 & \frac{5}{2} & -1\\ \hdashline 1 & -\frac{1}{2} & -1\\ 1 & \frac{1}{2} & -1\\ 0 & 0 & 1\end{pmatrix}\xrightarrow[r_3+10r_2]{c_3+10c_2}\begin{pmatrix}1 & 0 & 0\\ 0 & -\frac{1}{4} & 0\\ 0 & 0 & 24\\ \hdashline 1 & -\frac{1}{2} & -6\\ 1 & \frac{1}{2} & 4\\ 0 & 0 & 1\end{pmatrix}=\begin{pmatrix}\boldsymbol{\Lambda}\\ \hdashline \boldsymbol{C}\end{pmatrix}.$$

得到

$$\boldsymbol{\Lambda}=\begin{pmatrix}1 & & \\ & -\frac{1}{4} & \\ & & 24\end{pmatrix},\quad \boldsymbol{C}=\begin{pmatrix}1 & -\frac{1}{2} & -6\\ 1 & \frac{1}{2} & 4\\ 0 & 0 & 1\end{pmatrix}.$$

所求线性变换为 $\boldsymbol{x}=\boldsymbol{C}\boldsymbol{y}$，该二次型的标准形为 $f=y_1^2-\frac{1}{4}y_2^2+24y_3^2$.

此结果与例 6.3.2 结果不同，由此可知用不同的可逆线性变换将二次型化成的标准形可能不一样，所以二次型的标准形是不唯一的.

习题 6.4

习题 6.4 视频详解

1. 用初等变换法化二次型

$$f(x_1,x_2,x_3)=x_1^2+2x_2^2-3x_3^2+4x_1x_2-6x_2x_3$$

为标准形，并求所用的可逆变换 $\boldsymbol{x}=\boldsymbol{C}\boldsymbol{y}$.

2. 用初等变换法化二次型

$$f(x_1,x_2,x_3)=2x_1x_2-6x_2x_3+2x_1x_3$$

为标准形，并求所用的可逆变换 $\boldsymbol{x}=\boldsymbol{C}\boldsymbol{y}$.

6.5 正定二次型

6.5.1 惯性定理及规范形

通过以上几节的介绍，我们知道经不同的可逆变换作用后，同一个二次型的标准形是不同的. 但在不同标准形中，所含平方项的个数(即二次型的秩)确定. 不仅如此，在限定变换为实变换时，标准形中正平方项的项数和负平方项的项数都不变，这就是下面的惯性定理.

微课视频：惯性定理

定理 6.5.1(惯性定理)　设 n 元实二次型 $f=\boldsymbol{x}^{\mathrm{T}}\boldsymbol{A}\boldsymbol{x}$，它的秩为 $r(1\leqslant r\leqslant n)$，有两个实数域的可逆变换

$$\boldsymbol{x}=\boldsymbol{B}\boldsymbol{y} \text{ 和 } \boldsymbol{x}=\boldsymbol{C}\boldsymbol{z}$$

使二次型变为

$$f=k_1y_1^2+k_2y_2^2+\cdots+k_ry_r^2(k_i\neq 0,i=1,2,\cdots,r)$$

和

$$f=\lambda_1z_1^2+\lambda_2z_2^2+\cdots+\lambda_rz_r^2(\lambda_j\neq 0,j=1,2,\cdots,r).$$

则 $k_1,k_2,\cdots,k_r$ 中正数的个数与 $\lambda_1,\lambda_2,\cdots,\lambda_r$ 中正数的个数相等.

证明略.

定义 6.5.1　实二次型 $f=\boldsymbol{x}^{\mathrm{T}}\boldsymbol{A}\boldsymbol{x}$ 的标准形中正平方项的项数，称为二次型的正惯性指数；负平方项的项数称为二次型的负惯性指数. 正惯性指数减去负惯性指数的差称为符号差.

用正交变换化二次型为标准形时，平方项系数是二次型矩阵 $\boldsymbol{A}$ 的特征值，所以也可从 $\boldsymbol{A}$ 的特征值的正个数、负个数来求正惯性指数、负惯性指数. 同样用配方法和初等变换法化二次型为标准形时，平方项系数的正个数、负个数也分别是正惯性指数、负惯性指数.

设实二次型 $f(x_1,x_2,\cdots,x_n)=\boldsymbol{x}^{\mathrm{T}}\boldsymbol{A}\boldsymbol{x}$ 的标准形为

$$a_1y_1^2+a_2y_2^2+\cdots+a_py_p^2-a_{p+1}y_{p+1}^2-\cdots-a_ry_r^2=$$

$$(\sqrt{a_1}y_1)^2+(\sqrt{a_2}y_2)^2+\cdots+(\sqrt{a_p}y_p)^2-(\sqrt{a_{p+1}}y_{p+1})^2-\cdots-(\sqrt{a_r}y_r)^2,$$

这里 $r=R(\boldsymbol{A})(1\leqslant r\leqslant n)$，$a_i>0(i=1,2,\cdots,r)$.

令
$$\begin{cases} z_1=\sqrt{a_1}\,y_1, \\ z_2=\sqrt{a_2}\,y_2, \\ \quad\vdots \\ z_{p+1}=\sqrt{a_{p+1}}\,y_{p+1}, \\ \quad\vdots \\ z_r=\sqrt{a_r}\,y_r, \\ z_{r+1}=y_{r+1}, \\ \quad\vdots \\ z_n=y_n. \end{cases}$$

即
$$\begin{pmatrix} z_1 \\ z_2 \\ \vdots \\ z_{p+1} \\ \vdots \\ z_r \\ z_{r+1} \\ \vdots \\ z_n \end{pmatrix}=\begin{pmatrix} \sqrt{a_1} & & & & & & & \\ & \sqrt{a_2} & & & & & & \\ & & \ddots & & & & & \\ & & & \sqrt{a_{p+1}} & & & & \\ & & & & \ddots & & & \\ & & & & & \sqrt{a_r} & & \\ & & & & & & 1 & \\ & & & & & & & \ddots \\ & & & & & & & & 1 \end{pmatrix}\begin{pmatrix} y_1 \\ y_2 \\ \vdots \\ y_{p+1} \\ \vdots \\ y_r \\ y_{r+1} \\ \vdots \\ y_n \end{pmatrix},$$

则二次型 f 的标准形为

$$z_1^2+z_2^2+\cdots+z_p^2-z_{p+1}^2-\cdots-z_r^2, \tag{6.5.1}$$

像式(6.5.1)这样平方项系数只有 0，±1 的标准形称为规范形.

由上面过程可知，只要知道了实二次型的正惯性指数、负惯性指数就可写出它的规范形，且实二次型的规范形是唯一的.

例 6.5.1 求二次型 $f(x_1,x_2,x_3)=x_1^2-2x_2^2-2x_3^2-4x_1x_2+4x_1x_3+8x_2x_3$ 的正惯性指数、负惯性指数及规范形.

解法一
$$\begin{aligned} f(x_1,x_2,x_3)&=x_1^2-2x_2^2-2x_3^2-4x_1x_2+4x_1x_3+8x_2x_3 \\ &=(x_1-2x_2+2x_3)^2-6x_2^2-6x_3^2+16x_2x_3 \\ &=(x_1-2x_2+2x_3)^2-6\left(x_2-\frac{4}{3}x_3\right)^2+\frac{14}{3}x_3^2 \\ &=(x_1-2x_2+2x_3)^2-\left(\sqrt{6}x_2-\frac{4\sqrt{6}}{3}x_3\right)^2+ \\ &\quad\left(\sqrt{\frac{14}{3}}x_3\right)^2. \end{aligned}$$

所以该二次型的正惯性指数为 2，负惯性指数为 1，规范形为

$y_1^2+y_2^2-y_3^2$.

解法二　二次型矩阵 $A=\begin{pmatrix}1&-2&2\\-2&-2&4\\2&4&-2\end{pmatrix}$,

$$|\lambda E-A|=(\lambda-2)^2(\lambda+7),$$

得 A 的特征值为 $\lambda_1=\lambda_2=2$，$\lambda_3=-7$. 所以该二次型的正惯性指数为 2，负惯性指数为 1，规范形为 $y_1^2+y_2^2-y_3^2$.

6.5.2 正定二次型

对于 n 元实二次型 $f(x_1,x_2,\cdots,x_n)=x_1^2+x_2^2+\cdots+x_n^2$ 来说，对于任意一组不全为零的实数 $a_1,a_2,\cdots,a_n$，有 $f(a_1,a_2,\cdots,a_n)>0$，而 n 元实二次型

$$f(x_1,x_2,\cdots,x_n)=x_1^2+\cdots+x_p^2-x_{p+1}^2-\cdots-x_n^2$$

却没有这样的性质. 这类特殊的二次型就是下面要讨论的正定二次型.

定义 6.5.2　如果任一 n 维实向量 $x\neq 0$，都使 n 元实二次型 $f=x^TAx>0$，则称 f 为正定二次型，对应二次型 f 的矩阵 A 称为正定矩阵.

定理 6.5.2　可逆变换不改变二次型的正定性.

证　设二次型 $f=x^TAx$，经可逆变换 $x=Cy$ 化为

$$f=x^TAx=y^TC^TACy=y^TBy,$$

式中，$B=C^TAC$. 若 $f=x^TAx$ 是正定二次型，往证 $f=y^TBy$ 也正定. 事实上，任给 n 维实向量 $y_0\neq 0$，由可逆变换 $x=Cy$ 得，存在唯一 $x_0\neq 0$，使 $x_0=Cy_0$. 于是

$$f=y_0^TBy_0=y_0^TC^TACy_0=(Cy_0)^TA(Cy_0)=x_0^TAx_0>0.$$

故 $f=y^TBy$ 也正定. 同理可证若二次型 $f=y^TBy$ 正定，则 $f=x^TAx$ 也正定.

因此，一个二次型的正定性可由它的标准形的正定性来判断.

定理 6.5.3　设 A 为 n 阶实对称矩阵，则下列结论等价.

(1) n 元实二次型 $f=x^TAx$ 正定(或者说 A 正定)；

(2) f 的正惯性指数为 n；

(3) A 的特征值全大于零；

(4) A 与 E 合同；

(5) 存在可逆矩阵 P，使 $A=P^TP$.

证 (1)$\Rightarrow$(2)设可逆变换 $\boldsymbol{x}=\boldsymbol{C}\boldsymbol{y}$，使二次型化为标准形

$$f(x_1,x_2,\cdots,x_n)=k_1y_1^2+k_2y_2^2+\cdots+k_ny_n^2.$$

假设某个 $k_i\leqslant 0$ $(1\leqslant i\leqslant n)$，取 $\boldsymbol{y}_0=\boldsymbol{e}_i=(0,0,\cdots,1,0,\cdots,0)^{\mathrm{T}}$（其中第 i 个坐标为 1），由 $\boldsymbol{C}$ 可逆知 $\boldsymbol{x}_0=\boldsymbol{C}\boldsymbol{y}_0\neq\boldsymbol{0}$，且有

$$f(\boldsymbol{x}_0)=k_i\leqslant 0,$$

这与 f 正定矛盾，所以 $k_i>0(1\leqslant i\leqslant n)$. 因此，$f$ 的正惯性指数为 n.

(2)$\Rightarrow$(3)因为 f 的正惯性指数为 n，所以 f 的标准形中有 n 个正平方项，进而存在正交变换 $\boldsymbol{x}=\boldsymbol{T}\boldsymbol{y}$，将二次型 f 化为标准形 $f(x_1,x_2,\cdots,x_n)=\lambda_1y_1^2+\lambda_2y_2^2+\cdots+\lambda_ny_n^2$，且 $\lambda_i>0(i=1,2,\cdots,n)$. 所以 $\boldsymbol{A}$ 的特征值 λ_i 全大于零.

(3)$\Rightarrow$(4)因为 $\boldsymbol{A}$ 为实对称矩阵，所以存在正交矩阵 $\boldsymbol{T}$，使

$$\boldsymbol{T}^{\mathrm{T}}\boldsymbol{A}\boldsymbol{T}=\begin{pmatrix}\lambda_1 & & \\ & \ddots & \\ & & \lambda_n\end{pmatrix}=\begin{pmatrix}\sqrt{\lambda_1} & & \\ & \ddots & \\ & & \sqrt{\lambda_n}\end{pmatrix}\boldsymbol{E}\begin{pmatrix}\sqrt{\lambda_1} & & \\ & \ddots & \\ & & \sqrt{\lambda_n}\end{pmatrix}\quad(\lambda_i>0).$$

所以
$$\begin{pmatrix}\frac{1}{\sqrt{\lambda_1}} & & \\ & \ddots & \\ & & \frac{1}{\sqrt{\lambda_n}}\end{pmatrix}\boldsymbol{T}^{\mathrm{T}}\boldsymbol{A}\boldsymbol{T}\begin{pmatrix}\frac{1}{\sqrt{\lambda_1}} & & \\ & \ddots & \\ & & \frac{1}{\sqrt{\lambda_n}}\end{pmatrix}=\boldsymbol{E},$$

即
$$\left[\boldsymbol{T}\begin{pmatrix}\frac{1}{\sqrt{\lambda_1}} & & \\ & \ddots & \\ & & \frac{1}{\sqrt{\lambda_n}}\end{pmatrix}\right]^{\mathrm{T}}\boldsymbol{A}\left[\boldsymbol{T}\begin{pmatrix}\frac{1}{\sqrt{\lambda_1}} & & \\ & \ddots & \\ & & \frac{1}{\sqrt{\lambda_n}}\end{pmatrix}\right]=\boldsymbol{E},$$

所以 $\boldsymbol{A}$ 与 $\boldsymbol{E}$ 合同.

(4)$\Rightarrow$(5)因为 $\boldsymbol{A}$ 与 $\boldsymbol{E}$ 合同，所以存在可逆矩阵 $\boldsymbol{C}$，使 $\boldsymbol{C}^{\mathrm{T}}\boldsymbol{A}\boldsymbol{C}=\boldsymbol{E}$. 即 $\boldsymbol{A}=(\boldsymbol{C}^{\mathrm{T}})^{-1}\boldsymbol{C}^{-1}=(\boldsymbol{C}^{-1})^{\mathrm{T}}\boldsymbol{C}^{-1}$. 取 $\boldsymbol{P}=\boldsymbol{C}^{-1}$，所以 $\boldsymbol{A}=\boldsymbol{P}^{\mathrm{T}}\boldsymbol{P}$.

(5)$\Rightarrow$(1)因为 $\boldsymbol{A}=\boldsymbol{P}^{\mathrm{T}}\boldsymbol{P}$，所以对任意 $\boldsymbol{x}_0\neq\boldsymbol{0}$，$\boldsymbol{P}\boldsymbol{x}_0\neq\boldsymbol{0}$，进而 $(\boldsymbol{P}\boldsymbol{x}_0)^{\mathrm{T}}(\boldsymbol{P}\boldsymbol{x}_0)>0$.

而 $f(\boldsymbol{x}_0)=\boldsymbol{x}_0^{\mathrm{T}}\boldsymbol{A}\boldsymbol{x}_0=\boldsymbol{x}_0^{\mathrm{T}}\boldsymbol{P}^{\mathrm{T}}\boldsymbol{P}\boldsymbol{x}_0=(\boldsymbol{P}\boldsymbol{x}_0)^{\mathrm{T}}(\boldsymbol{P}\boldsymbol{x}_0)>0$，所以二次型 f 正定.

例 6.5.2 判断二次型 $f(x_1,x_2,x_3)=x_1^2+x_2^2+x_3^2+4x_1x_2+4x_1x_3+4x_2x_3$ 是否正定.

解法一 由定理 6.5.3 知，二次型为正定的充分必要条件是正惯性指数为 n. 为求得正惯性指数，可用配方法将二次型化为标准形，即

$$f(x_1,x_2,x_3)=(x_1+2x_2+2x_3)^2-3\left(x_2+\frac{2}{3}x_3\right)^2-\frac{5}{3}x_3^2.$$

令

$$\begin{cases}y_1=x_1+2x_2+2x_3,\\ y_2=x_2+\dfrac{2}{3}x_3,\\ y_3=x_3,\end{cases}$$

则标准形为

$$y_1^2-3y_2^2-\frac{5}{3}y_3^2.$$

所以正惯性指数为 1，故该二次型不是正定二次型.

解法二 计算二次型矩阵的特征值，看是否全大于零.

二次型矩阵为

$$\boldsymbol{A}=\begin{pmatrix}1&2&2\\2&1&2\\2&2&1\end{pmatrix},$$

特征多项式为

$$f(\lambda)=|\lambda\boldsymbol{E}-\boldsymbol{A}|=\begin{vmatrix}\lambda-1&-2&-2\\-2&\lambda-1&-2\\-2&-2&\lambda-1\end{vmatrix}=(\lambda-5)(\lambda+1)^2.$$

所以特征方程 $f(\lambda)=0$ 的根为 $\lambda_1=5$，$\lambda_2=\lambda_3=-1$. 故 $\boldsymbol{A}$ 的特征值不全大于零，所以该二次型不是正定二次型.

定义 6.5.3 设 $\boldsymbol{A}=(a_{ij})_{n\times n}$ 是 n 阶方阵，称子式

$$A_t=\begin{vmatrix}a_{11}&a_{12}&\cdots&a_{1t}\\a_{21}&a_{22}&\cdots&a_{2t}\\\vdots&\vdots&&\vdots\\a_{t1}&a_{t2}&\cdots&a_{tt}\end{vmatrix}\quad(t=1,2,\cdots,n)$$

为 $\boldsymbol{A}$ 的 t 阶顺序主子式.

微课视频：利用主轴定理化二次型

有了这个概念，我们不加证明地给出下面的定理：

定理 6.5.4 设 $\boldsymbol{A}=(a_{ij})_{n\times n}$ 为实对称矩阵，则 $\boldsymbol{A}$ 正定的充分必要条件是 $\boldsymbol{A}$ 的各阶顺序主子式都是正的，即

$$A_1=a_{11}>0,\ A_2=\begin{vmatrix}a_{11}&a_{12}\\a_{21}&a_{22}\end{vmatrix}>0,\cdots,A_n=\begin{vmatrix}a_{11}&a_{12}&\cdots&a_{1n}\\a_{21}&a_{22}&\cdots&a_{2n}\\\vdots&\vdots&&\vdots\\a_{n1}&a_{n2}&\cdots&a_{nn}\end{vmatrix}>0.$$

例 6.5.3 判断二次型 $f(x_1,x_2,x_3)=2x_1^2+3x_2^2+3x_3^2-4x_2x_3$ 是否正定.

解 二次型矩阵

$$A=\begin{pmatrix}2&0&0\\0&3&-2\\0&-2&3\end{pmatrix},$$

A 的各阶顺序主子式分别为

$$A_1=2>0,$$

$$A_2=\begin{vmatrix}2&0\\0&3\end{vmatrix}=6>0,$$

$$A_3=\begin{vmatrix}2&0&0\\0&3&-2\\0&-2&3\end{vmatrix}=10>0,$$

所以该二次型正定.

上面给出的定理 6.5.3 和定理 6.5.4 都是二次型正定的充分必要条件.

下面我们给出二次型 $f=\boldsymbol{x}^{\mathrm{T}}\boldsymbol{A}\boldsymbol{x}$ 正定的两个必要条件.

微课视频：判断二次型正定及赫尔维次定理

定理 6.5.5 若 n 元二次型 $f=\boldsymbol{x}^{\mathrm{T}}\boldsymbol{A}\boldsymbol{x}$ 正定，$\boldsymbol{A}$ 为实对称矩阵，则

（1）$\boldsymbol{A}$ 的主对角元 $a_{ii}>0$（$i=1,2,\cdots,n$）；

（2）$|\boldsymbol{A}|>0$.

证 （1）由于 $f=\boldsymbol{x}^{\mathrm{T}}\boldsymbol{A}\boldsymbol{x}$ 正定，故取 $\boldsymbol{x}=(0,\cdots,0,1,0,\cdots,0)^{\mathrm{T}}$（其中第 i 个坐标为 1），代入 $f=\boldsymbol{x}^{\mathrm{T}}\boldsymbol{A}\boldsymbol{x}$ 中有 $f=\boldsymbol{x}^{\mathrm{T}}\boldsymbol{A}\boldsymbol{x}=a_{ii}>0$（$i=1,2,\cdots,n$）.

（2）由于对称矩阵 $\boldsymbol{A}$ 正定，所以 $\boldsymbol{A}$ 的特征值 $\lambda_i>0(i=1,2,\cdots,n)$. 因此 $|\boldsymbol{A}|=\lambda_1\lambda_2\cdots\lambda_n>0$.

例 6.5.4 设二次型 $f(x_1,x_2,x_3)=2x_1^2+x_2^2+x_3^2+2x_1x_2+tx_2x_3$ 正定，求参数 t 的取值范围.

解 二次型矩阵

$$A=\begin{pmatrix}2&1&0\\1&1&\frac{t}{2}\\0&\frac{t}{2}&1\end{pmatrix}.$$

因为 $\boldsymbol{A}$ 正定，所以 $|\boldsymbol{A}|>0$，进而 $-\sqrt{2}<t<\sqrt{2}$.

定义 6.5.4　如果任一 n 维实向量 $\boldsymbol{x}\neq\boldsymbol{0}$，都使 n 元实二次型 $f=\boldsymbol{x}^{\mathrm{T}}\boldsymbol{A}\boldsymbol{x}<0$，则称 f 为负定二次型，对应二次型 f 的矩阵 $\boldsymbol{A}$ 称为负定矩阵.

类似于正定矩阵，容易证明负定二次型有以下结论：

定理 6.5.6　设 $\boldsymbol{A}$ 为 n 阶实对称矩阵，则下列结论等价：

（1）n 元实二次型 $f=\boldsymbol{x}^{\mathrm{T}}\boldsymbol{A}\boldsymbol{x}$ 负定（或者说 $\boldsymbol{A}$ 负定）；

（2）f 的负惯性指数为 n；

（3）$\boldsymbol{A}$ 的特征值全小于零；

（4）$\boldsymbol{A}$ 与 $-\boldsymbol{E}$ 合同；

（5）存在可逆矩阵 $\boldsymbol{P}$，使 $\boldsymbol{A}=-\boldsymbol{P}^{\mathrm{T}}\boldsymbol{P}$.

定理 6.5.7　设 $\boldsymbol{A}=(a_{ij})_{n\times n}$ 为实对称矩阵，则 $\boldsymbol{A}$ 负定的充分必要条件是矩阵 $\boldsymbol{A}$ 的奇数阶顺序主子式小于零，而偶数阶顺序主子式大于零.

除正定二次型、负定二次型外，还有半正定二次型、半负定二次型等有定二次型，感兴趣的读者可参看其他资料.

习题 6.5 视频详解

习题 6.5

1. n 阶实对称矩阵 $\boldsymbol{A}$ 为正定矩阵的充分必要条件是（　　）.

（A）所有 k 阶子式为正（$k=1,2,\cdots,n$）

（B）$\boldsymbol{A}$ 的所有特征值非负

（C）$\boldsymbol{A}^{-1}$ 为正定矩阵

（D）$R(\boldsymbol{A})=n$

2. 下列矩阵中，正定矩阵是（　　）.

（A）$\begin{pmatrix}1&2&1\\2&5&0\\1&0&-3\end{pmatrix}$　（B）$\begin{pmatrix}1&3&4\\3&9&2\\4&2&6\end{pmatrix}$

（C）$\begin{pmatrix}1&2&3\\2&5&7\\3&7&10\end{pmatrix}$　（D）$\begin{pmatrix}2&-2&0\\-2&5&-1\\0&-1&2\end{pmatrix}$

3. 判断下列二次型是否正定.

（1）$f(x_1,x_2,x_3)=99x_1^2+130x_2^2+71x_3^2-12x_1x_2+48x_1x_3-60x_2x_3$；

（2）$f(x_1,x_2,x_3)=10x_1^2+2x_2^2+x_3^2+8x_1x_2+24x_1x_3-28x_2x_3$；

（3）$f(x_1,x_2,\cdots,x_n)=\sum\limits_{i=1}^{n}x_i^2+\sum\limits_{1\leqslant i<j\leqslant n}x_ix_j$.

4. 已知二次型 $f(x_1,x_2,x_3)=x_1^2+4x_2^2+2x_3^2+2tx_1x_2+2x_1x_3$ 正定，试求 t 的取值范围.

5. 已知 $\boldsymbol{A}$ 是 n 阶正定矩阵，证明 $\boldsymbol{A}^{-1}$ 和 $\boldsymbol{A}^{*}$ 也是正定矩阵.

6. 已知 $\boldsymbol{A}$、$\boldsymbol{B}$ 都是 n 阶正定矩阵，证明 $\boldsymbol{A}+\boldsymbol{B}$ 也是正定矩阵.

6.6　运用 MATLAB 将二次型化为标准形

二次型 $f=\boldsymbol{x}^{\mathrm{T}}\boldsymbol{A}\boldsymbol{x}$ 的矩阵 $\boldsymbol{A}$ 是对称矩阵，要将其化为标准形，需要找一个可逆矩阵 $\boldsymbol{P}$，使 $\boldsymbol{P}^{-1}\boldsymbol{A}\boldsymbol{P}$ 为一对角矩阵. 使用的函数命令是

"[P,D]=eig(A)"，其中 $\boldsymbol{P}$ 是正交矩阵.

例 6.6.1 将二次型 $f=2x_1^2+2x_2^2+2x_3^2+2x_1x_2+2x_1x_3+2x_2x_3$ 化为标准形.

解 二次型矩阵为 $\boldsymbol{A}=\begin{pmatrix}2&1&1\\1&2&1\\1&1&2\end{pmatrix}$，从而

```
>> A=[2,1,1;1,2,1;1,1,2];
>> [P,D]=eig(A)

P=

    0.4082    0.7071    0.5774
    0.4082   -0.7071    0.5774
   -0.8165         0    0.5774

D=

    1.0000         0         0
         0    1.0000         0
         0         0    4.0000
```

$\boldsymbol{P}$ 就是所求的正交矩阵，用正交变换 $\boldsymbol{x}=\boldsymbol{P}\boldsymbol{y}$，可将二次型化为 $f=4y_1^2+y_2^2+y_3^2$.

第 6 章思维导图

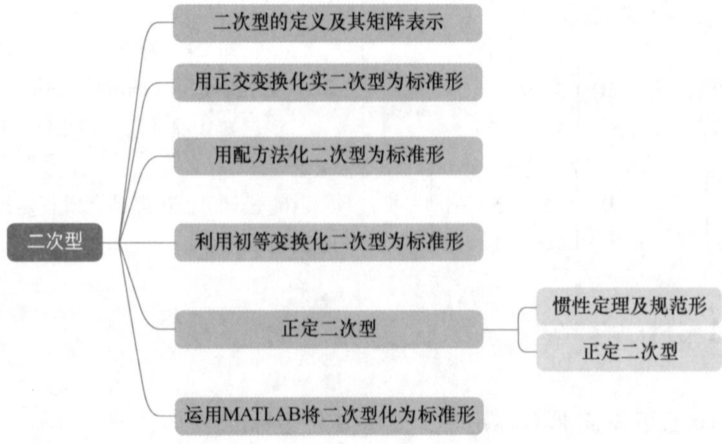

高斯介绍

德国数学家、物理学家、天文学家、几何学家、大地测量学家高斯(Gauss，1777—1855)是近代数学奠基者之一，有“数学王子”之称. 他和阿基米德、牛顿、欧拉并列为世界四大数学家.

高斯幼年时就表现出超人的数学天赋，3岁时就学会了计算. 他对数学的兴趣越来越浓，数学上的定理、公式和求证方法一个又一个地被他发现和证实. 高斯19岁时给出了正十七边形能用圆规和直尺做出这一重要发现. 高斯22岁时又证明了“代数基本定理”，也被称为“高斯定理”. 1801年，高斯出版了《算术研究》. 高斯在23岁的时候开始研究天文，并解决了测量星球椭圆轨道的方法.

有一个比喻说得非常好：如果我们把18世纪的数学家想象为一系列的高山峻岭，那么最后一个令人肃然起敬的巅峰就是高斯；如果把19世纪的数学家想象为一条条江河，那么其源头就是高斯.

人们一直把高斯的成功归功于他的“天才”，他自己却说：“假如别人和我一样深刻和持续地思考数学真理，他们会有同样的发现.”

精神的追寻
——科学家精神

总习题6视频详解1

总习题6

一、填空题.

1. 二次型$f(x_1,x_2)=2x_1^2-4x_1x_2+3x_2^2$的矩阵形式为________；该二次型的秩为________.

2. 设对称矩阵$\boldsymbol{A}=\begin{pmatrix}3&1&-2\\1&2&-1\\-2&-1&-1\end{pmatrix}$，则$\boldsymbol{A}$对应的二次型$f(x_1,x_2,x_3)=$________.

3. 二次型$f(x_1,x_2,x_3)=x_1^2-x_2^2+3x_3^2$的秩为________；正惯性指数为________，负惯性指数为________.

4. 二次型$f(x_1,x_2,x_3)=x_1^2+3x_2^2+x_3^2+2x_1x_2+2x_1x_3+2x_2x_3$，则$f$的正惯性指数为________.

5. 二次型$\boldsymbol{x}^{\mathrm{T}}\begin{pmatrix}2&1\\3&1\end{pmatrix}\boldsymbol{x}$的矩阵是________，$\boldsymbol{x}^{\mathrm{T}}\begin{pmatrix}1&2&3\\4&5&6\\7&8&9\end{pmatrix}\boldsymbol{x}$的矩阵是________.

6. 三元二次型$f(x_1,x_2,x_3)=\boldsymbol{x}^{\mathrm{T}}\begin{pmatrix}1&1&2\\1&1&1\\0&1&1\end{pmatrix}\boldsymbol{x}$的秩为________.

7. 二次型$f(x_1,x_2,x_3)=x_1^2+x_2^2+tx_3^2+6x_1x_2+4x_1x_3+2x_2x_3$，若其秩为2，则$t$为________.

8. 二次型$f(x_1,x_2,x_3)=2x_1^2+ax_2^2+ax_3^2+6x_2x_3\,(a>3)$的规范形为________.

二、用正交变换化下列实二次型为标准形，并写出正交变换.

1. $f(x_1,x_2,x_3)=2x_1^2+2x_2^2+2x_3^2+2x_1x_2+2x_1x_3+2x_2x_3$；

2. $f(x_1,x_2,x_3)=x_1^2-4x_1x_2-8x_1x_3+4x_2^2-4x_2x_3+x_3^2$.

三、已知二次型$f(x_1,x_2,x_3)=ax_1^2+2x_2^2-2x_3^2+2bx_1x_3\,(b>0)$，其中二次型的矩阵$\boldsymbol{A}$的特征值之和为1，特征值之积为$-12$.

1. 求a，b的值；

2. 利用正交变换将二次型f化为标准形，并写出所用的正交变换.

四、已知 $A=\begin{pmatrix}1&0&1\\0&1&1\\-1&0&a\\0&a&-1\end{pmatrix}(a\in\mathbf{R})$，二次型 $f(x_1,x_2,x_3)=\boldsymbol{x}^{\mathrm{T}}(\boldsymbol{A}^{\mathrm{T}}\boldsymbol{A})\boldsymbol{x}$ 的秩为 2.

1. 求 a；

2. 求二次型对应的矩阵，并将二次型化为标准形，写出所用正交变换.

五、用配方法将下列二次型化为标准形，并写出所用的可逆线性变换.

1. $f(x_1,x_2,x_3)=x_1^2+2x_2^2+5x_3^2+2x_1x_2+2x_1x_3+6x_2x_3$；

2. $f(x_1,x_2,x_3)=x_1^2+2x_2^2-3x_3^2+4x_1x_2-6x_2x_3$；

3. $f(x_1,x_2,x_3)=x_1^2+2x_2^2+4x_3^2+2x_1x_2+4x_2x_3$；

六、用初等变换法将下列二次型化为标准形，并写出相应的可逆线性变换.

1. $f(x_1,x_2,x_3)=2x_1^2+4x_1x_2-4x_1x_3+5x_2^2-8x_2x_3+5x_3^2$；

2. $f(x_1,x_2,x_3)=2x_1x_2+4x_1x_3$.

七、求下列二次型的规范形.

1. $f(x_1,x_2,x_3)=(x_1,x_2,x_3)\begin{pmatrix}2&3&-2\\1&5&-3\\-2&-5&5\end{pmatrix}\begin{pmatrix}x_1\\x_2\\x_3\end{pmatrix}$；

2. $f(x_1,x_2,x_3)=x_1x_2+x_1x_3+x_2x_3$.

总习题 6 视频详解 2

八、已知二次型 $f(x_1,x_2,x_3)=x_1^2+ax_2^2+x_3^2+2x_1x_2-2x_2x_3-2ax_1x_3$ 的正负惯性指数都是 1，求 f 的规范形及常数 a.

九、设二次型 $f(x_1,x_2,x_3)=ax_1^2+ax_2^2+(a-1)x_3^2+2x_1x_3-2x_2x_3$.

1. 求二次型 f 的矩阵的所有特征值；

2. 若二次型 f 的规范形为 $y_1^2+y_2^2$，求 a 的值.

十、设 $\boldsymbol{A}$ 是 n 阶实可逆矩阵，则 $\boldsymbol{A}^{\mathrm{T}}\boldsymbol{A}$ 是正定矩阵.

十一、设 $\boldsymbol{A}$ 为正定矩阵，$\boldsymbol{C}$ 是实可逆矩阵，证明 $\boldsymbol{C}^{\mathrm{T}}\boldsymbol{AC}$ 是正定矩阵.

十二、设 $\boldsymbol{A}$ 是实反对称矩阵，证明 $\boldsymbol{E}-\boldsymbol{A}^2$ 是正定矩阵.

十三、设 $\boldsymbol{A}$ 是 $m\times n$ 实矩阵，$\boldsymbol{B}=\lambda\boldsymbol{E}+\boldsymbol{A}^{\mathrm{T}}\boldsymbol{A}$，证明当 $\lambda>0$ 时，矩阵 $\boldsymbol{B}$ 是正定矩阵.

十四、已知 $\boldsymbol{A}$ 与 $\boldsymbol{A}-\boldsymbol{E}$ 均是 n 阶正定矩阵，证明 $\boldsymbol{E}-\boldsymbol{A}^{-1}$ 是正定矩阵.

十五、若 $\boldsymbol{A}$、$\boldsymbol{B}$ 是 n 阶正定矩阵，则 $\boldsymbol{AB}$ 正定的充要条件是 $\boldsymbol{AB}=\boldsymbol{BA}$.

十六、设 $\boldsymbol{A}$ 是对称矩阵，且对任意 n 维向量 $\boldsymbol{x}$，均有 $\boldsymbol{x}^{\mathrm{T}}\boldsymbol{Ax}=0$，证明 $\boldsymbol{A}=\boldsymbol{O}$.

十七、证明：若 $\boldsymbol{A}$、$\boldsymbol{B}$ 均为实对称矩阵，且对一切 $\boldsymbol{x}$，均有 $\boldsymbol{x}^{\mathrm{T}}\boldsymbol{Ax}=\boldsymbol{x}^{\mathrm{T}}\boldsymbol{Bx}$，则 $\boldsymbol{A}=\boldsymbol{B}$.

十八、(2019，高数(一))设 $\boldsymbol{A}$ 是 3 阶实对称矩阵，$\boldsymbol{E}$ 是 3 阶单位矩阵. 若 $\boldsymbol{A}^2+\boldsymbol{A}=2\boldsymbol{E}$，且 $|\boldsymbol{A}|=4$，则二次型 $\boldsymbol{x}^{\mathrm{T}}\boldsymbol{Ax}$ 的规范形为(　　).

(A) $y_1^2+y_2^2+y_3^2$　　(B) $y_1^2+y_2^2-y_3^2$

(C) $y_1^2-y_2^2-y_3^2$　　(D) $-y_1^2-y_2^2-y_3^2$

十九、(2018，高数(一))设实二次型 $f(x_1,x_2,x_3)=(x_1-x_2+x_3)^2+(x_2+x_3)^2+(x_1+ax_3)^2$，其中 a 是参数.

1. 求 $f(x_1,x_2,x_3)=0$ 的解；

2. 求 $f(x_1,x_2,x_3)$ 的规范形.

二十、最优公共工作计划问题

某市政府预计修长度为 x 的公路和桥梁，并且修整面积为 y 的公路和娱乐场所，政府部门必须确定在这两个项目上如何分配它的资源(资金、设备和劳动力等)，为了更划算，可以同时开始两个项目，而不是仅开一个项目，那么 x 和 y 必须满足限制条件 $4x^2+9y^2\leqslant 36$. 可行集中的每个点表示该年度一个可能的公共工作计划. 在限制曲线 $4x^2+9y^2\leqslant 36$ 上，使资源利用达到最大.

为选择公共计划，政府需要考虑居民的意见，经济学家常利用函数 $q(x,y)=xy$ 来度量居民分配各类工作计划 (x,y) 的值或效用，该函数称为无差别曲线，求公共工作计划，使得效用函数 q 最大.

第 7 章 线性空间与线性变换

线性空间是对集合中的元素在线性运算方面所表现的共性加以概括而形成的概念，它是向量空间概念的抽象和推广. 而线性变换反映线性空间中元素间最基本的线性联系. 线性空间的理论和方法广泛地应用于数学的各个分支以及其他自然科学、工程技术等领域.

本章主要讲解：

(1) 线性空间的定义与性质；

(2) 线性空间的基、维数，基的过渡矩阵，向量的坐标；

(3) 子空间的定义及运算；

(4) 线性变换的定义及运算；

(5) 线性变换的矩阵；

(6) 线性变换的特征值与特征向量.

7.1 线性空间的定义与性质

设 P 是一个非空数集，如果 P 中任意两个数作运算"$*$"后的结果仍在 P 中，就称 P 对运算"$*$"是封闭的. 而对数的加、减、乘、除四则运算封闭的数集 P 称为数域.

例如，整数集 $\mathbf{Z}$ 对数的除法不封闭，故整数集 $\mathbf{Z}$ 不是数域，而有理数集 $\mathbf{Q}$ 对数的四则运算封闭，故有理数集 $\mathbf{Q}$ 是数域.

常见的数域包括有理数域 $\mathbf{Q}$、实数域 $\mathbf{R}$、复数域 $\mathbf{C}$. 除了这三个常见的数域外，还有其他很多数域，例如

$$\mathbf{Q}(\sqrt{3})=\{a+b\sqrt{3}\mid a,b\in\mathbf{Q}\},$$

不难验证 $\mathbf{Q}(\sqrt{3})$ 也是一个数域.

回顾集合 $\mathbf{R}^n=\{\boldsymbol{\alpha}=(a_1,a_2,\cdots,a_n)^{\mathrm{T}}\mid a_i\in\mathbf{R}\}$ 中，对于向量的加法和实数与向量的乘法封闭（指运算结果仍是 $\mathbf{R}^n$ 中的向量），且满足下面 8 条性质：

(1) $\boldsymbol{\alpha}+\boldsymbol{\beta}=\boldsymbol{\beta}+\boldsymbol{\alpha}$ （加法交换律）；

(2) $(\boldsymbol{\alpha}+\boldsymbol{\beta})+\boldsymbol{\gamma}=\boldsymbol{\alpha}+(\boldsymbol{\beta}+\boldsymbol{\gamma})$ （加法结合律）；

(3) $\boldsymbol{\alpha}+\mathbf{0}=\boldsymbol{\alpha}$ （存在零向量）；

(4) $\boldsymbol{\alpha}+(-\boldsymbol{\alpha})=\mathbf{0}$ （存在负向量$-\boldsymbol{\alpha}$）；

(5) $\lambda(\boldsymbol{\alpha}+\boldsymbol{\beta})=\lambda\boldsymbol{\alpha}+\lambda\boldsymbol{\beta}$；

(6) $(\lambda+\mu)\boldsymbol{\alpha}=\lambda\boldsymbol{\alpha}+\mu\boldsymbol{\alpha}$；

(7) $(\lambda\mu)\boldsymbol{\alpha}=\lambda(\mu\boldsymbol{\alpha})$；

(8) $1\boldsymbol{\alpha}=\boldsymbol{\alpha}$.

其中$\boldsymbol{\alpha},\boldsymbol{\beta},\boldsymbol{\gamma}\in\mathbf{R}^n$，$\lambda,\mu\in\mathbf{R}$.

还可举出许多具有以上特点的集合，将这类集合的特点抽象出来，得到线性空间的定义：

定义 7.1.1 设V是非空集合，P是一个数域，如果V满足

(1) 在V中定义加法运算，即$\forall\boldsymbol{\alpha},\boldsymbol{\beta}\in V$，有唯一的和$\boldsymbol{\alpha}+\boldsymbol{\beta}\in V$与之对应，并且加法运算满足下面4条性质：

1) $\boldsymbol{\alpha}+\boldsymbol{\beta}=\boldsymbol{\beta}+\boldsymbol{\alpha}$ （加法交换律）；

2) $(\boldsymbol{\alpha}+\boldsymbol{\beta})+\boldsymbol{\gamma}=\boldsymbol{\alpha}+(\boldsymbol{\beta}+\boldsymbol{\gamma})$ （加法结合律）；

3) 存在零元素$\mathbf{0}\in V$，即$\forall\boldsymbol{\alpha}\in V$总有$\boldsymbol{\alpha}+\mathbf{0}=\boldsymbol{\alpha}$；

4) 存在负元素. 即$\forall\boldsymbol{\alpha}\in V$，总存在元素$\boldsymbol{\beta}\in V$，使$\boldsymbol{\alpha}+\boldsymbol{\beta}=\mathbf{0}$，且称元素$\boldsymbol{\beta}$为$\boldsymbol{\alpha}$的负元素，记$\boldsymbol{\beta}=-\boldsymbol{\alpha}$.

(2) 在V中定义数乘运算(数与元素的乘法)，即当$\lambda\in P$，$\boldsymbol{\alpha}\in V$时，按某法则有唯一元素$\lambda\cdot\boldsymbol{\alpha}\in V$与之对应，且数乘运算满足4条性质：

5) $\lambda\cdot(\boldsymbol{\alpha}+\boldsymbol{\beta})=\lambda\cdot\boldsymbol{\alpha}+\lambda\cdot\boldsymbol{\beta}$；

6) $(\lambda+\mu)\cdot\boldsymbol{\alpha}=\lambda\cdot\boldsymbol{\alpha}+\mu\cdot\boldsymbol{\alpha}$；

7) $(\lambda\mu)\cdot\boldsymbol{\alpha}=\lambda\cdot(\mu\cdot\boldsymbol{\alpha})$；

8) $1\cdot\boldsymbol{\alpha}=\boldsymbol{\alpha}$.

其中$\boldsymbol{\alpha},\boldsymbol{\beta},\boldsymbol{\gamma}$是$V$中的任意元素，$\lambda$，$\mu$是数域$P$中的任意数；这时，称$V$为数域$P$上的线性空间.

V中的元素不论其本来的性质如何，统称为向量. 满足上述8条性质的加法运算和数乘运算，就称为线性运算.

例 7.1.1 设集合$\mathbf{R}^{m\times n}=\{m$行$n$列的实矩阵全体$\}$，数域$P=\mathbf{R}$，验证$\mathbf{R}^{m\times n}$对于矩阵的加法和数乘运算构成实数域$\mathbf{R}$上的线性空间.

证 对任意$\boldsymbol{A}$，$\boldsymbol{B}\in\mathbf{R}^{m\times n}$，有$\boldsymbol{A}+\boldsymbol{B}\in\mathbf{R}^{m\times n}$；对任意$k\in\mathbf{R}$，有$k\boldsymbol{A}\in\mathbf{R}^{m\times n}$，即$\mathbf{R}^{m\times n}$对于矩阵的加法运算和数乘运算封闭，且由矩阵的加法运算律和数乘运算律容易验证这两种运算满足8条性质，故$\mathbf{R}^{m\times n}$是实数域$\mathbf{R}$上的线性空间.

例 7.1.2 设$\mathbf{R}_{n+1}[x]$表示实数域$\mathbf{R}$上次数不超过n的一元多项式全体，即

$\mathbf{R}_{n+1}[x]=\{a_nx^n+a_{n-1}x^{n-1}+\cdots+a_1x+a_0 \mid a_i\in\mathbf{R}, i=0,1,2,\cdots,n\}$，验证 $\mathbf{R}_{n+1}[x]$ 关于多项式的加法运算和数乘运算构成实数域 $\mathbf{R}$ 上的线性空间.

证　对任意 $f(x)$，$g(x)\in\mathbf{R}_{n+1}[x]$，有 $f(x)+g(x)\in\mathbf{R}_{n+1}[x]$；对任意 $k\in\mathbf{R}$，有 $kf(x)\in\mathbf{R}_{n+1}[x]$，即 $\mathbf{R}_{n+1}[x]$ 对于多项式的加法运算和数乘运算封闭，且由多项式的加法运算律和数乘运算律容易验证这两种运算满足 8 条性质，故 $\mathbf{R}_{n+1}[x]$ 是实数域 $\mathbf{R}$ 上的线性空间.

例 7.1.3　按数的加法运算和数的乘法运算，有理数域 $\mathbf{Q}$ 构成 $\mathbf{Q}$ 上的线性空间，但 $\mathbf{Q}$ 不是 $\mathbf{R}$ 上的线性空间.

证　对任意 a，$b\in\mathbf{Q}$，$a+b\in\mathbf{Q}$，$ab\in\mathbf{Q}$，所以加法运算和数乘运算都封闭. 由数的加法运算律和数乘运算律可知 8 条性质满足，所以 $\mathbf{Q}$ 构成 $\mathbf{Q}$ 上的线性空间.

对任意 a，$b\in\mathbf{Q}$，$a+b\in\mathbf{Q}$，但对 $\sqrt{2}\in\mathbf{R}$，$1\in\mathbf{Q}$，$\sqrt{2}\times 1=\sqrt{2}\notin\mathbf{Q}$，所以 $\mathbf{Q}$ 不是 $\mathbf{R}$ 上的线性空间.

线性空间具有以下性质：

(1) 零元素是唯一的.

证　设 $\mathbf{0}_1$，$\mathbf{0}_2$ 是线性空间 V 中的两个零元，即对任何的 $\boldsymbol{\alpha}\in V$，有 $\boldsymbol{\alpha}+\mathbf{0}_1=\boldsymbol{\alpha}$，$\boldsymbol{\alpha}+\mathbf{0}_2=\boldsymbol{\alpha}$，于是有

$$\mathbf{0}_1+\mathbf{0}_2=\mathbf{0}_1,\ \mathbf{0}_2+\mathbf{0}_1=\mathbf{0}_2,$$

所以 $\mathbf{0}_1=\mathbf{0}_1+\mathbf{0}_2=\mathbf{0}_2+\mathbf{0}_1=\mathbf{0}_2$.

(2) 任一元素的负元素是唯一的.

证　设 $\boldsymbol{\alpha}$ 有两个负元素 $\boldsymbol{\beta}$，$\boldsymbol{\gamma}$，即 $\boldsymbol{\alpha}+\boldsymbol{\beta}=\mathbf{0}$，$\boldsymbol{\alpha}+\boldsymbol{\gamma}=\mathbf{0}$. 于是

$$\boldsymbol{\beta}=\boldsymbol{\beta}+\mathbf{0}=\boldsymbol{\beta}+(\boldsymbol{\alpha}+\boldsymbol{\gamma})=(\boldsymbol{\alpha}+\boldsymbol{\beta})+\boldsymbol{\gamma}=\mathbf{0}+\boldsymbol{\gamma}=\boldsymbol{\gamma}.$$

即任一元素的负元素是唯一的.

(3) $0\cdot\boldsymbol{\alpha}=\mathbf{0}$；$(-1)\cdot\boldsymbol{\alpha}=-\boldsymbol{\alpha}$；$k\cdot\mathbf{0}=\mathbf{0}$.

证　$0\cdot\boldsymbol{\alpha}=(0+0)\cdot\boldsymbol{\alpha}=0\cdot\boldsymbol{\alpha}+0\cdot\boldsymbol{\alpha}$，所以 $0\cdot\boldsymbol{\alpha}=\mathbf{0}$；

$$\boldsymbol{\alpha}+(-1)\cdot\boldsymbol{\alpha}=1\cdot\boldsymbol{\alpha}+(-1)\cdot\boldsymbol{\alpha}=[1+(-1)]\cdot\boldsymbol{\alpha}=0\cdot\boldsymbol{\alpha}=\mathbf{0},$$

所以 $(-1)\cdot\boldsymbol{\alpha}=-\boldsymbol{\alpha}$；

$$k\cdot\mathbf{0}=k\cdot[\boldsymbol{\alpha}+(-1)\cdot\boldsymbol{\alpha}]=k\cdot\boldsymbol{\alpha}+(-k)\cdot\boldsymbol{\alpha}=[k+(-k)]\cdot\boldsymbol{\alpha}=0\cdot\boldsymbol{\alpha}=\mathbf{0}.$$

(4) 如果 $k\cdot\boldsymbol{\alpha}=\mathbf{0}$，则 $k=0$ 或 $\boldsymbol{\alpha}=\mathbf{0}$.

证　若 $k\neq 0$，在 $k\cdot\boldsymbol{\alpha}=\mathbf{0}$ 两边乘 $\dfrac{1}{k}$ 得

$$\frac{1}{k}\cdot(k\cdot\boldsymbol{\alpha})=\frac{1}{k}\cdot\mathbf{0}=\mathbf{0}.$$

而

$$\frac{1}{k}\cdot(k\cdot\boldsymbol{\alpha})=\left(\frac{1}{k}k\right)\cdot\boldsymbol{\alpha}=1\cdot\boldsymbol{\alpha}=\boldsymbol{\alpha},$$

所以
$$\boldsymbol{\alpha}=\mathbf{0}.$$

定义 7.1.2 只有一个元素的线性空间称为零空间，这个唯一元素是零向量.

习题 7.1

1. 验证下述集合关于所规定的运算是否构成实数域上的线性空间.

(1) 次数等于 $n(n\geqslant 1)$ 的全体实系数多项式所组成的集合关于多项式的加法及实数与多项式的乘法；

(2) 设 $\boldsymbol{A}$ 是一个 n 阶实方阵，$\boldsymbol{A}$ 的实系数多项式的全体所组成的集合，关于矩阵的加法和数量乘法；

(3) 全体对称矩阵，关于矩阵的加法和数量乘法；

(4) 平面上不平行于已知向量 $\boldsymbol{\alpha}$ 的所有向量组成的集合，关于向量的加法及实数与向量的乘法；

(5) $V=\{(a,b)\mid a,b\in\mathbf{R}\}$，定义加法与数量乘法为

$$(a_1,b_1)\oplus(a_2,b_2)=(a_1+a_2,b_1+b_2+a_1a_2),$$
$$k(a,b)=\left(ka,kb+\frac{k(k-1)}{2}a^2\right);$$

(6) 所有平面向量组成的集合，关于通常的向量加法及如下定义的数量乘法

$$k\cdot\boldsymbol{\alpha}=\mathbf{0};$$

(7) 所有平面向量组成的集合，关于通常的向量加法及如下定义的数量乘法

$$k\cdot\boldsymbol{\alpha}=\boldsymbol{\alpha};$$

(8) 全体正实数所组成的集合，定义加法和数量乘法为

$$a\oplus b=ab,\ k\cdot a=a^k.$$

2. 下列 n 维向量的集合 V 是否构成数域 P 上的线性空间.

(1) $V=\{(a,b,a,b,\cdots,a,b)\in P^n \mid n\text{ 为偶数}\}$；

(2) $V=\left\{(a_1,a_2\cdots,a_n)\in P^n \,\middle|\, \sum_{i=1}^{n}a_i=1\right\}$.

3. 齐次线性方程组

$$\begin{cases}2x_1+x_2+x_3+x_4=0,\\ x_1+2x_2+x_3+3x_4=0\end{cases}$$

的全部解是否构成线性空间?

7.2 线性空间的基、维数

在第 4 章讨论了 $\mathbf{R}^n$ 中向量组的线性组合、线性相关、线性无关的概念，这些概念在线性空间中同样成立，这里不再赘述. 下面将 $\mathbf{R}^n$ 中向量组的极大无关组和秩的概念推广到线性空间.

7.2.1 线性空间的基与维数

定义 7.2.1 在线性空间 V 中，如果存在 n 个向量 $\boldsymbol{\alpha}_1,\boldsymbol{\alpha}_2,\cdots,\boldsymbol{\alpha}_n$ 线性无关，而 V 中任意 $n+1$ 个向量(若存在)线性相关，则称

$\boldsymbol{\alpha}_1,\boldsymbol{\alpha}_2,\cdots,\boldsymbol{\alpha}_n$ 为 V 的一组基. n 称为线性空间 V 的维数，记为 $\dim V=n$，也称 V 为有限维线性空间，否则称为无限维线性空间.

由定义 7.2.1 知，线性空间 V 的基就是 V 的一个极大无关组，所以线性空间的基不唯一，但维数唯一. 规定零空间的维数为 0，显然零空间没有基. 易证

(1) $\boldsymbol{\alpha}_1,\boldsymbol{\alpha}_2,\cdots,\boldsymbol{\alpha}_n$ 为线性空间 V 的一组基的充分必要条件是 $\boldsymbol{\alpha}_1,\boldsymbol{\alpha}_2,\cdots,\boldsymbol{\alpha}_n$ 线性无关且 V 中任一向量 $\boldsymbol{\alpha}$ 总可由 $\boldsymbol{\alpha}_1,\boldsymbol{\alpha}_2,\cdots,\boldsymbol{\alpha}_n$ 线性表示.

(2) n 维线性空间 V 中任意 n 个线性无关向量都是 V 的一组基.

例 7.2.1　求 $\mathbf{R}$ 上线性空间 $\mathbf{R}^{2\times3}$ 的一组基与维数.

解　对任意的 $\begin{pmatrix} a & b & c \\ d & e & f \end{pmatrix}\in\mathbf{R}^{2\times3}$，由矩阵运算可知

$$\begin{pmatrix} a & b & c \\ d & e & f \end{pmatrix}=a\begin{pmatrix} 1 & 0 & 0 \\ 0 & 0 & 0 \end{pmatrix}+b\begin{pmatrix} 0 & 1 & 0 \\ 0 & 0 & 0 \end{pmatrix}+c\begin{pmatrix} 0 & 0 & 1 \\ 0 & 0 & 0 \end{pmatrix}+$$
$$d\begin{pmatrix} 0 & 0 & 0 \\ 1 & 0 & 0 \end{pmatrix}+e\begin{pmatrix} 0 & 0 & 0 \\ 0 & 1 & 0 \end{pmatrix}+f\begin{pmatrix} 0 & 0 & 0 \\ 0 & 0 & 1 \end{pmatrix},$$

从而 $\begin{pmatrix} a & b & c \\ d & e & f \end{pmatrix}$ 可由

$$\boldsymbol{E}_{11}=\begin{pmatrix} 1 & 0 & 0 \\ 0 & 0 & 0 \end{pmatrix},\ \boldsymbol{E}_{12}=\begin{pmatrix} 0 & 1 & 0 \\ 0 & 0 & 0 \end{pmatrix},\ \boldsymbol{E}_{13}=\begin{pmatrix} 0 & 0 & 1 \\ 0 & 0 & 0 \end{pmatrix},$$
$$\boldsymbol{E}_{21}=\begin{pmatrix} 0 & 0 & 0 \\ 1 & 0 & 0 \end{pmatrix},\ \boldsymbol{E}_{22}=\begin{pmatrix} 0 & 0 & 0 \\ 0 & 1 & 0 \end{pmatrix},\ \boldsymbol{E}_{23}=\begin{pmatrix} 0 & 0 & 0 \\ 0 & 0 & 1 \end{pmatrix}$$

线性表示.

设 $k_1\boldsymbol{E}_{11}+k_2\boldsymbol{E}_{12}+k_3\boldsymbol{E}_{13}+k_4\boldsymbol{E}_{21}+k_5\boldsymbol{E}_{22}+k_6\boldsymbol{E}_{23}=\begin{pmatrix} 0 & 0 & 0 \\ 0 & 0 & 0 \end{pmatrix}$，

则得 $\begin{pmatrix} k_1 & k_2 & k_3 \\ k_4 & k_5 & k_6 \end{pmatrix}=\begin{pmatrix} 0 & 0 & 0 \\ 0 & 0 & 0 \end{pmatrix}$. 于是可得

$$k_1=k_2=k_3=k_4=k_5=k_6=0,$$

因此 $\boldsymbol{E}_{11},\boldsymbol{E}_{12},\boldsymbol{E}_{13},\boldsymbol{E}_{21},\boldsymbol{E}_{22},\boldsymbol{E}_{23}$ 线性无关. 从而 $\boldsymbol{E}_{11},\boldsymbol{E}_{12},\boldsymbol{E}_{13},\boldsymbol{E}_{21},\boldsymbol{E}_{22},\boldsymbol{E}_{23}$ 为 $\mathbf{R}^{2\times3}$ 的一组基且

$$\dim\mathbf{R}^{2\times3}=6.$$

一般地，在线性空间 $\mathbf{R}^{m\times n}$ 中，任意矩阵 $\boldsymbol{A}=(a_{ij})$ 都可由 $m\times n$ 矩阵 $\boldsymbol{E}_{ij}(i=1,2,\cdots,m;j=1,2,\cdots,n)$ 线性表示；又由于 $\boldsymbol{E}_{ij}(i=1,

$2,\cdots,m;j=1,2,\cdots,n$)线性无关，故它们是 $\mathbf{R}^{m\times n}$ 的一组基，且 $\dim\mathbf{R}^{m\times n}=mn$，其中 $\boldsymbol{E}_{ij}(i=1,2,\cdots,m;j=1,2,\cdots,n)$表示第 i 行第 j 列交叉处的元为 1，而其余元为 0 的 $m\times n$ 矩阵.

例 7.2.2 求 $\mathbf{R}$ 上线性空间 $\mathbf{R}_{n+1}[x]$的一组基与维数.

解 易证 $1,x,x^2,\cdots,x^n$ 线性无关，而且任意 n 次多项式 $f(x)$ 都可由 $1,x,x^2,\cdots,x^n$ 线性表示，所以 $1,x,x^2,\cdots,x^n$ 是 $\mathbf{R}_{n+1}[x]$的一组基，从而 $\dim\mathbf{R}_{n+1}[x]=n+1$.

7.2.2 基的过渡矩阵、向量的坐标

定义 7.2.2 设 $\boldsymbol{\alpha}_1,\boldsymbol{\alpha}_2,\cdots,\boldsymbol{\alpha}_n$ 是线性空间 V 的一组基，对于任意 $\boldsymbol{\alpha}\in V$，存在一组有序数 $x_1,x_2,\cdots,x_n$ 使

$$\boldsymbol{\alpha}=x_1\boldsymbol{\alpha}_1+x_2\boldsymbol{\alpha}_2+\cdots+x_n\boldsymbol{\alpha}_n=(\boldsymbol{\alpha}_1,\boldsymbol{\alpha}_2,\cdots,\boldsymbol{\alpha}_n)\begin{pmatrix}x_1\\x_2\\\vdots\\x_n\end{pmatrix}.$$

则称这组有序数 $x_1,x_2,\cdots,x_n$ 为向量 $\boldsymbol{\alpha}$ 在基 $\boldsymbol{\alpha}_1,\boldsymbol{\alpha}_2,\cdots,\boldsymbol{\alpha}_n$ 下的坐标，并记作

$$(x_1,x_2,\cdots,x_n)^{\mathrm{T}}.$$

因为 $\boldsymbol{\alpha}_1,\boldsymbol{\alpha}_2,\cdots,\boldsymbol{\alpha}_n$ 为线性空间 V 的基，所以 $\boldsymbol{\alpha}_1,\boldsymbol{\alpha}_2,\cdots,\boldsymbol{\alpha}_n$ 线性无关，进而可得 $\boldsymbol{\alpha}$ 在基 $\boldsymbol{\alpha}_1,\boldsymbol{\alpha}_2,\cdots,\boldsymbol{\alpha}_n$ 下的坐标是唯一的.

例 7.2.3 在线性空间 $\mathbf{R}^{2\times2}$ 中，$\boldsymbol{E}_{11},\boldsymbol{E}_{12},\boldsymbol{E}_{21},\boldsymbol{E}_{22}$ 是 $\mathbf{R}^{2\times2}$ 的一组基，$\boldsymbol{A}=\begin{pmatrix}2&1\\3&-1\end{pmatrix}\in\mathbf{R}^{2\times2}$，求 $\boldsymbol{A}$ 在基 $\boldsymbol{E}_{11},\boldsymbol{E}_{12},\boldsymbol{E}_{21},\boldsymbol{E}_{22}$下的坐标.

解

$$\boldsymbol{A}=\begin{pmatrix}2&1\\3&-1\end{pmatrix}=2\boldsymbol{E}_{11}+1\boldsymbol{E}_{12}+3\boldsymbol{E}_{21}-\boldsymbol{E}_{22}$$

$$=(\boldsymbol{E}_{11},\boldsymbol{E}_{12},\boldsymbol{E}_{21},\boldsymbol{E}_{22})\begin{pmatrix}2\\1\\3\\-1\end{pmatrix},$$

所以$\begin{pmatrix}2\\1\\3\\-1\end{pmatrix}$是 $\boldsymbol{A}$ 在基 $\boldsymbol{E}_{11},\boldsymbol{E}_{12},\boldsymbol{E}_{21},\boldsymbol{E}_{22}$下的坐标.

注 求向量在一组基下的坐标时一定要注意基中向量的顺序.

设 $\boldsymbol{\alpha}_1,\boldsymbol{\alpha}_2,\cdots,\boldsymbol{\alpha}_n$ 及 $\boldsymbol{\beta}_1,\boldsymbol{\beta}_2,\cdots,\boldsymbol{\beta}_n$ 是 n 维线性空间 V 的两组基，且

$$\begin{cases}\boldsymbol{\beta}_1=c_{11}\boldsymbol{\alpha}_1+c_{21}\boldsymbol{\alpha}_2+\cdots+c_{n1}\boldsymbol{\alpha}_n,\\ \boldsymbol{\beta}_2=c_{12}\boldsymbol{\alpha}_1+c_{22}\boldsymbol{\alpha}_2+\cdots+c_{n2}\boldsymbol{\alpha}_n,\\ \qquad\vdots\\ \boldsymbol{\beta}_n=c_{1n}\boldsymbol{\alpha}_1+c_{2n}\boldsymbol{\alpha}_2+\cdots+c_{nn}\boldsymbol{\alpha}_n,\end{cases}$$

即

$$(\boldsymbol{\beta}_1,\boldsymbol{\beta}_2,\cdots,\boldsymbol{\beta}_n)=(\boldsymbol{\alpha}_1,\boldsymbol{\alpha}_2,\cdots,\boldsymbol{\alpha}_n)\boldsymbol{C}\text{ 或}\begin{pmatrix}\boldsymbol{\beta}_1\\ \boldsymbol{\beta}_2\\ \vdots\\ \boldsymbol{\beta}_n\end{pmatrix}=\boldsymbol{C}^{\mathrm{T}}\begin{pmatrix}\boldsymbol{\alpha}_1\\ \boldsymbol{\alpha}_2\\ \vdots\\ \boldsymbol{\alpha}_n\end{pmatrix},$$

其中矩阵

$$\boldsymbol{C}=\begin{pmatrix}c_{11}&c_{12}&\cdots&c_{1n}\\ c_{21}&c_{22}&\cdots&c_{2n}\\ \vdots&\vdots&&\vdots\\ c_{n1}&c_{n2}&\cdots&c_{nn}\end{pmatrix}.$$

称矩阵 $\boldsymbol{C}$ 为基 $\boldsymbol{\alpha}_1,\boldsymbol{\alpha}_2,\cdots,\boldsymbol{\alpha}_n$ 到基 $\boldsymbol{\beta}_1,\boldsymbol{\beta}_2,\cdots,\boldsymbol{\beta}_n$ 的过渡矩阵. 显然，过渡矩阵 $\boldsymbol{C}$ 的第 j 列向量恰好是 $\boldsymbol{\beta}_j(j=1,2,\cdots,n)$ 在基 $\boldsymbol{\alpha}_1,\boldsymbol{\alpha}_2,\cdots,\boldsymbol{\alpha}_n$ 下的坐标，由坐标的唯一性知过渡矩阵由这两组基唯一确定.

此外，过渡矩阵是可逆的.

事实上，设基 $\boldsymbol{\alpha}_1,\boldsymbol{\alpha}_2,\cdots,\boldsymbol{\alpha}_n$ 到基 $\boldsymbol{\beta}_1,\boldsymbol{\beta}_2,\cdots,\boldsymbol{\beta}_n$ 的过渡矩阵为 $\boldsymbol{C}$，即

$$(\boldsymbol{\beta}_1,\boldsymbol{\beta}_2,\cdots,\boldsymbol{\beta}_n)=(\boldsymbol{\alpha}_1,\boldsymbol{\alpha}_2,\cdots,\boldsymbol{\alpha}_n)\boldsymbol{C}.$$

设基 $\boldsymbol{\beta}_1,\boldsymbol{\beta}_2,\cdots,\boldsymbol{\beta}_n$ 到基 $\boldsymbol{\alpha}_1,\boldsymbol{\alpha}_2,\cdots,\boldsymbol{\alpha}_n$ 的过渡矩阵为 $\boldsymbol{D}$，即

$$(\boldsymbol{\alpha}_1,\boldsymbol{\alpha}_2,\cdots,\boldsymbol{\alpha}_n)=(\boldsymbol{\beta}_1,\boldsymbol{\beta}_2,\cdots,\boldsymbol{\beta}_n)\boldsymbol{D}.$$

所以 $(\boldsymbol{\alpha}_1,\boldsymbol{\alpha}_2,\cdots,\boldsymbol{\alpha}_n)=(\boldsymbol{\beta}_1,\boldsymbol{\beta}_2,\cdots,\boldsymbol{\beta}_n)\boldsymbol{D}=(\boldsymbol{\alpha}_1,\boldsymbol{\alpha}_2,\cdots,\boldsymbol{\alpha}_n)\boldsymbol{CD}$.

而 $(\boldsymbol{\alpha}_1,\boldsymbol{\alpha}_2,\cdots,\boldsymbol{\alpha}_n)=(\boldsymbol{\alpha}_1,\boldsymbol{\alpha}_2,\cdots,\boldsymbol{\alpha}_n)\boldsymbol{E}$，所以 $\boldsymbol{CD}=\boldsymbol{E}$，所以 $\boldsymbol{C}$ 可逆且 $\boldsymbol{D}=\boldsymbol{C}^{-1}$.

定理 7.2.1　设 $\boldsymbol{\alpha}_1,\boldsymbol{\alpha}_2,\cdots,\boldsymbol{\alpha}_n$ 及 $\boldsymbol{\beta}_1,\boldsymbol{\beta}_2,\cdots,\boldsymbol{\beta}_n$ 是 n 维线性空间 V 的两组基，且基 $\boldsymbol{\alpha}_1,\boldsymbol{\alpha}_2,\cdots,\boldsymbol{\alpha}_n$ 到基 $\boldsymbol{\beta}_1,\boldsymbol{\beta}_2,\cdots,\boldsymbol{\beta}_n$ 的过渡矩阵为 $\boldsymbol{C}$. 设 V 中的向量 $\boldsymbol{\alpha}$ 在基 $\boldsymbol{\alpha}_1,\boldsymbol{\alpha}_2,\cdots,\boldsymbol{\alpha}_n$ 下的坐标为 $\boldsymbol{x}$，$\boldsymbol{\alpha}$ 在基 $\boldsymbol{\beta}_1,\boldsymbol{\beta}_2,\cdots,\boldsymbol{\beta}_n$ 下的坐标为 $\boldsymbol{y}$，则有坐标变换公式

$$\boldsymbol{x}=\boldsymbol{C}\boldsymbol{y}\text{ 或 }\boldsymbol{y}=\boldsymbol{C}^{-1}\boldsymbol{x}.$$

证　因
$$\boldsymbol{\alpha}=(\boldsymbol{\alpha}_1,\boldsymbol{\alpha}_2,\cdots,\boldsymbol{\alpha}_n)\boldsymbol{x}=(\boldsymbol{\beta}_1,\boldsymbol{\beta}_2,\cdots,\boldsymbol{\beta}_n)\boldsymbol{y}.$$

所以
$$\boldsymbol{\alpha}=(\boldsymbol{\alpha}_1,\boldsymbol{\alpha}_2,\cdots,\boldsymbol{\alpha}_n)\boldsymbol{C}\boldsymbol{y}.$$

由于基下坐标是唯一的知 $\boldsymbol{x}=\boldsymbol{C}\boldsymbol{y}$，故结论成立.

例 7.2.4　已知向量空间 $\mathbf{R}^3$ 中，取一组基 $\boldsymbol{\alpha}_1=(-1,1,1)^{\mathrm{T}}$，$\boldsymbol{\alpha}_2=(1,-1,1)^{\mathrm{T}}$，$\boldsymbol{\alpha}_3=(1,1,-1)^{\mathrm{T}}$，且向量 $\boldsymbol{\alpha}=(2,4,0)^{\mathrm{T}}$，求向量 $\boldsymbol{\alpha}$ 在此基下的坐标.

解　引入向量空间 $\mathbf{R}^3$ 的基 $\boldsymbol{e}_1=(1,0,0)^{\mathrm{T}}$，$\boldsymbol{e}_2=(0,1,0)^{\mathrm{T}}$，$\boldsymbol{e}_3=(0,0,1)^{\mathrm{T}}$，显然有

$$(\boldsymbol{\alpha}_1,\boldsymbol{\alpha}_2,\boldsymbol{\alpha}_3)=(\boldsymbol{e}_1,\boldsymbol{e}_2,\boldsymbol{e}_3)\begin{pmatrix}-1&1&1\\1&-1&1\\1&1&-1\end{pmatrix}.$$

所以基 $\boldsymbol{e}_1,\boldsymbol{e}_2,\boldsymbol{e}_3$ 到基 $\boldsymbol{\alpha}_1,\boldsymbol{\alpha}_2,\boldsymbol{\alpha}_3$ 的过渡矩阵为

$$\boldsymbol{C}=\begin{pmatrix}-1&1&1\\1&-1&1\\1&1&-1\end{pmatrix}.$$

而向量 $\boldsymbol{\alpha}$ 在基 $\boldsymbol{e}_1,\boldsymbol{e}_2,\boldsymbol{e}_3$ 下的坐标为 $\boldsymbol{x}=(2,4,0)^{\mathrm{T}}$，则 $\boldsymbol{\alpha}$ 在基 $\boldsymbol{\alpha}_1,\boldsymbol{\alpha}_2,\boldsymbol{\alpha}_3$ 下的坐标为

$$\boldsymbol{y}=\boldsymbol{C}^{-1}\boldsymbol{x}=\begin{pmatrix}0&\frac{1}{2}&\frac{1}{2}\\\frac{1}{2}&0&\frac{1}{2}\\\frac{1}{2}&\frac{1}{2}&0\end{pmatrix}\begin{pmatrix}2\\4\\0\end{pmatrix}=\begin{pmatrix}2\\1\\3\end{pmatrix}.$$

例 7.2.5　在 $P[x]_2$ 中，由基 $\boldsymbol{\alpha}_1,\boldsymbol{\alpha}_2,\boldsymbol{\alpha}_3$ 到基 $\boldsymbol{\beta}_1,\boldsymbol{\beta}_2,\boldsymbol{\beta}_3$ 的过渡矩阵为 $\boldsymbol{P}=\begin{pmatrix}1&2&3\\0&1&4\\0&0&1\end{pmatrix}$，其中 $\boldsymbol{\beta}_1=2-x^2$，$\boldsymbol{\beta}_2=1+3x+2x^2$，$\boldsymbol{\beta}_3=-2+x+x^2$. 求 $\boldsymbol{\alpha}_1,\boldsymbol{\alpha}_2,\boldsymbol{\alpha}_3$.

解　由 $(\boldsymbol{\beta}_1,\boldsymbol{\beta}_2,\boldsymbol{\beta}_3)=(\boldsymbol{\alpha}_1,\boldsymbol{\alpha}_2,\boldsymbol{\alpha}_3)\boldsymbol{P}$ 得

$$\begin{aligned}(\boldsymbol{\alpha}_1,\boldsymbol{\alpha}_2,\boldsymbol{\alpha}_3)&=(\boldsymbol{\beta}_1,\boldsymbol{\beta}_2,\boldsymbol{\beta}_3)\boldsymbol{P}^{-1}\\&=(2-x^2,1+3x+2x^2,-2+x+x^2)\begin{pmatrix}1&-2&5\\0&1&-4\\0&0&1\end{pmatrix}\\&=(2-x^2,-3+3x+4x^2,4-11x-12x^2).\end{aligned}$$

所以 $\boldsymbol{\alpha}_1=2-x^2$，$\boldsymbol{\alpha}_2=-3+3x+4x^2$，$\boldsymbol{\alpha}_3=4-11x-12x^2$.

线性空间的定义是从向量空间推得和引出的，体现了由具体到抽象的思想；同时线性空间属于高度抽象的定义，学习它可培养学生的空间想象能力和勇于探索的科学精神.

习题 7.2

1. 在线性空间 $\mathbf{R}^{2\times 2}$ 中，试证：

$$\boldsymbol{A}_1=\begin{pmatrix}1&1\\1&1\end{pmatrix},\ \boldsymbol{A}_2=\begin{pmatrix}1&1\\-1&-1\end{pmatrix},\ \boldsymbol{A}_3=\begin{pmatrix}1&-1\\1&-1\end{pmatrix},$$

$\boldsymbol{A}_4=\begin{pmatrix}-1&1\\1&-1\end{pmatrix}$ 是一组基，并求 $\boldsymbol{A}=\begin{pmatrix}1&2\\3&4\end{pmatrix}$ 在 $\boldsymbol{A}_1,\boldsymbol{A}_2,\boldsymbol{A}_3,\boldsymbol{A}_4$ 下的坐标.

2. 在线性空间 $P_3[x]$ 中，求从基 1，x，x^2 到基 $f_1=-1-2x+2x^2$，$f_2=-2-x+2x^2$，$f_3=3+2x-3x^2$ 的过渡矩阵.

3. 对于线性空间 $P_3[x]$ 的两组基

$$\boldsymbol{\alpha}_1=-1-2x+2x^2,\ \boldsymbol{\alpha}_2=-2-x+2x^2,\ \boldsymbol{\alpha}_3=3+2x-3x^2;$$

$$\boldsymbol{\beta}_1=1+x+x^2,\boldsymbol{\beta}_2=1+2x+3x^2,\boldsymbol{\beta}_3=2+x^2,$$

（1）求从基 $\boldsymbol{\alpha}_1,\boldsymbol{\alpha}_2,\boldsymbol{\alpha}_3$ 到基 $\boldsymbol{\beta}_1,\boldsymbol{\beta}_2,\boldsymbol{\beta}_3$ 的过渡矩阵；

（2）求坐标变换公式.

4. 已知 1，x，x^2，x^3 是线性空间 $P_4[x]$ 的一组基.

（1）证明：1，$1+x$，$(1+x)^2$，$(1+x)^3$ 也是 $P_4[x]$ 的一组基；

（2）求基 1，x，x^2，x^3 到基 1，$1+x$，$(1+x)^2$，$(1+x)^3$ 的过渡矩阵；

（3）求基 1，$1+x$，$(1+x)^2$，$(1+x)^3$ 到基 1，x，x^2，x^3 的过渡矩阵；

（4）求 $a_0+a_1x+a_2x^2+a_3x^3$ 在基 1，$1+x$，$(1+x)^2$，$(1+x)^3$ 下的坐标.

7.3 子空间的定义及运算

7.3.1 子空间的定义及判定

设 V 是一个线性空间，则在 V 的所有子集中，有的子集对 V 的运算构成线性空间，有的子集则不构成线性空间. 例如，$\mathbf{R}^{n\times n}$ 的子集 $W=\{\boldsymbol{A}\mid \boldsymbol{A}\in\mathbf{R}^{n\times n},\boldsymbol{A}^{\mathrm{T}}=\boldsymbol{A}\}$，容易验证 W 对 $\mathbf{R}^{n\times n}$ 的运算也构成线性空间. 于是有下面的概念：

定义 7.3.1　设 V 为数域 P 上的线性空间，W 是 V 的一个非空子集. 如果 W 关于 V 中定义的加法运算和数乘运算也构成数域 P 上的线性空间，则称 W 是 V 的线性子空间，简称子空间.

要验证线性空间 V 的一个非空子集 W 是否成为 V 的一个子空间，可用下面的定理：

定理 7.3.1　设 V 是数域 P 上的线性空间，W 是 V 的一个非空子集，则 W 是 V 的一个子空间的充分必要条件是

(1) 若 $\boldsymbol{\alpha},\boldsymbol{\beta}\in W$，则 $\boldsymbol{\alpha}+\boldsymbol{\beta}\in W$；

(2) 若 $\boldsymbol{\alpha}\in W$，$k\in P$，则 $k\cdot\boldsymbol{\alpha}\in W$.

证 必要性是显然的，再证充分性. 根据上面的两条封闭性，容易推出存在负元素与零元素，即如果 $\boldsymbol{\alpha}\in W$，则 $-\boldsymbol{\alpha}=(-1)\cdot\boldsymbol{\alpha}\in W$，且 $\boldsymbol{\alpha}+(-\boldsymbol{\alpha})=\mathbf{0}\in W$；再者因为 W 的元素自然也是 V 的元素，从而 W 的元素满足它们在 V 中的结合律、交换律、分配律等其余的性质，这样，线性空间定义中的所有性质全部满足.

例 7.3.1 判断下列子集是否构成 $\mathbf{R}$ 上的子空间：

(1) $V_1=\{\boldsymbol{A}\in\mathbf{R}^{n\times n}\mid \boldsymbol{AP}=\boldsymbol{PA}\}$，给定矩阵 $\boldsymbol{P}\in\mathbf{R}^{n\times n}$.

(2) $V_2=\{\boldsymbol{A}\in\mathbf{R}^{2\times 2}\mid |\boldsymbol{A}|=0\}$.

解 (1) 显然 $\boldsymbol{E}\in V_1$，所以 V_1 是非空集合.

对任意 $\boldsymbol{A}$，$\boldsymbol{B}\in V_1$，有 $\qquad \boldsymbol{AP}=\boldsymbol{PA}$，$\boldsymbol{BP}=\boldsymbol{PB}$，

则 $(\boldsymbol{A}+\boldsymbol{B})\boldsymbol{P}=\boldsymbol{AP}+\boldsymbol{BP}=\boldsymbol{PA}+\boldsymbol{PB}=\boldsymbol{P}(\boldsymbol{A}+\boldsymbol{B})$，所以 $\boldsymbol{A}+\boldsymbol{B}\in V_1$.

对任意 $k\in\mathbf{R}$，有 $(k\boldsymbol{A})\boldsymbol{P}=k\boldsymbol{AP}=k\boldsymbol{PA}=\boldsymbol{P}(k\boldsymbol{A})$，所以 $k\boldsymbol{A}\in V_1$.

所以 V_1 是 $\mathbf{R}^{n\times n}$ 的子空间.

(2) 显然 $\begin{vmatrix}1&0\\0&0\end{vmatrix}=0$，所以 $\begin{pmatrix}1&0\\0&0\end{pmatrix}\in V_2$，所以 V_2 是非空集合.

而 $\begin{pmatrix}1&0\\0&0\end{pmatrix}$，$\begin{pmatrix}0&0\\0&1\end{pmatrix}\in V_2$，但 $\begin{pmatrix}1&0\\0&0\end{pmatrix}+\begin{pmatrix}0&0\\0&1\end{pmatrix}=\boldsymbol{E}\notin V_2$，所以 V_2 不是 $\mathbf{R}^{2\times 2}$ 的子空间.

7.3.2 生成子空间

设 $\boldsymbol{\alpha}_1,\boldsymbol{\alpha}_2,\cdots,\boldsymbol{\alpha}_n$ 是数域 P 上线性空间 V 中的一组向量，设这组向量所有可能的线性组合的集合为

$$W=\{k_1\boldsymbol{\alpha}_1+k_2\boldsymbol{\alpha}_2+\cdots+k_n\boldsymbol{\alpha}_n\mid k_i\in P,i=1,2,\cdots,n\}.$$

则 W 是 V 的一个子空间，称 W 是由 $\boldsymbol{\alpha}_1,\boldsymbol{\alpha}_2,\cdots,\boldsymbol{\alpha}_n$ 生成的子空间，记为

$$W=\mathrm{span}\{\boldsymbol{\alpha}_1,\boldsymbol{\alpha}_2,\cdots,\boldsymbol{\alpha}_n\}\text{ 或 }W=L\{\boldsymbol{\alpha}_1,\boldsymbol{\alpha}_2,\cdots,\boldsymbol{\alpha}_n\}.$$

式中，$\boldsymbol{\alpha}_1,\boldsymbol{\alpha}_2,\cdots,\boldsymbol{\alpha}_n$ 称为 W 的生成元.

由线性空间中基的定义知，若生成元 $\boldsymbol{\alpha}_1,\boldsymbol{\alpha}_2,\cdots,\boldsymbol{\alpha}_n$ 线性无关，则 $\boldsymbol{\alpha}_1,\boldsymbol{\alpha}_2,\cdots,\boldsymbol{\alpha}_n$ 是线性空间 W 的一组基；若 $\boldsymbol{\alpha}_1,\boldsymbol{\alpha}_2,\cdots,\boldsymbol{\alpha}_n$ 线性相关，则 $\boldsymbol{\alpha}_1,\boldsymbol{\alpha}_2,\cdots,\boldsymbol{\alpha}_n$ 不是 W 的一组基，此时 $\boldsymbol{\alpha}_1,\boldsymbol{\alpha}_2,\cdots,\boldsymbol{\alpha}_n$ 的极大无关组是 W 的基. 也就是说生成元未必是基，但基一定是该空间的生成元.

例 7.3.2　试求由向量组 $\boldsymbol{\alpha}_1=(1,3,2,1)^{\mathrm{T}}$，$\boldsymbol{\alpha}_2=(4,9,5,4)^{\mathrm{T}}$，$\boldsymbol{\alpha}_3=(3,7,4,3)^{\mathrm{T}}$ 生成的 $\mathbf{R}^4$ 子空间的基和维数.

解　设 $W=\mathrm{span}\{\boldsymbol{\alpha}_1,\boldsymbol{\alpha}_2,\boldsymbol{\alpha}_3\}$，要求 W 的基和维数，即是求向量组 $\boldsymbol{\alpha}_1,\boldsymbol{\alpha}_2,\boldsymbol{\alpha}_3$ 的极大无关组和秩. 由于

$$(\boldsymbol{\alpha}_1,\boldsymbol{\alpha}_2,\boldsymbol{\alpha}_3)\sim\begin{pmatrix}1&4&3\\0&-3&-2\\0&0&0\\0&0&0\end{pmatrix},$$

故向量组 $\boldsymbol{\alpha}_1,\boldsymbol{\alpha}_2,\boldsymbol{\alpha}_3$ 的秩为 2，极大无关组为 $\boldsymbol{\alpha}_1$，$\boldsymbol{\alpha}_2$($\boldsymbol{\alpha}_2,\boldsymbol{\alpha}_3$ 或 $\boldsymbol{\alpha}_1$，$\boldsymbol{\alpha}_3$). 所以 W 的基为 $\boldsymbol{\alpha}_1,\boldsymbol{\alpha}_2$($\boldsymbol{\alpha}_2,\boldsymbol{\alpha}_3$ 或 $\boldsymbol{\alpha}_1,\boldsymbol{\alpha}_3$)；$\dim W=2$.

7.3.3 子空间的交与和

定义 7.3.2　设 W_1，W_2 是线性空间 V 的两个子空间，则

$$W_1\cap W_2=\{\boldsymbol{\alpha}\mid\boldsymbol{\alpha}\in W_1\text{ 且 }\boldsymbol{\alpha}\in W_2\},$$

$$W_1+W_2=\{\boldsymbol{\alpha}_1+\boldsymbol{\alpha}_2\mid\boldsymbol{\alpha}_1\in W_1,\boldsymbol{\alpha}_2\in W_2\}$$

分别称为 W_1 与 W_2 的交与和.

定理 7.3.2　设 W_1，W_2 是 n 维线性空间 V 的两个子空间，则

(1) $W_1\cap W_2$ 也是 V 的子空间；

(2) W_1+W_2 也是 V 的子空间.

证　(1) 因子空间 W_1 和 W_2 都含有零向量，所以 $W_1\cap W_2$ 也含有零向量，于是 $W_1\cap W_2$ 是非空集合；若 $\boldsymbol{\alpha},\boldsymbol{\beta}\in W_1\cap W_2$，那么 $\boldsymbol{\alpha},\boldsymbol{\beta}\in W_1$，且 $\boldsymbol{\alpha},\boldsymbol{\beta}\in W_2$. 因 W_1 和 W_2 都是子空间，故 $\boldsymbol{\alpha}+\boldsymbol{\beta}\in W_1$，且 $\boldsymbol{\alpha}+\boldsymbol{\beta}\in W_2$，即 $\boldsymbol{\alpha}+\boldsymbol{\beta}\in W_1\cap W_2$；同理可证 $W_1\cap W_2$ 关于数乘运算也是封闭的，所以 $W_1\cap W_2$ 是 V 的子空间.

(2) 显然 $\mathbf{0}\in W_1+W_2$，故 W_1+W_2 是非空集合. 对于任意两个向量 $\boldsymbol{\gamma}_1$，$\boldsymbol{\gamma}_2\in W_1+W_2$，有 $\boldsymbol{\gamma}_1=\boldsymbol{\alpha}_1+\boldsymbol{\alpha}_2$，其中 $\boldsymbol{\alpha}_1\in W_1$，$\boldsymbol{\alpha}_2\in W_2$；$\boldsymbol{\gamma}_2=\boldsymbol{\beta}_1+\boldsymbol{\beta}_2$，其中 $\boldsymbol{\beta}_1\in W_1,\boldsymbol{\beta}_2\in W_2$. 得

$$\boldsymbol{\gamma}_1+\boldsymbol{\gamma}_2=\boldsymbol{\alpha}_1+\boldsymbol{\beta}_1+\boldsymbol{\alpha}_2+\boldsymbol{\beta}_2,\quad\boldsymbol{\alpha}_1+\boldsymbol{\beta}_1\in W_1,\quad\boldsymbol{\alpha}_2+\boldsymbol{\beta}_2\in W_2.$$

故 $\boldsymbol{\gamma}_1+\boldsymbol{\gamma}_2\in W_1+W_2$. 同理可证 W_1+W_2 关于数乘运算也是封闭的，所以 W_1+W_2 是 V 的子空间.

注　$W_1\cup W_2=\{\boldsymbol{\alpha}\mid\boldsymbol{\alpha}\in W_1\text{ 或 }\boldsymbol{\alpha}\in W_2\}$ 未必是 V 的子空间.

为了便于讨论子空间的交与和的维数公式，先给出基的扩充定理：

定理 7.3.3 设 W 是数域 P 上 n 维线性空间 V 的一个 m 维子空间，$\boldsymbol{\alpha}_1,\boldsymbol{\alpha}_2,\cdots,\boldsymbol{\alpha}_m$ 是 W 的一组基，则 $\boldsymbol{\alpha}_1,\boldsymbol{\alpha}_2,\cdots,\boldsymbol{\alpha}_m$ 必可扩充为线性空间 V 的基. 也就是说，在线性空间 V 中必定可以找到 $n-m$ 个向量 $\boldsymbol{\alpha}_{m+1},\boldsymbol{\alpha}_{m+2},\cdots,\boldsymbol{\alpha}_n$，使得 $\boldsymbol{\alpha}_1,\boldsymbol{\alpha}_2,\cdots,\boldsymbol{\alpha}_n$ 是 V 的一组基.

证 对维数 $n-m$ 应用数学归纳法. 当 $n-m=0$ 时，定理显然成立，因为 $\boldsymbol{\alpha}_1,\boldsymbol{\alpha}_2,\cdots,\boldsymbol{\alpha}_m$ 已经是 V 的基. 现在假定 $n-m=k$ 时，定理成立，我们考虑 $n-m=k+1$ 时的情形.

既然 $\boldsymbol{\alpha}_1,\boldsymbol{\alpha}_2,\cdots,\boldsymbol{\alpha}_m$ 还不是线性空间 V 的基，它又是线性无关的，那么在线性空间 V 中必定有一个向量 $\boldsymbol{\alpha}_{m+1}$ 不能被 $\boldsymbol{\alpha}_1,\boldsymbol{\alpha}_2,\cdots,\boldsymbol{\alpha}_m$ 线性表示. 把 $\boldsymbol{\alpha}_{m+1}$ 补充进去，$\boldsymbol{\alpha}_1,\boldsymbol{\alpha}_2,\cdots,\boldsymbol{\alpha}_m,\boldsymbol{\alpha}_{m+1}$ 一定线性无关，这时子空间 $\mathrm{span}\{\boldsymbol{\alpha}_1,\boldsymbol{\alpha}_2,\cdots,\boldsymbol{\alpha}_m,\boldsymbol{\alpha}_{m+1}\}$ 是 $m+1$ 维的. 因为

$$n-(m+1)=(n-m)-1=k+1-1=k,$$

由归纳假设知 $\mathrm{span}\{\boldsymbol{\alpha}_1,\boldsymbol{\alpha}_2,\cdots,\boldsymbol{\alpha}_m,\boldsymbol{\alpha}_{m+1}\}$ 的基 $\boldsymbol{\alpha}_1,\boldsymbol{\alpha}_2,\cdots,\boldsymbol{\alpha}_m,\boldsymbol{\alpha}_{m+1}$ 可以扩充为线性空间 V 的基. 即 $\boldsymbol{\alpha}_1,\boldsymbol{\alpha}_2,\cdots,\boldsymbol{\alpha}_m$ 必可扩充为线性空间 V 的基.

定理 7.3.4 设 W_1 和 W_2 是数域 P 上线性空间 V 的两个子空间，则

$$\dim(W_1+W_2)=\dim W_1+\dim W_2-\dim(W_1\cap W_2), \tag{7.3.1}$$

式(7.3.1)称为维数公式.

证 设 $\dim W_1=n_1$，$\dim W_2=n_2$，$\dim(W_1\cap W_2)=m$，我们要证

$$\dim(W_1+W_2)=n_1+n_2-m.$$

取 $\boldsymbol{\alpha}_1,\boldsymbol{\alpha}_2,\cdots,\boldsymbol{\alpha}_m$ 为 $W_1\cap W_2$ 的基，根据定理 7.3.3，将它依次扩充为 W_1 和 W_2 的一组基

$$\boldsymbol{\alpha}_1,\boldsymbol{\alpha}_2,\cdots,\boldsymbol{\alpha}_m,\boldsymbol{\beta}_1,\boldsymbol{\beta}_2,\cdots,\boldsymbol{\beta}_{n_1-m}$$

和

$$\boldsymbol{\alpha}_1,\boldsymbol{\alpha}_2,\cdots,\boldsymbol{\alpha}_m,\boldsymbol{\gamma}_1,\boldsymbol{\gamma}_2,\cdots,\boldsymbol{\gamma}_{n_2-m}.$$

即

$$W_1=\mathrm{span}\{\boldsymbol{\alpha}_1,\boldsymbol{\alpha}_2,\cdots,\boldsymbol{\alpha}_m,\boldsymbol{\beta}_1,\boldsymbol{\beta}_2,\cdots,\boldsymbol{\beta}_{n_1-m}\},$$
$$W_2=\mathrm{span}\{\boldsymbol{\alpha}_1,\boldsymbol{\alpha}_2,\cdots,\boldsymbol{\alpha}_m,\boldsymbol{\gamma}_1,\boldsymbol{\gamma}_2,\cdots,\boldsymbol{\gamma}_{n_2-m}\}.$$

所以

$$W_1+W_2=\mathrm{span}\{\boldsymbol{\alpha}_1,\boldsymbol{\alpha}_2,\cdots,\boldsymbol{\alpha}_m,\boldsymbol{\beta}_1,\boldsymbol{\beta}_2,\cdots,\boldsymbol{\beta}_{n_1-m},\boldsymbol{\gamma}_1,\boldsymbol{\gamma}_2,\cdots,\boldsymbol{\gamma}_{n_2-m}\}.$$

设

$$k_1\boldsymbol{\alpha}_1+k_2\boldsymbol{\alpha}_2+\cdots+k_m\boldsymbol{\alpha}_m+l_1\boldsymbol{\beta}_1+l_2\boldsymbol{\beta}_2+\cdots+l_{n_1-m}\boldsymbol{\beta}_{n_1-m}+\lambda_1\boldsymbol{\gamma}_1+\lambda_2\boldsymbol{\gamma}_2+\cdots+\lambda_{n_2-m}\boldsymbol{\gamma}_{n_2-m}=\mathbf{0}.$$

令

$$\boldsymbol{x}=k_1\boldsymbol{\alpha}_1+k_2\boldsymbol{\alpha}_2+\cdots+k_m\boldsymbol{\alpha}_m+l_1\boldsymbol{\beta}_1+l_2\boldsymbol{\beta}_2+\cdots+l_{n_1-m}\boldsymbol{\beta}_{n_1-m} \tag{7.3.2}$$
$$=-\lambda_1\boldsymbol{\gamma}_1-\lambda_2\boldsymbol{\gamma}_2-\cdots-\lambda_{n_2-m}\boldsymbol{\gamma}_{n_2-m}, \tag{7.3.3}$$

由式(7.3.2)知 $\boldsymbol{x}\in W_1$，由式(7.3.3)知 $\boldsymbol{x}\in W_2$，于是 $\boldsymbol{x}\in W_1\cap W_2$. 故可令

$$\boldsymbol{x}=\mu_1\boldsymbol{\alpha}_1+\mu_2\boldsymbol{\alpha}_2+\cdots+\mu_m\boldsymbol{\alpha}_m,$$

则

$$\mu_1\boldsymbol{\alpha}_1+\mu_2\boldsymbol{\alpha}_2+\cdots+\mu_m\boldsymbol{\alpha}_m=-\lambda_1\boldsymbol{\gamma}_1-\lambda_2\boldsymbol{\gamma}_2-\cdots-\lambda_{n_2-m}\boldsymbol{\gamma}_{n_2-m},$$

即

$$\mu_1\boldsymbol{\alpha}_1+\mu_2\boldsymbol{\alpha}_2+\cdots+\mu_m\boldsymbol{\alpha}_m+\lambda_1\boldsymbol{\gamma}_1+\lambda_2\boldsymbol{\gamma}_2+\cdots+\lambda_{n_2-m}\boldsymbol{\gamma}_{n_2-m}=\boldsymbol{0}.$$

由于 $\boldsymbol{\alpha}_1,\boldsymbol{\alpha}_2,\cdots,\boldsymbol{\alpha}_m,\boldsymbol{\gamma}_1,\boldsymbol{\gamma}_2,\cdots,\boldsymbol{\gamma}_{n_2-m}$ 线性无关，所以

$$\mu_1=\mu_2=\cdots=\mu_m=\lambda_1=\lambda_2=\cdots=\lambda_{n_2-m}=0.$$

因而 $\boldsymbol{x}=\boldsymbol{0}$，从而有 $k_1=k_2=\cdots=k_m=l_1=l_2=\cdots=l_{n_1-m}=0$. 这就证明了 $\boldsymbol{\alpha}_1,\boldsymbol{\alpha}_2,\cdots,\boldsymbol{\alpha}_m,\boldsymbol{\beta}_1,\boldsymbol{\beta}_2,\cdots,\boldsymbol{\beta}_{n_1-m},\boldsymbol{\gamma}_1,\boldsymbol{\gamma}_2,\cdots,\boldsymbol{\gamma}_{n_2-m}$ 线性无关，因而它是 W_1+W_2 的一组基，W_1+W_2 的维数为 n_1+n_2-m. 故维数公式成立.

例 7.3.3 设 $W_1=\mathrm{span}\{\boldsymbol{\alpha}_1,\boldsymbol{\alpha}_2\}$，$W_2=\mathrm{span}\{\boldsymbol{\beta}_1,\boldsymbol{\beta}_2,\boldsymbol{\beta}_3\}$，其中

$$\boldsymbol{\alpha}_1=(1,2,1,0)^{\mathrm{T}},\ \boldsymbol{\alpha}_2=(-1,1,1,1)^{\mathrm{T}};$$
$$\boldsymbol{\beta}_1=(2,1,0,-1)^{\mathrm{T}},\ \boldsymbol{\beta}_2=(1,-1,0,1)^{\mathrm{T}},\ \boldsymbol{\beta}_3=(4,-1,0,1)^{\mathrm{T}},$$

求子空间 W_1+W_2 和 $W_1\cap W_2$ 的基与维数.

解 因为 $W_1+W_2=\mathrm{span}\{\boldsymbol{\alpha}_1,\boldsymbol{\alpha}_2,\boldsymbol{\beta}_1,\boldsymbol{\beta}_2,\boldsymbol{\beta}_3\}$，并且

$$(\boldsymbol{\alpha}_1,\boldsymbol{\alpha}_2,\boldsymbol{\beta}_1,\boldsymbol{\beta}_2,\boldsymbol{\beta}_3)\sim\begin{pmatrix}1&0&1&0&1\\0&1&-1&0&-1\\0&0&0&1&2\\0&0&0&0&0\end{pmatrix}.$$

由于 $\boldsymbol{\beta}_1=\boldsymbol{\alpha}_1-\boldsymbol{\alpha}_2,\boldsymbol{\beta}_3=\boldsymbol{\beta}_1+2\boldsymbol{\beta}_2$，所以 $\boldsymbol{\alpha}_1,\boldsymbol{\alpha}_2;\boldsymbol{\beta}_1,\boldsymbol{\beta}_2;\boldsymbol{\alpha}_1,\boldsymbol{\alpha}_2,\boldsymbol{\beta}_2$ 分别是 W_1，W_2，W_1+W_2 的一个基. 于是 $\dim W_1=2$；$\dim W_2=2$；$\dim(W_1+W_2)=3$. 由定理 7.3.4 知，$\dim(W_1\cap W_2)=1$，因为 $\boldsymbol{\beta}_1\in W_2$，又 $\boldsymbol{\beta}_1=\boldsymbol{\alpha}_1-\boldsymbol{\alpha}_2\in W_1$，所以 $\boldsymbol{\beta}_1$ 是 $W_1\cap W_2$ 的一组基.

定义 7.3.3 设 W_1 和 W_2 是数域 P 上的线性空间 V 的两个子空间，如果 W_1+W_2 中每个元素 $\boldsymbol{\alpha}$ 的分解式

$$\boldsymbol{\alpha}=\boldsymbol{\alpha}_1+\boldsymbol{\alpha}_2,\ \boldsymbol{\alpha}_1\in W_1,\ \boldsymbol{\alpha}_2\in W_2$$

是唯一的，则称 W_1+W_2 为直和，记为 $W_1\oplus W_2$.

下面给出判断子空间的和 W_1+W_2 是直和的一个重要定理.

定理 7.3.5 设 W_1 和 W_2 是数域 P 上的线性空间 V 的两个子空间，则以下结论等价：

(1) 子空间 W_1 与 W_2 的和是直和；

(2) 零向量的分解式是唯一的；

(3) $W_1 \cap W_2 = \{\mathbf{0}\}$；

(4) 设 W_1 的一组基为 $\boldsymbol{\alpha}_1,\boldsymbol{\alpha}_2,\cdots,\boldsymbol{\alpha}_s$，$W_2$ 的一组基为 $\boldsymbol{\beta}_1,\boldsymbol{\beta}_2,\cdots,\boldsymbol{\beta}_t$，则

$$\boldsymbol{\alpha}_1,\boldsymbol{\alpha}_2,\cdots,\boldsymbol{\alpha}_s,\boldsymbol{\beta}_1,\boldsymbol{\beta}_2,\cdots,\boldsymbol{\beta}_t$$

构成 W_1+W_2 的一组基；

(5) $\dim(W_1+W_2)=\dim W_1+\dim W_2$.

证 (1) ⇒(2) 显然.

(2) ⇒(3) 任取 $\boldsymbol{\alpha}\in W_1\cap W_2$，因为 $\mathbf{0}=\boldsymbol{\alpha}+(-\boldsymbol{\alpha})$，其中 $\boldsymbol{\alpha}\in W_1$，$-\boldsymbol{\alpha}\in W_2$，而 $\mathbf{0}=\mathbf{0}+\mathbf{0}$，其中 $\mathbf{0}\in W_1$，$\mathbf{0}\in W_2$，于是 $\mathbf{0}=\boldsymbol{\alpha}=-\boldsymbol{\alpha}$. 从而 $W_1\cap W_2=\{\mathbf{0}\}$.

(3) ⇒(4) 设 W_1 的基为 $\boldsymbol{\alpha}_1,\boldsymbol{\alpha}_2,\cdots,\boldsymbol{\alpha}_s$，$W_2$ 的基为 $\boldsymbol{\beta}_1,\boldsymbol{\beta}_2,\cdots,\boldsymbol{\beta}_t$，则

$$W_1+W_2=\operatorname{span}\{\boldsymbol{\alpha}_1,\boldsymbol{\alpha}_2,\cdots,\boldsymbol{\alpha}_s,\boldsymbol{\beta}_1,\boldsymbol{\beta}_2,\cdots,\boldsymbol{\beta}_t\}.$$

所以只需证明 $\boldsymbol{\alpha}_1,\boldsymbol{\alpha}_2,\cdots,\boldsymbol{\alpha}_s,\boldsymbol{\beta}_1,\boldsymbol{\beta}_2,\cdots,\boldsymbol{\beta}_t$ 是线性无关.

设

$$k_1\boldsymbol{\alpha}_1+k_2\boldsymbol{\alpha}_2+\cdots+k_s\boldsymbol{\alpha}_s+l_1\boldsymbol{\beta}_1+l_2\boldsymbol{\beta}_2+\cdots+l_t\boldsymbol{\beta}_t=\mathbf{0},$$

则得

$$k_1\boldsymbol{\alpha}_1+k_2\boldsymbol{\alpha}_2+\cdots+k_s\boldsymbol{\alpha}_s=-(l_1\boldsymbol{\beta}_1+l_2\boldsymbol{\beta}_2+\cdots+l_t\boldsymbol{\beta}_t)\in W_1\cap W_2,$$

从而

$$k_1\boldsymbol{\alpha}_1+k_2\boldsymbol{\alpha}_2+\cdots+k_s\boldsymbol{\alpha}_s=-(l_1\boldsymbol{\beta}_1+l_2\boldsymbol{\beta}_2+\cdots+l_t\boldsymbol{\beta}_t)=\mathbf{0}.$$

于是得 $k_1=k_2=\cdots=k_s=l_1=l_2=\cdots=l_t=0$，从而 $\boldsymbol{\alpha}_1,\boldsymbol{\alpha}_2,\cdots,\boldsymbol{\alpha}_s,\boldsymbol{\beta}_1,\boldsymbol{\beta}_2,\cdots,\boldsymbol{\beta}_t$ 线性无关，它们是 W_1+W_2 的一组基.

(4) ⇒(5) 由定理 7.3.4，显然有 $\dim(W_1+W_2)=\dim W_1+\dim W_2$.

(5) ⇒(1) 设 $\forall\boldsymbol{\alpha}\in W_1+W_2$，若 $\boldsymbol{\alpha}=\boldsymbol{\alpha}_1+\boldsymbol{\alpha}_2=\boldsymbol{\beta}_1+\boldsymbol{\beta}_2$，其中 $\boldsymbol{\alpha}_1,\boldsymbol{\beta}_1\in W_1$ $\boldsymbol{\alpha}_2,\boldsymbol{\beta}_2\in W_2$，则得 $\boldsymbol{\alpha}_1-\boldsymbol{\beta}_1=\boldsymbol{\beta}_2-\boldsymbol{\alpha}_2\in W_1\cap W_2$. 由 $\dim(W_1\cap W_2)=0$，从而 $W_1\cap W_2=\{\mathbf{0}\}$. 于是 $\boldsymbol{\alpha}_1-\boldsymbol{\beta}_1=\boldsymbol{\beta}_2-\boldsymbol{\alpha}_2=\mathbf{0}$，即 $\boldsymbol{\alpha}_1=\boldsymbol{\beta}_1$，$\boldsymbol{\alpha}_2=\boldsymbol{\beta}_2$. 即 $\boldsymbol{\alpha}$ 的分解是唯一的，故子空间 W_1 与 W_2 的和是直和.

例 7.3.4 设 $V=\mathbf{R}^{n\times n}$ 是数域 $\mathbf{R}$ 上全体 n 阶方阵构成的线性空间，$W_1=\{\boldsymbol{A}\in\mathbf{R}^{n\times n}\mid\boldsymbol{A}=\boldsymbol{A}^{\mathrm{T}}\}$ 与 $W_2=\{\boldsymbol{A}\in\mathbf{R}^{n\times n}\mid\boldsymbol{A}=-\boldsymbol{A}^{\mathrm{T}}\}$ 分别是 n 阶对称矩阵与反对称矩阵的集合，证明 W_1 与 W_2 是 V 的子空间，且 $V=W_1\oplus W_2$.

证　由于 $\boldsymbol{O}\in W_1$，W_1 是 V 的非空子集. 对 $a\in\mathbf{R}$，$\boldsymbol{A}$，$\boldsymbol{B}\in W_1$，有

$(\boldsymbol{A}+\boldsymbol{B})^{\mathrm{T}}=\boldsymbol{A}^{\mathrm{T}}+\boldsymbol{B}^{\mathrm{T}}=\boldsymbol{A}+\boldsymbol{B}$，所以 $\boldsymbol{A}+\boldsymbol{B}\in W_1$；

$(a\boldsymbol{A})^{\mathrm{T}}=a\boldsymbol{A}^{\mathrm{T}}=a\boldsymbol{A}$，所以 $a\boldsymbol{A}\in W_1$.

由定理 7.3.1 知 W_1 是 V 的子空间. 同理可证 W_2 也是 V 的子空间.

对任意 $\boldsymbol{A}\in V$，$\boldsymbol{A}=\dfrac{\boldsymbol{A}+\boldsymbol{A}^{\mathrm{T}}}{2}+\dfrac{\boldsymbol{A}-\boldsymbol{A}^{\mathrm{T}}}{2}$，且 $\dfrac{\boldsymbol{A}+\boldsymbol{A}^{\mathrm{T}}}{2}\in W_1$，$\dfrac{\boldsymbol{A}-\boldsymbol{A}^{\mathrm{T}}}{2}\in W_2$.

所以 $\boldsymbol{A}\in W_1+W_2$，进而 $V\subset W_1+W_2$，显然有 $W_1+W_2\subset V$，故 $V=W_1+W_2$.

对任意 $\boldsymbol{B}\in W_1\cap W_2$，则 $\boldsymbol{B}\in W_1$ 且 $\boldsymbol{B}\in W_2$. 有 $\boldsymbol{B}=\boldsymbol{B}^{\mathrm{T}}$，且 $\boldsymbol{B}=-\boldsymbol{B}^{\mathrm{T}}$，所以 $\boldsymbol{B}=\boldsymbol{O}$，得 $W_1\cap W_2=\{\boldsymbol{O}\}$，由定理 7.3.5 有 $V=W_1\oplus W_2$.

习题 7.3

1. 判断下列子集是否构成子空间.

(1) $V=\{\boldsymbol{A}\in\mathbf{R}^{2\times2}\mid \boldsymbol{A}^2=\boldsymbol{A}\}$；

(2) $V=\{\boldsymbol{A}\in\mathbf{R}^{n\times n}\mid \operatorname{tr}(\boldsymbol{A})=0\}$；

(3) $V=\{(1,x_2,\cdots,x_n)\mid x_i\in\mathbf{R},i=2,3,\cdots,n\}$.

2. 试求由向量组

$$\boldsymbol{\alpha}_1=(1,2,-1,3)^{\mathrm{T}},\ \boldsymbol{\alpha}_2=(3,-2,5,0)^{\mathrm{T}},$$
$$\boldsymbol{\alpha}_3=(-7,10,13,6)^{\mathrm{T}}$$

生成 $\mathbf{R}^4$ 的子空间的基与维数.

3. 设向量

$$\boldsymbol{\alpha}_1=(1,2,-1,-2)^{\mathrm{T}},\boldsymbol{\alpha}_2=(3,1,1,1)^{\mathrm{T}},$$
$$\boldsymbol{\alpha}_3=(-1,0,1,-1)^{\mathrm{T}},$$
$$\boldsymbol{\beta}_1=(2,5,-6,-5)^{\mathrm{T}},\boldsymbol{\beta}_2=(-1,2,-7,3)^{\mathrm{T}},$$

且 $W_1=\operatorname{span}\{\boldsymbol{\alpha}_1,\boldsymbol{\alpha}_2,\boldsymbol{\alpha}_3\}$，$W_2=\operatorname{span}\{\boldsymbol{\beta}_1,\boldsymbol{\beta}_2\}$，求 $W_1\cap W_2$ 与 W_1+W_2 的基和维数.

4. 设 W_1 和 W_2 分别是齐次线性方程组 $x_1+x_2+\cdots+x_n=0$ 与 $x_1=x_2=\cdots=x_n$ 的解空间，证明 $\mathbf{R}^n=W_1\oplus W_2$.

7.4 线性变换的定义及运算

7.4.1 线性变换的定义及性质

线性空间 V 中元素之间的联系可以用 V 到自身的映射来表示. 线性空间 V 到自身的映射称为变换，而线性变换是线性空间中最简单也是最基本的一种变换. 本节介绍线性变换的概念，并讨论它的基本性质.

定义 7.4.1　设有两个非空集合 A，B，如果对于 A 中任一元素 α，按照一定的对应法则 φ，在 B 中有唯一一个确定的元素 β 和它对应. 那么，这个对应法则 φ 称为从集合 A 到集合 B 的映射，并记

$$\beta=\varphi(\alpha)\ (\alpha\in A).$$

即映射 φ 把元素 α 变为 β，β 称为 α 在映射 φ 下的像，α 称为 β 在映射 φ 下的原像. A 称为映射 φ 的原像集. 像的全体所构成的集合称为像集，记作 $\varphi(A)$，即 $\varphi(A)=\{\beta=\varphi(\alpha)\mid\alpha\in A\}$，显然 $\varphi(A)\subset B$.

映射中集合 A 与 B 可以相同，也可以不同. 若 $A=B$，则称 φ 是 A 中的一个变换.

例 7.4.1 设 A 为实数集 $\mathbf{R}$，$B=[-1,1]$. 对任意的 $x\in A$，定义 $\varphi(x)=\cos x$，则 φ 是从 A 到 B 的一个映射.

从此例可以看出，映射是函数概念的推广.

定义 7.4.2 设 V，W 是数域 P 上的两个线性空间，$\varphi:V\to W$ 是 V 到 W 的一个映射. 如果 $\forall\boldsymbol{\alpha},\boldsymbol{\beta}\in V$ 及 $k\in P$，φ 满足条件

(1) $\varphi(\boldsymbol{\alpha}+\boldsymbol{\beta})=\varphi(\boldsymbol{\alpha})+\varphi(\boldsymbol{\beta})$；

(2) $\varphi(k\cdot\boldsymbol{\alpha})=k\cdot\varphi(\boldsymbol{\alpha})$，

则称 φ 是 V 到 W 的一个线性映射. 特别地，当 $V=W$ 时，则称 φ 是线性变换.

例 7.4.2 设 $V=\mathbf{R}^2$，$\boldsymbol{A}=(a_{ij})$ 是 2 阶方阵，对任意 $\boldsymbol{\alpha}=(x,y)^{\mathrm{T}}$，定义变换

$$\varphi(\boldsymbol{\alpha})=\boldsymbol{A}\boldsymbol{\alpha}=\boldsymbol{A}\begin{pmatrix}x\\y\end{pmatrix};$$

易证 φ 是 $\mathbf{R}^2$ 上的一个线性变换.

下面介绍几种常用的线性变换.

例 7.4.3 设 V 是数域 P 上的线性空间，对任意向量 $\boldsymbol{\alpha}\in V$，定义如下三个变换：

$\varphi_1(\boldsymbol{\alpha})=\boldsymbol{\alpha}$;

$\varphi_2(\boldsymbol{\alpha})=\mathbf{0}$，　其中 $\mathbf{0}$ 是 V 中的零向量；

$\varphi_3(\boldsymbol{\alpha})=k\cdot\boldsymbol{\alpha}$，　其中 k 是 P 中固定的数.

易证 $\varphi_1,\varphi_2,\varphi_3$ 都是 V 上的线性变换. 分别称 $\varphi_1,\varphi_2,\varphi_3$ 为 V 上的恒等变换、零变换及数乘变换. 恒等变换一般记作 ε.

例 7.4.4 设 $P^{n\times n}$ 是数域 P 上的全体 n 阶方阵所组成的线性空间，$\boldsymbol{A}$ 是 $P^{n\times n}$ 中给定的矩阵，$\forall\boldsymbol{X}\in P^{n\times n}$，定义变换 φ 为

$$\varphi(\boldsymbol{X})=\boldsymbol{AX}-\boldsymbol{XA}.$$

证明 φ 是 $P^{n\times n}$ 上的一个线性变换.

证　$\forall\boldsymbol{X}$，$\boldsymbol{Y}\in P^{n\times n}$，$\forall k\in P$，总有 $\varphi(\boldsymbol{X})=\boldsymbol{AX}-\boldsymbol{XA}\in P^{n\times n}$，且 $\varphi(\boldsymbol{X}+\boldsymbol{Y})=\boldsymbol{A}(\boldsymbol{X}+\boldsymbol{Y})-(\boldsymbol{X}+\boldsymbol{Y})\boldsymbol{A}=(\boldsymbol{AX}-\boldsymbol{XA})+(\boldsymbol{AY}-\boldsymbol{YA})=\varphi(\boldsymbol{X})+\varphi(\boldsymbol{Y})$，同时

$$\varphi(kX)=A(kX)-(kX)A=k(AX-XA)=k\varphi(X),$$

所以 φ 是 $P^{n\times n}$ 上的一个线性变换.

由定义 7.4.1 可直接推出线性变换的简单性质:

(1) $\varphi(\mathbf{0})=\mathbf{0}$, $\varphi(-\boldsymbol{\alpha})=-\varphi(\boldsymbol{\alpha})$;

事实上, $\varphi(\mathbf{0})=\varphi(0\cdot\boldsymbol{\alpha})=0\cdot\varphi(\boldsymbol{\alpha})=\mathbf{0}$, $\varphi(-\boldsymbol{\alpha})=\varphi((-1)\cdot\boldsymbol{\alpha})=(-1)\cdot\varphi(\boldsymbol{\alpha})=-\varphi(\boldsymbol{\alpha})$.

(2) 线性变换保持向量的线性关系, 即

$$\varphi(k_1\cdot\boldsymbol{\alpha}_1+k_2\cdot\boldsymbol{\alpha}_2+\cdots+k_s\cdot\boldsymbol{\alpha}_s)=k_1\cdot\varphi(\boldsymbol{\alpha}_1)+k_2\cdot\varphi(\boldsymbol{\alpha}_2)+\cdots+k_s\cdot\varphi(\boldsymbol{\alpha}_s);$$

(3) 线性变换将线性相关的向量组变为线性相关的向量组, 即若线性空间 V 中的向量组 $\boldsymbol{\alpha}_1,\boldsymbol{\alpha}_2,\cdots,\boldsymbol{\alpha}_s$ 线性相关, 则 $\varphi(\boldsymbol{\alpha}_1)$, $\varphi(\boldsymbol{\alpha}_2),\cdots,\varphi(\boldsymbol{\alpha}_s)$ 也线性相关.

定义线性空间 V 上的一个线性变换 φ, 必须对 V 中的每一个向量 $\boldsymbol{\alpha}$ 在 φ 下的像 $\varphi(\boldsymbol{\alpha})$ 作定义. 由于线性变换保持线性运算, 我们只需定义 φ 在 V 中的基元素 $\boldsymbol{\alpha}_1,\boldsymbol{\alpha}_2,\cdots,\boldsymbol{\alpha}_n$ 下的像 $\varphi(\boldsymbol{\alpha}_1)$, $\varphi(\boldsymbol{\alpha}_2),\cdots,\varphi(\boldsymbol{\alpha}_n)$, 那么 φ 就被唯一确定了. 于是有:

定理 7.4.1　设 $\boldsymbol{\alpha}_1,\boldsymbol{\alpha}_2,\cdots,\boldsymbol{\alpha}_n$ 是 n 维线性空间 V 的一个有序基, 对 V 中的任意 n 个向量 $\boldsymbol{\beta}_1,\boldsymbol{\beta}_2,\cdots,\boldsymbol{\beta}_n$, 一定存在唯一的线性变换 φ 使

$$\varphi(\boldsymbol{\alpha}_i)=\boldsymbol{\beta}_i(i=1,2,\cdots,n).$$

证　先证明存在性. 对任意的 $\boldsymbol{\alpha}\in V$, 有 $\boldsymbol{\alpha}$ 的唯一表达式

$$\boldsymbol{\alpha}=x_1\cdot\boldsymbol{\alpha}_1+x_2\cdot\boldsymbol{\alpha}_2+\cdots+x_n\cdot\boldsymbol{\alpha}_n.$$

定义

$$\varphi(\boldsymbol{\alpha})=x_1\cdot\boldsymbol{\beta}_1+x_2\cdot\boldsymbol{\beta}_2+\cdots+x_n\cdot\boldsymbol{\beta}_n,\tag{7.4.1}$$

显然有 $\varphi(\boldsymbol{\alpha}_i)=\boldsymbol{\beta}_i(i=1,2,\cdots,n)$. 下面验证定义(7.4.1)是 V 上的一个线性变换.

对任意向量 $\boldsymbol{\beta}\in V$, 有 $\boldsymbol{\beta}$ 的唯一表达式 $\boldsymbol{\beta}=y_1\cdot\boldsymbol{\alpha}_1+y_2\cdot\boldsymbol{\alpha}_2+\cdots+y_n\cdot\boldsymbol{\alpha}_n$, 因为

$$\boldsymbol{\alpha}+\boldsymbol{\beta}=(x_1+y_1)\cdot\boldsymbol{\alpha}_1+(x_2+y_2)\cdot\boldsymbol{\alpha}_2+\cdots+(x_n+y_n)\cdot\boldsymbol{\alpha}_n,$$

由式(7.4.1)得

$$\begin{aligned}\varphi(\boldsymbol{\alpha}+\boldsymbol{\beta})&=(x_1+y_1)\cdot\boldsymbol{\beta}_1+(x_2+y_2)\cdot\boldsymbol{\beta}_2+\cdots+(x_n+y_n)\cdot\boldsymbol{\beta}_n\\&=x_1\cdot\boldsymbol{\beta}_1+x_2\cdot\boldsymbol{\beta}_2+\cdots+x_n\cdot\boldsymbol{\beta}_n+y_1\cdot\boldsymbol{\beta}_1+y_2\cdot\boldsymbol{\beta}_2+\cdots+y_n\cdot\boldsymbol{\beta}_n\\&=\varphi(\boldsymbol{\alpha})+\varphi(\boldsymbol{\beta}).\end{aligned}$$

$\forall k\in P$, 因为 $k\cdot\boldsymbol{\alpha}=kx_1\cdot\boldsymbol{\alpha}_1+kx_2\cdot\boldsymbol{\alpha}_2+\cdots+kx_n\cdot\boldsymbol{\alpha}_n$, 由式(7.4.1)得

$$\varphi(k\cdot\boldsymbol{\alpha})=kx_1\cdot\boldsymbol{\beta}_1+kx_2\cdot\boldsymbol{\beta}_2+\cdots+kx_n\cdot\boldsymbol{\beta}_n=k\cdot\varphi(\boldsymbol{\alpha}).$$

所以定义的式(7.4.1)是 V 上的一个线性变换.

再证唯一性. 若另有 V 上的线性变换 δ, 也是 $\delta(\boldsymbol{\alpha}_i)=\boldsymbol{\beta}_i \quad (i=1,2,\cdots,n)$, 则对于任意的向量 $\boldsymbol{\alpha}=x_1\cdot\boldsymbol{\alpha}_1+x_2\cdot\boldsymbol{\alpha}_2+\cdots+x_n\cdot\boldsymbol{\alpha}_n$, 有

$$\begin{aligned}\delta(\boldsymbol{\alpha})&=x_1\cdot\delta(\boldsymbol{\alpha}_1)+x_2\cdot\delta(\boldsymbol{\alpha}_2)+\cdots+x_n\cdot\delta(\boldsymbol{\alpha}_n)\\&=x_1\cdot\boldsymbol{\beta}_1+x_2\cdot\boldsymbol{\beta}_2+\cdots+x_n\cdot\boldsymbol{\beta}_n.\end{aligned}\tag{7.4.2}$$

比较式(7.4.1)和式(7.4.2), 由 $\boldsymbol{\alpha}$ 的任意性, 得 $\varphi=\delta$. 故唯一性得证.

例 7.4.5 设 $\boldsymbol{e}_1=\begin{pmatrix}1\\0\end{pmatrix}$, $\boldsymbol{e}_2=\begin{pmatrix}0\\1\end{pmatrix}$ 是 $\mathbf{R}^2$ 的基, $\boldsymbol{\alpha}_1=\begin{pmatrix}1\\2\end{pmatrix}$, $\boldsymbol{\alpha}_2=\begin{pmatrix}3\\4\end{pmatrix}$ 是 $\mathbf{R}^2$ 中给定的两个向量. 则存在 $\mathbf{R}^2$ 上的唯一线性变换 φ, 使 $\varphi(\boldsymbol{e}_1)=\boldsymbol{\alpha}_1$, $\varphi(\boldsymbol{e}_2)=\boldsymbol{\alpha}_2$. 于是, $\forall\boldsymbol{\alpha}=x\boldsymbol{e}_1+y\boldsymbol{e}_2=\begin{pmatrix}x\\y\end{pmatrix}$, 有

$$\varphi\begin{pmatrix}x\\y\end{pmatrix}=\varphi(\boldsymbol{\alpha})=x\varphi(\boldsymbol{e}_1)+y\varphi(\boldsymbol{e}_2)=\begin{pmatrix}x+3y\\2x+4y\end{pmatrix}.$$

7.4.2 线性变换的运算

定义 7.4.3 设 φ_1, φ_2 是实数域 P 上线性空间 V 中的线性变换, $k\in P$, $\boldsymbol{\alpha}\in V$, 规定

(1) $(\varphi_1+\varphi_2)\boldsymbol{\alpha}=\varphi_1(\boldsymbol{\alpha})+\varphi_2(\boldsymbol{\alpha})$;

(2) $(k\cdot\varphi_1)\boldsymbol{\alpha}=k\cdot\varphi_1(\boldsymbol{\alpha})$;

(3) $(\varphi_1\varphi_2)(\boldsymbol{\alpha})=\varphi_1(\varphi_2(\boldsymbol{\alpha}))$.

以上运算分别称为线性变换的加法、数乘与乘法. 可以证明 $\varphi_1+\varphi_2$, $k\cdot\varphi_1$, $\varphi_1\varphi_2$ 也是线性变换.

线性变换的加法、数乘满足以下运算规则:

(1) $\varphi_1+\varphi_2=\varphi_2+\varphi_1$;

(2) $(\varphi_1+\varphi_2)+\varphi_3=\varphi_1+(\varphi_2+\varphi_3)$;

(3) $\varphi_1+\mathbf{0}=\varphi_1$;

(4) $\varphi_1+(-\varphi_1)=\mathbf{0}$;

(5) $1\cdot\varphi_1=\varphi_1$;

(6) $k\cdot(l\cdot\varphi_1)=(kl)\cdot\varphi_1$;

(7) $k\cdot(\varphi_1+\varphi_2)=k\cdot\varphi_1+k\cdot\varphi_2$;

(8) $(k+l)\cdot\varphi_1=k\cdot\varphi_1+l\cdot\varphi_1$.

其中 $\varphi_1,\varphi_2,\varphi_3$ 是线性空间 V 中的任意线性变换. (3)和(4)中的 $\mathbf{0}$ 表示零变换, (4)中的 $-\varphi_1$ 表示 φ_1 的负变换, 即 $-\varphi_1=(-1)\varphi_1$, k, l 是 P 中的任意数.

综上，设 $L(V,V)=\{$实数域上线性空间 V 的所有线性变换$\}$，则对线性变换的加法和数乘构成一个线性空间.

线性变换的乘法满足以下运算规则：

(9) $(\varphi_1\varphi_2)\varphi_3=\varphi_1(\varphi_2\varphi_3)$；

(10) $\varphi_1(\varphi_2+\varphi_3)=\varphi_1\varphi_2+\varphi_1\varphi_3$；

(11) $(\varphi_1+\varphi_2)\varphi_3=\varphi_1\varphi_3+\varphi_2\varphi_3$.

一般地，$\varphi_1\varphi_2\neq\varphi_2\varphi_1$.

定义 7.4.4　设 φ 是 V 上的一个线性变换，若存在 V 上的另一个变换 ϕ，使得

$$\phi\varphi=\varphi\phi=\varepsilon,$$

则称线性变换 φ 为可逆的，ϕ 为 φ 的逆变换.

显然，当 φ 可逆时，它的逆变换 ϕ 是唯一的，通常记为 $\varphi^{-1}=\phi$.

定理 7.4.2　设 φ 是数域 P 上 n 维线性空间 V 上的一个线性变换，称

$$\ker\varphi=\{\boldsymbol{\alpha}\in V\mid\varphi(\boldsymbol{\alpha})=\mathbf{0}\}$$

为 φ 的核；称

$$\varphi(V)=\{\varphi(\boldsymbol{\beta})\mid\forall\boldsymbol{\beta}\in V\}$$

为 φ 的像. 则 $\ker\varphi$，$\varphi(V)$ 都是 V 的子空间，且

$$\dim\ker\varphi+\dim\varphi(V)=n.$$

证　因为 $\mathbf{0}\in\ker\varphi$，所以 $\ker\varphi$ 是 V 的非空子集.

$\forall\boldsymbol{\alpha}_1$，$\boldsymbol{\alpha}_2\in\ker\varphi$，$k\in P$，有 $\varphi(\boldsymbol{\alpha}_1+\boldsymbol{\alpha}_2)=\varphi(\boldsymbol{\alpha}_1)+\varphi(\boldsymbol{\alpha}_2)=\mathbf{0}$，所以 $\boldsymbol{\alpha}_1+\boldsymbol{\alpha}_2\in\ker\varphi$. $\varphi(k\boldsymbol{\alpha}_1)=k\varphi(\boldsymbol{\alpha}_1)=\mathbf{0}$，所以 $k\boldsymbol{\alpha}_1\in\ker\varphi$.

故 $\ker\varphi$ 是 V 的子空间. 同理可证 $\varphi(V)$ 是 V 的子空间.

下面证明 $\dim\ker\varphi+\dim\varphi(V)=n$.

设 $\dim\ker\varphi=r$，取子空间 $\ker\varphi$ 的一组基为 $\boldsymbol{\alpha}_1,\boldsymbol{\alpha}_2,\cdots,\boldsymbol{\alpha}_r$，将其扩充为 V 的一组基：$\boldsymbol{\alpha}_1,\boldsymbol{\alpha}_2,\cdots,\boldsymbol{\alpha}_r,\boldsymbol{\alpha}_{r+1},\boldsymbol{\alpha}_{r+2},\cdots,\boldsymbol{\alpha}_n$，可以证明

$$\varphi(\boldsymbol{\alpha}_{r+1}),\varphi(\boldsymbol{\alpha}_{r+2}),\cdots,\varphi(\boldsymbol{\alpha}_n)$$

是像空间 $\varphi(V)$ 的基. 事实上 $\forall\boldsymbol{\beta}\in\varphi(V)$，一定存在 $\boldsymbol{\alpha}\in V$ 使 $\varphi(\boldsymbol{\alpha})=\boldsymbol{\beta}$.

若 $\boldsymbol{\alpha}=x_1\cdot\boldsymbol{\alpha}_1+\cdots+x_r\cdot\boldsymbol{\alpha}_r+x_{r+1}\cdot\boldsymbol{\alpha}_{r+1}+\cdots+x_n\cdot\boldsymbol{\alpha}_n$，则

$$\begin{aligned}\boldsymbol{\beta}=\varphi(\boldsymbol{\alpha})&=x_1\cdot\varphi(\boldsymbol{\alpha}_1)+\cdots+x_r\cdot\varphi(\boldsymbol{\alpha}_r)+x_{r+1}\cdot\varphi(\boldsymbol{\alpha}_{r+1})+\cdots+x_n\cdot\varphi(\boldsymbol{\alpha}_n)\\&=x_{r+1}\cdot\varphi(\boldsymbol{\alpha}_{r+1})+\cdots+x_n\cdot\varphi(\boldsymbol{\alpha}_n),\end{aligned}$$

所以 $\boldsymbol{\beta}$ 可由 $\varphi(\boldsymbol{\alpha}_{r+1}),\varphi(\boldsymbol{\alpha}_{r+2}),\cdots,\varphi(\boldsymbol{\alpha}_n)$ 线性表示. 再证 $\varphi(\boldsymbol{\alpha}_{r+1})$，$\varphi(\boldsymbol{\alpha}_{r+2}),\cdots,\varphi(\boldsymbol{\alpha}_n)$ 线性无关.

设 $k_{r+1}\cdot\varphi(\boldsymbol{\alpha}_{r+1})+k_{r+2}\cdot\varphi(\boldsymbol{\alpha}_{r+2})+\cdots+k_n\cdot\varphi(\boldsymbol{\alpha}_n)=\mathbf{0}$，即

$$\varphi(k_{r+1}\cdot\boldsymbol{\alpha}_{r+1}+k_{r+2}\cdot\boldsymbol{\alpha}_{r+2}+\cdots+k_n\cdot\boldsymbol{\alpha}_n)=\mathbf{0},$$

这说明 $k_{r+1}\cdot\boldsymbol{\alpha}_{r+1}+k_{r+2}\cdot\boldsymbol{\alpha}_{r+2}+\cdots+k_n\cdot\boldsymbol{\alpha}_n\in\ker\varphi$. 所以

$$k_{r+1}\cdot\boldsymbol{\alpha}_{r+1}+k_{r+2}\cdot\boldsymbol{\alpha}_{r+2}+\cdots+k_n\cdot\boldsymbol{\alpha}_n=k_1\cdot\boldsymbol{\alpha}_1+k_2\cdot\boldsymbol{\alpha}_2+\cdots+k_r\cdot\boldsymbol{\alpha}_r,$$

而 $\boldsymbol{\alpha}_1,\boldsymbol{\alpha}_2,\cdots,\boldsymbol{\alpha}_r,\boldsymbol{\alpha}_{r+1},\boldsymbol{\alpha}_{r+2},\cdots,\boldsymbol{\alpha}_n$ 线性无关，得 $k_i=0(i=1,2,\cdots,n)$. 故 $\varphi(\boldsymbol{\alpha}_{r+1}),\varphi(\boldsymbol{\alpha}_{r+2}),\cdots,\varphi(\boldsymbol{\alpha}_n)$ 线性无关，从而它是 $\varphi(V)$ 的一组基. 即 $\dim\ker\varphi+\dim\varphi(V)=n$.

推论 7.4.1 n 维线性空间 V 上的线性变换 φ 是单射的充要条件是 φ 是满射.

证 φ 是单射 $\Leftrightarrow\dim\ker\varphi=0\Leftrightarrow\dim\varphi(V)=n\Leftrightarrow V=\varphi(V)\Leftrightarrow\varphi$ 是满射.

推论 7.4.2 n 维线性空间 V 上的线性变换 φ 可逆的充要条件是 φ 是满射(或单射).

习题 7.4

1. 下列各变换是否为线性变换？

(1) 在线性空间 V 中，$\varphi(\boldsymbol{\alpha})=\boldsymbol{\alpha}+\boldsymbol{\alpha}_0$，其中 $\boldsymbol{\alpha}\in V$，$\boldsymbol{\alpha}_0$ 是 V 中一个固定向量；

(2) 在 $\mathbf{R}^3$ 中，$\varphi(x_1,x_2,x_3)=(x_1,x_1+x_2,x_3^2)$；

(3) 在 $F[x]$ 中，$\varphi(f(x))=f(x+1)$.

2. 设 φ，ψ 是 V 上的线性变换，若 $\varphi\psi-\psi\varphi=\varepsilon$，证明 $\varphi^k\psi-\psi\varphi^k=k\varphi^{k-1}(k>1)$.

3. 设 φ 是 V 上的线性变换，向量 $\boldsymbol{\alpha}\in V$，且 $\boldsymbol{\alpha}$，$\varphi(\boldsymbol{\alpha}),\varphi^2(\boldsymbol{\alpha}),\cdots,\varphi^{k-1}(\boldsymbol{\alpha})$都不是零向量，但 $\varphi^k(\boldsymbol{\alpha})=\mathbf{0}$，证明 $\boldsymbol{\alpha}$，$\varphi(\boldsymbol{\alpha})$，$\varphi^2(\boldsymbol{\alpha})$，$\cdots$，$\varphi^{k-1}(\boldsymbol{\alpha})$线性无关.

4. 设 φ 是 V 上的线性变换，证明

(1) φ 是单射的充要条件为 $\ker\varphi=\{\mathbf{0}\}$；

(2) φ 是单射的充要条件为 φ 将线性无关的向量组变为线性无关的向量组.

7.5 线性变换的矩阵

上节介绍的线性空间 V 上的线性变换是非常抽象的概念，那么如何研究和利用这一抽象的概念，是接下来要讨论的问题. 我们知道线性空间 V 中的向量可用坐标来表示，因此想到抽象的线性变换是否也能与具体的数有联系. 下面建立线性变换与矩阵之间的关系.

定义 7.5.1 设 $\boldsymbol{\alpha}_1,\boldsymbol{\alpha}_2,\cdots,\boldsymbol{\alpha}_n$ 是数域 P 上的线性空间 V 中的一组有序基，φ 是 V 上的线性变换，则基中的向量在 φ 下的像可由基唯一表示：

$$\varphi(\boldsymbol{\alpha}_1)=a_{11}\cdot\boldsymbol{\alpha}_1+a_{21}\cdot\boldsymbol{\alpha}_2+\cdots+a_{n1}\cdot\boldsymbol{\alpha}_n;$$
$$\varphi(\boldsymbol{\alpha}_2)=a_{12}\cdot\boldsymbol{\alpha}_1+a_{22}\cdot\boldsymbol{\alpha}_2+\cdots+a_{n2}\cdot\boldsymbol{\alpha}_n;$$
$$\vdots$$
$$\varphi(\boldsymbol{\alpha}_n)=a_{1n}\cdot\boldsymbol{\alpha}_1+a_{2n}\cdot\boldsymbol{\alpha}_2+\cdots+a_{nn}\cdot\boldsymbol{\alpha}_n.$$

将上面 n 个式子用矩阵表示，得

$$\begin{aligned}\varphi(\boldsymbol{\alpha}_1,\boldsymbol{\alpha}_2,\cdots,\boldsymbol{\alpha}_n)&=(\varphi(\boldsymbol{\alpha}_1),\varphi(\boldsymbol{\alpha}_2),\cdots,\varphi(\boldsymbol{\alpha}_n))\\&=(\boldsymbol{\alpha}_1,\boldsymbol{\alpha}_2,\cdots,\boldsymbol{\alpha}_n)\boldsymbol{A}.\end{aligned}$$

其中

$$\boldsymbol{A}=\begin{pmatrix}a_{11}&a_{12}&\cdots&a_{1n}\\a_{21}&a_{22}&\cdots&a_{2n}\\\vdots&\vdots&&\vdots\\a_{n1}&a_{n2}&\cdots&a_{nn}\end{pmatrix},$$

称 $\boldsymbol{A}$ 为 φ 在基 $\boldsymbol{\alpha}_1,\boldsymbol{\alpha}_2,\cdots,\boldsymbol{\alpha}_n$ 下的矩阵.

例 7.5.1　在 $\mathbf{R}^2$ 中取定一组基为 $\boldsymbol{e}_1=(1,0)^{\mathrm{T}}$，$\boldsymbol{e}_2=(0,1)^{\mathrm{T}}$，$\varphi$ 是 $\mathbf{R}^2$ 上逆时针旋转 θ 角的旋转变换，求 φ 在基 $\boldsymbol{e}_1$，$\boldsymbol{e}_2$ 下的矩阵.

解　因为 $\varphi(\boldsymbol{e}_1)=\cos\theta\boldsymbol{e}_1+\sin\theta\boldsymbol{e}_2$，$\varphi(\boldsymbol{e}_2)=-\sin\theta\boldsymbol{e}_1+\cos\theta\boldsymbol{e}_2$，则有

$$\varphi(\boldsymbol{e}_1,\boldsymbol{e}_2)=(\boldsymbol{e}_1,\boldsymbol{e}_2)\begin{pmatrix}\cos\theta&-\sin\theta\\\sin\theta&\cos\theta\end{pmatrix}.$$

因此 φ 在基 $\boldsymbol{e}_1,\boldsymbol{e}_2$ 下的矩阵为

$$\boldsymbol{A}=\begin{pmatrix}\cos\theta&-\sin\theta\\\sin\theta&\cos\theta\end{pmatrix}.$$

例 7.5.2　在 $\mathbf{R}_{n+1}[x]$ 中取定一组基 $1,x,x^2,\cdots,x^n$，φ 是 $\mathbf{R}_{n+1}[x]$ 上的求导算子，求 φ 在基 $1,x,x^2,\cdots,x^n$ 下的矩阵.

解　由 $\varphi(1,x,x^2,\cdots,x^n)=(1,x,x^2,\cdots,x^n)\boldsymbol{A}$，其中

$$\boldsymbol{A}=\begin{pmatrix}0&1&0&\cdots&0\\0&0&2&\cdots&0\\0&0&0&\cdots&0\\\vdots&\vdots&\vdots&&\vdots\\0&0&0&\cdots&n\\0&0&0&\cdots&0\end{pmatrix}.$$

所以 φ 在基 $1,x,x^2,\cdots,x^n$ 下的矩阵为 $\boldsymbol{A}$.

在数域 P 上的线性空间 V 中取定一组基 $\boldsymbol{\alpha}_1,\boldsymbol{\alpha}_2,\cdots,\boldsymbol{\alpha}_n$，定义 $L(V,V)$ 到 $P^{n\times n}$ 的一个映射 Φ：

$$\Phi(\varphi)=\boldsymbol{A}. \tag{7.5.1}$$

其中，$\boldsymbol{A}$ 是 φ 在基 $\boldsymbol{\alpha}_1,\boldsymbol{\alpha}_2,\cdots,\boldsymbol{\alpha}_n$ 下的矩阵.

定理 7.5.1　式(7.5.1)定义的映射 Φ 是双射.

证　先证 Φ 是单射.

设 $\forall\varphi_1$，$\varphi_2\in L(V,V)$，且 $\Phi(\varphi_1)=\boldsymbol{A}_1$，$\Phi(\varphi_2)=\boldsymbol{A}_2$，则有

$$\varphi_1(\boldsymbol{\alpha}_1,\boldsymbol{\alpha}_2,\cdots,\boldsymbol{\alpha}_n)=(\boldsymbol{\alpha}_1,\boldsymbol{\alpha}_2,\cdots,\boldsymbol{\alpha}_n)\boldsymbol{A}_1;$$
$$\varphi_2(\boldsymbol{\alpha}_1,\boldsymbol{\alpha}_2,\cdots,\boldsymbol{\alpha}_n)=(\boldsymbol{\alpha}_1,\boldsymbol{\alpha}_2,\cdots,\boldsymbol{\alpha}_n)\boldsymbol{A}_2.$$

如果 $\boldsymbol{A}_1=\boldsymbol{A}_2$，可得 $\varphi_1(\boldsymbol{\alpha}_i)=\varphi_2(\boldsymbol{\alpha}_i)\,(i=1,2,\cdots,n)$，所以 $\varphi_1=\varphi_2$，即 Φ 是单射.

再证 Φ 是满射，$\forall\boldsymbol{A}\in P^{n\times n}$，令

$$\boldsymbol{\beta}_j=(\boldsymbol{\alpha}_1,\boldsymbol{\alpha}_2,\cdots,\boldsymbol{\alpha}_n)\begin{pmatrix}a_{1j}\\a_{2j}\\\vdots\\a_{nj}\end{pmatrix}=\sum_{i=1}^{n}a_{ij}\boldsymbol{\alpha}_i(j=1,2,\cdots,n).$$

由定理 7.4.1 得，存在唯一的线性变换 φ 使 $\varphi(\boldsymbol{\alpha}_j)=\boldsymbol{\beta}_j(j=1,2,\cdots,n)$，且

$$\begin{aligned}\varphi(\boldsymbol{\alpha}_1,\boldsymbol{\alpha}_2,\cdots,\boldsymbol{\alpha}_n)&=(\varphi(\boldsymbol{\alpha}_1),\varphi(\boldsymbol{\alpha}_2),\cdots,\varphi(\boldsymbol{\alpha}_n))\\&=(\boldsymbol{\beta}_1,\boldsymbol{\beta}_2,\cdots,\boldsymbol{\beta}_n)=(\boldsymbol{\alpha}_1,\boldsymbol{\alpha}_2,\cdots,\boldsymbol{\alpha}_n)\boldsymbol{A},\end{aligned}$$

即 Φ 是满射.

由定理 7.5.1 知线性空间 $L(V,V)$ 和 $P^{n\times n}$ 之间存在一个双射. 更重要的是它还保持线性变换的各种运算.

定理 7.5.2　设 φ_1，φ_2 是 n 维线性空间 V 的线性变换，$\boldsymbol{\alpha}_1$，$\boldsymbol{\alpha}_2,\cdots,\boldsymbol{\alpha}_n$ 是 V 的一组基，φ_1，φ_2 在这组基下的矩阵分别是 $\boldsymbol{A}$，$\boldsymbol{B}$，则在这组基下

(1) $\varphi_1+\varphi_2$ 的矩阵是 $\boldsymbol{A}+\boldsymbol{B}$；

(2) $k\varphi_1$ 的矩阵是 $k\boldsymbol{A}$；

(3) $\varphi_1\varphi_2$ 的矩阵是 $\boldsymbol{AB}$；

(4) φ_1 是可逆线性变换的充分必要条件是 $\boldsymbol{A}$ 为可逆矩阵.

证　(1) 由已知条件有

$$\varphi_1(\boldsymbol{\alpha}_1,\boldsymbol{\alpha}_2,\cdots,\boldsymbol{\alpha}_n)=(\boldsymbol{\alpha}_1,\boldsymbol{\alpha}_2,\cdots,\boldsymbol{\alpha}_n)\boldsymbol{A},$$
$$\varphi_2(\boldsymbol{\alpha}_1,\boldsymbol{\alpha}_2,\cdots,\boldsymbol{\alpha}_n)=(\boldsymbol{\alpha}_1,\boldsymbol{\alpha}_2,\cdots,\boldsymbol{\alpha}_n)\boldsymbol{B},$$

从而

$$\begin{aligned}(\varphi_1+\varphi_2)(\boldsymbol{\alpha}_1,\boldsymbol{\alpha}_2,\cdots,\boldsymbol{\alpha}_n)&=\varphi_1(\boldsymbol{\alpha}_1,\boldsymbol{\alpha}_2,\cdots,\boldsymbol{\alpha}_n)+\varphi_2(\boldsymbol{\alpha}_1,\boldsymbol{\alpha}_2,\cdots,\boldsymbol{\alpha}_n)\\&=(\boldsymbol{\alpha}_1,\boldsymbol{\alpha}_2,\cdots,\boldsymbol{\alpha}_n)\boldsymbol{A}+(\boldsymbol{\alpha}_1,\boldsymbol{\alpha}_2,\cdots,\boldsymbol{\alpha}_n)\boldsymbol{B}\\&=(\boldsymbol{\alpha}_1,\boldsymbol{\alpha}_2,\cdots,\boldsymbol{\alpha}_n)(\boldsymbol{A}+\boldsymbol{B}).\end{aligned}$$

所以 $\varphi_1+\varphi_2$ 在基 $\boldsymbol{\alpha}_1,\boldsymbol{\alpha}_2,\cdots,\boldsymbol{\alpha}_n$ 下的矩阵是 $\boldsymbol{A}+\boldsymbol{B}$.

(2)、(3)、(4)的证明留给读者.

定理 7.5.3　设 $\boldsymbol{\alpha}_1,\boldsymbol{\alpha}_2,\cdots,\boldsymbol{\alpha}_n$ 是线性空间 V 的一组基，V 的线性变换 φ 在基 $\boldsymbol{\alpha}_1,\boldsymbol{\alpha}_2,\cdots,\boldsymbol{\alpha}_n$ 下的矩阵为 $\boldsymbol{A}$，向量 $\boldsymbol{\alpha}$ 在基 $\boldsymbol{\alpha}_1,\boldsymbol{\alpha}_2,\cdots,\boldsymbol{\alpha}_n$ 下的坐标为 $\boldsymbol{x}$，向量 $\varphi(\boldsymbol{\alpha})$ 在基 $\boldsymbol{\alpha}_1,\boldsymbol{\alpha}_2,\cdots,\boldsymbol{\alpha}_n$ 下的坐标 $\boldsymbol{y}$，则

$$\boldsymbol{y}=\boldsymbol{A}\boldsymbol{x}.$$

证　由已知得 $\varphi(\boldsymbol{\alpha}_1,\boldsymbol{\alpha}_2,\cdots,\boldsymbol{\alpha}_n)=(\boldsymbol{\alpha}_1,\boldsymbol{\alpha}_2,\cdots,\boldsymbol{\alpha}_n)\boldsymbol{A}$，$\boldsymbol{\alpha}=(\boldsymbol{\alpha}_1,\boldsymbol{\alpha}_2,\cdots,\boldsymbol{\alpha}_n)\boldsymbol{x}$，于是

$$\begin{aligned}\varphi(\boldsymbol{\alpha})&=\varphi((\boldsymbol{\alpha}_1,\boldsymbol{\alpha}_2,\cdots,\boldsymbol{\alpha}_n)\boldsymbol{x})\\&=(\varphi(\boldsymbol{\alpha}_1,\boldsymbol{\alpha}_2,\cdots,\boldsymbol{\alpha}_n))\boldsymbol{x}\\&=(\boldsymbol{\alpha}_1,\boldsymbol{\alpha}_2,\cdots,\boldsymbol{\alpha}_n)\boldsymbol{A}\boldsymbol{x}.\end{aligned}\tag{7.5.2}$$

而另一方面

$$\varphi(\boldsymbol{\alpha})=(\boldsymbol{\alpha}_1,\boldsymbol{\alpha}_2,\cdots,\boldsymbol{\alpha}_n)\boldsymbol{y},\tag{7.5.3}$$

比较式(7.5.2)和式(7.5.3)得 $\boldsymbol{y}=\boldsymbol{A}\boldsymbol{x}$.

例如，在 $\mathbf{R}_4[x]$ 中取定一组基 $1,x,x^2,x^3$，设 $f(x)=x+2x^2+3x^3$，则 $f(x)$ 在此基下的坐标为 $\boldsymbol{x}=(0,1,2,3)^{\mathrm{T}}$. φ 是 $\mathbf{R}_4[x]$ 中的求导(微分)算子，φ 在此基下的矩阵

$$\boldsymbol{A}=\begin{pmatrix}0&1&0&0\\0&0&2&0\\0&0&0&3\\0&0&0&0\end{pmatrix}.$$

则 $\varphi(f(x))$ 在基下的坐标 $\boldsymbol{y}=\boldsymbol{A}\boldsymbol{x}=(1,4,9,0)^{\mathrm{T}}$. 而 $\varphi(f(x))=(x+2x^2+3x^3)'=1+4x+9x^2$，也可得 $\boldsymbol{y}=(1,4,9,0)^{\mathrm{T}}$，两种求法结果一致.

由于线性变换在不同的基下有不同的矩阵，即线性变换的矩阵是对给定的基而言的. 一般地，我们有如下定理：

定理 7.5.4　设 n 维线性空间 V 中两组基为

$$\boldsymbol{\alpha}_1,\boldsymbol{\alpha}_2,\cdots,\boldsymbol{\alpha}_n$$

及

$$\boldsymbol{\beta}_1,\boldsymbol{\beta}_2,\cdots,\boldsymbol{\beta}_n,$$

基 $\boldsymbol{\alpha}_1,\boldsymbol{\alpha}_2,\cdots,\boldsymbol{\alpha}_n$ 到基 $\boldsymbol{\beta}_1,\boldsymbol{\beta}_2,\cdots,\boldsymbol{\beta}_n$ 的过渡矩阵为 $\boldsymbol{P}$，V 中的线性变换 φ 在这两组基下的矩阵分别为 $\boldsymbol{A}$，$\boldsymbol{B}$，则 $\boldsymbol{B}=\boldsymbol{P}^{-1}\boldsymbol{A}\boldsymbol{P}$.

证　按定理的假设，有

$$(\boldsymbol{\beta}_1,\boldsymbol{\beta}_2,\cdots,\boldsymbol{\beta}_n)=(\boldsymbol{\alpha}_1,\boldsymbol{\alpha}_2,\cdots,\boldsymbol{\alpha}_n)\boldsymbol{P}$$

及

$$\varphi(\boldsymbol{\alpha}_1,\boldsymbol{\alpha}_2,\cdots,\boldsymbol{\alpha}_n)=(\boldsymbol{\alpha}_1,\boldsymbol{\alpha}_2,\cdots,\boldsymbol{\alpha}_n)\boldsymbol{A},$$

$$\varphi(\boldsymbol{\beta}_1,\boldsymbol{\beta}_2,\cdots,\boldsymbol{\beta}_n)=(\boldsymbol{\beta}_1,\boldsymbol{\beta}_2,\cdots,\boldsymbol{\beta}_n)\boldsymbol{B}.$$

于是
$$\begin{aligned}(\boldsymbol{\beta}_1,\boldsymbol{\beta}_2,\cdots,\boldsymbol{\beta}_n)\boldsymbol{B}&=\varphi(\boldsymbol{\beta}_1,\boldsymbol{\beta}_2,\cdots,\boldsymbol{\beta}_n)\\&=\varphi[(\boldsymbol{\alpha}_1,\boldsymbol{\alpha}_2,\cdots,\boldsymbol{\alpha}_n)\boldsymbol{P}]\\&=[\varphi(\boldsymbol{\alpha}_1,\boldsymbol{\alpha}_2,\cdots,\boldsymbol{\alpha}_n)]\boldsymbol{P}\\&=(\boldsymbol{\alpha}_1,\boldsymbol{\alpha}_2,\cdots,\boldsymbol{\alpha}_n)\boldsymbol{A}\boldsymbol{P}\\&=(\boldsymbol{\beta}_1,\boldsymbol{\beta}_2,\cdots,\boldsymbol{\beta}_n)\boldsymbol{P}^{-1}\boldsymbol{A}\boldsymbol{P}.\end{aligned}$$

所以
$$\boldsymbol{B}=\boldsymbol{P}^{-1}\boldsymbol{A}\boldsymbol{P}.$$

定理 7.5.4 表明 φ 在不同基下的矩阵是相似的，且两组基之间的过渡矩阵 $\boldsymbol{P}$ 就是相似变换矩阵.

例 7.5.3 在 3 维线性空间 V 中，设线性变换 φ 在基 $\boldsymbol{\alpha}_1,\boldsymbol{\alpha}_2,\boldsymbol{\alpha}_3$ 下的矩阵为

$$\boldsymbol{A}=\begin{pmatrix}1&2&2\\2&1&2\\2&2&1\end{pmatrix},$$

求 φ 在基 $\boldsymbol{\beta}_1=\boldsymbol{\alpha}_1+\boldsymbol{\alpha}_2+\boldsymbol{\alpha}_3,\boldsymbol{\beta}_2=\boldsymbol{\alpha}_1-\boldsymbol{\alpha}_3,\boldsymbol{\beta}_3=\boldsymbol{\alpha}_1-2\boldsymbol{\alpha}_2+\boldsymbol{\alpha}_3$ 下的矩阵 $\boldsymbol{B}$.

解 设基 $\boldsymbol{\alpha}_1,\boldsymbol{\alpha}_2,\boldsymbol{\alpha}_3$ 到基 $\boldsymbol{\beta}_1,\boldsymbol{\beta}_2,\boldsymbol{\beta}_3$ 的过渡矩阵为 $\boldsymbol{P}$，则

$$\boldsymbol{P}=\begin{pmatrix}1&1&1\\1&0&-2\\1&-1&1\end{pmatrix},\quad \boldsymbol{P}^{-1}=\frac{1}{6}\begin{pmatrix}2&2&2\\3&0&-3\\1&-2&1\end{pmatrix},$$

$$\begin{aligned}\boldsymbol{B}=\boldsymbol{P}^{-1}\boldsymbol{A}\boldsymbol{P}&=\frac{1}{6}\begin{pmatrix}2&2&2\\3&0&-3\\1&-2&1\end{pmatrix}\begin{pmatrix}1&2&2\\2&1&2\\2&2&1\end{pmatrix}\begin{pmatrix}1&1&1\\1&0&-2\\1&-1&1\end{pmatrix}\\&=\begin{pmatrix}5&&\\&-1&\\&&-1\end{pmatrix},\end{aligned}$$

故线性变换 φ 在基 $\boldsymbol{\beta}_1,\boldsymbol{\beta}_2,\boldsymbol{\beta}_3$ 下的矩阵是对角矩阵 $\boldsymbol{B}$.

习题 7.5

1. 设 $\mathbf{R}^3$ 上的线性变换 φ 在基 $\boldsymbol{e}_1=(1,0,0)^{\mathrm{T}}$，$\boldsymbol{e}_2=(0,1,0)^{\mathrm{T}}$，$\boldsymbol{e}_3=(0,0,1)^{\mathrm{T}}$ 下的矩阵为

$$\boldsymbol{A}=\begin{pmatrix}2&10&5\\-2&-4&-4\\3&5&6\end{pmatrix},$$

求 φ 在 $\mathbf{R}^3$ 中的另一组基 $\boldsymbol{\alpha}_1=(0,2,-3)^{\mathrm{T}}$，$\boldsymbol{\alpha}_2=(5,2,-5)^{\mathrm{T}}$，$\boldsymbol{\alpha}_3=(1,1,-2)^{\mathrm{T}}$ 下的矩阵.

2. 设 $\mathbf{R}^3$ 上的线性变换 φ 将基 $\boldsymbol{\alpha}_1=(-1,0,2)^{\mathrm{T}}$，$\boldsymbol{\alpha}_2=(0,1,1)^{\mathrm{T}}$，$\boldsymbol{\alpha}_3=(3,-1,0)^{\mathrm{T}}$ 变为

$$\varphi(\boldsymbol{\alpha}_1)=(-5,0,3)^{\mathrm{T}},\ \varphi(\boldsymbol{\alpha}_2)=(0,-1,6)^{\mathrm{T}},$$
$$\varphi(\boldsymbol{\alpha}_3)=(-5,-1,9)^{\mathrm{T}}.$$

求：(1) φ 在基 $\boldsymbol{\alpha}_1,\boldsymbol{\alpha}_2,\boldsymbol{\alpha}_3$ 下的矩阵；

(2) φ 在基 $\boldsymbol{e}_1=(1,0,0)^{\mathrm{T}}$，$\boldsymbol{e}_2=(0,1,0)^{\mathrm{T}}$，$\boldsymbol{e}_3=(0,0,1)^{\mathrm{T}}$ 下的矩阵.

3. 在 $P^{2\times2}$ 中定义线性变换 φ，对 $\boldsymbol{X}\in P^{2\times2}$ 有

$$\varphi(\boldsymbol{X})=\boldsymbol{AX},$$

式中，$\boldsymbol{A}=\begin{pmatrix}a&b\\c&d\end{pmatrix}$. 求 φ 在基 $\boldsymbol{E}_{11}=\begin{pmatrix}1&0\\0&0\end{pmatrix}$，$\boldsymbol{E}_{12}=\begin{pmatrix}0&1\\0&0\end{pmatrix}$，$\boldsymbol{E}_{21}=\begin{pmatrix}0&0\\1&0\end{pmatrix}$，$\boldsymbol{E}_{22}=\begin{pmatrix}0&0\\0&1\end{pmatrix}$ 下的矩阵.

4. 设四个函数

$$f_1=\mathrm{e}^{ax}\cos bx,f_2=\mathrm{e}^{ax}\sin bx,$$
$$f_3=x\mathrm{e}^{ax}\cos bx,f_4=x\mathrm{e}^{ax}\sin bx$$

的所有实系数线性组合构成实数域上一个 4 维线性空间，求微分变换在基 $\{f_1,f_2,f_3,f_4\}$ 下的矩阵.

5. 设 $\mathbf{R}^3$ 上的线性变换 φ 在一组基 $\boldsymbol{\alpha}_1=(-1,1,1)^{\mathrm{T}}$，$\boldsymbol{\alpha}_2=(1,0,-1)^{\mathrm{T}}$，$\boldsymbol{\alpha}_3=(0,1,1)^{\mathrm{T}}$ 下的矩阵为

$$\boldsymbol{A}=\begin{pmatrix}1&0&1\\1&1&0\\-1&2&1\end{pmatrix},$$

求 φ 在 $\mathbf{R}^3$ 中基 $\boldsymbol{e}_1=(1,0,0)^{\mathrm{T}}$，$\boldsymbol{e}_2=(0,1,0)^{\mathrm{T}}$，$\boldsymbol{e}_3=(0,0,1)^{\mathrm{T}}$ 下的矩阵.

7.6 线性变换的特征值与特征向量

由于线性变换在不同基下的矩阵是相似的，我们自然希望能找到线性空间 V 的一组基，使线性变换在这组基下的矩阵具有简单的形式，这一问题可归结为求线性变换的特征值与特征向量.

定义 7.6.1　设 φ 是数域 P 上线性空间 V 中的线性变换，如果存在数 $\lambda\in P$ 和 V 中的非零向量 $\boldsymbol{\alpha}$，使得

$$\varphi(\boldsymbol{\alpha})=\lambda\cdot\boldsymbol{\alpha},$$

则称 λ 为线性变换 φ 的特征值，称 $\boldsymbol{\alpha}$ 为 φ 的属于(对应于)特征值 λ 的特征向量.

由定义 7.6.1 可得特征值与特征向量的性质：

(1) 设 $\boldsymbol{\alpha}$ 是线性变换 φ 属于特征值 λ 的特征向量，则对任一非零数 k，$k\cdot\boldsymbol{\alpha}$ 也是属于特征值 λ 的特征向量；

(2) 设 $\boldsymbol{\alpha}_1$，$\boldsymbol{\alpha}_2$ 是线性变换 φ 属于特征值 λ 的特征向量，则 $\boldsymbol{\alpha}_1+\boldsymbol{\alpha}_2(\neq\boldsymbol{0})$ 是属于特征值 λ 的特征向量；

由(1)、(2)得：

(3) 属于特征值 λ 的特征向量 $\boldsymbol{\alpha}_1,\boldsymbol{\alpha}_2,\cdots,\boldsymbol{\alpha}_m$ 的非零线性组合

$$k_1\cdot\boldsymbol{\alpha}_1+k_2\cdot\boldsymbol{\alpha}_2+\cdots+k_m\cdot\boldsymbol{\alpha}_m$$

也是属于特征值 λ 的特征向量，且

$$V_\lambda=\{\boldsymbol{\alpha}\in V\mid\varphi(\boldsymbol{\alpha})=\lambda\cdot\boldsymbol{\alpha}\}$$

是 V 的一个子空间.

定义 7.6.2　V 的子空间 $V_\lambda=\{\boldsymbol{\alpha}\in V\mid\varphi(\boldsymbol{\alpha})=\lambda\cdot\boldsymbol{\alpha}\}$ 称为 φ 的对应特征值 λ 的特征子空间.

设 $\boldsymbol{\alpha}_1,\boldsymbol{\alpha}_2,\cdots,\boldsymbol{\alpha}_n$ 为 n 维线性空间 V 的一组基，$\boldsymbol{A}$ 为线性变换 φ

在此基下的矩阵. φ 的属于特征值 λ 的特征向量为 $\boldsymbol{\alpha}$，即 $\varphi(\boldsymbol{\alpha})=\lambda\boldsymbol{\alpha}$. 设

$$\boldsymbol{\alpha}=x_1\cdot\boldsymbol{\alpha}_1+x_2\cdot\boldsymbol{\alpha}_2+\cdots+x_n\cdot\boldsymbol{\alpha}_n,$$

从而有

$$\begin{aligned}\varphi(\boldsymbol{\alpha})&=x_1\cdot\varphi(\boldsymbol{\alpha}_1)+x_2\cdot\varphi(\boldsymbol{\alpha}_2)+\cdots+x_n\cdot\varphi(\boldsymbol{\alpha}_n)\\&=(\varphi(\boldsymbol{\alpha}_1),\varphi(\boldsymbol{\alpha}_2),\cdots,\varphi(\boldsymbol{\alpha}_n))\begin{pmatrix}x_1\\x_2\\\vdots\\x_n\end{pmatrix}\\&=(\boldsymbol{\alpha}_1,\boldsymbol{\alpha}_2,\cdots,\boldsymbol{\alpha}_n)\boldsymbol{A}\begin{pmatrix}x_1\\x_2\\\vdots\\x_n\end{pmatrix}.\end{aligned}$$

又

$$\begin{aligned}\lambda\boldsymbol{\alpha}&=\lambda x_1\cdot\boldsymbol{\alpha}_1+\lambda x_2\cdot\boldsymbol{\alpha}_2+\cdots+\lambda x_n\cdot\boldsymbol{\alpha}_n\\&=(\boldsymbol{\alpha}_1,\boldsymbol{\alpha}_2,\cdots,\boldsymbol{\alpha}_n)\left[\lambda\begin{pmatrix}x_1\\x_2\\\vdots\\x_n\end{pmatrix}\right].\end{aligned}$$

因为 $\varphi(\boldsymbol{\alpha})=\lambda\boldsymbol{\alpha}$，故有

$$\boldsymbol{A}\begin{pmatrix}x_1\\x_2\\\vdots\\x_n\end{pmatrix}=\lambda\begin{pmatrix}x_1\\x_2\\\vdots\\x_n\end{pmatrix}.\tag{7.6.1}$$

由式(7.6.1)得，线性变换 φ 的特征值是矩阵 $\boldsymbol{A}$ 的特征值. 类似上面证明可得，矩阵 $\boldsymbol{A}$ 的特征值也是 φ 的特征值. $\boldsymbol{\alpha}$ 是 φ 的属于特征值 λ 的特征向量的充分必要条件是 $\boldsymbol{\alpha}$ 在基 $\boldsymbol{\alpha}_1,\boldsymbol{\alpha}_2,\cdots,\boldsymbol{\alpha}_n$ 下的坐标向量 $(x_1,x_2,\cdots,x_n)^{\mathrm{T}}$ 是 $\boldsymbol{A}$ 的属于特征值 λ 的特征向量. 因此有

定理 7.6.1 设 φ 是 n 维线性空间 V 上的线性变换，$\boldsymbol{\alpha}_1,\boldsymbol{\alpha}_2,\cdots,\boldsymbol{\alpha}_n$ 是 V 的一组基且

$$\varphi(\boldsymbol{\alpha}_1,\boldsymbol{\alpha}_2,\cdots,\boldsymbol{\alpha}_n)=(\boldsymbol{\alpha}_1,\boldsymbol{\alpha}_2,\cdots,\boldsymbol{\alpha}_n)\boldsymbol{A},$$

则

(1) λ 是线性变换 φ 的特征值的充分必要条件为 λ 是 n 阶矩阵 $\boldsymbol{A}$ 的特征值；

(2) $\boldsymbol{\alpha}\in V$ 是线性变换 φ 的特征向量的充分必要条件是 $\boldsymbol{\alpha}$ 在基 $\boldsymbol{\alpha}_1,\boldsymbol{\alpha}_2,\cdots,\boldsymbol{\alpha}_n$ 下的坐标向量是 $\boldsymbol{A}$ 的特征向量.

利用定理 7.6.1，我们可以通过求线性变换对应的矩阵的特征值和特征向量得到线性变换的特征值和特征向量. 由于 φ 在不同基下的矩阵是相似的，而相似矩阵有相同的特征值，故 φ 的特征值不依赖于基的选择.

例 7.6.1 设线性变换 φ 在 V 中的一组基 $\boldsymbol{e}_1,\boldsymbol{e}_2,\boldsymbol{e}_3$ 下的矩阵为

$$\boldsymbol{A}=\begin{pmatrix}1&2&2\\2&1&2\\2&2&1\end{pmatrix}.$$

求 φ 的特征值和对应的线性无关的特征向量.

解 因为矩阵 $\boldsymbol{A}$ 的特征多项式为

$$f(\lambda)=|\lambda\boldsymbol{E}-\boldsymbol{A}|=\begin{vmatrix}\lambda-1&-2&-2\\-2&\lambda-1&-2\\-2&-2&\lambda-1\end{vmatrix}=(\lambda+1)^2(\lambda-5),$$

所以 φ 的全部特征值为 $\lambda_1=\lambda_2=-1$，$\lambda_3=5$.

求 $\lambda_1=\lambda_2=-1$ 所对应的线性无关的特征向量.

解齐次线性方程组 $(-\boldsymbol{E}-\boldsymbol{A})\boldsymbol{x}=\boldsymbol{0}$，得它的基础解系为 $\boldsymbol{x}_1=(1,0,-1)^{\mathrm{T}}$，$\boldsymbol{x}_2=(0,1,-1)^{\mathrm{T}}$. 所以 φ 的属于特征值 $\lambda_1=\lambda_2=-1$ 的线性无关的特征向量是

$$\boldsymbol{\alpha}_1=\boldsymbol{e}_1-\boldsymbol{e}_3,\quad \boldsymbol{\alpha}_2=\boldsymbol{e}_2-\boldsymbol{e}_3.$$

求 $\lambda_3=5$ 所对应的线性无关的特征向量.

解齐次线性方程组 $(5\boldsymbol{E}-\boldsymbol{A})\boldsymbol{x}=\boldsymbol{0}$，得它的基础解系为 $\boldsymbol{x}_3=(1,1,1)^{\mathrm{T}}$. 所以 φ 的属于特征值 $\lambda_3=5$ 的线性无关的特征向量是 $\boldsymbol{\alpha}_3=\boldsymbol{e}_1+\boldsymbol{e}_2+\boldsymbol{e}_3$.

例 7.6.2 设线性变换 φ 在 V 中的一组基 $\boldsymbol{e}_1,\boldsymbol{e}_2,\boldsymbol{e}_3$ 下的矩阵为

$$\boldsymbol{A}=\begin{pmatrix}-3&1&-1\\-7&5&-1\\-6&6&-2\end{pmatrix},$$

求 φ 的特征值和对应的线性无关的特征向量.

解 写出特征多项式

$$f(\lambda)=|\lambda\boldsymbol{E}-\boldsymbol{A}|=\begin{vmatrix}\lambda+3 & -1 & 1\\ 7 & \lambda-5 & 1\\ 6 & -6 & \lambda+2\end{vmatrix}=(\lambda+2)^2(\lambda-4),$$

所以$f(\lambda)=0$的根为$\lambda_1=4$，$\lambda_2=\lambda_3=-2$. 即线性变换φ的特征值为$\lambda_1=4$，$\lambda_2=\lambda_3=-2$.

求$\lambda_1=4$所对应的线性无关的特征向量.

解线性方程组$(4\boldsymbol{E}-\boldsymbol{A})\boldsymbol{x}=\boldsymbol{0}$，得基础解系$\boldsymbol{x}_1=(0,1,1)^{\mathrm{T}}$. 所以$\varphi$的属于特征值$\lambda_1=4$的线性无关的特征向量是$\boldsymbol{\alpha}_1=\boldsymbol{e}_2+\boldsymbol{e}_3$.

求$\lambda_2=\lambda_3=-2$所对应的特征向量.

解线性方程组$(-2\boldsymbol{E}-\boldsymbol{A})\boldsymbol{x}=\boldsymbol{0}$，得基础解系$\boldsymbol{x}_2=(1,1,0)^{\mathrm{T}}$. 所以$\varphi$的属于特征值$\lambda_2=\lambda_3=-2$的线性无关的特征向量是$\boldsymbol{\alpha}_2=\boldsymbol{e}_1+\boldsymbol{e}_2$.

对线性变换φ，并不是总能找到一组基，使得φ在该基下的矩阵为对角矩阵. 因而，可根据矩阵对角化的条件，得出线性变换在某组基下的矩阵是对角矩阵(简称φ可对角化)的条件.

定理 7.6.2 设φ是线性空间V的一个线性变换，存在V的一组基，使得φ可对角化的

(1) 充分必要条件是φ有n个线性无关的特征向量；

(2) 充分必要条件是φ的每个k重特征值，对应的线性无关的特征向量的个数恰是k个；

(3) 充分条件是φ有n个不同的特征值.

例 7.6.1 中线性变换φ有 3 个线性无关的特征向量，所以φ可对角化；例 7.6.2 中线性变换φ有 2 个线性无关的特征向量，所以φ不可对角化.

习题 7.6

1. 设φ是 3 维线性空间V中的一个线性变换，φ在V的基$\boldsymbol{\alpha}_1,\boldsymbol{\alpha}_2,\boldsymbol{\alpha}_3$下的矩阵为

$$\boldsymbol{A}=\begin{pmatrix}3 & 1 & 0\\ -4 & -1 & 0\\ 4 & -8 & -2\end{pmatrix},$$

求φ的特征值和特征向量.

2. 已知$\mathbf{R}^3$中的线性变换φ，$\forall(a,b,c)\in\mathbf{R}^3$有

$$\varphi(a,b,c)=(a+b,\ a-c,\ c),$$

求φ的特征值和特征向量.

3. 已知$\mathbf{R}^3$上的线性变换$\varphi(a,b,c)=(-2b-2c,-2a+3b-c,-2a-b+3c)$，$\forall(a,b,c)\in\mathbf{R}^3$，求$\mathbf{R}^3$的一组基，使得线性变换$\varphi$在此基下的矩阵为对角矩阵.

第 7 章思维导图

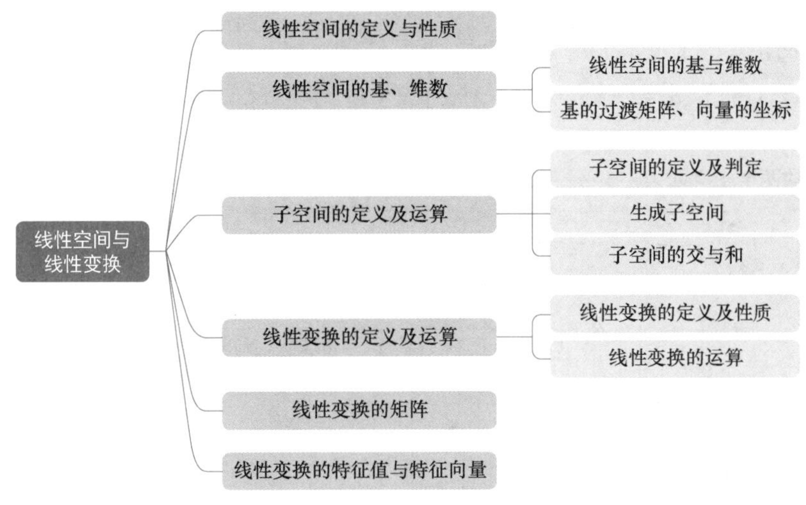

线性空间与线性变换历史介绍

线性空间是数学中的一个重要概念，它是从大量数学对象的本质属性中提炼出来的. 近代数学中，线性空间的理论与方法已经广泛应用于自然科学和工程技术领域. 向量理论和向量计算由哈密尔顿首创，而格拉斯曼提出了多维欧几里得空间的系统理论. 特普利茨则将线性代数的主要定理推广到任意域上的一般的线性空间中.

精神的追寻

——新时代北斗精神

总 习 题 7

一、在 $\mathbf{R}^3$ 中求向量 $\boldsymbol{\alpha}=(1,2,1)^{\mathrm{T}}$ 在基 $\boldsymbol{\alpha}_1=(1,1,1)^{\mathrm{T}}$，$\boldsymbol{\alpha}_2=(1,1,-1)^{\mathrm{T}}$，$\boldsymbol{\alpha}_3=(1,-1,-1)^{\mathrm{T}}$ 下的坐标.

二、设 $\boldsymbol{\alpha}_1,\boldsymbol{\alpha}_2,\boldsymbol{\alpha}_3$ 是 3 维线性空间 V 的一组基，

1. 证明 $\boldsymbol{\beta}_1=\boldsymbol{\alpha}_1,\boldsymbol{\beta}_2=\boldsymbol{\alpha}_1+\boldsymbol{\alpha}_2,\boldsymbol{\beta}_3=\boldsymbol{\alpha}_1+\boldsymbol{\alpha}_2+\boldsymbol{\alpha}_3$ 也是 V 的一组基；

2. $\boldsymbol{\alpha}\in V$ 在基 $\boldsymbol{\alpha}_1,\boldsymbol{\alpha}_2,\boldsymbol{\alpha}_3$ 下的坐标为$(3,2,1)^{\mathrm{T}}$，求$\boldsymbol{\alpha}$在基$\boldsymbol{\beta}_1,\boldsymbol{\beta}_2,\boldsymbol{\beta}_3$ 下的坐标.

三、设 $W=\{(s,t,0)^{\mathrm{T}}\mid s,t\in\mathbf{R}\}$，证明 W 是 $\mathbf{R}^3$ 的一个子空间，求 W 的一组基与维数.

四、设线性空间 V 的基(Ⅰ)$\boldsymbol{\alpha}_1,\boldsymbol{\alpha}_2,\boldsymbol{\alpha}_3,\boldsymbol{\alpha}_4$ 和基(Ⅱ)$\boldsymbol{\beta}_1,\boldsymbol{\beta}_2,\boldsymbol{\beta}_3,\boldsymbol{\beta}_4$ 满足

$$\begin{cases}\boldsymbol{\alpha}_1+2\boldsymbol{\alpha}_2=\boldsymbol{\beta}_3,\\ \boldsymbol{\alpha}_2+2\boldsymbol{\alpha}_3=\boldsymbol{\beta}_4,\\ \boldsymbol{\beta}_1+2\boldsymbol{\beta}_2=\boldsymbol{\alpha}_3,\\ \boldsymbol{\beta}_2+3\boldsymbol{\beta}_3=\boldsymbol{\alpha}_4.\end{cases}$$

1. 求由基(Ⅰ)到基(Ⅱ)的过渡矩阵；

2. 求向量 $\boldsymbol{\alpha}=2\boldsymbol{\beta}_1-\boldsymbol{\beta}_2+\boldsymbol{\beta}_3+\boldsymbol{\beta}_4$ 在基(Ⅰ)下的坐标；

3. 判断是否存在非零元 $\boldsymbol{\alpha}\in V$，使得 $\boldsymbol{\alpha}$ 在基(Ⅰ)和基(Ⅱ)下的坐标相同.

五、问 $\mathbf{R}^{2\times 3}$ 的子集

$$W=\left\{\begin{pmatrix} a & b & 0 \\ c & 0 & d \end{pmatrix} \mid a+b+d=0,a,b,c,d\in\mathbf{R}\right\}$$

是否构成线性空间，若构成，求其基与维数.

六、求向量组 $\boldsymbol{\alpha}_1=(-1,3,4,7)^{\mathrm{T}}$，$\boldsymbol{\alpha}_2=(2,1,-1,0)^{\mathrm{T}}$，$\boldsymbol{\alpha}_3=(1,2,1,3)^{\mathrm{T}}$，$\boldsymbol{\alpha}_4=(-4,1,5,6)^{\mathrm{T}}$ 生成空间的基与维数.

七、设 $\mathbf{R}^{2\times 2}$ 的两个子空间为

$$W_1=\left\{\boldsymbol{A}=\begin{pmatrix} x_1 & x_2 \\ x_3 & x_4 \end{pmatrix} \mid x_1-x_2+x_3-x_4=0\right\};$$

$$W_2=\mathrm{span}(\boldsymbol{B}_1,\boldsymbol{B}_2),\ \boldsymbol{B}_1=\begin{pmatrix} 1 & 0 \\ 2 & 3 \end{pmatrix},\ \boldsymbol{B}_2=\begin{pmatrix} 1 & -1 \\ 0 & 1 \end{pmatrix},$$

求 W_1+W_2 与 $W_1\cap W_2$ 的基与维数.

八、设 W_1 和 W_2 是 n 维线性空间 V 的两个子空间，并且 $\dim(W_1+W_2)=\dim(W_1\cap W_2)+1$，证明

$$W_1\subset W_2 \text{ 或 } W_2\subset W_1.$$

九、设 W_1，W_2 是线性空间 V 的两个非平凡子空间，证明在 V 中存在 $\boldsymbol{\alpha}$，使 $\boldsymbol{\alpha}\notin W_1$，$\boldsymbol{\alpha}\notin W_2$ 同时成立.

十、证明每个 n 维线性空间都可以表示成 n 个一维子空间的直和.

十一、设 φ_1，φ_2 是 V 上的线性变换，且 $\varphi_1^2=\varphi_1$，$\varphi_2^2=\varphi_2$，证明：

1. 若 $(\varphi_1+\varphi_2)^2=\varphi_1+\varphi_2$，则 $\varphi_1\varphi_2=0$；

2. 若 $\varphi_1\varphi_2=\varphi_2\varphi_1$，则 $(\varphi_1+\varphi_2-\varphi_1\varphi_2)^2=\varphi_1+\varphi_2-\varphi_1\varphi_2$.

十二、设数域 P 上 3 维线性空间 V 的线性变换 φ 在基 $\boldsymbol{\alpha}_1,\boldsymbol{\alpha}_2,\boldsymbol{\alpha}_3$ 下的矩阵为

$$\boldsymbol{A}=\begin{pmatrix} a_{11} & a_{12} & a_{13} \\ a_{21} & a_{22} & a_{23} \\ a_{31} & a_{32} & a_{33} \end{pmatrix},$$

1. 求 φ 在基 $\boldsymbol{\alpha}_3,\boldsymbol{\alpha}_2,\boldsymbol{\alpha}_1$ 下的矩阵；

2. 求 φ 在基 $\boldsymbol{\alpha}_1,k\boldsymbol{\alpha}_2,\boldsymbol{\alpha}_3$ 下的矩阵，其中 $k\neq 0$，$k\in P$；

3. 求 φ 在基 $\boldsymbol{\alpha}_1+\boldsymbol{\alpha}_2,\boldsymbol{\alpha}_2,\boldsymbol{\alpha}_3$ 下的矩阵.

十三、在 n 维线性空间 V 中，设有线性变换 φ 与向量 $\boldsymbol{\alpha}$ 使 $\varphi^{n-1}(\boldsymbol{\alpha})\neq\mathbf{0}$，但 $\varphi^n(\boldsymbol{\alpha})=\mathbf{0}$. 证明在 V 中存在一个基，使 φ 在该基下的矩阵为

$$\begin{pmatrix} 0 & 0 & \cdots & 0 & 0 \\ 1 & 0 & \cdots & 0 & 0 \\ 0 & 1 & \cdots & 0 & 0 \\ & & \ddots & & \\ 0 & 0 & \cdots & 1 & 0 \end{pmatrix}.$$

十四、设线性变换 φ 在 V 中的一组基 $\boldsymbol{e}_1,\boldsymbol{e}_2,\boldsymbol{e}_3$ 下的矩阵为

$$\boldsymbol{A}=\begin{pmatrix} 5 & 0 & 0 \\ 0 & 3 & -2 \\ 0 & -2 & 3 \end{pmatrix}$$

求 φ 的特征值和对应的线性无关的特征向量，并判断 φ 是否可对角化.

十五、设线性变换 φ 在 V 中的一组基 $\boldsymbol{e}_1,\boldsymbol{e}_2,\boldsymbol{e}_3$ 下的矩阵为

$$\boldsymbol{A}=\begin{pmatrix} 3 & 1 & 0 \\ -4 & -1 & 0 \\ 4 & -8 & 2 \end{pmatrix}$$

求 φ 的特征值和对应的线性无关的特征向量，并判断 φ 是否可对角化.

十六、(2019，高数(一))设向量组 $\boldsymbol{\alpha}_1=(1,2,1)^{\mathrm{T}}$，$\boldsymbol{\alpha}_2=(1,3,2)^{\mathrm{T}}$，$\boldsymbol{\alpha}_3=(1,a,3)^{\mathrm{T}}$ 为 $\mathbf{R}^3$ 的一组基，$\boldsymbol{\beta}=(1,1,1)^{\mathrm{T}}$ 在这组基下的坐标为 $(b,c,1)^{\mathrm{T}}$.

1. 求 a，b，c 的值；

2. 证明 $\boldsymbol{\alpha}_2,\boldsymbol{\alpha}_3,\boldsymbol{\beta}$ 为 $\mathbf{R}^3$ 的一组基，并求 $\boldsymbol{\alpha}_2,\boldsymbol{\alpha}_3,\boldsymbol{\beta}$ 到 $\boldsymbol{\alpha}_1,\boldsymbol{\alpha}_2,\boldsymbol{\alpha}_3$ 的过渡矩阵.

十七、(2015，高数(一))设向量组 $\boldsymbol{\alpha}_1,\boldsymbol{\alpha}_2,\boldsymbol{\alpha}_3$ 为 $\mathbf{R}^3$ 的一组基，

$$\boldsymbol{\beta}_1=2\boldsymbol{\alpha}_1+2k\boldsymbol{\alpha}_3,\ \boldsymbol{\beta}_2=2\boldsymbol{\alpha}_2,\ \boldsymbol{\beta}_3=\boldsymbol{\alpha}_1+(k+1)\boldsymbol{\alpha}_3.$$

1. 证明向量组 $\boldsymbol{\beta}_1,\boldsymbol{\beta}_2,\boldsymbol{\beta}_3$ 为 $\mathbf{R}^3$ 的一组基；

2. 当 k 为何值时，存在非零向量 $\boldsymbol{\xi}$ 在基 $\boldsymbol{\alpha}_1,\boldsymbol{\alpha}_2,\boldsymbol{\alpha}_3$ 与基 $\boldsymbol{\beta}_1,\boldsymbol{\beta}_2,\boldsymbol{\beta}_3$ 下的坐标相同，并求所有的 $\boldsymbol{\xi}$.

十八、(线性变换和特征值在人口迁徙中的应用)

假设在一个大城市中的人口总数是固定的. 人口的分布则因居民在市区和郊区之间迁徙而变化. 每年有 6%的市区居民搬到郊区，而有 2%的郊区居民搬到市区. 假如开始时有 30%的居民住在市区，70%的居民住在郊区，问十年后市区和郊区的居民人口比例是多少，30 年、50 年后又如何？

部分习题答案

习题 1.1

1. (1) 1；(2) ab^2-a^2b；(3) 18；(4) 6；(5) $(a-b)^3$；(6) $1+x+y+z$.
2. (1) $x=2$，$y=-3$；(2) $x=3$，$y=2$，$z=-4$.
3. $x\neq 0$ 且 $x\neq 3$.

习题 1.2

1. (1) 5；(2) 3；(3) 7；(4) $\frac{n(n-1)}{2}$.
2. (1) $\frac{n(n-1)}{2}-t$；(2) 0；(3) 负；(4) 0；(5) $D_1=-D_2$；(6) $(-1)^{\frac{n(n-1)}{2}}n!$；(7) 18，$-14$.
3. -369.
4. 略.

习题 1.3

1. (1) -273；(2) -270；(3) x^2y^2；(4) 6；(5) 5；(6) $24-12a^2-8b^2-6c^2$；
   (7) x^3+2x^2+3x+4；(8) -4×10^7；(9) a^4；(10) x^4-y^4.
2. 略.
3. (1) $(-1)^{n-1}(n-1)$；(2) $[a+(n-2)b](a-2b)^{n-1}$；
   (3) 当 $n=1$ 时，行列式值为 a_1-b_1；当 $n=2$ 时，行列式值为$(a_1-a_2)(b_1-b_2)$；当 $n>2$ 时，行列式值为 0；(4) $(-1)^{n-1}m^{n-1}\left(\sum\limits_{i=1}^{n}a_i-m\right)$.
4. $(x-1)(x+1)^2(x+2)$.

习题 1.4

1. (1) $A_{11}=d$，$A_{12}=-c$，$A_{21}=-b$，$A_{22}=a$；
   (2) $A_{11}=1$，$A_{12}=-1$，$A_{13}=-1$，$A_{21}=2$，$A_{22}=-1$，$A_{23}=-3$，$A_{31}=-1$，$A_{32}=1$，$A_{33}=2$.
2. (1) 282；(2) -12；(3) 288；(4) $\prod\limits_{1\leqslant i<j\leqslant 4}(x_j-x_i)$；(5) -6；(6) 3000.
3. $x=4$ 或 $x=6$.
4. -3.
5. 1.

6. $D_n=x^n+a_1x^{n-1}+a_2x^{n-2}+\cdots+a_{n-1}x+a_n$.

7. $\dfrac{a^{n+1}-b^{n+1}}{a-b}$.

习题 1.5

1. (1) $x=2$，$y=1$；(2) $x_1=1$，$x_2=2$；(3) $x_1=\dfrac{1}{3}$，$x_2=\dfrac{1}{2}$；(4) $x_1=0$，$x_2=0$；

(5) $x_1=0$，$x_2=0$，$x_3=2$；(6) $x_1=1$，$x_2=-2$，$x_3=0$，$x_4=\dfrac{1}{2}$.

2. $\lambda=1$ 或 $\lambda=-\dfrac{4}{5}$.

3. $a=-4$.

4. 略.

总习题 1

一、1. 5；2. $n(n-1)$；3. $-a_{11}a_{24}a_{33}a_{42}$，$a_{11}a_{24}a_{32}a_{43}$；4. $\lambda^2(\lambda-4)$；

5. $(a_2a_3-b_2b_3)(a_1a_4-b_1b_4)$；6. 1 或$\dfrac{1}{1-n}$；7. 64；8. 0 或 1；9. 0，0；10. 0 或 1.

二、1. 18；2. 5；3. 270；4. $(\lambda^2-1)[\lambda^2-(y+2)\lambda+2y-1]$；

5. $\lambda^4+\lambda^3+2\lambda^2+3\lambda+4$；6. $1-a^4$；7. $(-1)^{n-1}(n-1)x^{n-2}$；

8. $x_1x_2\cdots x_n+a_1x_2x_3\cdots x_n+\cdots+a_1\cdots a_{n-1}x_n+a_1a_2\cdots a_n$；

9. $(-1)^n\prod\limits_{i=1}^{n}a_i+(-1)^{n-1}\prod\limits_{i=1}^{n-1}a_i+\cdots+a_1a_2-a_1+1$；

10. $2^{n+1}-2$.

三、略.

四、$k\neq2$.

五、$b=\dfrac{(1+a)^2}{4}$.

六、$a=2$，$b=-3$，$c=4$，$d=-1$.

七、$a^2(a^2-4)$.

八、-5

九、X，Y，Z 公司的联合收入分别为 30 万元、10 万元、20 万元，X，Y，Z 公司的实际收入为 21 万元、6 万元、10 万元.

习题 2.1

1. A 在第Ⅴ卦限；B 在第Ⅷ卦限；C 在第Ⅶ卦限；D 在第Ⅵ卦限.

2. P 在 xOy 面上；Q 在 zOx 面上；R 在 x 轴上；S 在 y 轴上.

3. ① (a,b,c)关于 xOy 坐标面的对称点的坐标为$(a,b,-c)$；

(a,b,c)关于 yOz 坐标面的对称点的坐标为$(-a,b,c)$；

(a,b,c)关于 zOx 坐标面的对称点的坐标为$(a,-b,c)$.

② (a,b,c)关于 x 轴的对称点的坐标为$(a,-b,-c)$；

(a,b,c)关于 y 轴的对称点的坐标为$(-a,b,-c)$；

(a,b,c)关于 z 轴的对称点的坐标为$(-a,-b,c)$.

③ (a,b,c)关于坐标原点 O 的对称点的坐标为$(-a,-b,-c)$.

4. 点 $M_0(x_0,y_0,z_0)$在 xOy 坐标面上的垂足为$(x_0,y_0,0)$；

点 $M_0(x_0,y_0,z_0)$在 yOz 坐标面上的垂足为$(0,y_0,z_0)$；

点 $M_0(x_0,y_0,z_0)$在 zOx 坐标面上的垂足为$(x_0,0,z_0)$.

点 $M_0(x_0,y_0,z_0)$在 x 轴的垂足为$(x_0,0,0)$；

点 $M_0(x_0,y_0,z_0)$在 y 轴的垂足为$(0,y_0,0)$；

点 $M_0(x_0,y_0,z_0)$在 z 轴的垂足为$(0,0,z_0)$.

点 $M_0(x_0,y_0,z_0)$到 xOy 坐标面的距离为$|z_0|$；

点 $M_0(x_0,y_0,z_0)$到 yOz 坐标面的距离为$|x_0|$；

点 $M_0(x_0,y_0,z_0)$到 zOx 坐标面的距离为$|y_0|$.

点 $M_0(x_0,y_0,z_0)$到 x 轴的距离为$\sqrt{y_0^2+z_0^2}$；

点 $M_0(x_0,y_0,z_0)$到 y 轴的距离为$\sqrt{x_0^2+z_0^2}$；

点 $M_0(x_0,y_0,z_0)$到 z 轴的距离为$\sqrt{y_0^2+x_0^2}$.

5. 过点 $M_0(x_0,y_0,z_0)$且平行于 x 轴的直线上的点的坐标的特点是它们的纵坐标均为 y_0，竖坐标均为 z_0.

过点 $M_0(x_0,y_0,z_0)$且平行于 yOz 坐标面的平面上的点的坐标的特点是它们的横坐标均为 x_0.

6. $d=\sqrt{14}$

7. 球面方程为$(x-7)^2+(y-6)^2+(z-3)^2=27$.

8. 构成一个以 O 为球心，半径为 2 的球面.

9. 构成一个以 O 为球心，半径为 4 的球体.

10. 略.

习题 2.2

1. (1) $\boldsymbol{a}$ 与 $\boldsymbol{b}$ 同向；(2) $\boldsymbol{a}$ 与 $\boldsymbol{b}$ 反向，且$|\boldsymbol{a}|>|\boldsymbol{b}|$；

(3) $\boldsymbol{a}$ 与 $\boldsymbol{b}$ 同向，且$|\boldsymbol{a}|>|\boldsymbol{b}|$；(4) $\boldsymbol{a}$ 与 $\boldsymbol{b}$ 反向.

2. $(28,13,18)$.

3. $|\overrightarrow{AB}|=2$，$\cos\alpha=-\dfrac{1}{2}$，$\cos\beta=0$，$\cos\gamma=\dfrac{\sqrt{3}}{2}$，$\alpha=\dfrac{2\pi}{3}$，$\beta=\dfrac{\pi}{2}$，$\gamma=\dfrac{\pi}{6}$. 平行$\overrightarrow{AB}$于的单位向量为$\pm\left(-\dfrac{1}{2},0,\dfrac{\sqrt{3}}{2}\right)$.

4. $9\boldsymbol{v}-6\boldsymbol{u}=15\boldsymbol{a}-33\boldsymbol{b}+3\boldsymbol{c}$.

5. 所求点 D 的坐标为$(-3,4,-4)$，$(5,0,-4)$，$(1,-2,8)$.

6. 略.

7. (1) $(1,3,4)$，$(2,3,4)$，$(2,-1,4)$，$(1,-1,5)$，$(1,3,5)$，$(2,-1,5)$；

(2) (2,1,-8), (5,1,-8), (5,7,-8), (2,1,4), (2,7,4), (5,7,4).

8. $\overrightarrow{AC}=\frac{3}{2}\boldsymbol{a}+\frac{1}{2}\boldsymbol{b}$, $\overrightarrow{AD}=\boldsymbol{a}+\boldsymbol{b}$, $\overrightarrow{AF}=\frac{1}{2}\boldsymbol{b}-\frac{1}{2}\boldsymbol{a}$, $\overrightarrow{CB}=-\frac{1}{2}\boldsymbol{a}-\frac{1}{2}\boldsymbol{b}$.

9. ① 向量与 x 轴垂直，平行于 yOz 坐标面；

② 向量与 z 轴同向，垂直于 xOy 坐标面；

③ 向量垂直于 y 轴和 z 轴，即与 x 轴平行，垂直于 yOz 坐标面.

10. $\boldsymbol{i}=\frac{\sqrt{6}}{12}\boldsymbol{e}_a-\frac{3}{4}\boldsymbol{e}_b+\frac{5\sqrt{3}}{12}\boldsymbol{e}_c$, $\boldsymbol{j}=-\frac{\sqrt{6}}{3}\boldsymbol{e}_a+\frac{\sqrt{3}}{3}\boldsymbol{e}_c$, $\boldsymbol{k}=\frac{\sqrt{6}}{4}\boldsymbol{e}_a+\frac{3}{4}\boldsymbol{e}_b+\frac{\sqrt{3}}{4}\boldsymbol{e}_c$.

11. 略.

12. 略.

13. 略.

14. 略.

习题 2.3

1. -7.

2. (1) -7; (2) 28.

3. $\boldsymbol{r}$ 的模为 3，$\boldsymbol{r}$ 与 $\boldsymbol{a}$ 的夹角为 $\arccos\frac{1}{3}$，$\boldsymbol{r}$ 与 $\boldsymbol{b}$ 的夹角为 $\arccos\frac{2}{3}$，$\boldsymbol{r}$ 与 $\boldsymbol{c}$ 的夹角为 $\arccos\frac{2}{3}$.

4. (1) $|\boldsymbol{a}|=\sqrt{3}$, $|\boldsymbol{b}|=\sqrt{5}$，内角为 $\arccos\sqrt{\frac{3}{5}}$，$\pi-\arccos\sqrt{\frac{3}{5}}$；

(2) $|\boldsymbol{a}+\boldsymbol{b}|=\sqrt{14}$, $|\boldsymbol{a}-\boldsymbol{b}|=\sqrt{2}$，夹角为 $\arccos\frac{1}{\sqrt{7}}$.

5. $\pm\frac{1}{\sqrt{6}}(2,-1,-1)$.

6. (1) 2; (2) $5\sqrt{2}$.

7. (1) $\boldsymbol{a}\cdot\boldsymbol{b}=23$;

(2) $(3\boldsymbol{a})\cdot(-2\boldsymbol{b})=-138$;

(3) $\boldsymbol{a}\times\boldsymbol{b}=-7\boldsymbol{i}-7\boldsymbol{j}+7\boldsymbol{k}$;

(4) $(\boldsymbol{a}+\boldsymbol{b})\times(5\boldsymbol{b})=-35\boldsymbol{i}-35\boldsymbol{j}+35\boldsymbol{k}$;

(5) $\mathrm{Prj}_b\boldsymbol{a}=\frac{23}{\sqrt{26}}$;

(6) $\cos(\widehat{\boldsymbol{a},\boldsymbol{b}})=\frac{23}{26}$.

8. (1) $(\boldsymbol{a}\cdot\boldsymbol{b})\boldsymbol{c}-(\boldsymbol{a}\cdot\boldsymbol{c})\boldsymbol{b}=-2\boldsymbol{i}-46\boldsymbol{j}+10\boldsymbol{k}$;

(2) $(\boldsymbol{a}+\boldsymbol{b})\times(\boldsymbol{b}+\boldsymbol{c})=8\boldsymbol{i}-11\boldsymbol{j}+5\boldsymbol{k}$;

(3) $(\boldsymbol{a}\times\boldsymbol{b})\cdot\boldsymbol{c}=30$;

(4) $(\boldsymbol{a}\times\boldsymbol{b})\times\boldsymbol{c}=40\boldsymbol{i}+20\boldsymbol{j}-50\boldsymbol{k}$.

9. （1）与$\overrightarrow{AB}$，$\overrightarrow{AC}$同时垂直的单位向量为$\pm\frac{1}{25}(15,12,16)$；

（2）$\triangle ABC$ 的面积为 $S=\frac{1}{2}|\overrightarrow{AB}\times\overrightarrow{AC}|=\frac{25}{2}$；

（3）点 B 到过 A，C 两点的直线的距离为 $d=\frac{2S}{|\overrightarrow{AC}|}=5$.

10. $\lambda=-\frac{\boldsymbol{b}\cdot\boldsymbol{a}}{\boldsymbol{a}\cdot\boldsymbol{a}}=\frac{3}{38}$；证明略.

11. 几何意义为：$\boldsymbol{a}$，$\boldsymbol{b}$，$\boldsymbol{c}$ 在同一个平面 Π 上，$\boldsymbol{a}\times\boldsymbol{b}$，$\boldsymbol{b}\times\boldsymbol{c}$，$\boldsymbol{c}\times\boldsymbol{a}$ 都垂直于平面 Π，且与 $\boldsymbol{a}$，$\boldsymbol{b}$，$\boldsymbol{c}$ 构成右手系的指向相同，它们的模等于 $\boldsymbol{a}$，$\boldsymbol{b}$，$\boldsymbol{c}$ 所构成三角形的面积的 2 倍.

12. 略.

13. $\frac{\sqrt{3}}{2}$.

14. ±1.

15. 几何意义为：当向量 $\boldsymbol{a}$ 与 $\boldsymbol{b}$ 不平行时，以 $\boldsymbol{a}$，$\boldsymbol{b}$ 为邻边的平行四边形对角线长的平方和等于四条边长的平方和.

16. 略.

习题 2.4

1. （1）$7y-5=0$ 表示一个平行于 zOx 坐标面的平面；

（2）$2x+3y=0$ 表示一个通过 z 轴的平面；

（3）$2y-3z-1=0$ 表示一个通过点$\left(0,\frac{1}{2},0\right)$和$\left(0,0,-\frac{1}{3}\right)$，且平行于 x 轴的平面；

（4）$4x-6y+z=2$ 表示一个通过点$\left(\frac{1}{2},0,0\right)$，$\left(0,-\frac{1}{3},0\right)$和$(0,0,2)$的平面.

2. （1）所求平面方程为 $2x-5y+7z-3=0$；

（2）所求平面方程为 $x+2y-5z+3=0$；

（3）所求平面方程为 $6x-5y-3z+4=0$；

（4）所求平面方程为 $5x-3y+2z-4=0$；

（5）所求平面方程为 $3y+4z=0$；

（6）所求平面方程为 $9y-z-38=0$.

3. （1）对称式方程为$\frac{x-1}{-2}=\frac{y-1}{1}=\frac{z-\frac{3}{2}}{3}$，参数方程为$\begin{cases}x=1-2t,\\ y=1+t,\\ z=\frac{3}{2}+3t;\end{cases}$

（2）对称式方程为$\frac{x}{5}=\frac{y-\frac{4}{5}}{1}=\frac{z+\frac{3}{5}}{-2}$，参数方程为$\begin{cases}x=5t,\\ y=\frac{4}{5}+t,\\ z=-\frac{3}{5}-2t.\end{cases}$

4. (1) 所求直线方程为$\frac{x-2}{-3}=\frac{y+5}{2}=\frac{z-7}{8}$；

(2) 所求直线的方程为$\frac{x-1}{3}=\frac{y+5}{4}=\frac{z-7}{-5}$；

(3) 所求直线的方程为$\frac{x-1}{-3}=\frac{y}{2}=\frac{z-6}{3}$；

(4) 所求直线的方程为$\frac{x+3}{-2}=\frac{y-6}{3}=\frac{z-7}{1}$.

5. 设平面与三个坐标面 xOy，yOz，zOx 的夹角分别为 $\theta_1,\theta_2,\theta_3$，则夹角的余弦为

$$\cos\theta_1=\frac{|\boldsymbol{n}\cdot\boldsymbol{k}|}{|\boldsymbol{n}||\boldsymbol{k}|}=\frac{|(1,-2,2)\cdot(0,0,1)|}{3}=\frac{2}{3};$$

$$\cos\theta_2=\frac{|\boldsymbol{n}\cdot\boldsymbol{i}|}{|\boldsymbol{n}||\boldsymbol{i}|}=\frac{|(1,-2,2)\cdot(1,0,0)|}{3}=\frac{1}{3};$$

$$\cos\theta_3=\frac{|\boldsymbol{n}\cdot\boldsymbol{j}|}{|\boldsymbol{n}||\boldsymbol{j}|}=\frac{|(1,-2,2)\cdot(0,1,0)|}{3}=\frac{2}{3}.$$

6. 所求平面方程为 $2x-25y-11z+270=0$ 或 $23x-25y+61z+255=0$.

7. 两直线的夹角为$\frac{\pi}{2}$.

8. 所求夹角 $\varphi=\arcsin\frac{5\sqrt{11}}{33}$.

9. 两平面之间的距离 $d=\frac{1}{\sqrt{2}}$.

10. (1) 点 M_1 到直线 L_1 的距离 $d=5\sqrt{2}$；

(2) 点 M_2 到直线 L_2 的距离 $d=\frac{3\sqrt{2}}{2}$.

11. (1) 投影为$(0,-1,4)$；

(2) 投影为$(-3,-4,-4)$.

12. 投影直线方程为$\begin{cases}7x+14y+8=0,\\2x-y+z+7=0.\end{cases}$

13. 对称点的坐标为$(-1,0,2)$.

14. 反射光线方程为$\frac{x+7}{3}=\frac{y+5}{1}=\frac{z}{-4}$.

习题 2.5

1. 球心为$(3,-2,1)$，半径为 5.

2. (1) $4x-3y=8$ 在平面解析几何中表示一条直线；在空间解析几何中表示平行于 z 轴的平面；

(2) $x^2-5y^2=1$ 在平面解析几何中表示以 x 轴为实轴，以 y 轴为虚轴的双曲线；在空间解析几何中表示母线平行于 z 轴，准线为$\begin{cases}x^2-5y^2=1,\\z=0\end{cases}$的双曲柱面；

（3）$6x^2-y=1$ 在平面解析几何中表示一条开口朝上的抛物线；在空间解析几何中表示母线平行于 z 轴，准线为$\begin{cases}6x^2-y=1,\\z=0\end{cases}$的抛物柱面；

（4）$4x^2+y^2=1$ 在平面解析几何中表示椭圆，在空间解析几何中表示母线平行于 z 轴，准线为$\begin{cases}4x^2+y^2=1,\\z=0\end{cases}$的椭圆柱面.

3. （1）$y^2+z^2=7-x$；

（2）$9x^2-4y^2-4z^2=36$；

（3）$x^2+(\sqrt{y^2+z^2}-2)^2=1$；

（4）$16(x^2+y^2)=(2z+1)^2$.

4. 方程(1)，(3)，(4)是旋转曲面.

（1）方程 $2x+y^2+z^2=1$ 表示 xOy 面上的抛物线 $2x+y^2=1$ 绕 x 轴旋转一周而生成的旋转曲面，或表示 zOx 面上的抛物线 $2x+z^2=1$ 绕 x 轴旋转一周而生成的旋转曲面；

（3）方程 $3x^2-y^2+3z^2=1$ 表示 xOy 面上的双曲线 $3x^2-y^2=1$ 绕 y 轴旋转一周而生成的旋转曲面，或表示 yOz 面上的双曲线 $-y^2+3z^2=1$ 绕 y 轴旋转一周而生成的旋转曲面；

（4）方程 $25x^2+25y^2-z^2+2z=1$ 表示 zOx 面上的直线 $5x=z-1$ 绕 z 轴旋转一周而生成的旋转曲面，或表示 yOz 面上的直线 $5y=z-1$ 绕 z 轴旋转一周而生成的旋转曲面.

5. （1）轨迹方程为$\left(x+\frac{1}{3}\right)^2+\left(y+\frac{2}{3}\right)^2+(z+1)^2=\left(\frac{2\sqrt{14}}{3}\right)^2$，它表示以$\left(-\frac{1}{3},-\frac{2}{3},-1\right)$为球心，以$\frac{2\sqrt{14}}{3}$为半径的球面.

（2）轨迹方程为 $x^2+y^2=14z+49$，它表示开口朝上的旋转抛物面.

（3）轨迹方程为 $x^2-4z+4=0$，它表示母线平行于 y 轴，准线为$\begin{cases}x^2-4z+4=0,\\y=0\end{cases}$的抛物柱面.

（4）轨迹方程为 $x^2=y^2+z^2$，它表示半顶角为$\frac{\pi}{4}$的圆锥面.

6. 略.

7. 略.

8. （1）$\begin{cases}3x^2+2z^2=4,\\x^2+2y^2=4;\end{cases}$ （2）$\begin{cases}2z^2-7x-8z=0,\\7y^2+5z^2-20z=0.\end{cases}$

9. （1）所求投影曲线的方程为$\begin{cases}x^2+2y^2-2y=0,\\z=0;\end{cases}$

（2）所求投影曲线的方程为$\begin{cases}x+y+x^2+y^2=2,\\z=0;\end{cases}$

（3）所求投影曲线的方程为$\begin{cases}x^2+3y^2=1,\\z=0;\end{cases}$

(4) 所求投影曲线的方程为$\begin{cases} x^2+y^2=1, \\ z=0. \end{cases}$

10. (1) 该曲线的参数方程为$\begin{cases} x=t, \\ y=-t, \\ z=\pm\sqrt{9-2t^2}, \end{cases}$ 其中$-\dfrac{3}{\sqrt{2}}\leqslant t\leqslant\dfrac{3}{\sqrt{2}}$;

(2) 该曲线的参数方程为$\begin{cases} x=2+2\cos\theta, \\ y=2\sin\theta, \\ z=-8\cos\theta-7, \end{cases}$ 其中 $0\leqslant\theta\leqslant 2\pi$.

11. 投影区域为$\begin{cases} 4\leqslant x^2+y^2\leqslant 9, \\ z=0. \end{cases}$

12. 旋转抛物面在 xOy 面上的投影区域为$\begin{cases} x^2+y^2\leqslant 4, \\ z=0. \end{cases}$

旋转抛物面在 yOz 面上的投影区域为$\begin{cases} \dfrac{y^2}{4}\leqslant z\leqslant 1, \\ x=0. \end{cases}$

旋转抛物面在 zOx 面上的投影区域为$\begin{cases} \dfrac{x^2}{4}\leqslant z\leqslant 1, \\ y=0. \end{cases}$

习题 2.6

1. (1) 方程 $3x^2+9y^2+4z^2=1$ 表示椭球面;

(2) 方程 $3x^2+4y^2-12z^2=12$ 表示单叶双曲面;

(3) 方程 $6x^2-3y^2-2z^2=6$ 表示双叶双曲面;

(4) 方程 $7x^2+5y^2-2z=1$ 表示椭圆抛物面;

(5) 方程 $2x^2+3y^2+z^2-4x+6y-1=0$ 即$\dfrac{(x-1)^2}{3}+\dfrac{(y+1)^2}{2}+\dfrac{z^2}{6}=1$ 表示椭球面;

(6) 方程 $x^2+2y^2-z^2-4x-4y-2z+1=0$ 即$\dfrac{(x-2)^2}{4}+\dfrac{(y-1)^2}{2}-\dfrac{(z+1)^2}{4}=1$ 表示单叶双曲面;

(7) 方程 $x^2+y^2-3z^2+4x+6z+1=0$ 即$\dfrac{(x+2)^2}{3}+\dfrac{y^2}{3}-(z-1)^2=0$ 表示圆锥面;

(8) 方程 $2x^2-3y^2+6y-12z-3=0$ 即$\dfrac{x^2}{3}-\dfrac{(y-1)^2}{2}=2z$ 表示双曲抛物面.

2. 略.

总习题 2

一、1. (C). 2. (C). 3. (B).

二、1. 在球面外部, 在球面上, 在球面内部.

2. $\begin{cases} x=2\cos\theta\sin\varphi, \\ y=3\sin\theta\sin\varphi, \\ z=\cos\varphi, 0\leqslant\varphi\leqslant\pi, 0\leqslant\theta\leqslant 2\pi. \end{cases}$

3. 双曲抛物面(马鞍面).

三、1. 6.

2. $\boldsymbol{c}=\pm\left(\frac{25}{14},-\frac{10}{7},\frac{5}{14}\right)$.

3. $\mathrm{Prj}_{\overrightarrow{OM}}\overrightarrow{OA}=\frac{\overrightarrow{OA}\cdot\overrightarrow{OM}}{|\overrightarrow{OM}|}=\frac{1}{\sqrt{3}}$.

4. (1) $\pi-\arccos\frac{3}{\sqrt{21}}$;

(2) $28\sqrt{3}$.

5. $(\widehat{\boldsymbol{a},\boldsymbol{b}})=\frac{\pi}{3}$.

6. $\overrightarrow{OA}\times\overrightarrow{OB}=\pm\begin{vmatrix} \boldsymbol{i} & \boldsymbol{j} & \boldsymbol{k} \\ \frac{1}{\sqrt{3}} & \frac{1}{\sqrt{3}} & \frac{1}{\sqrt{3}} \\ 3 & 0 & 9 \end{vmatrix}=\pm\sqrt{3}(3,-2,-1)$.

7. $\boldsymbol{c}=\frac{2\sqrt{6}}{3}(2,1,1)$.

8. 所求平面方程为 $x-3y\pm\sqrt{2}z+5=0$.

9. 所求平面方程为 $x+7y+5z+1=0$.

10. 所求直线方程为$\frac{x+1}{16}=\frac{y}{19}=\frac{z-4}{28}$.

11. 所求直线方程为$\frac{x-2}{5}=\frac{y+1}{-3}=\frac{z-2}{5}$.

12. 所求曲面方程为$\left(x+\frac{z}{3}\right)^2+\left(y+\frac{2}{3}z\right)^2=1$，或 $x^2+y^2+\frac{5}{9}z^2+\frac{2}{3}xz+\frac{4}{3}yz=1$.

13. 所求旋转曲面方程为 $x^2+y^2-\frac{5}{9}z^2-\frac{2}{3}z=1$.

14. 所围成立体在 xOy 坐标面上的投影为$\begin{cases} x^2+(y-2)^2\leqslant 4, \\ z=0; \end{cases}$

所围立体在 zOx 坐标面上的投影为$\begin{cases} \left(\frac{z^2}{4}-2\right)^2+x^2\leqslant 4, z\geqslant 0, \\ y=0; \end{cases}$

而该立体在 yOz 坐标面上的投影为$\begin{cases} y\leqslant z\leqslant\sqrt{2y}, \\ x=0. \end{cases}$

15. 略.

四、椭球面 S_1 的方程为$\frac{x^2}{4}+\frac{y^2+z^2}{3}=1$；圆锥面 S_2 的方程为$(x-4)^2-4y^2-4z^2=0$.

习题 3.1

1. (1) $\boldsymbol{A}=\begin{pmatrix}15&20&25\\20&25&20\\30&30&15\\35&25&10\end{pmatrix}$；(2) $\boldsymbol{B}=\begin{pmatrix}1.50&1.01&4.99&1.99&3.01\\1.51&1.00&5.01&2.01&2.99\\1.49&1.01&4.99&2.01&3.01\end{pmatrix}$.

2. (1) (D)；(2) (B)；(3) (A)；(4) (C).

习题 3.2

1. (1) $\begin{pmatrix}1&4\\-1&10\end{pmatrix}$；(2) $\begin{pmatrix}-1&7\\-2&5\end{pmatrix}$；(3) $\begin{pmatrix}0&2\\5&1\end{pmatrix}$；(4) $\begin{pmatrix}3&7\\7&15\end{pmatrix}$；

(5) $\begin{pmatrix}a_{11}+ka_{31}&a_{12}+ka_{32}\\a_{21}&a_{22}\\a_{31}&a_{32}\end{pmatrix}$；(6) $\begin{pmatrix}a_{11}&a_{12}&ka_{11}+a_{13}\\a_{21}&a_{22}&ka_{21}+a_{23}\\a_{31}&a_{32}&ka_{31}+a_{33}\end{pmatrix}$；

(7) $\begin{pmatrix}-2&3\\-4&6\\-6&9\end{pmatrix}$；(8) $ax_1^2+bx_2^2+cx_3^2+2dx_1x_2+2ex_1x_3+2fx_2x_3$.

2. $f(\boldsymbol{A})=\begin{pmatrix}-9&-4\\-4&-9\end{pmatrix}$.

3. $\boldsymbol{A}^{\mathrm{T}}=\begin{pmatrix}1&0\\2&3\end{pmatrix}$，$\boldsymbol{B}^{\mathrm{T}}=\begin{pmatrix}-1&2\\0&-1\end{pmatrix}$，$(\boldsymbol{AB})^{\mathrm{T}}=\boldsymbol{B}^{\mathrm{T}}\boldsymbol{A}^{\mathrm{T}}=\begin{pmatrix}3&6\\-2&-3\end{pmatrix}$.

4. $\boldsymbol{X}=\begin{pmatrix}4&3&-9\\-\frac{5}{2}&-\frac{3}{2}&\frac{13}{2}\end{pmatrix}$.

5. (1) 错；(2) 对；(3) 错；(4) 对；(5) 错；(6) 错.

6. $\boldsymbol{A}^{100}=(a+2b+3c)^{99}\begin{pmatrix}a&b&c\\2a&2b&2c\\3a&3b&3c\end{pmatrix}$.

7. 略.

8. 略.

9. $\boldsymbol{A}^*=\begin{pmatrix}7&-3&-3\\-1&1&0\\-1&0&1\end{pmatrix}$.

10. $\overline{\boldsymbol{A}}=\begin{pmatrix}1&2\\3&4\end{pmatrix}$，$\overline{\boldsymbol{B}}=\begin{pmatrix}-\mathrm{i}&-1\\2\mathrm{i}&-3\mathrm{i}\end{pmatrix}$，$(\overline{\boldsymbol{A}})^{\mathrm{T}}=\begin{pmatrix}1&3\\2&4\end{pmatrix}$，$(\overline{\boldsymbol{B}})^{\mathrm{T}}=\begin{pmatrix}-\mathrm{i}&2\mathrm{i}\\-1&-3\mathrm{i}\end{pmatrix}$，

$$\overline{A+B}=\begin{pmatrix}1-\mathrm{i} & 1\\ 3+2\mathrm{i} & 4-3\mathrm{i}\end{pmatrix},\ \left(\overline{A+B}\right)^{\mathrm{T}}=\begin{pmatrix}1-\mathbf{i} & 3+2\mathbf{i}\\ 1 & 4-3\mathbf{i}\end{pmatrix}.$$

习题 3.3

1. (1) 可逆，逆矩阵为$\begin{pmatrix}-2 & 1\\ \dfrac{3}{2} & -\dfrac{1}{2}\end{pmatrix}$；(2) 可逆，逆矩阵为$\begin{pmatrix}\dfrac{5}{2} & \dfrac{1}{2}\\ \dfrac{3}{2} & \dfrac{1}{2}\end{pmatrix}$；

(3) 可逆，逆矩阵为$\begin{pmatrix}1 & -1 & -3\\ 1 & -2 & -3\\ -1 & 2 & 4\end{pmatrix}$；(4) 不可逆；

(5) 可逆，逆矩阵为$\begin{pmatrix}1 & 0 & 0 & 0\\ 0 & 2^{-1} & 0 & 0\\ 0 & 0 & 3^{-1} & 0\\ 0 & 0 & 0 & 4^{-1}\end{pmatrix}$.

2. $\begin{pmatrix}3 & & \\ & 2 & \\ & & 1\end{pmatrix}$.

3. $\dfrac{1}{10}\begin{pmatrix}1 & 0 & 0\\ 2 & 2 & 0\\ 3 & 4 & 5\end{pmatrix}$.

4. $|2A^{-1}|=\dfrac{8}{3}$，$|A^{*}|=9$，$|(A^{*})^{*}|=81$，$|(A^{*})^{-1}|=\dfrac{1}{9}$，

$|5A^{-1}-2A^{*}|=-\dfrac{1}{3}$，$|2A^{*}|=72$，$|4A-(A^{*})^{*}|=3$.

5. $B^{-1}=E+2A+5A^{2}$.

6. $X=\begin{pmatrix}-4 & -17\\ 7 & 29\end{pmatrix}$.

7. $X=\begin{pmatrix}68 & -48\\ -27 & 19\\ 3 & -2\end{pmatrix}$.

习题 3.4

1. (1) 对；(2) 错；(3) 错；(4) 对；(5) 错；(6) 对；(7) 错；(8) 错；(9) 错.

2. (1) $\begin{pmatrix}-\dfrac{1}{2} & \dfrac{3}{4} & -\dfrac{3}{10}\\ \dfrac{1}{2} & -\dfrac{1}{4} & -\dfrac{1}{10}\\ 0 & 0 & \dfrac{1}{5}\end{pmatrix}$；(2) $\begin{pmatrix}\dfrac{1}{2} & 0 & 0 & 0\\ 0 & -4 & 3 & 0\\ 0 & 3 & -2 & 0\\ 0 & 0 & 0 & \dfrac{1}{7}\end{pmatrix}$；

(3) $\begin{pmatrix} -1 & 4 & 0 & 0 \\ 1 & -3 & 0 & 0 \\ 0 & 0 & \frac{1}{2} & -1 \\ 0 & 0 & 0 & \frac{1}{3} \end{pmatrix}$；(4) $\begin{pmatrix} \frac{1}{3} & -\frac{2}{3} & \frac{16}{9} & -1 \\ \frac{1}{3} & \frac{1}{3} & \frac{5}{18} & -\frac{1}{2} \\ 0 & 0 & \frac{1}{3} & 0 \\ 0 & 0 & -\frac{5}{6} & \frac{1}{2} \end{pmatrix}$.

3. (1) $\begin{pmatrix} -\boldsymbol{B}^{-1}\boldsymbol{C}\boldsymbol{A}^{-1} & \boldsymbol{B}^{-1} \\ \boldsymbol{A}^{-1} & \boldsymbol{O} \end{pmatrix}$；(2) $\begin{pmatrix} \boldsymbol{O} & \boldsymbol{B}^{-1} \\ \boldsymbol{A}^{-1} & -\boldsymbol{A}^{-1}\boldsymbol{C}\boldsymbol{B}^{-1} \end{pmatrix}$.

习题 3.5

1. (1) $\begin{pmatrix} 1 & 0 & 4a \\ 0 & 1 & 0 \\ 0 & 0 & 1 \end{pmatrix}$；(2) $\begin{pmatrix} 0 & 0 & 1 \\ 0 & 1 & 0 \\ 1 & 0 & 0 \end{pmatrix}$；(3) $\begin{pmatrix} 1 & 0 & 0 \\ 0 & 1 & 0 \\ 0 & 0 & 1 \end{pmatrix}$.

2. (1) 行阶梯形为$\begin{pmatrix} 4 & 1 & 0 & 1 & -1 \\ 0 & 1 & 1 & -1 & 2 \\ 0 & 0 & -4 & 0 & -4 \\ 0 & 0 & 0 & 0 & 1 \end{pmatrix}$，标准形为$\begin{pmatrix} 1 & 0 & 0 & 0 & 0 \\ 0 & 1 & 0 & 0 & 0 \\ 0 & 0 & 1 & 0 & 0 \\ 0 & 0 & 0 & 1 & 0 \end{pmatrix}$；

(2) 行阶梯形为$\begin{pmatrix} 4 & 2 & 0 & -2 & -4 \\ 0 & -1 & 1 & 1 & 1 \\ 0 & 0 & -2 & 0 & 2 \\ 0 & 0 & 0 & -1 & -4 \end{pmatrix}$，标准形为$\begin{pmatrix} 1 & 0 & 0 & 0 & 0 \\ 0 & 1 & 0 & 0 & 0 \\ 0 & 0 & 1 & 0 & 0 \\ 0 & 0 & 0 & 1 & 0 \end{pmatrix}$；

(3) 行阶梯形为$\begin{pmatrix} 0 & 1 & -1 & 2 \\ 0 & 0 & -1 & -3 \\ 0 & 0 & 0 & 0 \end{pmatrix}$，标准形为$\begin{pmatrix} 1 & 0 & 0 & 0 \\ 0 & 1 & 0 & 0 \\ 0 & 0 & 0 & 0 \end{pmatrix}$；

(4) 行阶梯形为$\begin{pmatrix} 7 & 2 & 6 & 1 & 1 & 1 \\ 0 & 1 & 4 & 2 & 0 & 3 \\ 0 & 0 & -5 & 0 & 2 & -1 \end{pmatrix}$，标准形为$\begin{pmatrix} 1 & 0 & 0 & 0 & 0 & 0 \\ 0 & 1 & 0 & 0 & 0 & 0 \\ 0 & 0 & 1 & 0 & 0 & 0 \end{pmatrix}$.

3. (1) $\begin{pmatrix} 0 & 0 & \frac{1}{4} \\ 0 & \frac{1}{3} & 0 \\ \frac{1}{2} & 0 & 0 \end{pmatrix}$；(2) $\begin{pmatrix} 1 & 0 & 0 \\ -\frac{1}{2} & \frac{1}{2} & 0 \\ 0 & -\frac{1}{3} & \frac{1}{3} \end{pmatrix}$；(3) $\begin{pmatrix} -4 & -\frac{3}{2} & 2 \\ 3 & \frac{1}{2} & -1 \\ 2 & 1 & -1 \end{pmatrix}$；

(4) $\begin{pmatrix} -1 & -\frac{1}{2} & -2 \\ 1 & \frac{1}{2} & 1 \\ -1 & 0 & -1 \end{pmatrix}$；(5) $\begin{pmatrix} \frac{1}{3} & 0 & 0 & 0 \\ 0 & 3 & -5 & 0 \\ 0 & -1 & 2 & 0 \\ 0 & 0 & 0 & \frac{1}{7} \end{pmatrix}$；(6) $\begin{pmatrix} -2 & 1 & 1 & -4 \\ 0 & 1 & 0 & -1 \\ 3 & -1 & -1 & 6 \\ -6 & 1 & 2 & -10 \end{pmatrix}$；

(7) $\frac{1}{x^2-y^2}\begin{pmatrix} x & 0 & 0 & -y \\ 0 & x & -y & 0 \\ 0 & -y & x & 0 \\ -y & 0 & 0 & x \end{pmatrix}$; (8) $\frac{1}{144}\begin{pmatrix} 55 & -21 & 8 & -3 & 1 \\ -21 & 63 & -24 & 9 & -3 \\ 8 & -24 & 64 & -24 & 8 \\ -3 & 9 & -24 & 63 & -21 \\ 1 & -3 & 8 & -21 & 55 \end{pmatrix}$;

(9) $\begin{pmatrix} 1 & 0 & \cdots & 0 & 0 \\ -1 & 1 & \cdots & 0 & 0 \\ \vdots & \vdots & & \vdots & \vdots \\ 0 & 0 & \cdots & 1 & 0 \\ 0 & 0 & \cdots & -1 & 1 \end{pmatrix}$; (10) $\begin{pmatrix} 1 & \cdots & 0 & -\frac{a_1}{a_i} & 0 & \cdots & 0 \\ \vdots & & \vdots & \vdots & \vdots & & \vdots \\ 0 & \cdots & 1 & -\frac{a_{i-1}}{a_i} & 0 & \cdots & 0 \\ 0 & \cdots & 0 & \frac{1}{a_i} & 0 & \cdots & 0 \\ 0 & \cdots & 0 & -\frac{a_{i+1}}{a_i} & 1 & \cdots & 0 \\ \vdots & & \vdots & \vdots & \vdots & & \vdots \\ 0 & \cdots & 0 & -\frac{a_n}{a_i} & 0 & \cdots & 1 \end{pmatrix}$.

4. $\boldsymbol{X}=\begin{pmatrix} -3 & \frac{1}{5} \\ 2 & \frac{8}{5} \\ 0 & -\frac{2}{5} \end{pmatrix}$.

5. $\boldsymbol{X}=\begin{pmatrix} 2 & -4 \\ 0 & 2 \\ 1 & -1 \end{pmatrix}$.

习题 3.6

1. (1) 秩为 3；(2) 秩为 4.
2. $x=-6$.
3. $R(\boldsymbol{A})=2$，$R(\boldsymbol{B})=3$.

习题 3.7

1. $a\neq 1$.
2. $b=1$.
3. (1) $(x_1,x_2,x_3,x_4)^{\mathrm{T}}=k\left(\frac{4}{3},-3,\frac{4}{3},1\right)^{\mathrm{T}}$；

   (2) $(x_1,x_2,x_3,x_4)^{\mathrm{T}}=k_1(-2,1,0,0)^{\mathrm{T}}+k_2(1,0,0,1)^{\mathrm{T}}$.
4. (1) $R(\boldsymbol{A})=R(\widetilde{\boldsymbol{A}})=4$，方程组唯一解为$(x_1, x_2, x_3, x_4)^{\mathrm{T}}=(-8, 3, 6, 0)^{\mathrm{T}}$；

（2）$R(\boldsymbol{A})=3$，$R(\widetilde{\boldsymbol{A}})=4$，方程组无解；

（3）$R(\boldsymbol{A})=R(\widetilde{\boldsymbol{A}})=3$，方程组有无穷多解，通解为$\begin{pmatrix}x_1\\x_2\\x_3\\x_4\end{pmatrix}=k\begin{pmatrix}-3\\1\\1\\0\end{pmatrix}+\begin{pmatrix}4\\-1\\0\\0\end{pmatrix}$，其中 k 为任意常数；

（4）$R(\boldsymbol{A})=R(\widetilde{\boldsymbol{A}})=3$，方程组有无穷多解，通解为$\begin{pmatrix}x_1\\x_2\\x_3\\x_4\\x_5\end{pmatrix}=k_1\begin{pmatrix}1\\-2\\0\\1\\0\end{pmatrix}+k_2\begin{pmatrix}5\\-6\\0\\0\\1\end{pmatrix}+\begin{pmatrix}-16\\23\\0\\0\\0\end{pmatrix}$，其中 k_1，k_2 为任意常数.

5.（1）当 $\lambda\neq-2$ 且 $\lambda\neq1$ 时，$R(\boldsymbol{A})=R(\boldsymbol{B})=3$，从而方程组有唯一解.

（2）当 $\lambda=-2$ 时，$R(\boldsymbol{A})=2$，$R(\boldsymbol{B})=3$，$R(\boldsymbol{A})\neq R(\boldsymbol{B})$，所以方程组无解.

（3）当 $\lambda=1$ 时，$R(\boldsymbol{A})=R(\boldsymbol{B})=1<3$，故方程组有无穷多解. 原方程组的通解为

$$\begin{pmatrix}x_1\\x_2\\x_3\end{pmatrix}=\begin{pmatrix}-2\\0\\0\end{pmatrix}+k_1\begin{pmatrix}-1\\1\\0\end{pmatrix}+k_2\begin{pmatrix}-1\\0\\1\end{pmatrix},$$

其中 k_1，k_2 为任意实数.

总习题 3

一、1. 108.

2. $\begin{pmatrix}1&0&0\\-\frac{1}{2}&\frac{1}{2}&0\\0&0&1\end{pmatrix}$.

3. $\begin{pmatrix}3&0&0\\0&2&0\\0&0&1\end{pmatrix}$.

4. $\begin{pmatrix}-4&0&0\\0&-\frac{5}{2}&-1\\0&-\frac{3}{2}&-\frac{1}{2}\end{pmatrix}$.

5. $\begin{pmatrix}2&1&0\\1&0&4\\3&5&0\end{pmatrix}$.

二、1. (D); 2. (A); 3. (D); 4. (D); 5. (A); 6. (C); 7. (C).

三、1. $\boldsymbol{A}=\boldsymbol{A}^{2023}=\begin{pmatrix}-5 & 8 & 18\\ -1 & 1 & 3\\ -1 & 2 & 4\end{pmatrix}$.

2. $\boldsymbol{A}^{10}=\boldsymbol{P}\boldsymbol{\Lambda}^{10}\boldsymbol{Q}=\begin{pmatrix}7-6\times 2^{10} & -21+21\times 2^{10} & 0\\ 2-2^{11} & -6+7\times 2^{10} & 0\\ 0 & 0 & 3^{10}\end{pmatrix}$.

3. 注意：$|\boldsymbol{A}|=0$，$a=-1$.

4. 54.

5. $\begin{pmatrix}-4 & 0 & 0\\ 0 & 6 & 0\\ 0 & 0 & 6\end{pmatrix}$.

6. $\boldsymbol{A}+\boldsymbol{E}$.

7. $\begin{pmatrix}3 & -1 & -6\\ 0 & 3 & 3\\ 0 & 0 & -3\end{pmatrix}$.

8. $\begin{pmatrix}4 & -12 & -9\\ 3 & -14 & -9\\ -3 & 18 & 13\end{pmatrix}$.

9. $\boldsymbol{B}=\begin{pmatrix}\frac{3}{2} & 0 & 0\\ 0 & \frac{2}{3} & 0\\ 0 & 0 & \frac{3}{5}\end{pmatrix}$.

10. $\boldsymbol{A}^2-\boldsymbol{A}+2\boldsymbol{E}$.

11. $(\boldsymbol{A}^*)^{-1}=\boldsymbol{A}$，$(-\boldsymbol{A}^{-1})^*=-\boldsymbol{A}$.

12. $\boldsymbol{B}=\begin{pmatrix}\frac{36}{85} & 0 & \frac{66}{85}\\ 0 & \frac{6}{5} & 0\\ \frac{66}{85} & 0 & \frac{36}{85}\end{pmatrix}$.

四、略.

五、(D).

六、(B).

七、$-\boldsymbol{E}$.

习题 4.1

1. (1) $a=-4$，$b=0$；(2) $\boldsymbol{E}$.

2. $(0,-3,2,-2)^{\mathrm{T}}$.

3. $\begin{pmatrix}5\\1\\1\end{pmatrix}$，$\begin{pmatrix}13\\7\\15\end{pmatrix}$.

4. $\boldsymbol{\alpha}=\begin{pmatrix}-\dfrac{8}{5}\\-\dfrac{1}{5}\\\dfrac{4}{5}\\-\dfrac{17}{5}\end{pmatrix}$.

习题 4.2

1. (1) -8.

   (2) $\boldsymbol{a}=(0.31,0.24,0.11,0.14)^{\mathrm{T}}$，$\boldsymbol{b}=(0.24,0.36,0.12,0.13)^{\mathrm{T}}$，$x_1\boldsymbol{a}+x_2\boldsymbol{b}$.

2. (1) $a=1$，$b\neq0$；(2) $a\neq\pm1$.

3. (1) $\boldsymbol{\beta}=\boldsymbol{\alpha}_1-\boldsymbol{\alpha}_2+2\boldsymbol{\alpha}_3$；(2) $\boldsymbol{\beta}$ 不能由 $\boldsymbol{\alpha}_1,\boldsymbol{\alpha}_2,\boldsymbol{\alpha}_3$ 线性表示.

4. 略.

习题 4.3

1. (1) -3；(2) $k\neq-1$；(3) $abc=1$.

2. (1) (C)；(2) (B).

3. 当 $t=3$ 或 $t=-2$ 时，$\boldsymbol{\alpha}_1$，$\boldsymbol{\alpha}_2$，$\boldsymbol{\alpha}_3$线性相关；

   当 $t\neq3$ 且 $t\neq-2$ 时，$\boldsymbol{\alpha}_1$，$\boldsymbol{\alpha}_2$，$\boldsymbol{\alpha}_3$线性无关.

4. 略.

5. 略.

习题 4.4

1. (1) -3；(2) $\neq1$；(3) $\neq1$.

2. (1) 秩为 3，$\boldsymbol{\alpha}_1,\boldsymbol{\alpha}_2,\boldsymbol{\alpha}_3$ 为极大无关组；

   (2) 秩为 3，$\boldsymbol{\alpha}_1,\boldsymbol{\alpha}_2,\boldsymbol{\alpha}_5$ 为极大无关组；

   (3) 秩为 2，$\boldsymbol{\alpha}_1,\boldsymbol{\alpha}_2$ 为极大无关组；

   (4) 秩为 3，$\boldsymbol{\alpha}_1,\boldsymbol{\alpha}_2,\boldsymbol{\alpha}_4$ 为极大无关组.

3. 向量组 $\boldsymbol{\alpha}_1,\boldsymbol{\alpha}_2,\boldsymbol{\alpha}_3,\boldsymbol{\alpha}_4$ 的秩为 2，$\boldsymbol{\alpha}_1,\boldsymbol{\alpha}_2$ 为极大无关组，且

$$\boldsymbol{\alpha}_3=2\boldsymbol{\alpha}_1-\boldsymbol{\alpha}_2,\quad \boldsymbol{\alpha}_4=3\boldsymbol{\alpha}_1-2\boldsymbol{\alpha}_2.$$

4. 略.

习题 4.5

1. (1) 构成子空间，维数为 1，$(1,0,-1)^{\mathrm{T}}$ 为一组基；

(2) 构成子空间，维数为 2，$(-1,1,0)^{\mathrm{T}}$，$(-1,0,1)^{\mathrm{T}}$ 为一组基；

(3) 不构成子空间；

(4) 构成子空间，维数为 3，$(1,0,0)^{\mathrm{T}}$，$(1,1,0)^{\mathrm{T}}$，$(1,1,1)^{\mathrm{T}}$ 为一组基；

(5) 构成子空间，维数为 2，$(1,1,0)^{\mathrm{T}}$，$(1,1,1)^{\mathrm{T}}$ 为一组基.

2. 一组基为 $\boldsymbol{\alpha}_1,\boldsymbol{\alpha}_2,\boldsymbol{\alpha}_4$，维数为 3.

3. $\left(4,\dfrac{7}{4},\dfrac{1}{4}\right)^{\mathrm{T}}$.

4. 略.

习题 4.6

1. (1) $(1,-2,3,0)^{\mathrm{T}}+c(1,2,3,1)^{\mathrm{T}}$.

(2) 1.

2. (1) 基础解系为 $\boldsymbol{\xi}=\begin{pmatrix}-1\\-1\\0\\1\end{pmatrix}$，通解为 $\boldsymbol{x}=c\begin{pmatrix}-1\\-1\\0\\1\end{pmatrix}$，其中 c 为任意常数；

(2) 基础解系为 $\boldsymbol{\xi}=\begin{pmatrix}-5\\-4\\0\\1\end{pmatrix}$，通解为 $\boldsymbol{x}=c\begin{pmatrix}-5\\-4\\0\\1\end{pmatrix}$，其中 c 为任意常数；

(3) 基础解系为 $\boldsymbol{\xi}_1=\begin{pmatrix}-\frac{8}{5}\\-\frac{3}{5}\\1\\0\\0\end{pmatrix}$，$\boldsymbol{\xi}_2=\begin{pmatrix}-\frac{3}{5}\\\frac{2}{5}\\0\\1\\0\end{pmatrix}$，$\boldsymbol{\xi}_3=\begin{pmatrix}\frac{1}{5}\\\frac{6}{5}\\0\\0\\1\end{pmatrix}$，通解为

$$\boldsymbol{x}=c_1\boldsymbol{\xi}_1+c_2\boldsymbol{\xi}_2+c_3\boldsymbol{\xi}_3=c_1\begin{pmatrix}-\frac{8}{5}\\-\frac{3}{5}\\1\\0\\0\end{pmatrix}+c_2\begin{pmatrix}-\frac{3}{5}\\\frac{2}{5}\\0\\1\\0\end{pmatrix}+c_3\begin{pmatrix}\frac{1}{5}\\\frac{6}{5}\\0\\0\\1\end{pmatrix},$$

其中 c_1,c_2,c_3 为任意常数；

(4) 基础解系为 $\boldsymbol{\xi}_1=(1,1,-1,-2,0)^{\mathrm{T}}$，$\boldsymbol{\xi}_2=(5,7,-5,0,8)^{\mathrm{T}}$，通解为 $\boldsymbol{x}=c_1\boldsymbol{\xi}_1+c_2\boldsymbol{\xi}_2$，其中 c_1，c_2 为任意常数.

3. (1) 无解；

(2) 通解为 $\boldsymbol{x}=\begin{pmatrix}x_1\\x_2\\x_3\\x_4\end{pmatrix}=\begin{pmatrix}-1\\-3\\0\\0\end{pmatrix}+c\begin{pmatrix}-2\\-5\\0\\1\end{pmatrix}$，其中 c 为任意常数；

(3) 通解为 $\boldsymbol{x}=\begin{pmatrix}x_1\\x_2\\x_3\\x_4\end{pmatrix}=\begin{pmatrix}\frac{1}{2}\\0\\\frac{1}{2}\\0\end{pmatrix}+c\begin{pmatrix}0\\0\\1\\1\end{pmatrix}$，其中 c 为任意常数；

(4) 通解为 $\boldsymbol{x}=\begin{pmatrix}x_1\\x_2\\x_3\\x_4\end{pmatrix}=\begin{pmatrix}\frac{6}{7}\\-\frac{5}{7}\\0\\0\end{pmatrix}+c_1\begin{pmatrix}\frac{1}{7}\\\frac{5}{7}\\1\\0\end{pmatrix}+c_2\begin{pmatrix}\frac{1}{7}\\-\frac{9}{7}\\0\\1\end{pmatrix}$，其中 c_1，c_2 为任意常数.

4. (1) 当 $b\neq2$ 时，方程组无解；

(2) 当 $b=2$，$a\neq-8$ 时，方程组有无穷多解，通解为 $\boldsymbol{x}=c\begin{pmatrix}-\frac{2}{5}\\-\frac{1}{10}\\0\\1\end{pmatrix}+\begin{pmatrix}\frac{1}{5}\\\frac{3}{10}\\0\\0\end{pmatrix}$，其中 c 为任意常数；

(3) 当 $b=2$，$a=-8$ 时，方程组有无穷多解，通解为 $\boldsymbol{x}=c_1\begin{pmatrix}-\frac{1}{5}\\\frac{1}{5}\\1\\0\end{pmatrix}+c_2\begin{pmatrix}-\frac{2}{5}\\-\frac{1}{10}\\0\\1\end{pmatrix}+\begin{pmatrix}\frac{1}{5}\\\frac{3}{10}\\0\\0\end{pmatrix}$，其中 c_1，c_2 为任意常数.

5. 通解为 $\boldsymbol{x}=\begin{pmatrix}x_1\\x_2\\x_3\end{pmatrix}=\begin{pmatrix}1\\2\\3\end{pmatrix}+c_1\begin{pmatrix}1\\3\\2\end{pmatrix}+c_2\begin{pmatrix}0\\1\\2\end{pmatrix}$，其中 c_1，c_2 为任意常数.

总习题 4

一、1. 2；2. 1；3. 6；4. $\boldsymbol{x}=c(1,1,\cdots,1)^{\mathrm{T}}$，其中 c 为任意常数.

5. $\boldsymbol{x}=\boldsymbol{\eta}_1+c(\boldsymbol{\eta}_2+\boldsymbol{\eta}_3-2\boldsymbol{\eta}_1)=(1,2,3,4)^{\mathrm{T}}+c(2,1,2,1)^{\mathrm{T}}$，其中 c 为任意常数.

二、1.（B）；2.（A）；3.（C）；4.（B）；5.（C）.

三、1.（1）$R(\boldsymbol{A})=R(\widetilde{\boldsymbol{A}})=4$，$n=4$，方程组有唯一解 $\boldsymbol{x}=\begin{pmatrix}x_1\\x_2\\x_3\\x_4\end{pmatrix}=\begin{pmatrix}-4\\3\\3\\0\end{pmatrix}$.

（2）$R(\boldsymbol{A})=3<R(\widetilde{\boldsymbol{A}})=4$，方程组无解.

（3）$R(\boldsymbol{A})=R(\widetilde{\boldsymbol{A}})=2$，$n=4$，方程组有无穷多解，通解为

$$\boldsymbol{x}=\begin{pmatrix}-1\\4\\0\\0\end{pmatrix}+c_1\begin{pmatrix}1\\-3\\1\\0\end{pmatrix}+c_2\begin{pmatrix}5\\-9\\0\\1\end{pmatrix},$$

其中 c_1，c_2为任意常数.

（4）$R(\boldsymbol{A})=R(\widetilde{\boldsymbol{A}})=4<5$，$n=5$，方程组有无穷多解，通解为

$$\boldsymbol{x}=c\begin{pmatrix}-6\\5\\0\\0\\1\end{pmatrix}+\frac{1}{14}\begin{pmatrix}310\\-209\\-6\\-15\\0\end{pmatrix},$$

其中 c 为任意常数.

2. 当 $\lambda=-\dfrac{4}{5}$时，有 $R(\boldsymbol{A})=2\neq R(\boldsymbol{A},\boldsymbol{b})=3$，原方程组无解；

当 $\lambda=1$ 时，有 $R(\boldsymbol{A})=R(\boldsymbol{A},\boldsymbol{b})=2$，所以原方程的通解为 $\boldsymbol{x}=\begin{pmatrix}x_1\\x_2\\x_3\end{pmatrix}=c\begin{pmatrix}0\\1\\1\end{pmatrix}+\begin{pmatrix}1\\-1\\0\end{pmatrix}$；

当 $\lambda\neq1$，$-\dfrac{4}{5}$时，方程组有唯一解.

3. 当 $a\neq-1$ 时，有唯一解；

当 $a=-1$，$b\neq7$ 时，无解；

当 $a=-1$，$b=7$ 时，有无穷多解 $\boldsymbol{x}=c\begin{pmatrix}0\\-1\\1\end{pmatrix}+\frac{1}{7}\begin{pmatrix}10\\-9\\0\end{pmatrix}$，其中 c 为任意实数.

4. $a+b+4c-d=0$.

5. (1) $\begin{pmatrix}2&3&4\\0&-1&0\\1&0&-1\end{pmatrix}$；(2) $\begin{pmatrix}\frac{8}{3}\\-1\\-\frac{1}{3}\end{pmatrix}$.

四、略.

五、(D).

六、8.

七、$T_1=82.9167$，$T_2=70.8333$，$T_3=70.8333$，$T_4=60.4167$.

习题 5.1

1. 略.

2. $(\boldsymbol{\alpha},\boldsymbol{\beta})=0$；$\|\boldsymbol{\alpha}\|=\|\boldsymbol{\beta}\|=3$，$\langle\boldsymbol{\alpha},\boldsymbol{\beta}\rangle=\frac{\pi}{2}$.

3. $\frac{1}{\sqrt{3}}(1,1,1)^{\mathrm{T}}$.

4. (1) 略；(2) $\left(\frac{5}{3},\frac{1}{3},\frac{1}{3}\right)^{\mathrm{T}}$.

5. $\boldsymbol{\gamma}_1=\frac{1}{\sqrt{3}}(1,1,1)^{\mathrm{T}}$，$\boldsymbol{\gamma}_2=\frac{1}{\sqrt{6}}(-2,1,1)^{\mathrm{T}}$，$\boldsymbol{\gamma}_3=\frac{1}{\sqrt{2}}(0,-1,1)^{\mathrm{T}}$.

6. 略.

7. $a=\pm\frac{1}{9}$，$b=-1$，$c=-7$.

8. (1) 否；(2) 否；(3) 是；(4) 是.

习题 5.2

1. (1) $\boldsymbol{\lambda}_1=1$，$\boldsymbol{\lambda}_2=3$.

$\boldsymbol{\lambda}_1=1$ 对应的全部特征向量为 $\boldsymbol{\xi}_1=k_1\begin{pmatrix}1\\0\end{pmatrix}$，其中 $k_1\neq 0$.

$\boldsymbol{\lambda}_2=3$ 对应的全部特征向量为 $\boldsymbol{\xi}_2=k_2\begin{pmatrix}1\\1\end{pmatrix}$，其中 $k_2\neq 0$.

(2) $\boldsymbol{\lambda}_1=-2$，$\boldsymbol{\lambda}_2=7$.

$\boldsymbol{\lambda}_1=-2$ 对应的全部特征向量为 $\boldsymbol{\xi}_1=k_1\begin{pmatrix}4\\-5\end{pmatrix}$，其中 $k_1\neq 0$.

$\lambda_2=7$ 对应的全部特征向量为 $\boldsymbol{\xi}_2=k_2\begin{pmatrix}1\\1\end{pmatrix}$，其中 $k_2\neq0$.

（3）$\lambda_1=\lambda_2=1$，$\lambda_3=2$.

$\lambda_1=\lambda_2=1$ 对应的全部特征向量为 $\boldsymbol{\xi}_1=k_1\begin{pmatrix}1\\0\\0\end{pmatrix}$，其中 $k_1\neq0$.

$\lambda_3=2$ 对应的全部特征向量为 $\boldsymbol{\xi}_2=k_2\begin{pmatrix}3\\1\\1\end{pmatrix}$，其中 $k_2\neq0$.

（4）$\lambda_1=0$，$\lambda_2=9$，$\lambda_3=-1$.

$\lambda_1=0$ 对应的全部特征向量为 $\boldsymbol{\xi}_1=k_1\begin{pmatrix}1\\-1\\1\end{pmatrix}$，其中 $k_1\neq0$.

$\lambda_2=9$ 对应的全部特征向量为 $\boldsymbol{\xi}_2=k_2\begin{pmatrix}1\\1\\2\end{pmatrix}$，其中 $k_2\neq0$.

$\lambda_3=-1$ 对应的全部特征向量为 $\boldsymbol{\xi}_3=k_3\begin{pmatrix}1\\-1\\0\end{pmatrix}$，其中 $k_3\neq0$.

2. 1，−1，2.

3. （1）−28；（2）−9.

4. 略.

5. $a=-4$. $\lambda_2=1$，$\lambda_3=2$.

6. $\lambda=-1$，$a=-3$，$b=0$.

7. 略.

习题 5.3

1. （1）不能；

（2）能，$\boldsymbol{P}=\begin{pmatrix}1&0&0\\0&1&1\\0&1&-1\end{pmatrix}$，$\boldsymbol{\Lambda}=\begin{pmatrix}1&&\\&1&\\&&5\end{pmatrix}$；

（3）不能；

（4）能，$\boldsymbol{P}=\begin{pmatrix}-1&1&0\\1&-1&-1\\0&1&1\end{pmatrix}$，$\boldsymbol{\Lambda}=\begin{pmatrix}-1&&\\&1&\\&&3\end{pmatrix}$.

2. $\boldsymbol{A}^{20}=\begin{pmatrix}2-2^{20}&2-2^{21}&0\\2^{20}-1&2^{21}-1&0\\2^{20}-1&2^{21}-2&1\end{pmatrix}$.

3.（1）$a=0$，$b=-2$.（2）$\boldsymbol{P}=\begin{pmatrix}0&0&-1\\-2&1&0\\1&1&1\end{pmatrix}$.

4. 略.

5. 略.

6. 略.

7. 定理 5. 3. 1 的逆命题不一定成立，例如

$$\boldsymbol{E}=\begin{pmatrix}1&0\\0&1\end{pmatrix}\text{与}\boldsymbol{A}=\begin{pmatrix}1&1\\0&1\end{pmatrix}$$

的特征值都为 1，但是对于任何可逆矩阵 $\boldsymbol{P}$，都有

$$\boldsymbol{P}^{-1}\boldsymbol{E}P=\boldsymbol{E}\neq\boldsymbol{A}.$$

故 $\boldsymbol{E}$ 与 $\boldsymbol{A}$ 不相似.

习题 5. 4

1.（1）（D）；（2）（B）.

2.（1）$\begin{pmatrix}-\frac{1}{\sqrt{2}}&-\frac{1}{\sqrt{6}}&\frac{1}{\sqrt{3}}\\\frac{1}{\sqrt{2}}&-\frac{1}{\sqrt{6}}&\frac{1}{\sqrt{3}}\\0&\frac{2}{\sqrt{6}}&\frac{1}{\sqrt{3}}\end{pmatrix}$；（2）$\begin{pmatrix}-\frac{2}{\sqrt{5}}&\frac{2}{3\sqrt{5}}&\frac{1}{3}\\\frac{1}{\sqrt{5}}&\frac{4}{3\sqrt{5}}&\frac{2}{3}\\0&\frac{5}{3\sqrt{5}}&-\frac{2}{3}\end{pmatrix}$.

3.（1）$k(1,0,1)^{\mathrm{T}}$；（2）$\boldsymbol{A}=\begin{pmatrix}\frac{13}{6}&-\frac{1}{3}&\frac{5}{6}\\-\frac{1}{3}&\frac{5}{3}&\frac{1}{3}\\\frac{5}{6}&\frac{1}{3}&\frac{13}{6}\end{pmatrix}$.

4. 略.

5. 略.

总习题 5

一、$\frac{1}{\sqrt{26}}(4,0,1,-3)^{\mathrm{T}}$.（答案不唯一）

二、$\boldsymbol{\alpha}_2=(1,0,-1)^{\mathrm{T}}$，$\boldsymbol{\alpha}_3=\frac{1}{2}(-1,2,-1)^{\mathrm{T}}$.

三、$a=-\frac{6}{7}$，$b=\frac{2}{7}$，$c=-\frac{3}{7}$，$d=-\frac{6}{7}$，$e=-\frac{6}{7}$或$a=-\frac{6}{7}$，$b=-\frac{2}{7}$，$c=\frac{3}{7}$，$d=\frac{6}{7}$，$e=-\frac{6}{7}$.

四、2.

五、（1）-7，0，-4.

（2）0.

六、$\frac{4}{3}$.

七、$\begin{pmatrix} \frac{1}{\sqrt{3}} & -\frac{1}{\sqrt{2}} & -\frac{1}{\sqrt{6}} \\ \frac{1}{\sqrt{3}} & \frac{1}{\sqrt{2}} & -\frac{1}{\sqrt{6}} \\ \frac{1}{\sqrt{3}} & 0 & \frac{2}{\sqrt{6}} \end{pmatrix}$.

八、（1）$\boldsymbol{A}$ 的特征值为 $\lambda_1=-2$，$\lambda_2=4$.

特征值 $\lambda_1=-2$ 对应的全部特征向量为 $k_1(1,-5)^{\mathrm{T}}$；

特征值 $\lambda_2=4$ 对应的全部特征向量为 $k_2(1,1)^{\mathrm{T}}$.

（2）取 $\boldsymbol{P}=\begin{pmatrix} 1 & 1 \\ -5 & 1 \end{pmatrix}$，$\boldsymbol{P}^{-1}\boldsymbol{AP}=\begin{pmatrix} -2 & \\ & 4 \end{pmatrix}$.

（3）$\begin{pmatrix} \frac{5\times4^k+(-2)^k}{6} & \frac{4^k-(-2)^k}{6} \\ \frac{5\times4^k-5(-2)^k}{6} & \frac{4^k+5(-2)^k}{6} \end{pmatrix}$.

九、（1）$\boldsymbol{B}=\begin{pmatrix} 1 & 0 & 0 \\ 1 & 2 & 2 \\ 1 & 1 & 3 \end{pmatrix}$；

（2）矩阵 $\boldsymbol{A}$ 的特征值为 $\lambda_1=\lambda_2=1$，$\lambda_3=4$；

（3）$\boldsymbol{P}=(-\boldsymbol{\alpha}_1+\boldsymbol{\alpha}_2,-2\boldsymbol{\alpha}_1+\boldsymbol{\alpha}_3,\boldsymbol{\alpha}_2+\boldsymbol{\alpha}_3)$.

十、（1）矩阵 $\boldsymbol{A}$ 的特征值为 1，-1，0；对应的特征向量为 $k_1\begin{pmatrix} 1 \\ 0 \\ 1 \end{pmatrix}$，$k_2\begin{pmatrix} 1 \\ 0 \\ -1 \end{pmatrix}$，$k_3\begin{pmatrix} 0 \\ 1 \\ 0 \end{pmatrix}$；

（2）$\boldsymbol{A}=\begin{pmatrix} 0 & 0 & 1 \\ 0 & 0 & 0 \\ 1 & 0 & 0 \end{pmatrix}$.

十一、（1）$x=0$，$y=-2$，$z=3$；

（2）$\boldsymbol{P}=\frac{1}{2}\begin{pmatrix} -1 & -4 & 3 \\ -1 & 0 & 3 \\ 1 & 2 & -1 \end{pmatrix}$.

十二~十八、略.

十九、（1）$x=3$，$y=-2$；

(2) $\boldsymbol{P}=\begin{pmatrix} 1 & -\frac{1}{3} & 1 \\ -2 & -\frac{1}{3} & -2 \\ 0 & 0 & -4 \end{pmatrix}$.

二十、(A).

二十一、对足够大的 k，有

$$\boldsymbol{x}_{k+1}\approx c_1(1.05)^{k+1}\begin{pmatrix}6\\13\end{pmatrix}=1.05c_1(1.05)^k\begin{pmatrix}6\\13\end{pmatrix}=1.05\boldsymbol{x}_k,$$

表明最终 $\boldsymbol{x}_k$ 的 2 个分量(猫头鹰和老鼠的数量)每月以大约 1.05 的倍数增长.

习题 6.1

1. (1) 否；(2) 是；(3) 否；(4) 是；(5) 否；(6) 否.

2. (1) $f(x,y)=x^2+4xy+3y^2$；

   (2) $f(x,y,z)=x^2+2y^2+4z^2-2xy+6yz$；

   (3) $f(x_1,x_2,\cdots,x_n)=x_1^2+2x_2^2+3x_3^2+\cdots+nx_n^2$.

3. (1) $\boldsymbol{A}=\begin{pmatrix}1&1\\1&2\end{pmatrix}$，$R(\boldsymbol{A})=2$；

   (2) $\boldsymbol{A}=\begin{pmatrix}1&1&\frac{1}{2}\\1&3&-1\\\frac{1}{2}&-1&2\end{pmatrix}$，$R(\boldsymbol{A})=3$；

   (3) $\boldsymbol{A}=\begin{pmatrix}2&1&\frac{1}{2}\\1&1&0\\\frac{1}{2}&0&0\end{pmatrix}$，$R(\boldsymbol{A})=3$.

习题 6.2

1. 标准形为 $f=5y_1^2-y_2^2-y_3^2$，所用的正交变换为

$$\boldsymbol{x}=\begin{pmatrix}\frac{1}{\sqrt{3}}&-\frac{1}{\sqrt{2}}&-\frac{1}{\sqrt{6}}\\\frac{1}{\sqrt{3}}&\frac{1}{\sqrt{2}}&-\frac{1}{\sqrt{6}}\\\frac{1}{\sqrt{3}}&0&\frac{2}{\sqrt{6}}\end{pmatrix}\boldsymbol{y}.$$

2. (1) $a=3$，二次型矩阵的特征值为 $\lambda_1=0$，$\lambda_2=4$，$\lambda_3=9$.

   (2) 椭圆柱面.

3. 1.

习题 6.3

（1）$f=y_1^2+y_2^2$；$\begin{pmatrix}x_1\\x_2\\x_3\end{pmatrix}=\begin{pmatrix}1&-\frac{1}{2}&\frac{5}{2}\\0&\frac{1}{2}&\frac{1}{2}\\0&0&1\end{pmatrix}\begin{pmatrix}y_1\\y_2\\y_3\end{pmatrix}$；

（2）$f=2z_1^2-2z_2^2$；$\begin{pmatrix}x_1\\x_2\\x_3\end{pmatrix}=\begin{pmatrix}1&1&0\\1&-1&-2\\0&0&1\end{pmatrix}\begin{pmatrix}z_1\\z_2\\z_3\end{pmatrix}$；

（3）$f=z_1^2-z_2^2-2z_3^2$；$\begin{pmatrix}x_1\\x_2\\x_3\end{pmatrix}=\begin{pmatrix}1&1&-2\\1&-1&-1\\0&0&1\end{pmatrix}\begin{pmatrix}z_1\\z_2\\z_3\end{pmatrix}$.

习题 6.4

1. 所求线性变换为$\begin{pmatrix}x_1\\x_2\\x_3\end{pmatrix}=\begin{pmatrix}1&-2&3\\0&1&-\frac{3}{2}\\0&0&1\end{pmatrix}\begin{pmatrix}y_1\\y_2\\y_3\end{pmatrix}$，二次型的标准形为$f=y_1^2-2y_2^2+\frac{3}{2}y_3^2$.

2. 所求线性变换为$\begin{pmatrix}x_1\\x_2\\x_3\end{pmatrix}=\begin{pmatrix}1&-\frac{1}{2}&3\\1&\frac{1}{2}&-1\\0&0&1\end{pmatrix}\begin{pmatrix}y_1\\y_2\\y_3\end{pmatrix}$，二次型的标准形为$f=2y_1^2-\frac{1}{2}y_2^2+6y_3^2$.

习题 6.5

1. （C）.
2. （D）.
3. （1）正定；（2）不正定；（3）正定.
4. $-\sqrt{2}<t<\sqrt{2}$.
5. 略.
6. 略.

总习题 6

一、1. $(x_1,x_2)\begin{pmatrix}2&-2\\-2&3\end{pmatrix}\begin{pmatrix}x_1\\x_2\end{pmatrix}$，2.

2. $f(x_1,x_2,x_3)=3x_1^2+2x_2^2-x_3^2+2x_1x_2-4x_1x_3-2x_2x_3$.

3. 3，2，1.

4. 2.

5. $\begin{pmatrix}2&2\\2&1\end{pmatrix}$，$\begin{pmatrix}1&3&5\\3&5&7\\5&7&9\end{pmatrix}$.

6. 1.

7. $\dfrac{7}{8}$.

8. $y_1^2+y_2^2+y_3^2$.

二、1. 标准形为 $y_1^2+y_2^2+4y_3^2$，所用正交变换为$\begin{pmatrix}x_1\\x_2\\x_3\end{pmatrix}=\begin{pmatrix}-\frac{1}{\sqrt{2}} & -\frac{1}{\sqrt{6}} & \frac{1}{\sqrt{3}}\\ \frac{1}{\sqrt{2}} & -\frac{1}{\sqrt{6}} & \frac{1}{\sqrt{3}}\\ 0 & \frac{2}{\sqrt{6}} & \frac{1}{\sqrt{3}}\end{pmatrix}\begin{pmatrix}y_1\\y_2\\y_3\end{pmatrix}$；

2. 标准形为$-4y_1^2+5y_2^2+5y_3^2$，所用正交变换为$\begin{pmatrix}x_1\\x_2\\x_3\end{pmatrix}=\begin{pmatrix}\frac{2}{3} & \frac{\sqrt{5}}{5} & \frac{4\sqrt{5}}{15}\\ \frac{1}{3} & -\frac{2\sqrt{5}}{5} & \frac{2\sqrt{5}}{15}\\ \frac{2}{3} & 0 & -\frac{\sqrt{5}}{3}\end{pmatrix}\begin{pmatrix}y_1\\y_2\\y_3\end{pmatrix}$.

三、1. $a=1$，$b=2$；

2. 标准形为$f=2y_1^2+2y_2^2-3y_3^2$，所用正交变换为$\begin{pmatrix}x_1\\x_2\\x_3\end{pmatrix}=\begin{pmatrix}\frac{2}{\sqrt{5}} & 0 & \frac{1}{\sqrt{5}}\\ 0 & 1 & 0\\ \frac{1}{\sqrt{5}} & 0 & -\frac{2}{\sqrt{5}}\end{pmatrix}\begin{pmatrix}y_1\\y_2\\y_3\end{pmatrix}$.

四、1. $a=-1$；

2. 二次型的矩阵为$\boldsymbol{B}=\begin{pmatrix}2 & 0 & 2\\ 0 & 2 & 2\\ 2 & 2 & 4\end{pmatrix}$，二次型的标准形为$f=2y_2^2+6y_3^2$，所用正交变换为

$$\begin{pmatrix}x_1\\x_2\\x_3\end{pmatrix}=\begin{pmatrix}\frac{1}{\sqrt{3}} & \frac{1}{\sqrt{2}} & \frac{1}{\sqrt{6}}\\ \frac{1}{\sqrt{3}} & -\frac{1}{\sqrt{2}} & \frac{1}{\sqrt{6}}\\ -\frac{1}{\sqrt{3}} & 0 & \frac{2}{\sqrt{6}}\end{pmatrix}\begin{pmatrix}y_1\\y_2\\y_3\end{pmatrix}.$$

五、1. 标准形为$f=y_1^2+y_2^2$，所用可逆变换为$\begin{pmatrix}x_1\\x_2\\x_3\end{pmatrix}=\begin{pmatrix}1 & -1 & 1\\ 0 & 1 & -2\\ 0 & 0 & 1\end{pmatrix}\begin{pmatrix}y_1\\y_2\\y_3\end{pmatrix}$；

2. 标准形为$f=y_1^2-2y_2^2+\frac{3}{2}y_3^2$，所用可逆变换为$\begin{pmatrix}x_1\\x_2\\x_3\end{pmatrix}=\begin{pmatrix}1&-2&3\\0&1&-\frac{3}{2}\\0&0&1\end{pmatrix}\begin{pmatrix}y_1\\y_2\\y_3\end{pmatrix}$；

3. 标准形为$f=y_1^2+y_2^2$，所用可逆变换为$\begin{pmatrix}x_1\\x_2\\x_3\end{pmatrix}=\begin{pmatrix}1&-1&2\\0&1&-2\\0&0&1\end{pmatrix}\begin{pmatrix}y_1\\y_2\\y_3\end{pmatrix}$.

六、1. 标准形为$f=2y_1^2+3y_2^2+\frac{5}{3}y_3^2$，所用可逆变换为$\begin{pmatrix}x_1\\x_2\\x_3\end{pmatrix}=\begin{pmatrix}1&-1&\frac{1}{3}\\0&1&\frac{2}{3}\\0&0&1\end{pmatrix}\begin{pmatrix}y_1\\y_2\\y_3\end{pmatrix}$；

2. 标准形为$f=2y_1^2-\frac{1}{2}y_2^2$，所用可逆变换为$\begin{pmatrix}x_1\\x_2\\x_3\end{pmatrix}=\begin{pmatrix}1&-\frac{1}{2}&0\\1&\frac{1}{2}&-2\\0&0&1\end{pmatrix}\begin{pmatrix}y_1\\y_2\\y_3\end{pmatrix}$.

七、1. f的规范形为$f=y_1^2+y_2^2+y_3^2$；

2. f的规范形为$f=y_1^2-y_2^2-y_3^2$.

八、f的规范形为$f=y_1^2-y_2^2$，常数$a=-2$.

九、1. $\lambda_1=a$，$\lambda_2=a+1$，$\lambda_3=a-2$；

2. $a=2$.

十~十七、略.

十八、(C).

十九、1. 若$a\neq 2$，则方程组有唯一解$x_1=x_2=x_3=0$；

若$a=2$，则方程组有无穷多解，通解为$k\begin{pmatrix}2\\1\\-1\end{pmatrix}$.

2. 若$a\neq 2$，$f(x_1,x_2,x_3)$的规范形为$y_1^2+y_2^2+y_3^2$；

若$a=2$，$f(x_1,x_2,x_3)$的规范形为$y_1^2+y_2^2$.

二十、$Q(x)=q(x_1,x_2)$的最大值是3，且在$x_1=\frac{1}{\sqrt{2}}$和$x_2=\frac{1}{\sqrt{2}}$处可达到.

习题 7.1

1. (1) 否；(2) 是；(3) 是；(4) 否；(5) 是；(6) 否；(7) 否；(8) 是.

2. (1) 是；(2) 否.

3. 是.

习题 7.2

1. $\left(\frac{5}{2},-1,-\frac{1}{2},0\right)^{\mathrm{T}}$.

2. $\begin{pmatrix}-1 & -2 & 3\\ -2 & -1 & 2\\ 2 & 2 & -3\end{pmatrix}$.

3. (1) $\begin{pmatrix}2 & 4 & 3\\ 9 & 20 & 8\\ 7 & 15 & 7\end{pmatrix}$; (2) $\begin{pmatrix}x_1\\ x_2\\ x_3\end{pmatrix}=\begin{pmatrix}2 & 4 & 3\\ 9 & 20 & 8\\ 7 & 15 & 7\end{pmatrix}\begin{pmatrix}y_1\\ y_2\\ y_3\end{pmatrix}$.

4. (1) 略;

(2) $\boldsymbol{A}=\begin{pmatrix}1 & 1 & 1 & 1\\ 0 & 1 & 2 & 3\\ 0 & 0 & 1 & 3\\ 0 & 0 & 0 & 1\end{pmatrix}$;

(3) $\boldsymbol{B}=\boldsymbol{A}^{-1}=\begin{pmatrix}1 & -1 & 1 & -1\\ 0 & 1 & -2 & 3\\ 0 & 0 & 1 & -3\\ 0 & 0 & 0 & 1\end{pmatrix}$;

(4) $\boldsymbol{A}^{-1}\boldsymbol{x}=\begin{pmatrix}1 & -1 & 1 & -1\\ 0 & 1 & -2 & 3\\ 0 & 0 & 1 & -3\\ 0 & 0 & 0 & 1\end{pmatrix}\begin{pmatrix}a_0\\ a_1\\ a_2\\ a_3\end{pmatrix}=\begin{pmatrix}a_0-a_1+a_2-a_3\\ a_1-2a_2+3a_3\\ a_2-3a_3\\ a_3\end{pmatrix}$.

习题 7.3

1. (1) 不是; (2) 是; (3) 不是.
2. 基为 $\boldsymbol{\alpha}_1,\boldsymbol{\alpha}_2,\boldsymbol{\alpha}_3$, 3 维.
3. $\dim(W_1+W_2)=4$, 基为 $\boldsymbol{\alpha}_1,\boldsymbol{\alpha}_2,\boldsymbol{\alpha}_3,\boldsymbol{\beta}_2$; $\dim(W_1\cap W_2)=1$, 基为 $\boldsymbol{\beta}_1$.
4. 略.

习题 7.4

1. (1) 否; (2) 否; (3) 是.
2. 略.
3. 略.
4. 略.

习题 7.5

1. $\boldsymbol{B}=\boldsymbol{P}^{-1}\boldsymbol{A}\boldsymbol{P}=\begin{pmatrix}1 & 0 & 0\\ 1 & 1 & 0\\ 0 & 0 & 2\end{pmatrix}$.

2\. 1. $\boldsymbol{A}=(k_{ij})=\begin{pmatrix}2&3&5\\-1&0&-1\\-1&1&0\end{pmatrix}$;

2\. $\boldsymbol{B}=\boldsymbol{PAP}^{-1}=\begin{pmatrix}-\frac{5}{7}&\frac{20}{7}&-\frac{20}{7}\\-\frac{4}{7}&-\frac{5}{7}&-\frac{2}{7}\\\frac{27}{7}&\frac{18}{7}&\frac{24}{7}\end{pmatrix}$.

3\. $\begin{pmatrix}a&0&b&0\\0&a&0&b\\c&0&d&0\\0&c&0&d\end{pmatrix}$.

4\. $\begin{pmatrix}a&b&1&0\\-b&a&0&1\\0&0&a&b\\0&0&-b&a\end{pmatrix}$.

5\. $\begin{pmatrix}-1&1&-2\\2&2&0\\3&0&2\end{pmatrix}$.

习题 7.6

1\. φ 的对应特征值 $\lambda_1=2$ 的线性无关特征向量为 $\boldsymbol{\xi}_1=\boldsymbol{\alpha}_3$;

φ 的对应特征值 $\lambda_2=\lambda_3=1$ 的线性无关特征向量为 $\boldsymbol{\xi}_2=\boldsymbol{\alpha}_1-2\boldsymbol{\alpha}_2-20\boldsymbol{\alpha}_3$.

2\. φ 的对应特征值 $\lambda_1=1$ 的线性无关特征向量为 $\boldsymbol{\xi}_1=(1,0,1)^{\mathrm{T}}$;

φ 的对应特征值 $\lambda_2=\frac{1+\sqrt{5}}{2}$的线性无关特征向量为 $\boldsymbol{\xi}_2=\left(\frac{\sqrt{5}+1}{2},1,0\right)^{\mathrm{T}}$;

φ 的对应特征值 $\lambda_3=\frac{1-\sqrt{5}}{2}$的线性无关特征向量为 $\boldsymbol{\xi}_1=\left(\frac{1-\sqrt{5}}{2},1,0\right)^{\mathrm{T}}$.

3\. φ 在基 $\boldsymbol{\alpha}_1=\begin{pmatrix}1\\-2\\0\end{pmatrix}$, $\boldsymbol{\alpha}_2=\begin{pmatrix}1\\0\\-2\end{pmatrix}$, $\boldsymbol{\alpha}_3=\begin{pmatrix}2\\1\\1\end{pmatrix}$下矩阵为对角矩阵$\begin{pmatrix}4&&\\&4&\\&&-2\end{pmatrix}$.

总习题 7

一、$\begin{pmatrix}1\\\frac{1}{2}\\-\frac{1}{2}\end{pmatrix}$.

二、1. 略；

2. $\begin{pmatrix}1\\1\\1\end{pmatrix}$.

三、2维；基为$\boldsymbol{\alpha}_1=(1,0,0)^{\mathrm{T}}$，$\boldsymbol{\alpha}_2=(0,1,0)^{\mathrm{T}}$.

四、1. $\begin{pmatrix}6&-3&1&0\\12&-6&2&1\\1&0&0&2\\-2&1&0&0\end{pmatrix}$；2. $\begin{pmatrix}16\\33\\4\\-5\end{pmatrix}$；3. $\boldsymbol{\alpha}=\begin{pmatrix}1\\2\\1\\0\end{pmatrix}$.

五、构成线性空间，基为$\begin{pmatrix}1&0&0\\0&0&-1\end{pmatrix}$，$\begin{pmatrix}0&1&0\\0&0&-1\end{pmatrix}$，$\begin{pmatrix}0&0&0\\1&0&0\end{pmatrix}$. $\dim W=3$.

六、$\boldsymbol{\alpha}_1,\boldsymbol{\alpha}_2$；2维.

七、$\dim(W_1+W_2)=4$，基为$\begin{pmatrix}1&0\\0&1\end{pmatrix}$，$\begin{pmatrix}0&1\\0&-1\end{pmatrix}$，$\begin{pmatrix}0&0\\1&1\end{pmatrix}$，$\begin{pmatrix}1&-1\\0&1\end{pmatrix}$；

$\dim(W_1\cap W_2)=1$，基为$\boldsymbol{B}_1=\begin{pmatrix}1&0\\2&3\end{pmatrix}$.

八~十一、略.

十二、1. $\begin{pmatrix}a_{33}&a_{32}&a_{31}\\a_{23}&a_{22}&a_{21}\\a_{13}&a_{12}&a_{11}\end{pmatrix}$；

2. $\begin{pmatrix}a_{11}&ka_{12}&a_{13}\\\dfrac{a_{21}}{k}&a_{22}&\dfrac{a_{23}}{k}\\a_{31}&ka_{32}&a_{33}\end{pmatrix}$；

3. $\begin{pmatrix}a_{11}+a_{12}&a_{12}&a_{13}\\a_{21}+a_{22}-a_{11}-a_{12}&a_{22}-a_{12}&a_{23}-a_{13}\\a_{31}+a_{32}&a_{32}&a_{33}\end{pmatrix}$.

十三、略.

十四、φ的对应特征值$\lambda_1=1$的线性无关特征向量为$\boldsymbol{\xi}_1=\boldsymbol{e}_2+\boldsymbol{e}_3$；

φ的对应特征值$\lambda_2=\lambda_3=5$的线性无关特征向量为$\boldsymbol{\xi}_2=\boldsymbol{e}_1$，$\boldsymbol{\xi}_3=\boldsymbol{e}_2-\boldsymbol{e}_3$；

φ可对角化.

十五、φ的对应特征值$\lambda_1=\lambda_2=1$的线性无关特征向量为$\boldsymbol{\xi}_1=\boldsymbol{e}_1-2\boldsymbol{e}_2-20\boldsymbol{e}_3$；

φ的对应特征值$\lambda_3=2$的线性无关特征向量为$\boldsymbol{\xi}_2=\boldsymbol{e}_3$；

φ不可对角化.

十六、1. $a=3$，$b=2$，$c=-2$；

2. 过渡矩阵为$\begin{pmatrix} 1 & 1 & 0 \\ -\frac{1}{2} & 0 & 1 \\ \frac{1}{2} & 0 & 0 \end{pmatrix}$.

十七、1. 略；2. $k=0$，$\boldsymbol{\xi}=c(-\boldsymbol{\alpha}_1+\boldsymbol{\alpha}_3)$.

十八、$\boldsymbol{x}_{10}=\begin{pmatrix} 0.2717 \\ 0.7283 \end{pmatrix}$，$\boldsymbol{x}_{30}=\begin{pmatrix} 0.2541 \\ 0.7459 \end{pmatrix}$，$\boldsymbol{x}_{50}=\begin{pmatrix} 0.2508 \\ 0.7492 \end{pmatrix}$，

即 10 年后市区和郊区人口之比为$\frac{0.2717}{0.7283}$，30 年后市区和郊区人口之比为$\frac{0.2541}{0.7459}$，50 年后市区和郊区人口之比为$\frac{0.2508}{0.7492}$.

参考文献

[1] 范崇金，王锋. 线性代数与空间解析几何[M]. 北京：高等教育出版社，2016.

[2] 张天德，王玮，陈兆英，等. 线性代数[M]. 北京：人民邮电出版社，2020.

[3] 生玉秋. 线性代数与空间解析几何[M]. 北京：北京大学出版社，2015.

[4] 赵辉. 线性代数[M]. 北京：高等教育出版社，2014.

[5] 黄廷祝，成孝予. 线性代数与空间解析几何[M]. 5 版. 北京：高等教育出版社，2018.

[6] 方文波，李书刚，李正帮，等. 线性代数及其应用[M]. 2 版. 北京：高等教育出版社，2018.

[7] 肖马成，曲文萍，孙慧，等. 线性代数：理工类[M]. 3 版. 北京：高等教育出版社，2018.

[8] 陈东升. 线性代数与空间解析几何及其应用[M]. 北京：高等教育出版社，2010.

[9] 王长群，李梦如. 线性代数[M]. 2 版. 北京：高等教育出版社，2012.

[10] 曹重光. 线性代数[M]. 赤峰：内蒙古科学技术出版社，1999.

[11] 张海燕，华秀英，巩英海. 高等代数与解析几何[M]. 北京：科学出版社，2016.

[12] 张天德，吕洪波. 线性代数习题精选精解[M]. 济南：山东科学技术出版社，2009.

[13] 林蔚，周双红，国萃，等. 线性代数的工程案例[M]. 哈尔滨：哈尔滨工程大学出版社，2012.